"十三五"国家重点出版物出版规划项目

先进制造理论研究与工程技术系列

FUNDAMENTALS OF MACHINE DESIGN

机械设计基础

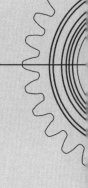

（第6版）

主　编　敖宏瑞　丁　刚　闫　辉

主　审　宋宝玉

哈尔滨工业大学出版社
HARBIN INSTITUTE OF TECHNOLOGY PRESS

内 容 摘 要

"机械设计基础"课程是研究机械共性问题的一门工程科学课,主要内容包括机械运动方案设计、机械工作能力设计等。

本书以一般机械中常用机构和通用零部件为对象,阐述了常用机构和通用零部件的工作原理、结构特点、运动与传力特性、运动方案设计和工作能力设计的基础理论知识与方法。常用机构包括连杆机构、凸轮机构、齿轮机构、间歇运动机构等;通用零部件包括带传动、齿轮传动、蜗杆传动、轴、轴承、螺纹连接、联轴器与离合器等。同时,根据教学需要,适度增加了机械工程材料、互换性测量技术等相关基础知识。

本书可以作为高等工科学校近机类或非机类专业本科生"机械设计基础"课程的教材,也可供有关专业的读者和工程技术人员参考。

Abstract

The course of "Fundamentals of Machine Design" is to study the common problems of machinery, focusing on the design of mechanical motion scheme and mechanical working ability.

This object of this textbook is to provide students with the common mechanisms and machine elements in general machinery, and expound the basic theoretical knowledge and methods of the working principle, structural characteristics, motion and force transmission characteristics, motion scheme design and working capacity design of common mechanisms and common parts. The common mechanisms include linkage, cam, gear, intermittent motion mechanism, etc. The general machine elements include transmission belt and chains, gear, worm gear, shaft, bearing, threaded connection, coupling and clutch, etc. In addition, relevant basic knowledge such as mechanical engineering materials and interchangeability measurement technology are moderately supplemented according to the teaching needs.

This book is suitable for use as a textbook for the "Fundamentals of Machine Design" course for undergraduates in technical universities and technology programs. It can also be used as a reference for readers and engineers of relevant majors.

图书在版编目(CIP)数据

机械设计基础/敖宏瑞,丁刚,闫辉主编. —6 版
. —哈尔滨:哈尔滨工业大学出版社,2022.2
ISBN 978-7-5603-9769-6

Ⅰ.①机… Ⅱ.①敖… ②丁… ③闫… Ⅲ.①机械设计-高等学校-教材 Ⅳ.①TH122

中国版本图书馆 CIP 数据核字(2021)第 210320 号

责任编辑　王桂芝　黄菊英
出版发行　哈尔滨工业大学出版社
社　　址　哈尔滨市南岗区复华四道街 10 号　邮编 150006
传　　真　0451-86414749
网　　址　http://hitpress.hit.edu.cn
印　　刷　辽宁新华印务有限公司
开　　本　787 mm×1 092 mm　1/16　印张 20.75　字数 505 千字
版　　次　2003 年 8 月第 1 版　2022 年 2 月第 6 版
　　　　　2022 年 2 月第 1 次印刷
书　　号　ISBN 978-7-5603-9769-6
定　　价　49.80 元

(如因印装质量问题影响阅读,我社负责调换)

总　　序

自 1999 年教育部对普通高校本科专业设置目录调整以来,各高校都对机械设计制造及其自动化专业进行了较大规模的调整和整合,制定了新的培养方案和课程体系。目前,专业合并后的培养方案、教学计划和教材已经执行和使用了几个循环,收到了一定的效果,但也暴露出一些问题。由于合并的专业多,而合并前的各专业又有各自的优势和特色,在课程体系、教学内容安排上存在比较明显的"拼盘"现象;在教学计划、办学特色和课程体系等方面存在一些不太完善的地方;在具体课程的教学大纲和课程内容设置上,还存在比较多的问题,如课程内容衔接不当、部分核心知识点遗漏、不少教学内容或知识点多次重复、知识点的设计难易程度还存在不当之处、学时分配不尽合理、实验安排还有不适当的地方等。这些问题都集中反映在教材上,专业调整后的教材建设尚缺乏全面系统的规划和设计。

针对上述问题,哈尔滨工业大学机电工程学院从机械设计制造及其自动化专业学生应具备的基本知识结构、素质和能力等方面入手,在校内反复研讨该专业的培养方案、教学计划、培养大纲、各系列课程应包含的主要知识点和系列教材建设等问题,并在此基础上,组织召开了由哈尔滨工业大学、吉林大学、东北大学等 9 所学校参加的机械设计制造及其自动化专业系列教材建设工作会议,联合建设专业教材,这是建设高水平专业教材的良好举措。因为通过共同研讨和合作,可以取长补短、发挥各自的优势和特色,促进教学水平的提高。

会议通过研讨该专业的办学定位、培养要求、教学内容的体系设置、关键知识点、知识内容的衔接等问题,进一步明确了设计、制造、自动化三大主线课程教学内容的设置,通过合并一些课程,可避免主要知识点的重复和遗漏,有利于加强课程设置上的系统性、明确自动化在本专业中的地位、深化自动化系列课程内涵,有利于完善学生的知识结构、加强学生的能力培养,为该系列教材的编写奠定了良好的基础。

本着"总结已有、通向未来、打造品牌、力争走向世界"的工作思路,在汇聚多所学校优势和特色、认真总结经验、仔细研讨的基础上形成了这套教材。参加编写的主编、副主编都是这几所学校在本领域的知名教授,他们除了承担本科生教学外,还承担研究生教学和大量的科研工作,有着丰富的教学和科研经历,同时有编写教材的经验;参编人员也都是各学校近年来在教学第一线工作的骨干教师。这是一支高水平的教材编写队伍。

这套教材有机整合了该专业教学内容和知识点的安排,并应用近年来该专业领域的科研成果来改造和更新教学内容、提高教材和教学水平,具有系列化、模块化、现代化的特点,反映了机械工程领域国内外的新发展和新成果,内容新颖、信息量大、系统性强。我深信:这套教材的出版,对于推动机械工程领域的教学改革、提高人才培养质量必将起到重要推动作用。

蔡鹤皋

哈尔滨工业大学教授

中国工程院院士

丁酉年 8 月

第6版前言

本书自2003年出版以来,得到了相关专业广大师生的欢迎和认可,目前本书已修订5次。为继续深化新工科建设背景下的"机械设计基础"课程的教学改革,推动课程改革更好地适应传统工科专业改造和新工科专业建设的需求,本着夯实学生技术基础与培养创新能力的原则,对本书进行了第6次修订。

本次修订主要做了以下几方面工作:

(1)采用了最新的国家标准和规范。

(2)修改了第5版中文字、图表等方面存在的错误和遗漏。

(3)精心设计了习题与思考题。

(4)适度增加了适应科技发展的新知识。

参加本书修订编写的有:敖宏瑞(第1、2、5、18章),丁刚(第6、7章),闫辉(第3、4、11、15章),杨清香(第8、9、17章),解志杰(第10、14、16章),于东(第12、13章)。全书由敖宏瑞、丁刚、闫辉主编,宋宝玉教授主审。

本书在编写过程中,哈尔滨工业大学机械设计系许多老师和兄弟院校同行提出了许多宝贵的意见和建议,编者对此表示诚挚的感谢。

由于编者水平有限,书中难免存在疏漏或不妥之处,恳请广大读者批评指正。

编　者

2022年1月

目　　录

第1章　绪论

1.1　机械的组成及本课程研究的对象 ················· 1
1.2　本课程的性质和任务 ························· 2
1.3　本课程的特点及学习方法 ····················· 3
习题与思考题 ································· 3

第2章　机械设计概论

2.1　机械设计的基本要求、一般程序及标准化 ············ 4
2.2　机械零件设计概述 ························· 6
2.3　常用机械工程材料及钢的热处理 ················ 9
2.4　极限与配合 ···························· 21
2.5　机构运动简图及平面机构自由度 ················ 43
2.6　现代设计方法简介 ························ 49
习题与思考题 ······························ 52

第3章　平面连杆机构

3.1　平面连杆机构的基本知识 ···················· 56
3.2　平面连杆机构的设计 ······················ 66
3.3　速度瞬心在平面机构速度分析中的应用 ············· 69
习题与思考题 ······························ 72

第4章　凸轮机构

4.1　凸轮机构的应用和类型 ····················· 74
4.2　推杆的运动规律 ························· 77
4.3　凸轮轮廓曲线的设计 ······················ 81
4.4　凸轮机构的压力角和基本尺寸 ················· 85
4.5　空间凸轮间歇运动机构 ····················· 88
4.6　凸轮机构的强度计算及结构设计 ················ 89
习题与思考题 ······························ 91

第5章　带传动与链传动

5.1　带传动概述 ···························· 93
5.2　带传动的工作原理和工作能力分析 ··············· 94
5.3　V带传动的设计计算 ······················ 97
5.4　链传动 ····························· 106
习题与思考题 ····························· 112

第6章　齿轮传动

6.1　齿轮传动的特点和类型 ⋯⋯⋯⋯⋯⋯⋯⋯⋯⋯ 113
6.2　齿廓实现定角速比的条件 ⋯⋯⋯⋯⋯⋯⋯⋯⋯ 114
6.3　渐开线齿廓 ⋯⋯⋯⋯⋯⋯⋯⋯⋯⋯⋯⋯⋯⋯ 115
6.4　齿轮各部分名称及渐开线标准齿轮的基本尺寸 ⋯⋯ 117
6.5　渐开线直齿圆柱齿轮的啮合传动 ⋯⋯⋯⋯⋯⋯ 120
6.6　渐开线齿轮的切齿原理及根切与变位 ⋯⋯⋯⋯ 122
6.7　齿轮传动的精度 ⋯⋯⋯⋯⋯⋯⋯⋯⋯⋯⋯⋯ 125
6.8　齿轮的失效形式和设计准则 ⋯⋯⋯⋯⋯⋯⋯⋯ 127
6.9　齿轮材料和热处理方法 ⋯⋯⋯⋯⋯⋯⋯⋯⋯⋯ 129
6.10　直齿圆柱齿轮的强度计算 ⋯⋯⋯⋯⋯⋯⋯⋯ 130
6.11　平行轴斜齿圆柱齿轮传动 ⋯⋯⋯⋯⋯⋯⋯⋯ 138
6.12　圆锥齿轮传动 ⋯⋯⋯⋯⋯⋯⋯⋯⋯⋯⋯⋯ 144
6.13　齿轮的结构设计 ⋯⋯⋯⋯⋯⋯⋯⋯⋯⋯⋯ 148
6.14　齿轮传动的效率和润滑 ⋯⋯⋯⋯⋯⋯⋯⋯⋯ 150
习题与思考题 ⋯⋯⋯⋯⋯⋯⋯⋯⋯⋯⋯⋯⋯⋯⋯ 151

第7章　蜗杆传动

7.1　蜗杆传动的特点和类型 ⋯⋯⋯⋯⋯⋯⋯⋯⋯ 153
7.2　普通圆柱蜗杆传动的主要参数和几何尺寸 ⋯⋯ 154
7.3　蜗杆传动的失效形式、设计准则和材料选择 ⋯ 158
7.4　普通圆柱蜗杆的强度计算 ⋯⋯⋯⋯⋯⋯⋯⋯ 158
7.5　蜗杆传动的效率、润滑和热平衡计算 ⋯⋯⋯⋯ 160
7.6　蜗杆和蜗轮的结构 ⋯⋯⋯⋯⋯⋯⋯⋯⋯⋯⋯ 163
习题与思考题 ⋯⋯⋯⋯⋯⋯⋯⋯⋯⋯⋯⋯⋯⋯⋯ 166

第8章　轮系

8.1　轮系的分类及应用 ⋯⋯⋯⋯⋯⋯⋯⋯⋯⋯⋯ 168
8.2　定轴轮系的传动比 ⋯⋯⋯⋯⋯⋯⋯⋯⋯⋯⋯ 171
8.3　周转轮系的传动比 ⋯⋯⋯⋯⋯⋯⋯⋯⋯⋯⋯ 172
8.4　混合轮系的传动比 ⋯⋯⋯⋯⋯⋯⋯⋯⋯⋯⋯ 174
8.5　特殊行星传动简介 ⋯⋯⋯⋯⋯⋯⋯⋯⋯⋯⋯ 175
习题与思考题 ⋯⋯⋯⋯⋯⋯⋯⋯⋯⋯⋯⋯⋯⋯⋯ 177

第9章　间歇运动机构

9.1　棘轮机构 ⋯⋯⋯⋯⋯⋯⋯⋯⋯⋯⋯⋯⋯⋯⋯ 179
9.2　槽轮机构 ⋯⋯⋯⋯⋯⋯⋯⋯⋯⋯⋯⋯⋯⋯⋯ 183
9.3　不完全齿轮机构 ⋯⋯⋯⋯⋯⋯⋯⋯⋯⋯⋯⋯ 186
习题与思考题 ⋯⋯⋯⋯⋯⋯⋯⋯⋯⋯⋯⋯⋯⋯⋯ 187

第 10 章　螺纹连接与螺旋传动

10.1　螺纹 …………………………………………………………… 188

10.2　螺纹连接的基本类型和标准螺纹连接件 ………………… 191

10.3　螺纹连接的预紧和防松 …………………………………… 193

10.4　螺栓连接的强度计算 ……………………………………… 195

10.5　螺栓组连接的结构设计 …………………………………… 202

10.6　螺旋传动 …………………………………………………… 205

习题与思考题 ……………………………………………………… 211

第 11 章　轴

11.1　概述 ………………………………………………………… 213

11.2　轴的结构设计 ……………………………………………… 216

11.3　轴的计算 …………………………………………………… 219

11.4　轴毂连接 …………………………………………………… 226

习题与思考题 ……………………………………………………… 229

第 12 章　滚动轴承

12.1　滚动轴承的构造、类型和代号 ……………………………… 231

12.2　滚动轴承的失效形式及其选择计算 ……………………… 237

12.3　滚动轴承部件的组合设计 ………………………………… 243

习题与思考题 ……………………………………………………… 248

第 13 章　滑动轴承

13.1　摩擦、磨损及润滑基本知识 ………………………………… 250

13.2　滑动轴承的结构形式 ……………………………………… 256

13.3　轴承材料和轴瓦结构 ……………………………………… 257

13.4　非液体摩擦滑动轴承的设计计算 ………………………… 262

13.5　流体动压润滑原理简介 …………………………………… 264

13.6　液体静压润滑原理简介 …………………………………… 265

习题与思考题 ……………………………………………………… 266

第 14 章　联轴器、离合器和制动器

14.1　概述 ………………………………………………………… 268

14.2　联轴器 ……………………………………………………… 268

14.3　离合器 ……………………………………………………… 273

14.4　制动器 ……………………………………………………… 275

习题与思考题 ……………………………………………………… 276

第 15 章　弹簧

15.1　弹簧的功用和类型 ………………………………………… 277

15.2 圆柱螺旋弹簧的材料、许用应力和制造 ·················· 278

15.3 圆柱螺旋压缩(拉伸)弹簧设计 ························· 280

习题与思考题 ··· 288

第 16 章 机架零件

16.1 概述 ·· 289

16.2 机架设计中应注意的几个问题 ·························· 291

习题与思考题 ··· 294

第 17 章 机械速度波动调节和回转件的平衡

17.1 机械速度波动的调节 ····································· 295

17.2 回转件的平衡 ··· 301

习题与思考题 ··· 305

第 18 章 机械传动系统方案设计

18.1 概述 ·· 307

18.2 常用机械传动的特点、性能和适用范围 ················ 309

18.3 机械传动系统方案设计的一般原则 ···················· 311

18.4 机械传动系统方案设计实例 ···························· 316

习题与思考题 ··· 318

参考文献 ··· 319

第1章
绪　论

人类在生产劳动中,创造出了各种各样的机械设备,如机床、汽车、起重机、运输机、自动化生产线、机器人和航天器等。机械既能承担人力所不能或不便进行的工作,又能较人工生产大大提高劳动生产率和产品质量,同时还便于集中进行社会化大生产。因此生产的机械化和自动化已成为反映当今社会生产力发展水平的重要标志。改革开放以来,我国社会主义现代化建设在各个方面都取得了长足的发展,国民经济的各个生产部门正迫切要求实现机械化和自动化,特别是随着科学技术的飞速发展,对机械的自动化、智能化要求越来越迫切、越来越多,我国的机械产品正面临着更新换代的局面。这一切都对机械工业和机械设计工作者提出了更新、更高的要求,而本课程就是为培养掌握机械设计基本理论和基本能力的工程技术人员而设置的。随着国民经济的进一步发展,本课程在社会主义建设中的地位和作用更加显得日益重要。

1.1　机械的组成及本课程研究的对象

1.1.1　机械的组成

生产和生活中各种各样的机械设备,尽管它们的构造、用途和性能千差万别,但它们的组成却有共同之处。下面以两个简单的机械为例,阐述机械的基本组成。

图1.1为捆钞机传动简图,工作原理如下:电动机1的转速和动力通过V带传动2、蜗杆减速器3和螺旋传动4传递给活动压头5和压紧纸币6。工作中,将10扎纸币(每扎100张)压实,然后用手工按规定形式捆结。7是捆钞机的控制系统。

图1.2为热处理加热炉工件运送机的结构和运动简图。电动机1的转速和动力通过联轴器2、蜗杆3与蜗轮4、开式齿轮5和6,传递给大齿轮6的轴A,使轴A以较低的转速回转。通过连接在大齿轮6和摇杆8上的连杆7,使摇杆8绕机架11上的轴做往复摆动,再通过连接在摇杆8和推块10上的连杆9,使推块10在机架11的轨道上往复移动,向右移动时完成输送工件的功能。12是运送机的控制系统。

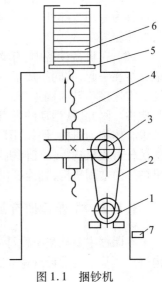

图1.1　捆钞机

通过上述两个例子,可得出以下几点共识:

(1) 任何一台完整的机械系统通常都有原动机、传动装置、工作机和控制系统四大基本组成部分。例如,捆钞机和热处理加热炉工件运送机中的电动机就是原动机,原动机是机械

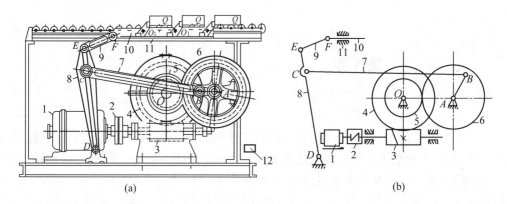

图1.2　热处理加热炉工件运送机

设备完成其工作任务的动力来源,最常用的是各类电动机;捆钞机中的压头、加热炉工件运送机中的推块就是工作机,工作机是直接完成生产任务的执行装置,其结构形式取决于机械设备本身的用途;而捆钞机和加热炉工件运送机中的其他装置如 V 带传动、蜗轮、蜗杆、螺旋、联轴器等就是传动装置。传动装置的作用是将原动机的运动和动力转变为工作机所需要的运动和动力并传递之。传动装置是机械的主要组成部分,在很大程度上决定着整台机械的工作性能和成本,因此不断提高传动装置的设计和制造水平就具有极其重大的意义。而控制系统是根据机械系统的不同工况对原动机、传动装置和工作机实施控制的系统。

（2）任何机械设备都是由许多机械零部件组成的。例如,在捆钞机中就有 V 带、带轮、蜗杆、蜗轮、轴、螺旋、滚动轴承等机械零部件。机械零件是机械制造过程中不可拆分的最小单元,而机械部件则是机械制造过程中为完成同一目的而由若干协同工作的零件组合在一起的组合体,如联轴器、滚动轴承等。凡是在各类机械中都用到的零部件称为通用零部件,例如,螺栓、齿轮、轴、滚动轴承、联轴器、减速器等。而只在特定类型的机械中才能用到的零部件称为专用零部件,例如涡轮机上的叶片、往复式活塞内燃机的曲轴、飞机的起落架、机床的变速箱等。

（3）在机械设备中,有些零件是作为一个独立的运动单元体而运动,而有些零件则刚性地连接在一起,共同组成了一个独立的运动单元体而运动,如加热炉工件运送机中的齿轮 6 通过键连接与轴 A 固连成一个独立的运动单元体。机械中的每一个独立的运动单元体称为构件。因此,从运动的观点看,任何机械都是由构件组成的。一个具有确定相对运动的构件组合体称为机构,例如,图 1.2 中齿轮 5、6 构成的齿轮机构,摇杆 8、连杆 9 与推块 10 组成的摇杆滑块机构等。任何机器中必包含一个或一个以上的机构。在各种机械中普遍使用的机构称为常用机构,如连杆机构、凸轮机构、齿轮机构、轮系和间歇运动机构等。

1.1.2　本课程研究的对象

本课程主要从整机设计要求出发,研究机械中的常用机构和通用零部件的工作原理、结构特点及基本的设计理论和计算方法。

1.2　本课程的性质和任务

本课程是一门设计性的技术基础课。它综合运用机械制图、工程力学、金属工艺学、机械工程材料与热处理、互换性与测量技术基础(对教学计划中未安排这两门先修课程的专业,本教材补充了相应的教学内容)等先修课程的知识和生产实践经验,解决常用机构和通用零部件的设计问题。通过本课程的学习和课程设计实践,使学生在设计一般机械传动装置或其他简单的机械方面得到初步训练,为学生进一步学习专业课程和今后从事机械设计工作打下基础。因此本课程在非机械类或近机械类专业教学计划中具有承前启后的重要作用,是一门主干课程。

本课程的主要任务是培养学生:

(1) 初步树立正确的设计思想,培养创新意识。

(2) 掌握常用机构和通用机械零部件的设计或选用理论与方法,了解机械设计的一般规律,具有设计机械系统方案、机械传动装置和简单机械的能力。

(3) 具有计算能力、绘图能力和运用标准、规范、手册、图册及查阅有关技术资料的能力。

(4) 掌握本课程实验的基本知识,获得实验技能的基本训练。

(5) 对机械设计的新发展有所了解。

1.3　本课程的特点及学习方法

本课程和基础理论课程相比较,是一门综合性、实践性很强的设计性课程。因此学生在学习时必须掌握本课程的特点,在学习方法中尽快完成由单科向综合、由抽象向具体、由理论到实践的思维方式的转变。通常在学习本课程时应注意以下几点:

(1) 要理论联系实际。本课程研究的对象是各种机械设备中的机构和机械零部件,与工程实际联系紧密,因此,在学习时应利用各种机会深入生产现场、实验室,注意观察实物和模型,增加对常用机构和通用机械零部件的感性认识。了解机械的工作条件和要求,然后从整台机械设备分析入手,确定出合理的设计方案、设计参数和结构。

(2) 要抓住设计这条主线,掌握常用机构及机械零部件的设计规律。本课程的内容看似"杂乱无章",但是无论常用机构,还是通用机械零部件,在设计时都遵循着共同的设计规律,只要抓住设计这条主线,就能把本课程的各章内容贯穿起来。

(3) 要努力培养解决工程实际问题的能力。多因素的分析、设计参数多方案的选择、经验公式或经验数据的选用及结构设计,是解决工程实际问题中经常遇到的问题,也是学生在学习本课程中的难点。因此,在学习本课程时一定要尽快适应这种情况,按解决工程实际问题的思维方法,努力培养自己的机械设计能力,特别是机械系统方案设计能力和结构设计能力。

(4) 要综合运用先修课程的知识解决机械设计问题。本课程研究的各种机构和各种机械零部件的设计,从分析研究、设计计算,直至完成零部件工作图,都要用到多门先修课程的知识,因此在学习本课程时,必须及时复习先修课程的有关内容,做到融会贯通,综合运用。

习题与思考题

1.1　指出下列机器的动力部分、传动部分和执行部分:(1)汽车;(2)自行车;(3)车床;(4)电风扇。

1.2　本课程的任务是什么?

1.3　学习本课程应注意哪些问题?

第 2 章

机械设计概论

2.1　机械设计的基本要求、一般程序及标准化

2.1.1　机械设计的基本要求

机械设计就是根据生产及生活上的某种需要,规划和设计出能实现预期功能的新机械或对原有机械进行改进的创造性工作过程。机械设计是机械生产的第一步,是影响机械产品制造过程和产品性能的重要环节。因此,尽管设计的机械种类繁多,但设计时都应满足下列基本要求。

1. 使用功能要求

要求所设计的机械应具有预期的使用功能,既能保证执行机构实现所需的运动(包括运动形式、速度、运动精度和平稳性等),又能保证组成机械的零部件工作可靠,有足够的强度和使用寿命,而且使用、维护方便。这是机械设计的基本出发点。

2. 工艺性要求

所设计的机械无论总体方案还是各部分结构方案,在满足使用功能要求的前提下,应尽量简单、实用,在毛坯制造、机械加工与热处理、装配与维修诸方面都具有良好的工艺性。

3. 经济性要求

设计机械时,一定要反对单纯追求技术指标而不顾经济成本的倾向。经济性要求是一个综合指标,它体现于机械的设计、制造和使用的全过程中,因此,设计机械时,应全面综合地进行考虑。

提高设计、制造经济性的措施主要有:运用现代设计方法,使设计参数最优化;推广标准化、通用化和系列化;采用新工艺、新材料、新结构;改善零部件的结构工艺性;合理地规定制造精度和表面粗糙度等。

提高使用经济性的措施主要有:选用效率高的传动系统和支承装置,以降低能源消耗;提高机械的自动化程度,以提高生产率;采用适当的防护及润滑,以延长机械的使用寿命等。

4. 其他要求

例如,劳动保护的要求,应使机械的操作方便、安全,便于装拆,满足运输的要求等。

2.1.2　机械设计的一般程序

设计机械时,应按实际情况确定设计方法和步骤,但是通常都按下列一般程序进行。

1. 确定设计任务书

根据生产或市场的需求,在调查研究的基础上,确定设计任务书,对所设计机械的功能要求、性能指标、结构形式、主要技术参数、工作条件、生产批量等做出明确的规定。设计任务书是进行设计、调试和验收机械的主要依据。

2. 总体方案设计

根据设计任务书的规定,本着技术先进、使用可靠、经济合理的原则,拟定出一种能够实现机械功能要求的总体方案。其主要内容有:对机械功能进行设计研究,确定工作机的运动和阻力,拟定从原动机到工作机的传动系统,选择原动机,绘制整机的运动简图,并判断其是否有确定的运动,初步进行运动学和动力学分析,确定各级传动比和各轴的运动和动力参数,合理安排各部件间的相互位置等。

总体方案设计是最能体现机械设计具有多个解(方案)的特点和创新精神的设计阶段,设计时常需做出几个方案,然后就功能、尺寸、寿命、工艺性、成本、使用与维护等方面进行分析比较,择优选定。

3. 技术设计

根据总体设计方案的要求,对其主要零部件进行工作能力计算,或与同类相近机械进行类比,并考虑结构设计上的需要,确定主要零部件的几何参数和基本尺寸。然后,根据已确定的结构方案和主要零部件的基本尺寸,绘制机械的装配图、部件装配图和零件工作图。在这一阶段中,设计者既要重视理论设计计算,更要注重结构设计。

4. 编制技术文件

在完成技术设计后,应编制技术文件,主要有:设计计算说明书、使用说明书、标准件明细表等,这是对机械进行生产、检验、安装、调试、运行和维护的依据。

5. 技术审定和产品鉴定

组织专家和有关部门对设计资料进行审定,认可后即可进行样机试制,并对样机进行技术审定。技术审定通过后可投入小批量生产,经过一段时间的使用实践再做产品鉴定,鉴定通过后即可根据市场需求组织生产。至此,机械设计工作即告完成。

2.1.3 机械设计中的标准化

标准化是组织现代化大生产的重要手段,也是实行科学管理的重要措施之一。标准化是指对机械零件的种类、尺寸、结构要素、材料性能、检验方法、设计方法、公差与配合、制图规范等制定出大家共同遵守的标准。它的基本特征是统一、简化。它的意义在于:

(1) 能以最先进的方法在专门化工厂中对那些用途最广泛的零部件进行大量的、集中的制造,以提高质量,降低成本。

(2) 能统一材料和零部件的性能指标,使其能够进行比较,提高零部件性能的可靠性。

(3) 采用了标准结构和标准零部件,可以简化设计工作,缩短设计周期,有利于设计者把主要精力用在关键零部件的设计上,从而提高设计质量。同时也便于零件互换,便于机械的维修。

由此可见,标准化是一项重要的设计指标和一项必须贯彻执行的技术经济法规。一个国家的标准化制定和执行程度反映了这个国家的技术发展水平。在我国现行的标准中,有国家标准、行业标准(如 JB、YB 等)和企业标准。在进行机械设计时,必须自觉地贯彻执行标准。

2.2　机械零件设计概述

2.2.1　机械零件的主要失效形式和设计准则

当机械零件不能正常工作、失去所需的工作效能时,称该零件失效了。其主要失效形式有:断裂及塑性变形、过大的弹性变形、表面失效——如磨损、疲劳点蚀、胶合、塑性流动、压溃和腐蚀等,以及破坏正常条件引起的失效——如带传动中的打滑、受压杆件的失稳等。应该指出:同一种零件可能有多种失效形式,以轴为例,它可能发生疲劳断裂,也可能发生过大的弹性变形,还可能发生共振。在各种失效形式中,到底以哪一种为主要失效形式,这应该根据零件的材料、具体结构和工作条件等因素来确定。仍以轴为例,对于载荷稳定、一般用途的转轴,疲劳断裂是其主要失效形式;对于精密主轴,弹性变形量超过其许用值是其主要失效形式;而对于高速转动的轴,发生共振、丧失振动稳定性是其主要失效形式。

设计机械零件时,保证零件不产生失效所依据的基本准则,称为设计计算准则。主要有:强度准则、刚度准则、寿命准则、振动稳定性准则和可靠性准则等。其中强度准则是设计机械零件首先要满足的一个基本要求。为了保证零件工作时有足够的强度,设计计算时应使其危险截面上或工作表面上的工作应力(或计算应力)σ(或 τ)不超过零件的许用应力 $[\sigma]$(或 $[\tau]$),其表达式为

$$\sigma \leqslant [\sigma] \qquad (2.1(a))$$
$$\tau \leqslant [\tau] \qquad (2.1(b))$$

亦可表达为危险截面上或工作表面上的安全系数 S 大于或等于其许用安全系数 $[S]$,即

$$S \geqslant [S] \qquad (2.2)$$

2.2.2　机械零件的结构工艺性

结构工艺性良好是指在既定的生产条件下,能方便而经济地生产出满足使用功能要求的零件,并且便于装配成机械。因此,零件的结构工艺性应从毛坯制造、热处理、机械加工和装配等几个生产环节加以综合考虑,其示例见表 2.1。

表 2.1 机械零件的结构工艺性示例

不合理的结构	改进后的结构	改进后结构的优点
铸造工艺性		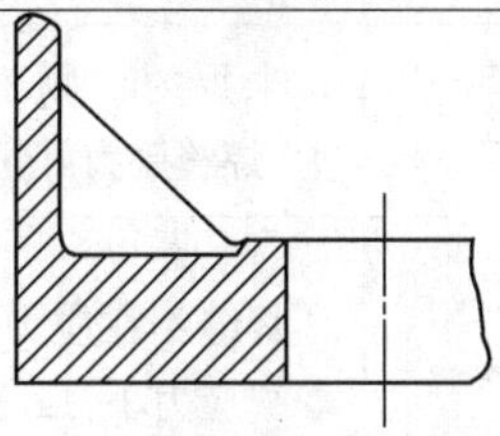 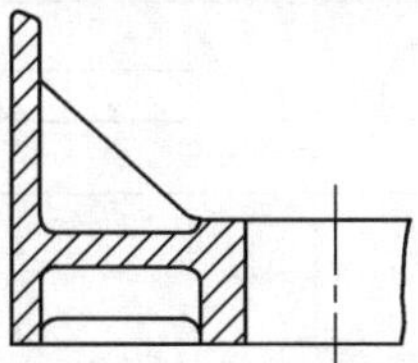 避免缩孔,减轻质量,增加强度和刚度
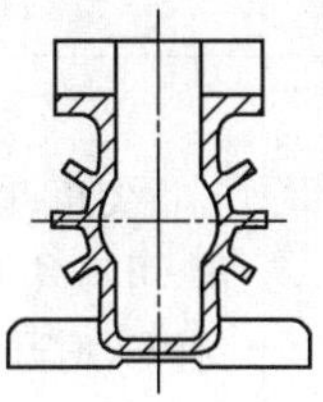	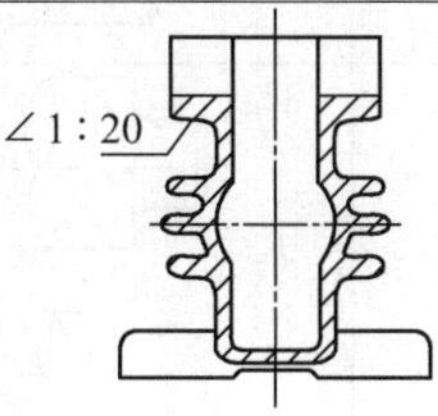 ∠1:20	容易造型,便于拔模
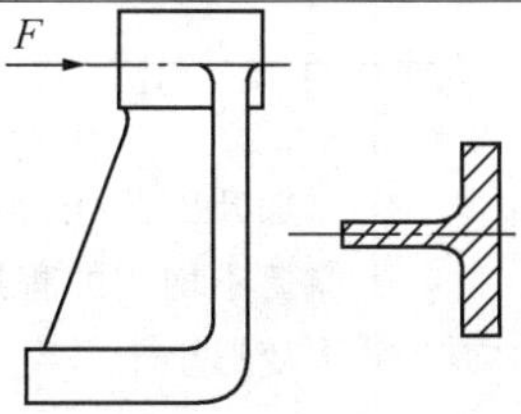 F	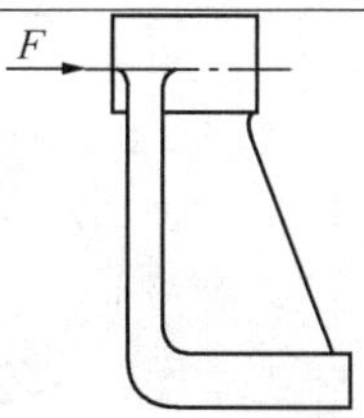 F	将加强筋布置在受力对面,充分利用铸铁的抗压强度高的特点
模锻工艺性		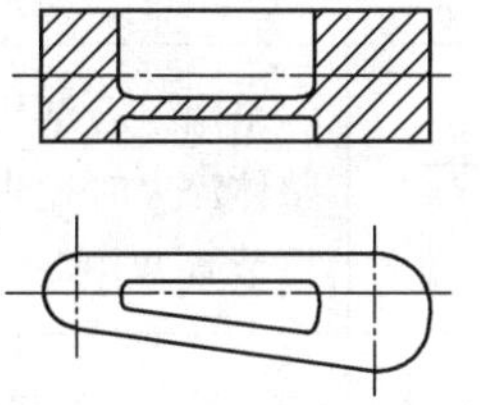 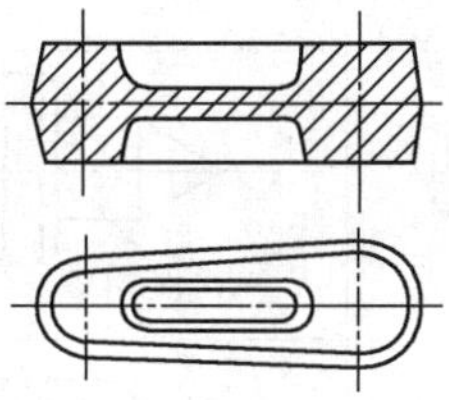 形状对称,有拔模斜度,便于锻造
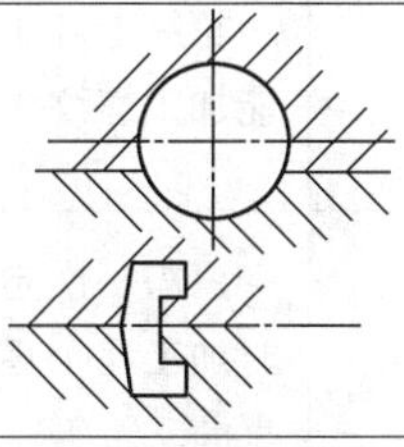	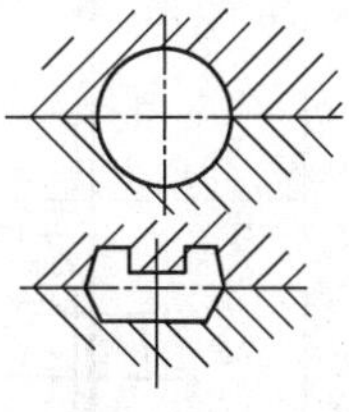	正确选定分模线,便于锻造
焊接工艺性		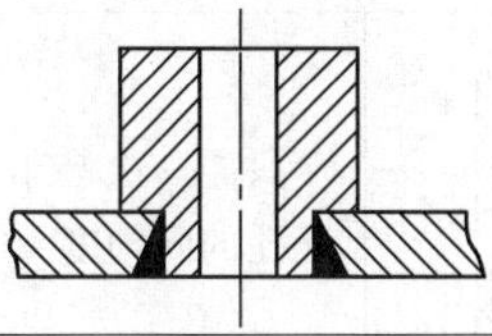 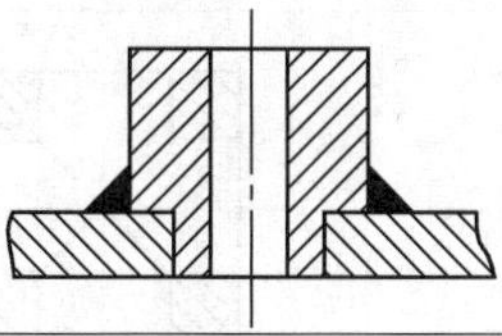 不开坡口,工艺简单
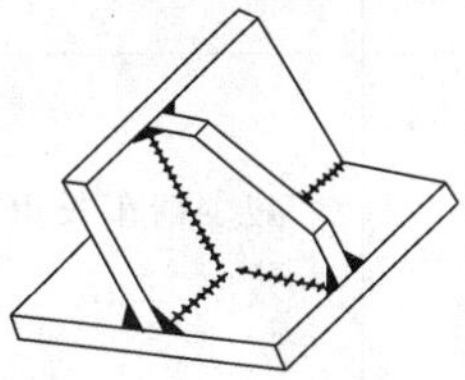	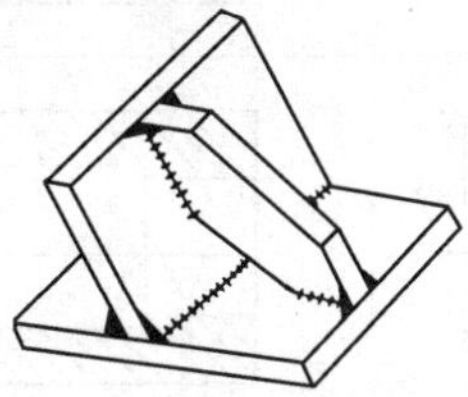	切去焊缝交叉处筋板的角,可减小内应力

续表2.1

	不合理的结构	改进后的结构	改进后结构的优点
焊接工艺性	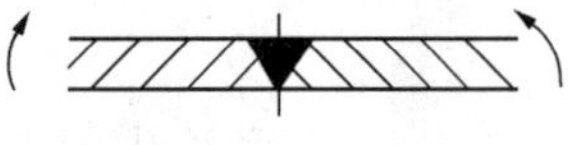	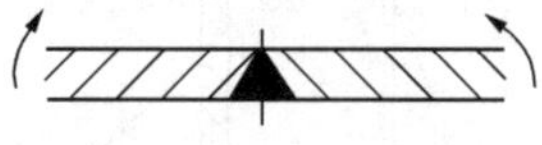	未焊的一侧不受拉应力,焊缝受力好
	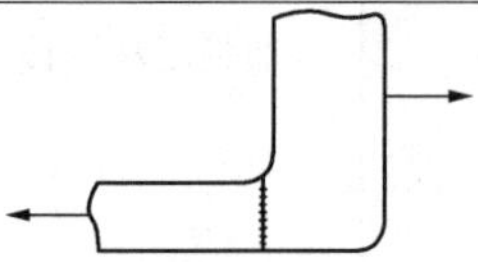	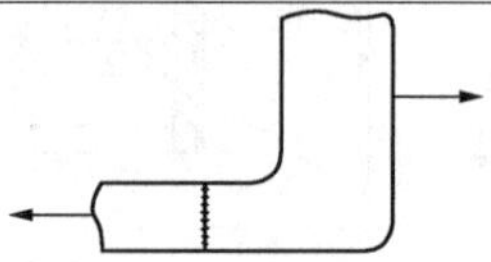	焊缝不在应力集中处,焊缝应力小,强度高
热处理工艺性	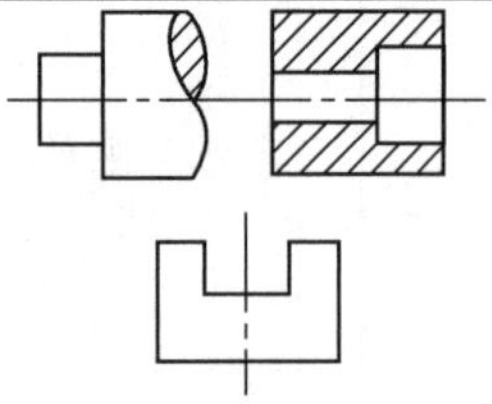	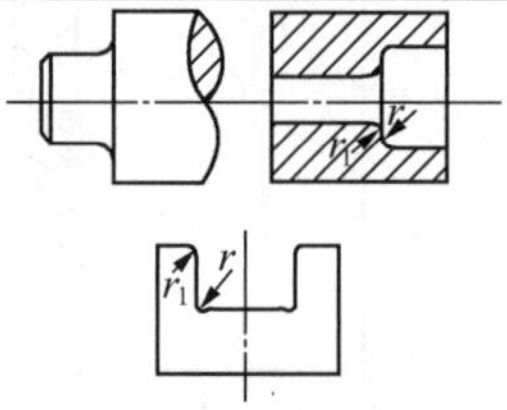	将尖角、棱角倒圆或倒角,可减小应力集中,避免淬火时开裂
	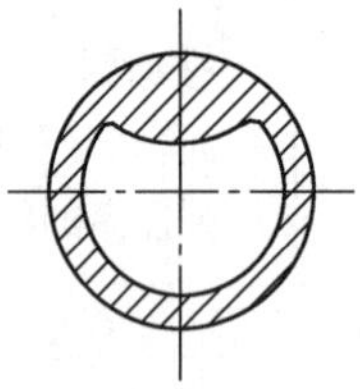	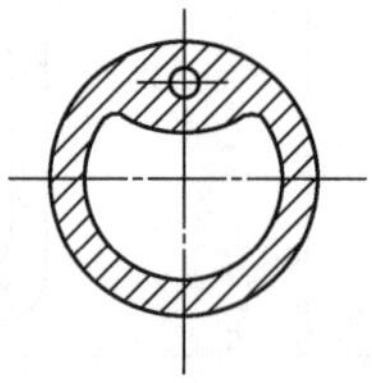	加开工艺孔,减轻剖面厚薄不均匀的程度,使淬火变形小
	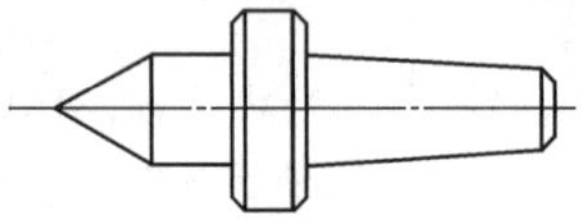	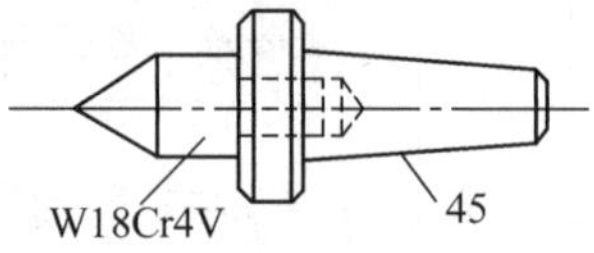 W18Cr4V 45	采用组合结构,可避免整体淬火时发生开裂,又可节省 W18Cr4V
切削加工工艺性	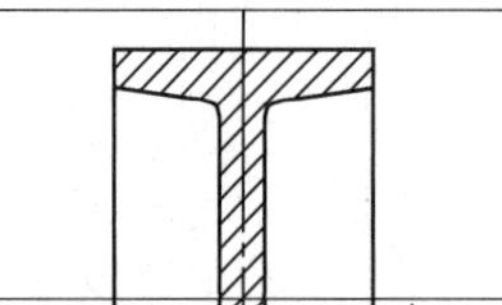	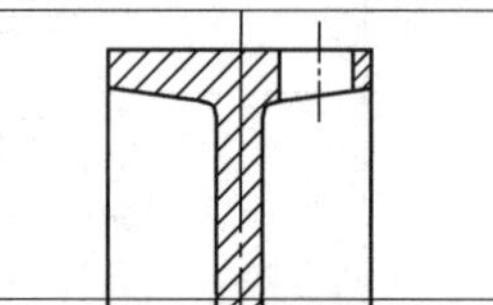	轮缘上开工艺孔后,便能加工螺纹孔
	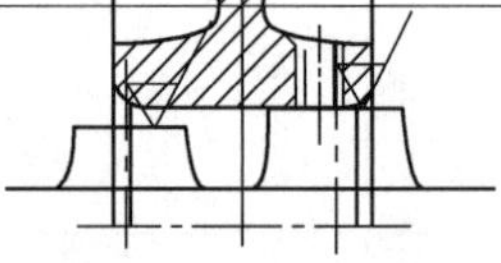	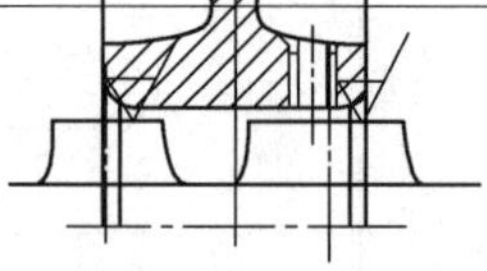	只需一次走刀,并可同时加工几个零件,生产效率高
	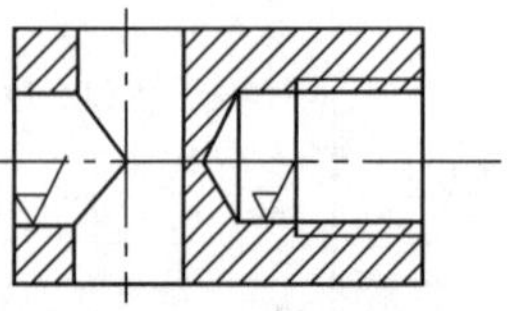	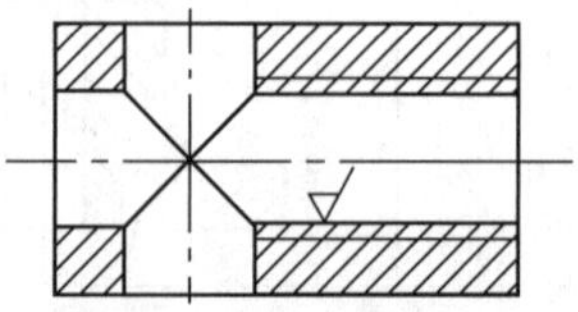	只需一次装卡,并易保证孔的同轴度
	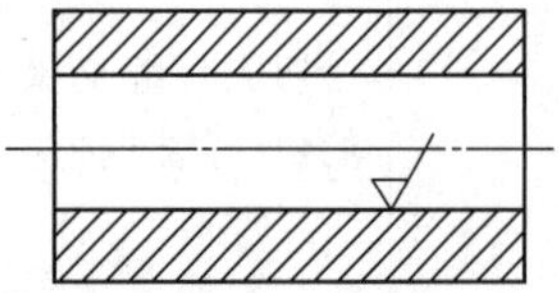	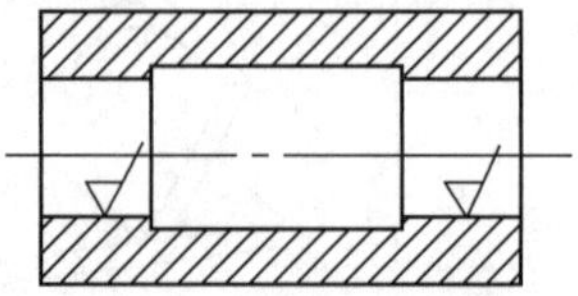	减少精车长度,提高生产效率

续表 2.1

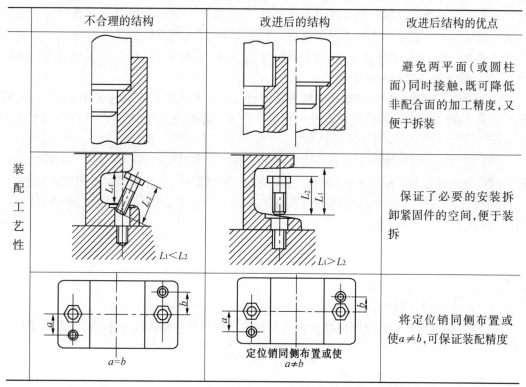

	不合理的结构	改进后的结构	改进后结构的优点
装配工艺性			避免两平面(或圆柱面)同时接触,既可降低非配合面的加工精度,又便于拆装
	$L_1 < L_2$	$L_1 > L_2$	保证了必要的安装拆卸紧固件的空间,便于装拆
	$a=b$	定位销同侧布置或使 $a \neq b$	将定位销同侧布置或使 $a \neq b$,可保证装配精度

2.3 常用机械工程材料及钢的热处理

材料是人类社会发展的重要物质基础,是现代科学技术和生产发展的重要支柱之一。工程材料通常可分为金属材料、非金属材料两大类。在现代工业中,特别是在各种机械设备中,目前应用最多、最广的仍然是金属材料,约占整个用材的 80% ~ 90%。

材料的使用性能与其成分、组织及加工工艺密切相关,尤其是金属材料,可通过不同的热处理方法来改变金属的表面成分和内部组织结构,以获得不同的性能,从而满足不同的使用要求。因此,机械设计和制造的重要任务之一,就是合理地选用材料和正确制定材料的加工工艺。

2.3.1 金属材料的机械性能及工艺性能

工业上使用的金属材料主要是合金,而纯金属应用较少(价格高且强度较低)。所谓合金,是指由两种或两种以上的元素(其中至少有一种是金属元素)所组成的具有金属性质的物质。例如,碳钢是由铁和碳组成的合金;黄铜是铜和锌组成的合金等。金属与合金统称为金属材料。

1. 金属材料的机械性能

金属材料的机械性能是指其在外力作用下表现出来的特性,如强度、刚度、塑性、硬度、韧性和疲劳强度等。

（1）强度。强度是指材料抵抗塑性变形和断裂的能力。一般包括屈服强度和抗拉强度。屈服强度是指当金属材料呈现屈服现象时，在试验期间达到塑性变形显著而力不增加的应力点。分为上屈服强度和下屈服强度：上屈服强度 R_{eH} 是指试样发生屈服而力首次下降前的最大应力，下屈服强度 R_{eL} 是指在屈服期间，不计初始瞬时效应时的最小应力。抗拉强度（R_m）指材料在拉断前承受最大应力。

（2）刚度。刚度是指材料抵抗弹性变形的能力。在弹性变形范围内应力与应变的比值是常数 E，即弹性模量。弹性模量 E 是引起单位应变所需的应力，故 E 是表征材料刚度的主要指标。

（3）塑性。金属的塑性是指在外力作用下金属产生塑性变形而不产生断裂的能力。工程上通常用试件拉断后所留下的残余变形来表示材料的塑性，一般用两个指标表征塑性。

① 蠕变断后伸长率。试件蠕变断裂后单位长度内产生残余伸长的百分数称为延伸率，用 A_u 表示，即

$$A_u = \frac{L_{ru} - L_{ro}}{L_{ro}} \times 100\% \tag{2.3}$$

式中　　L_{ru}——拉断后的长度；

　　　　L_{ro}——拉伸前的长度。

② 断面收缩率。试件拉断后截面面积相对收缩的百分数称为收缩率，用 ψ 表示，即

$$Z_u = \frac{S_o - S_u}{S_o} \times 100\% \tag{2.4}$$

式中　　S_u——拉断后颈缩处的截面积；

　　　　S_o——拉伸前的截面积。

通常塑性材料的 A_u 或 Z_u 较大，而脆性材料的 A_u 或 Z_u 较小。塑性指标在工程技术中具有重要的意义，良好的塑性可使零件完成某些成型工艺，如冷冲压、冷拔等。

（4）硬度。硬度是指材料抵抗变形，特别是压痕或划痕形成的永久变形的能力。工程上常用的硬度度量单位有布氏硬度（HBW）、洛氏硬度（HR）、维氏硬度（HV）等，其硬度值的物理意义随测量方法的不同而有所区别。

（5）韧性和疲劳强度。在机械设备中，很多零件要承受冲击载荷或周期性有规律的变载荷。这些载荷比静载荷的破坏能力大得多，所以不能用金属材料在静载荷下的性能来衡量材料抵抗冲击和变载荷的能力。工程中常用韧性和疲劳强度分别表示材料抵抗冲击载荷和变化载荷的能力。

① 韧性。冲击韧性是指材料在冲击载荷作用下吸收塑性变形功和断裂功的能力，反映材料内部的细微缺陷和抗冲击性能。夏比冲击试验常用来测试不同温度下金属材料的冲击功，是目前在工业应用中评价金属材料韧性最标准化的方法之一。其测试原理是：将规定几何形状的缺口试样置于试验机两支座之间，缺口（一般为 U 形或 V 形）背向打击方向，用摆锤一次打断试样，测定试样的吸收能量（图 2.1）。落摆进行冲击试验前摆锤的势能和使试样发生断裂所需的能量由试验机直接读出。

常用的冲击韧性值 a_k 是试样缺口处单位面积 A 所消耗的冲击功，即

$$a_k = W_k / A \tag{2.5}$$

a_k 值越大，表示材料的韧性越好，在受到冲击时越不容易断裂。

② 疲劳强度。金属材料受到交变载荷作用时会产生交变应力,即使其应力未超过屈服强度,但当应力循环次数增加到某一数值 N 后,材料也会产生断裂,这种现象称为金属的疲劳。实践证明,材料承受交变或重复应力的能力与其断裂前的应力循环次数 N 有关,图 2.2 所示为 σ 与 N 的关系曲线,该曲线称为疲劳曲线。可以看出,应力最大值 σ 的数值越小,断裂前的循环次数 N 越大。应力 σ 降到某一定值后,疲劳曲线与横坐标平行,表明材料可以经受无限次应力循环而不产生疲劳断裂。此时的应力值称为疲劳极限。当应力循环对称时,用符号 σ_{-1} 表示。对钢材来说,若 N 达到 $10^6 \sim 10^7$ 次仍不产生疲劳断裂,就可以认为不会出现疲劳了。因此可采用 $N = 10^7$ 为基数确定钢材的疲劳极限。

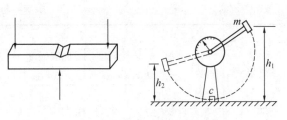

图 2.1　冲击试验原理图

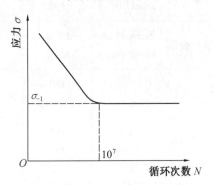

图 2.2　疲劳曲线

表 2.2、表 2.3 分别列出了常用金属材料的弹性模量及其他主要机械性能的数值。

表 2.2　金属材料的弹性模量

材料名称	E/MPa	材料名称	E/MPa
灰口铸铁	$(7.85 \sim 14.7) \times 10^4$	冷拔黄铜	$(8.82 \sim 9.8) \times 10^4$
碳素钢	$(19.6 \sim 21.6) \times 10^4$	铸铝青铜	10.3×10^4
合 金 钢	$(18.6 \sim 21.6) \times 10^4$	硬铝合金	7.05×10^4
轧制磷青铜	11.25×10^4	轧制铝	6.25×10^4

表 2.3　几种常用金属材料的主要力学性能

材料名称	牌号	力学性能					
		抗拉强度 $R_\text{m}/(\text{N} \cdot \text{mm}^{-2})$	屈服强度 $R_\text{eL}/(\text{N} \cdot \text{mm}^{-2})$	屈服强度 $R_\text{eH}/(\text{N} \cdot \text{mm}^{-2})$	断后伸长率 $A_\text{u}/\%$	断面收缩率 $Z_\text{u}/\%$	冲击吸收功 KU_2/J
		$\geqslant$					
普通碳素结构钢	Q215	335	—	215	—	—	27
	Q235	370	—	235	—	—	27
	Q275	410	—	275	—	—	27
优质碳素结构钢	20	410	245	—	25	55	—
	35	539	315	—	20	45	55
	45	600	355	—	16	40	39
合金结构钢	20Cr	835	540	—	10	40	47
	40Cr	980	785	—	9	45	47
	40Mn2	885	735	—	12	45	55

续表2.3

材料名称	牌号	力学性能					
		抗拉强度 $R_m/(\text{N}\cdot\text{mm}^{-2})$	屈服强度 $R_{eL}/(\text{N}\cdot\text{mm}^{-2})$	屈服强度 $R_{eH}/(\text{N}\cdot\text{mm}^{-2})$	断后伸长率 $A_u/\%$	断面收缩率 $Z_u/\%$	冲击吸收功 KU_2/J
		≥					
铸造青铜	ZCuSn10Pb1	220	—		2	—	—
	ZCuAl10Fe3	490	—		13	—	—
轴承合金	SnSb11Cu6	87.0	54.5			—	—
	PbSb15Sn10	66.4	29.2			—	—
球墨铸铁	QT450-10	450	—		10	—	—
	QT600-3	600	—		3	—	—
灰口铸铁	HT150	150	—			—	—
	HT200	200	—			—	—

2. 金属材料的工艺性能

金属材料的工艺性能是指金属材料所具有的能够适应各种加工工艺要求的能力。工艺性能实质上是机械、物理、化学性能的综合表现。金属材料常用铸造、压力加工、焊接和切削加工等方法制成零件。各种加工方法对材料提出了不同的要求。

（1）铸造性。铸造是指将熔融金属浇注、压射或吸入铸型型腔中，待其凝固后而得到一定形状和性能的铸件的方法。由此可知，铸造性能是指浇注时液态金属的流动性、凝固时的收缩性和偏析倾向等。流动性好的金属材料有良好的充满铸型的能力，能够铸出大而薄的铸件。收缩是指液态金属凝固时体积收缩和凝固后的线收缩，收缩小可提高液态金属的利用率，减小铸件产生变形或裂纹的可能性。偏析是指铸件凝固后各处化学成分分布的不均匀，若偏析严重，将使铸件的力学性能变坏。在常用的金属材料中，灰口铸铁和青铜有良好的铸造性能。

（2）锻造性。金属材料的锻造性是指材料在压力加工时，能改变形状而不产生裂纹的性能。它实质上是材料塑性好坏的表现。钢能承受锻造、轧制、冷拉、挤压等形变加工，表现出良好的锻造性。钢的锻造性与化学成分有关，低碳钢的锻造性好，碳钢的锻造性一般较合金钢好。铸铁则没有锻造性。

（3）焊接性。金属材料的焊接性是指材料在通常的焊接方法和焊接工艺条件下，能否获得质量良好焊缝的性能。焊接性能好的材料（如低碳钢），易于用一般的焊接方法和工艺进行焊接，焊缝中不易产生气孔、夹渣或裂纹等缺陷，其强度与母材相近。焊接性能差的材料（如铸铁）要用特殊的方法和工艺进行焊接。因此，焊接性影响金属材料的应用。

（4）切削加工性。切削加工性是指对工件材料进行切削加工的难易程度。金属材料的切削加工性，不仅与材料本身的化学成分、金相组织有关，还与刀具的几何形状等有关。通常，可根据材料的硬度和韧性对材料的切削加工性作大致的判断。硬度过高或过低、韧性过大的材料，其切削加工性较差。碳钢硬度为150～250 HBW时，有较好的切削加工性。硬度过高，刀具寿命短或甚至不能切削加工；硬度过低，不易断屑，容易粘刀，加工后的表面粗糙。

灰口铸铁具有良好的切削加工性。

2.3.2　金属材料的热处理与零件表面处理

1. 钢的热处理

在生产过程中,钢制零件除经过各种热、冷加工工序外,往往还要在加工工序中进行若干次热处理,以改善钢的加工工艺性能,提高钢的机械性能,增加寿命、耐磨性等。钢的热处理就是将钢在固态范围内施以不同形式的加热、保温和冷却,从而改变(或改善)其组织结构,以达到预期性能的操作工艺。热处理一般不改变工件的形状及化学成分(只有通过表面化学处理,使得某些元素渗入钢件表面时才改变表面的化学成分)。但是钢的组织结构却随着加热温度与冷却速度的不同而发生变化,从而获得各种不同的性能。目前,一般机器上的零件大约80%要进行热处理,而刀具、模具、量具、轴承等则全部要进行热处理。

(1)退火。退火是将钢件加热到临界温度(碳素钢为710~750 ℃,有些合金钢达到800~900 ℃)以上20~30 ℃,经保温一段时间后随热处理炉缓慢冷却(或埋入砂中、石灰石中冷却)至500 ℃以下,然后在空气中冷却。退火的目的在于降低钢的硬度,改善切削性能;细化钢的晶粒,减少组织的不均匀性,消去工件在锻造、铸造过程中出现的内应力。退火工序多安排在锻、铸之后,切削工序之前。

(2)正火。正火是将钢件加热至临界温度以上30~50 ℃,保温一段时间后从炉中取出在空气中冷却,正火又称常化。正火与退火相比,冷却速度要快些。正火与退火相似,但正火后机械强度略高些,适用于要求不高和结构简单的零件。

(3)淬火与回火。淬火与回火是生产中应用最广泛的两种热处理工艺,一般是紧密衔接的工序。淬火是将工件加热到临界温度以上30~50 ℃,保温一定时间,然后在水或盐水或油中急速冷却。淬火的目的是为了提高钢的硬度和强度。但钢的急速冷却会引起内应力出现,并使钢变脆,所以淬火后必须回火,才能保证得到较高的强度、硬度和韧性。

回火是将淬火后的工件加热到临界温度以下,保温一定时间后在空气或水或油中冷却,回火后硬度、强度略有降低,但消除了内应力和脆性。回火又分高温回火、中温回火和低温回火。

时效是回火的一种特殊形式,可分为自然时效和人工时效。自然时效是在常温下靠长时期存放(有的铸件放置6~18个月)达到稳定形状、消除内应力的目的。这种方法费时太长,已很少采用。人工时效是将工件加热到较低温度,经较长时间的保温,然后缓慢冷却。时效适用于铸铁、淬火钢及铝合金。

将淬火后的工件进行高温回火(500~650 ℃),把淬火和高温回火结合在一起的热处理称为调质热处理。对中碳钢和某些合金钢可用调质热处理来获得良好的综合机械性能(既有较高的强度,又有良好的韧性)。一些重要的零件及受力复杂的零件所要求的高综合机械性能,也可通过调质热处理来获得。

(4)表面淬火。表面淬火的目的是使工件表面获得高硬度和耐磨性,而内部仍保持足够的塑性和韧性。其方法是利用火焰迅速加热工件表面,或者利用高频感应电流迅速加热表面,然后立即淬火,此时热量未能传到工件内部,故淬火只在表面层进行。经过表面淬火的工件一般仍须进行回火。

(5)表面化学热处理。为了使工件表面获得某些特殊的机械或物理化学性能,仅采用表面淬火是难以实现的,有时甚至是根本不可能的,例如,除要求外硬内韧外,还要求较高的耐腐蚀、耐酸及耐热性等。化学热处理是将钢件放在某种化学介质中,通过加热、保温、冷却的方法使介质中的某些元素渗入钢件表面,改变了表面层的化学成分,从而使其表面具有与内部不同的特殊性能。一般都是使表面获得高硬度、高疲劳极限以及耐磨、防腐蚀性能。

① 渗碳。将低碳钢工件放在大量含碳的固体(木炭粉和碳酸盐 $BaCO_3$ 或 Na_2CO_3 混合而成)或气体(天然气、煤气等)介质中,加热到 850 ~ 950 ℃,保温一段时间,使碳扩散到钢表面层内,使表面层的碳的质量分数达到 0.8% ~ 1.2% (即 $w(C) = 0.8\% \sim 1.2\%$)。再经淬火和低温回火,从而获得高硬度和耐磨性。

② 氮化。将钢件放入含有氮的介质或利用氨气加热分解的氮气中,加热到 500 ~ 620 ℃,持续保温 20 ~ 50 h,使氮扩散渗入钢件表面层内。经氮化处理的钢件不再经淬火便具有很高的表面层硬度及耐磨性,并大大提高疲劳极限、耐腐蚀性能及耐热性。

③ 氰化(气体碳、氮共渗)。氰化是将钢件放入含有氰盐或氰根的活性介质中,加热到 500 ~ 620 ℃(低温氰化)或 750 ~ 850 ℃(高温氰化),保温一定时间后使碳与氮同时扩散渗入到钢件表面层内。由于氰化物有剧毒,故现已逐渐使用气体碳氮共渗代替氰化。气体碳氮共渗工艺一般是将渗碳气体、氨气同时通入处理炉中,共渗温度为 860 ℃,保温 4 ~ 5 h。共渗层深度为 0.70 ~ 0.80 mm。气体碳氮共渗层不仅比渗碳层具有较高的耐磨性,而且兼有较高的疲劳强度、抗压强度。

2. 金属零件的表面处理

表面处理是使金属表面产生一层覆盖层,以达到防腐、改善性能及装饰的作用。通常分电镀、化学处理和涂漆三种。

(1)电镀。电镀是应用电解原理在某些金属(或非金属)表面镀上一薄层其他金属或合金的过程。

① 镀铬。适用于钢件、铜及铜合金件。镀铬层的化学稳定性高,外观颜色好,在潮湿的大气中能保持外观不变。铬层有很高的硬度和耐磨性。镀铬层经抛光后其反射系数可达 70% 左右。铬的深镀能力及扩散能力差,不宜镀形状复杂的零件。镀铬的成本较高。

② 镀镍。适用于钢、铜及铜合金、铝合金零件。镍具有较高的硬度(略低于铬)和良好的导电性;镀镍层呈黄白色,容易抛光;镍层有抵抗空气腐蚀的作用,也有抵抗碱和弱酸的作用。镍层易出现微孔;镍容易具有磁性,不适合镀防磁零件。镀镍主要用于装饰和某些导电元件的防腐。

③镀锌。镀锌是一种应用最广泛的电镀,适用于钢、铜及铜合金,镀层具有中等硬度,在大气条件下具有很高的防护性能,但在湿热性地带及海洋蒸汽地区,锌层的防腐性能比铬层低。镀锌的成本比镀铬、镀镍低。

(2)化学处理。金属零件表面的化学处理主要有氧化和磷化。氧化是使零件表面形成该金属的氧化膜,以保护金属不受侵蚀,并起美化作用;磷化是使金属表面生成一层不溶于水的磷酸盐薄膜,可以保护金属。

①黑色金属的氧化与磷化。氧化是将零件放入浓碱和氧化剂溶液中加热,使其表面生成一层约 0.6 ~ 0.8 μm 的 Fe_3O_4 薄膜。氧化多用于碳钢和低合金钢。氧化膜可呈黄、橙、红、紫、蓝、黑等颜色,一般要求为蓝黑或黑色,故氧化又称发蓝或发黑。黑色磷化膜的结晶很细,色泽均匀,呈黑灰色,厚度约为 2 ~ 4 μm,膜层与基体结合牢固,耐磨性强,所以黑色磷

化膜层的保护能力比氧化膜层的保护能力强。氧化与磷化都不会影响零件的尺寸精度。

② 铝及铝合金的阳极氧化。铝的氧化膜的化学性能十分稳定,膜层与基体结合牢固,提高了铝及铝合金的耐磨性及硬度,也提高了防腐蚀性能。铝及铝合金的阳极氧化还能染成不同的颜色,纯铝可以染成任何颜色,而硅铝合金只能染成灰黑色。

③ 铜及铜合金的氧化。铜的氧化膜层为黑色,在大气条件下容易变色。膜层不影响尺寸精度及表面粗糙度,它的耐磨能力不强。黄铜用氨液氧化后能获得良好的氧化膜层,膜层很薄,其表面不易附着灰尘。电解氧化层可得到较厚的膜层,性能比较稳定,但易附着灰尘。

（3）涂漆。涂漆是在零件或制品的表面涂上漆,使零件或制品表面与外界环境中的有害作用机械地隔开,并对零件、制品起装饰作用,有时还可起绝缘作用。

2.3.3 常用金属材料

1. 铸铁

铸铁是碳的质量分数大于 2.11% 的铁碳合金。工业上常用的铸铁一般碳的质量分数为 2.11% ~ 4.05%,此外,铸铁还含有硅(Si)、锰(Mn)、磷(P)、硫(S)等杂质。碳和硅是铸铁中最重要的元素,它们对铸铁的性能起着两方面的作用:一是使铸铁的熔点降低,增加了熔化状态下的流动性,可使复杂的铸件得以成型;二是碳与硅在铸铁凝固时,促使碳的成分自铁中以片状石墨的形式析出,使铸铁变成脆性材料,降低了抗拉强度。

铸铁具有许多优良的性能,如良好的铸造性(熔化状态的铸铁具有良好的流动性,能充满复杂的铸模)、耐磨性及切削加工性能,而且价格低廉,生产设备简单,有良好的吸振性等。因此,从生产的角度来看,它是应用最多的一种铁碳合金。

（1）灰口铸铁。碳在铸铁组织中以片状石墨的形态存在,断口呈灰色,故称灰口铸铁(简称灰口铁)。它的性能是软而脆,但具有良好的铸造性能、耐磨性、减振性和切削加工性。所以灰口铸铁常用于受力不大、冲击载荷小、需要减振或耐磨的各种零件,如机床床身、机座、箱壳、阀体等。灰口铸铁是生产中使用最多的一种铸铁。灰口铸铁的牌号用"HT"及最低抗拉强度的一组数字表示(如 HT150),表明它是最低抗拉强度为 150 MPa 的灰口铸铁。

（2）可锻铸铁。碳在铸铁组织中以团絮状石墨形态存在。它是由白口铸铁经长期高温退火而得的铸铁。团絮状石墨对金属基体的割裂作用较片状石墨小得多,所以有较高的力学性能,尤其是它的塑性、韧性较灰口铸铁有明显的提高。但可锻铸铁仍然不能进行锻造。常用来制造汽车、拖拉机的薄壳零件、低压阀门和各种管接头等。可锻铸铁牌号由"KT"及两组数字组成(如 KT300-06),表示它的最低抗拉强度为 300 MPa,断后伸长率 $A \geqslant 6\%$。

（3）球墨铸铁。碳在铸铁组织中以球状石墨形态存在。球化处理是在浇注前向一定成分的铁水中,加入一定数量的球化剂(镁或稀土镁合金)和墨化剂(硅铁或硅钙合金),使石墨呈球状,对基体的割裂作用及应力集中都大为减小,因而有较高的力学性能,抗拉强度甚至高于碳钢。因此广泛地应用于机械制造、交通、冶金等工业部门。目前,常用来制造汽缸套、曲轴、活塞等机械零件。球墨铸铁的牌号由"QT"及两组数字组成,两组数字仍分别表示最低抗拉强度和延伸率,例如 QT600-3,其最低抗拉强度为 600 MPa,断后伸长率 $A \geqslant 3\%$。

（4）合金铸铁。在铸铁中加入合金元素。例如,在铸铁中加入磷、铬、钼、铜等元素,可得到具有较高耐磨性的耐磨铸铁;在铸铁中加入硅、铝、铬等合金元素,可得到各种耐热铸铁;在铸件中加入铬(Cr)、钼(Mo)、铜(Cu)、镍(Ni)、硅(Si)等元素,可得各种耐蚀铸铁等。

它们主要应用于内燃机活塞环、水泵叶轮等耐磨、耐热、耐蚀的零件。

2. 碳素钢

通常把碳的质量分数在 0.02% ~2.11% 之间的铁碳合金称为钢(碳素钢)。实际应用的碳素钢或多或少地含有一些杂质,如硅(Si)、锰(Mn)、硫(S)、磷(P)等。碳素钢可以轧制成板材和型材,也可以锻造成各种形状的锻件,但锻件的形状一般比铸件简单。

杂质对碳素钢性能的影响如下。

硅、锰的影响:它们使钢的强度、硬度增加。在质量分数不大而仅作为杂质存在时($w(Si)=0.17\%$ ~0.37% ,$w(Mn)=0.5\%$ ~0.8%),对钢的影响不显著。此外,锰还可以减少硫对钢的危害性。

硫的影响:硫使钢的热加工性能降低,使钢在轧制或锻造时容易产生开裂现象。这种现象称为"热脆"。热脆性是十分有害的。

磷的影响:磷使钢的强度、硬度增加,而使钢的塑性、韧性显著降低,特别在低温时影响更为严重。这种现象称为"冷脆"。

但是,磷与硫化锰(MnS)可使切屑易断,在高速切削的条件下对刀具磨损较轻,且工件表面光洁,所以有一种称为"易切削钢"的钢中含磷、硫量较高。

(1) 普通碳素结构钢。普通碳素结构钢对化学成分要求不甚严格,碳、锰质量分数可在较大范围内变动,有害杂质磷、硫的允许质量分数相对较高。普通碳素结构钢的牌号是以钢的屈服强度(R_{eH})数值来划分的,并且还有质量等级和脱氧方法的细划分,共分为五类 20 种。牌号的表示方法是由屈服强度"屈"字汉语拼音的首位字母 Q、屈服强度数值、质量等级符号(A、B、C、D)、脱氧方法等四部分按顺序组成。

Q195、Q215 主要用于制造薄板、焊接钢管、铁丝和钉等。Q255 和 Q275 主要用于制造强度要求较高的某些零件,如拉杆、连杆、轴等。

(2) 优质碳素结构钢。对优质碳素结构钢的要求:既要保证力学性能,又要保证化学成分,且钢中的硫、磷等有害杂质较少。常用于制造比较重要的机械零件,一般要进行热处理。牌号用两位数字表示,这两位数字表示钢中平均碳的质量分数的万分数。例如,45 钢表示平均碳的质量分数为 0.45% 。

优质碳素钢根据碳的质量分数又可分为低碳钢($w(C)<0.25\%$ 以下)、中碳钢($w(C)=0.25\%$ ~0.60%)和高碳钢($w(C)>0.60\%$)。低碳钢强度低,而塑性、韧性好,易于冲压加工,主要用于制造受力不大、不需淬火的零件,如螺钉、螺母、冲压件和焊接件等。中碳钢强度较高,塑性和韧性也较好,一般需经正火或调质后使用,应用广泛,多用于制造齿轮、丝杠、连杆和各种轴类零件等。高碳钢热处理后具有高强度和良好的弹性,但切削性、淬透性和焊接性差,主要用于制造弹簧和易磨损的零件。

(3) 碳素铸钢。铸钢主要用于制造承受重载的大型零件,较少受尺寸、形状和质量的限制。铸钢的牌号以"ZG"表示,后面的两组数字分别表示其屈服强度最低值和抗拉强度最低值,如 ZG310-570。

(4) 碳素工具钢。通常指碳的质量分数为 0.65% ~1.35% 的高碳钢,对其要求为,既保证化学成分,又要符合规定的退火或淬火状态下的硬度。按质量分数,可分为普通碳素工具钢和高级优质碳素工具钢两种。碳素工具钢的牌号以"T"表示,后面的数字表示碳的质量分数的千分数。例如,T10 表示碳的质量分数为 1% 的普通碳素工具钢。高级优质钢的后面加注"A",如 T10A。

3. 合金钢

为了改善钢的性能,专门在钢中加入一种或数种合金元素的钢称为合金钢。常用的合金元素有:铬(Cr)、锰(Mn)、镍(Ni)、硅(Si)、铝(Al)、硼(B)、钨(W)、钼(Mo)、钒(V)、钛(Ti)、铌(Nb)、锆(Zr)和铼(Re)等。加入这些元素的目的在于使钢获得一般碳素钢达不到的性能,如硬度、强度、塑性和韧性等;提高耐磨、防腐、防酸性能;获得高弹性、高抗磁或导磁性等。下面对各种元素的影响做一简单介绍。

Mn 使钢增加硬度、强度和韧性,提高耐磨性和抗磁性。

Si 使钢增加弹性,略降低韧性,提高导磁性和耐酸性。

Ni 使钢提高强度、塑性及韧性,增强防腐性能,降低钢的线膨胀系数。

Cr 能提高钢的强度及硬度,略降低塑性与韧性,使钢具有高温时的防锈、耐酸能力。

Mo 能提高钢的强度与硬度,略降低塑性和韧性,它的最大特点是,使钢具有较高的耐热性。

V 能增加钢的硬度,提高塑性及韧性。加入少量的钒,可以使钢内无气泡,组织细密。

Ti 能使钢组织细化,使钢在高温下仍能保持相当高的强度,而且耐腐蚀。钛钢在航空领域、船舶制造中得到应用。

W 能使钢组织细化,提高钢的硬度。

B 少量地加入钢的组织中,可增加钢的淬透性。

合金钢按用途来分,一般可分为三大类:合金结构钢、合金工具钢和特殊性能钢。

(1) 合金结构钢。牌号以"两位数字+合金元素符号+数字"表示。前面的两位数表示碳的质量分数的万分数,合金元素符号后的数字表示该元素的质量分数,$w(C)<1.5\%$ 的元素,后面不加注数字。如 30SiMn2MoV,其成分为:$w(C)=0.26\% \sim 0.33\%$,$w(Mn)=1.6\% \sim 1.8\%$,$w(Si)$、$w(Mo)$、$w(V)$ 均小于 1.5%。

在机械制造中合金结构钢可分为以下四类:

① 渗碳钢。碳的质量分数为 $0.15\% \sim 0.25\%$ 的渗碳钢经渗碳淬火及低温回火后,主要用于表面耐磨并承受动力载荷的零件。如 20Cr、20Mn2 等,可用来制造齿轮、凸轮、轴、销等。

② 调质钢。碳的质量分数为 $0.25\% \sim 0.50\%$ 的调质钢主要经淬火及高温回火(调质处理)后,可用于制造高强度、高韧性的零件。如 40Cr、40Mn2 等,可用于制造主轴、齿轮等。

③ 弹簧钢。碳的质量分数为 $=0.60\% \sim 0.70\%$ 的弹簧钢经淬火及中温回火后应用,如 60Si2Mn 等,可用于制造各类弹性零件。

④ 轴承钢。碳的质量分数为 $0.95\% \sim 1.10\%$ 的轴承钢经淬火及低温回火后(如 GCr15 等(碳的质量分数为 $1.3\% \sim 1.65\%$)),主要用于制造滚珠、滚柱、套圈、导轨等。

上述各类钢的成分及牌号繁多,可参考材料手册选用。

(2) 合金工具钢。合金工具钢按用途分为刀具钢、模具钢和量具钢三类。

① 刀具钢。刀具钢可制造各种刀具。刀具的硬度必须大大高于被加工材料的硬度时,才能进行切削,切削金属所用刀具的硬度一般都在 60 HRC 以上。它的碳的质量分数一般为 $0.6\% \sim 1.5\%$。此外,还要求有高的耐磨性和热硬性,以保证工作寿命和性能。如 W18Cr4V 等,用于制造车、铣、刨刀等。

② 模具钢。模具钢按使用要求,可分为热模具钢(用于热锻模、压铸模)和冷模具钢(用于落料模、冷冲模、冷挤压模)两种。热模具钢常用 5CrMnMo 钢和 5CrNiMo 钢。冷模具

钢常用 Cr12 钢和 Cr12MoV 钢等。

③ 量具钢。量具钢要求有一定的硬度及耐磨性,经热处理后不易变形,而且有良好的加工工艺性。块规可用于变形小的钢,如 CrWMn 钢等。简单的量具、量规可用 9SiCr 钢等。

(3) 特殊性能合金钢。特殊性能合金钢是指具有特殊的物理性能、化学性能的钢,如不锈钢、耐热钢等。

① 不锈钢。在腐蚀介质中具有高的抗腐蚀性能的钢称为不锈钢,它可抵抗空气、水、酸、碱类介质和其他介质的腐蚀。常用的铬不锈钢有 1Cr13、2Cr13、3Cr13、4Cr13 等;铬镍不锈钢有 0Cr18Ni9、1Cr18Ni9Ti、1CrNi9 等。

② 耐热钢。这种钢具有抗高温氧化性能和高温下强度较高的性能。常用的耐热钢有 1Cr5Mo、4Cr9Si2、0Cr18Ni13Si4、4CrNi14W2Mo 等。

4. 有色金属材料

与钢铁相比,有色金属的强度较低。应用它的目的主要是利用其某些特殊的物理化学性能,如铝、镁、钛及其合金密度小,铜、铝及其合金导电性好,镍、钼及其合金能耐高温等。因此,工业上除大量使用黑色金属外,有色金属也得到广泛的应用。有色金属及其合金种类繁多,一般工业部门最常用的有铜及其合金、铝及其合金、滑动轴承合金等。

(1) 铝及其合金。纯铝显著的特点是密度小(约为铁的 1/3),导电性和塑性好,在空气中有良好的耐蚀性,但强度和硬度低。纯铝主要用做导电材料或制造耐蚀零件,而不能用于制造承载零件。

铝中加入适量的铜、镁、硅、锰等元素即构成铝合金。它有足够的强度、较好的塑性和良好的抗腐蚀性,且多数可以热处理强化。所以要求质量轻、强度高的零件多用铝合金制造。

铝合金分为形变铝合金和铸造铝合金两大类。

形变铝合金具有较高的强度和良好的塑性,可通过压力加工制作各种半成品,可以焊接。主要用做各类型材和制造结构件,如发动机机架、飞机大梁等。形变铝合金又分为防锈铝合金(代号为 LF)、硬铝合金(代号为 LY)、超硬铝合金(代号为 LC)和锻铝合金(代号为 LD)等。

铸造铝合金包括铝镁、铝锌、铝硅、铝铜等合金。它们有良好的铸造性能,可以铸成各种形状复杂的零件。但塑性低,不宜进行压力加工。应用最广的是硅铝合金,称为硅铝明。各类铸造铝合金的代号均以"ZL"(铸铝)加三位数字组成,第一位数字表示合金类别,第二、三位数字是顺序号。

(2) 铜及其合金。纯铜外观呈紫红色,又称紫铜。因它是用电解法获得的,故又名电解铜。纯铜具有很高的导电性和导热性,塑性好,但强度低,主要用于各种导电材料。工业上大多使用铜合金,分为青铜和黄铜两大类。

① 黄铜。以铜和锌为主组成的合金统称黄铜。强度、硬度和塑性随锌的质量分数的增加而升高,$w(Zn) = 30\% \sim 32\%$ 时,塑性达最大值,$w(Zn) = 45\%$ 时,强度最高。除了铜和锌以外,再加入少量其他元素的铜合金叫特殊黄铜,如锡黄铜、铅黄铜等。黄铜一般用于制造耐蚀和耐磨零件,如弹簧、阀门、管件等。

黄铜的牌号用"黄铜"或"H"与后面两位数字来表示。数字表示含铜量,其余为锌。例如 H65 表示 $w(Cu) = 65\%$,$w(Zn) = 35\%$。特殊黄铜则在牌号中标出合金元素的含量。例如,HSn90-1 表示 $w(Cu) = 90\%$,$w(Sn) = 1\%$,其余为锌的黄铜。

② 青铜。青铜是以除锌和镍以外元素为主要元素的铜合金。青铜有锡青铜和无锡青铜之分。铜与锡组成的合金称为锡青铜。锡青铜有良好的力学性能、铸造性能、耐蚀性和减摩性，是一种很重要的减摩材料。主要用于摩擦零件和耐蚀零件的制造（如蜗轮、轴瓦等）以及在水、水蒸气和油中工作的零件。

除锡以外的其他合金元素与铜组成的合金，统称为无锡青铜。主要包括铝青铜、铍青铜、铅青铜等，它们通常作为锡青铜的廉价代用材料使用。

压力加工青铜的牌号以"Q"为代号，后面标出主要元素的符号和质量分数，如 QSn4-3 表示 $w(Sn) = 3.5\% \sim 4.5\%$，$w(Zn) = 2.7\% \sim 3.3\%$，其余为铜。铸造铜合金的牌号用"ZCu"及合金元素符号和质量分数组成。如 ZCuSn5Pb5Zn5，表示锡、铅、锌的质量分数各为 $4\% \sim 6\%$，其余为铜。

（3）轴承合金。轴承合金是用来制造滑动轴承轴瓦（或轴承衬）的特定材料。轴承合金的材料主要是有色金属合金，这些合金可根据其中含量较多的元素来分类，应用比较广泛的轴承合金有锡基轴承合金（如 ZSnSb12Pb10Cu4）、铅基轴承合金（如 ZPbSb16Sn16Cu2）等。这两种轴承合金，习惯上称为巴氏合金。轴承合金常在铸态下使用。

2.3.4　常用非金属材料

随着生产的发展，非金属材料的应用日益广泛。非金属材料的种类繁多，本节只简介工程结构和机械零件使用的工程塑料、工业陶瓷和复合材料。

1. 工程塑料

塑料是以高分子聚合物（通常称为树脂）为基础，加入一定添加剂，在一定温度、压力下可塑制成型的材料。按塑料的应用范围，可分为通用塑料、工程塑料和耐高温塑料等。工程塑料是指常在工程技术中用做结构材料的塑料。它们的机械强度高并具有质轻、绝缘、减摩、耐磨或耐热、耐腐蚀等特种性能，而且成型工艺简单，生产效率高，是一种良好的工程材料。因而可代替金属制作某些机械零件或作其他特殊用途。

常用工程塑料种类甚多，如聚酰胺（PA，商业上称为尼龙或锦纶）、聚甲醛（POM）、ABS塑料、聚碳酸酯（PC）等。

2. 工业陶瓷

陶瓷是用天然或人工合成的粉状化合物（由金属元素和非金属元素形成的无机化合物），经过成形和高温烧结制成的多相固体材料。

以天然硅酸盐矿物（如黏土、长石、石英等）为原料制成的陶瓷称为普通陶瓷或传统陶瓷；用纯度高的人工合成原料（如氧化物、氮化物、碳化物、硅化物、硼化物、氟化物等）制成的陶瓷称为特种陶瓷或现代陶瓷。现代陶瓷具有独特的物理、化学、力学性能，如耐高温、抗氧化、耐腐蚀、高温强度高，但几乎不能产生塑性变形，脆性大。它是一种高温结构材料，可制作切削刀具、高温轴承、泵的密封圈等。

3. 复合材料

复合材料是两种或两种以上不同性质的原材料用某种工艺方法组成的多相材料。目前复合材料常以树脂、橡胶、陶瓷和金属为基体相，以纤维、粒子和片状物为增强相，从而构成不同的复合材料。

（1）玻璃纤维增强树脂基复合材料（增强塑料）。由玻璃纤维与树脂组成的复合材料称为增强塑料。增强塑料集中了玻璃纤维和树脂的优点,具有较高的比强度、良好的绝缘性和绝热性,它们加工方便,生产率高,目前已被大量采用。主要用于制作航空、汽车、车辆、船舶和农机中要求质量小、强度高的零件,也用于电机、电器上的绝缘零件和薄壁压力容器的制作等。

(2) 层合复合材料。层合复合材料是由两层或两层以上不同材料结合而成的。其目的是更为有效地发挥各层材料的优点,获得最佳性能的组合。常见的层合复合材料有双层金属复合材料和塑料-金属多层复合材料。

双层金属复合材料是最简单的层合复合材料,它是通过胶合、熔合、铸造、热轧、钎焊等方法将不同性质的金属复合在一起的。它可以是普通钢与不锈钢或其他合金钢的复合,也可以是钢与有色金属的复合。这样既能满足零件对心部的要求,又能满足对表层的要求,可节约贵重金属,降低成本。

塑料-金属多层复合材料以 SF 型三层复合材料为例,它以钢板为基体,以烧结钢网或多孔青铜为中间层,以聚四氟乙烯或聚甲醛塑料为表层,构成具有高承载能力的减摩自润滑复合材料。它的物理、机械性能取决于钢基体,减摩和耐磨性能取决于塑料表层,中间层是为了获得高的黏结力和储存润滑油。目前应用较多的材料有 SF-1(以聚四氟乙烯为表面层)和 SF-2(以聚甲醛为表面层)。

2.3.5　选用材料的一般原则

要保证机器在工作中能正常运行,并有一定的工作寿命,除了工作原理及结构设计等合理外,还应使其零件材料选择合理。材料选择是一个复杂的决策问题,需要在掌握工程材料理论及其应用知识的基础上,明确限制条件,进行具体分析,进行必要的试验和选材方案的对比,最后才能确定选材方案。材料选择一般根据以下几个基本原则:

1. 使用性原则

若零件尺寸取决于强度,且尺寸和质量又有所限制时,则应选用强度较高的材料;若零件尺寸取决于刚度,则应选用弹性模量较大的材料(如调质钢、渗碳钢等);在滑动摩擦下工作的零件,应选用减摩性能好的材料;在高温下工作的零件应选用耐热材料;在腐蚀介质中工作的零件应选用耐腐蚀材料等。

2. 工艺性原则

用金属制造零件的方法基本上有四种:铸造、压力加工(锻造、冲压)、焊接和机械切削加工(车、铣、刨、磨、钻等)。热处理是作为改善机械加工性能和保证零件的使用性能而安排在有关工序间进行的工艺。采用何种加工方法,取决于对零件的要求及生产批量。

壳体、底座等形状比较复杂的零件适合用铸造方法制造,其材料应选用铸铁、铸铝、铸造钢合金。

单件生产或结构复杂的壳体,可用板材冲压成元件后焊接而成。

一些较小的齿轮和轴等回转体零件,大多直接用金属棒料或线材加工,因此可选用钢、铜合金及铝合金等材料。

某些薄壁和具有一定深度或高度的零件,如批量很大,可以采用黄铜、铝、低碳钢等塑性较好的材料,用压力加工的方法成型。较大的钢结构零件,不便采用棒料及板料直接加工,可选用锻造毛坯,选用适于压力加工及切削加工的材料。此时不宜选合金钢。

第 2 章
机械设计概论　　　21

在小批量生产,特别是单件生产时,工艺性能的好坏并不突出,而在大量生产时,加工工艺有时可以成为决定性的因素。此时必须选择适合加工方法的材料,以保证达到所要求的机械性能及必要的生产率。

3. 经济性原则

在满足使用要求的前提下,选用材料时还应注意降低零件的总成本。零件的总成本包括材料本身的价格和加工制造的费用。各种金属之间的价格差距是十分明显的。合金钢比碳素钢贵,有色金属比黑色金属价格高,而铜合金及特殊的合金工具钢则因其冶炼加工中的特殊要求而价格昂贵。我国铜资源较少,必须注意节约使用。

机械化、自动化的生产对材料的加工性能及尺寸规格的一致性要求十分严格,因此不能轻易采用劣质材料来达到降低成本的目的。否则,严重时有可能破坏生产设备,所以片面追求材料成本低廉有时反而增加总成本。

另一方面,单件和小批量生产的劳动成本占总成本的大部分,材料成本变得次要了。此时采用较贵的高质量材料来加工制造是合算的。

2.4　极限与配合

2.4.1　概述

1. 互换性的基本概念

互换性是指同一品种规格的一批零部件具有可以相互替换的性能。互换性体现了产品生产的三个过程:零部件在制造时按同一尺寸规格要求,装配时不需要选择或附加修配,装配成机器后能保证预定的使用性能要求。例如,一辆汽车由 1 万多个零件装配而成。其中相当多的零件是由数百家专业工厂生产的,不需要经过任何修配,就可以装到汽车上。手表中的摆轮坏了,只要换上一个同一种机芯的新摆轮,手表就能恢复正常工作。不同工厂生产的零件之所以能够协调地装在一台机器上正常工作,是因为这些零件具有互换性的缘故。

若从同一规格的一批零件中任取一件,不经任何修配就能装到部件或机器上,而且能满足规定的性能要求,则这种互换性称为完全互换。若把一批两种互相配合的零件分别按尺寸大小分为若干组,在一个组内零件才具有互换性;或者虽不分组,但需做少量修配和调配工作,才具有互换性,这种互换性称为不完全互换。

从广义上讲,互换性不仅包含零部件的几何参数,而且包括物理、化学性能等因素。特别是近年来,互换性生产已发展到一个新阶段,它已经超越了机械工业的范畴,扩大到微电子等许多行业。例如,电子元件中的芯片,其插脚和插座之间也存在互换性的问题。但是,本节所指的互换性,仅限于几何参数(零件的尺寸、形状、相互位置)的互换性。

2. 互换性的作用

(1) 有利于组织专业化生产。例如,专门的齿轮厂、活塞厂分别生产各种型号的齿轮、活塞,就可以采用先进的专用设备和工艺方法,有利于实现加工和装配过程的机械化、自动化,取得高效率、高质量、低成本的综合效果。

(2) 产品设计时可采用标准的零部件、通用件,简化了设计和计算,缩短了设计周期。

(3) 设备修理时由于能迅速更换配件,因而减少了修理时间和费用,同时也能保证设备原有的性能。

3.误差与公差

（1）误差与精度的概念。要把零件制造成绝对准确是不可能的，也是不必要的。要满足零件互换性的要求，只要对其几何参数加以限制，允许它在一定范围内变化就可以了。

误差:实际生产中，由于工艺系统相关因素的影响，机械零部件的实际几何参数与理想几何参数的差异。误差是在零件加工过程中实际产生的。加工误差的大小反映了加工精度的高低，故精度可用误差大小来表示。

（2）零件几何参数误差的种类。

① 尺寸误差。零件实际尺寸与理想尺寸之差。

② 几何形状误差。零件几何要素的实际形状与理想形状之差。

③ 位置误差。零件几何要素的实际位置与理想位置之差。

（3）公差。公差是零件几何参数允许的变动范围。尺寸公差就是零件尺寸允许的变动范围;形状公差、位置公差分别是零件几何要素的形状和位置允许的变动范围。公差是产品设计时给定的。

2.4.2 尺寸公差与配合

1.极限与配合的术语和定义

（1）尺寸。尺寸是用特定单位表示线性尺寸值的数值，如直径、长度、宽度、高度、深度等。在技术图样中和一定范围内，已注明共同单位（如在尺寸标注中，以 mm 为通用单位）时，均可只写数字，不写单位。

① 公称尺寸。公称尺寸是由图样规范确定的理想形状要素的尺寸。公称尺寸是计算极限尺寸和极限偏差的起始尺寸。孔和轴配合的公称尺寸相同，分别用 D 和 d 表示。

② 实际(组成)要素。实际(组成)要素是通过测量所得的尺寸。由于存在测量误差，所以实际(组成)要素并非尺寸的真值。同时，由于形状误差等影响，在零件同一表面的不同部位上，其实际(组成)要素也往往是不等的。

③ 极限尺寸。极限尺寸是允许尺寸变化的两个极限值。两个极限尺寸中较大的一个称为上极限尺寸，较小的一个称为下极限尺寸。孔和轴的上、下极限尺寸分别为 D_{max}、d_{max} 和 D_{min}、d_{min}，如图 2.3 所示。

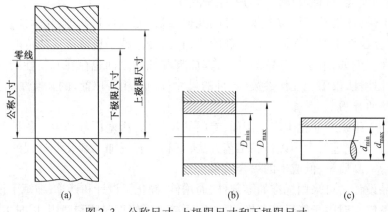

图2.3 公称尺寸、上极限尺寸和下极限尺寸

(2) 尺寸偏差与公差。

① 尺寸偏差。尺寸偏差是某一尺寸减其公称尺寸所得的代数差,简称偏差。偏差包括极限偏差与实际偏差,而极限偏差又分为上极限偏差和下极限偏差,上极限偏差是上极限尺寸减其公称尺寸所得的代数差,用代号 ES(孔)、es(轴)表示;下极限偏差是下极限尺寸减其公称尺寸所得的代数差,用代号 EI(孔)、ei(轴)表示。实际偏差为实际(组成)要素减其公称尺寸所得的代数差。偏差可以为正值、负值或零值。孔和轴的上极限偏差、下极限偏差用公式表示为

$$ES = D_{max} - D \tag{2.6}$$

$$EI = D_{min} - D \tag{2.7}$$

$$es = d_{max} - d \tag{2.8}$$

$$ei = d_{min} - d \tag{2.9}$$

② 尺寸公差。允许尺寸的变动量称为尺寸公差,简称公差。公差等于上极限尺寸与下极限尺寸之差,也等于上极限偏差与下极限偏差的代数差。孔和轴的公差分别用 T_D 和 T_d 表示

$$T_D = |D_{max} - D_{min}| = |D_{min} - D_{max}| \tag{2.10}$$

或 $$T_D = |ES - EI| = |EI - ES| \tag{2.11}$$

$$T_d = |d_{max} - d_{min}| = |d_{min} - d_{max}| \tag{2.12}$$

或 $$T_d = |es - ei| = |ei - es| \tag{2.13}$$

③ 零线与公差带。由于公差及偏差的数值与尺寸数值相比,差别很大,不便使用同一比例尺表示,故采用公差与配合图解(简称公差带图解),如图 2.4 所示。

在公差带图中,确定偏差的一条基准直线即零偏差线,简称零线。通常零线表示公称尺寸,正偏差位于零线的上方,负偏差位于零线的下方。

在公差带图中,由代表上、下极限偏差的两条直线所限定的一个区域称为公差带。

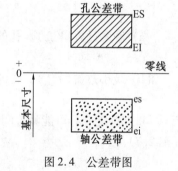

图 2.4   公差带图

在国家标准中,公差带包括了"公差带大小"与"公差带位置"两个参数,前者由标准公差确定,后者由基本公差确定。

(3) 配合。配合是指公称尺寸相同、相互结合的孔和轴公差带之间的关系(图 2.4)。

配合的有关概念、术语、定义等,不仅适用于圆截面的孔和轴,而且也适用于其他内、外包容面与被包容面,如键槽与键的配合。

在机器中,不同孔与轴的配合有不同的松紧要求。松紧的程度是用间隙和过盈的大小表示的。所谓间隙或过盈,就是孔的尺寸与轴的尺寸的代数差,此差值为正时是间隙;为负时是过盈。

国家标准将配合分为下列三大类:

① 间隙配合。具有间隙(包括最小间隙等于零)的配合。其特点是孔的公差带在轴的公差带之上(图 2.5)。

(a) 最大间隙(X_{max})。孔的上极限尺寸与轴的下极限尺寸的代数差,即

$$X_{max} = D_{max} - d_{min} \tag{2.14}$$

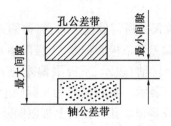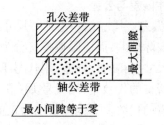

图 2.5   间隙配合

（b）最小间隙（X_{min}）。孔的下极限尺寸与轴的上极限尺寸的代数差，即

$$X_{min} = D_{min} - d_{max} \tag{2.15}$$

② 过盈配合。具有过盈（包括最小过盈等于零）的配合。其特点为孔的公差带在轴的公差带之下（图 2.6）。

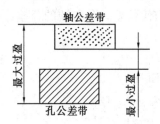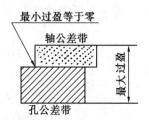

图 2.6   过盈配合

（a）最大过盈（Y_{max}）。孔的下极限尺寸与轴的上极限尺寸的代数差，即

$$Y_{max} = D_{min} - d_{max} \tag{2.16}$$

（b）最小过盈（Y_{min}）。孔的上极限尺寸与轴的下极限尺寸的代数差，即

$$Y_{min} = D_{max} - d_{min} \tag{2.17}$$

③ 过渡配合。可能具有间隙或过盈的配合。此时，孔的公差带与轴的公差带相互交叠（图 2.7）。

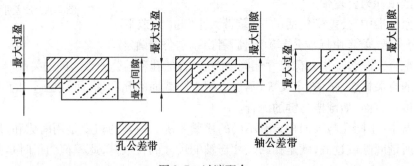

图 2.7   过渡配合

④ 配合公差。允许间隙或过盈的变动量称为配合公差，用 T_f 表示。对间隙配合，它等于最大间隙与最小间隙代数差的绝对值；对过盈配合，它等于最小过盈与最大过盈代数差的绝对值；对过渡配合，它等于最大间隙与最大过盈代数差的绝对值。上述关系可用公式表示

$$T_f = |X_{max} - X_{min}| = |X_{min} - X_{max}| \tag{2.18}$$

$$T_f = |Y_{min} - Y_{max}| = |Y_{max} - Y_{min}| \qquad (2.19)$$

$$T_f = |X_{max} - Y_{max}| = |Y_{max} - X_{max}| \qquad (2.20)$$

配合公差亦等于孔公差与轴公差之和,即

$$T_f = T_D + T_d \qquad (2.21)$$

2. 标准公差与基本偏差

(1)标准公差。新国家标准规定的标准公差 IT 是用公差等级系数 a 与公差单位 i 的乘积值来确定的,即

$$IT = ai$$

在公称尺寸一定的情况下,公差等级系数 a 是决定标准公差大小的唯一参数。a 的大小在一定程度上反映出加工方法的难易程度。

根据公差等级系数的不同,新国家标准将标准公差分为 20 级,即 IT01、IT0、IT1、IT2、…、IT18。IT 表示标准公差,即国际公差(ISO Tolerance)的缩写代号。标准公差等级代号用符号 IT 和阿拉伯数字表示,如 IT7 代表标准公差 7 级。从 IT01 ~ IT18,等级依次降低,而相应的标准公差值依次增大,其具体计算公式见表 2.4。

表 2.4 $D \leqslant 500$ mm 各级标准公差的计算公式

公差等级	公式	公差等级	公式	公差等级	公式
IT01	$0.3 + 0.008D$	IT5	$7i$	IT12	$160i$
IT0	$0.5 + 0.012D$	IT6	$10i$	IT13	$250i$
IT1	$0.8 + 0.020D$	IT7	$16i$	IT14	$400i$
IT2	$(IT1)\left(\dfrac{IT5}{IT1}\right)^{1/4}$	IT8	$25i$	IT15	$640i$
		IT9	$40i$	IT16	$1\,000i$
IT3	$(IT1)\left(\dfrac{IT5}{IT1}\right)^{1/2}$	IT10	$64i$	IT17	$1\,600i$
IT4	$(IT1)\left(\dfrac{IT5}{IT1}\right)^{3/4}$	IT11	$100i$	IT18	$2\,500i$

注:式中 D 为公称尺寸段的几何平均值(mm);i 为标准公差因子,$i = 0.45\sqrt[3]{D} \pm 0.001D$

由该表可以看出,从 IT6 ~ IT18 级,a 值按 R5 优先数系增加,公比为 $\sqrt[5]{10} = 1.6$,所以每隔 5 个等级公差值增加 10 倍。

尺寸不大于 500 mm、IT5 以下各级的标准公差值,主要考虑测量误差,其公差计算采用线性关系式,按表 2.4 计算。其中,IT2 ~ IT4 的公差值大致在 IT1 ~ IT5 的公差值之间,近似按几何级数分布。

根据标准公差计算公式,每有一个公称尺寸就应该有一个相应的公差值。但在生产实践中,公称尺寸是有很多的,这样就会形成一个极为庞大的公差数值表,反而给生产带来很多困难。为了减小公差数目、统一公差值、简化公差表格和便于应用,新国家标准对公称尺寸进行了分段。尺寸分段后,对同一尺寸分段内的所有公称尺寸,在公差等级相同的情况下规定相同的标准公差。

(2)基准制。所谓基准制,就是以两个相配零件中的一个零件为基准件,并选定标准公差带,然后按使用要求的最小间隙(或最小过盈)确定非基准件的公差带位置,从而形成各

种配合的一个制度。国标规定了两种等效的基准制:基孔制和基轴制,并规定了应优先选用的基孔制。

① 基孔制。基孔制是基本偏差固定不变的孔公差与不同基本偏差的轴公差带形成各种配合的一种制度。基孔制的孔为基准孔,其下极限偏差为零。基准孔的代号为"H"。

② 基轴制。基轴制是基本偏差固定不变的轴公差与不同基本偏差的孔公差带形成各种配合的一种制度。基轴制的轴为基准轴,其上极限偏差为零,基准轴的代号为"h"。

根据孔、轴公差带相对位置的不同,两种基准制都可形成间隙配合、过渡配合和过盈配合三类配合,如图 2.8 所示。

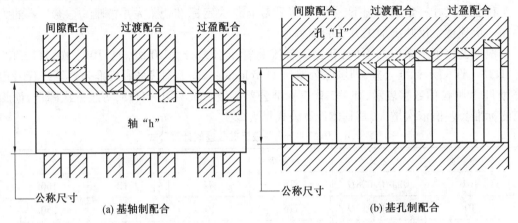

图 2.8　基孔制和基轴制配合

③ 基孔制与基轴制的选用。用基孔制或基轴制都可以得到松紧程度不同的配合,但工作量和经济效果是不同的。若采用基轴制来实现,则以轴为基准件,然后做出若干基本尺寸相同而极限尺寸不同的孔与基准轴配合。但是,孔比轴要难加工得多,尤其是精密孔的加工,需要多种基本尺寸相同而极限尺寸不同的刀具(如铰刀、拉刀等)和塞规。这样不仅非常麻烦,而且制造成本会很高,所以一般情况下应优先选用基孔制。

少数情况下采用基轴制是有利的。图 2.9(a)所示为活塞、连杆套与活塞销配合的情况。设计上要求销的两端 1 和 3 与活塞销孔之间为过渡配合;销的中部 2 与连杆套孔之间为间隙配合。若采用基孔制,则活塞销的形状必须呈两头大中间小的哑铃形(图 2.9(b)),这将给装配带来困难。而改用基轴制,则问题就迎刃而解了(图 2.9(c))。在下列情况下选用基轴制。

(a) 同一基本尺寸的某一段轴,必须与几个不同配合的孔结合。

(b) 用于某些等直径长轴的配合。这类轴可用冷轧棒料不经切削直接与孔配合。这时采用基轴制有明显的经济效益。

(c) 用于某些特殊零部件的配合,如滚动轴承的外圈与基座孔的配合;键与键槽的配合等。

(3) 基本偏差。

① 基本偏差的概念。公差带图上的公差带是由公差带的大小和公差带的位置两个要素组成的,前者由标准公差确定;后者由基本偏差确定。

图 2.9 活塞、连杆套与活塞销的连接

基本偏差用于确定公差带相对零线位置的上偏差或下偏差,一般为靠近零线的那个偏差。当公差带位于零线上方时,其基本偏差为下偏差;当公差带位于零线下方时,其基本偏差为上偏差。公差带相对于零线的位置,按基本偏差的大小和正负号确定,原则上与公差等级无关。例如,三根直径为 $\phi40$ mm 的轴,公差等级均为 IT6,标准公差为 16 μm,图 2.10 表示了三种不同的公差带位置。

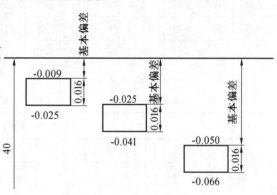

图 2.10 位置不同的公差带

② 基本偏差的代号。基本偏差系列的代号用拉丁字母及其顺序表示。孔用大写字母表示;轴用小写字母表示。在 26 个拉丁字母中只用了 21 个,其中 I,L,O,Q,W(i、l、o、q、w)5 个字母因为容易与其他符号混淆而舍弃不用。此外,另增加 7 个由双字母表示的代号,即 CD,EF,FG,JS,ZA,ZB,ZC(cd,ef,fg,js,za,zb,zc),共计 28 个基本代号。它们在公差带图上的位置分布如图 2.11 所示。

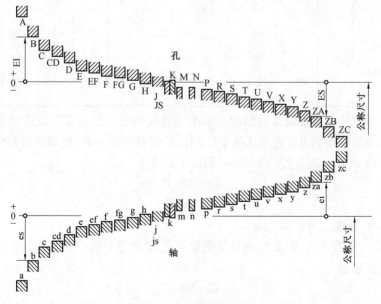

图 2.11 基本偏差系列

　　国标规定在各个公差等级中,以完全对称于零线分布的 JS 和 js 取代近似对称于零线分布的 J 和 j。

　　孔和轴的基本偏差数值见表 2.5 和表 2.6。

表 2.5　孔的基本偏差　　　　　　　　　（摘自 GB/T1800.1—2009）

基本尺寸/ mm		下 偏 差 EI/μm				上 偏 差 ES/μm					Δ 值/μm		
		所有标准公差等级				IT6	IT7	IT8	≤ IT8	>IT8	标准公差等级		
大于	至	F	G	H	JS	J			N		IT6	IT7	IT8
10	18	+16	+6	0	偏差 = $\pm\dfrac{IT_n}{2}$	+6	+10	+15	−12+Δ	0	3	7	9
18	30	+20	+7	0		+8	+12	+20	−15+Δ	0	4	8	12
30	50	+25	+9	0		+10	+14	+24	−17+Δ	0	5	9	14
50	80	+30	+10	0		+13	+18	+28	−20+Δ	0	6	11	16
80	120	+36	+12	0		+16	+22	+34	−23+Δ	0	7	13	19

表 2.6　轴的基本偏差　　　　　　　　　（摘自 GB/T1800.1—2009）

基本尺寸/ mm		上 偏 差 es/μm				下 偏 差 ei/μm							
		所有标准公差等级				IT5 和 IT6	IT7	IT4 至 IT7	≤ IT3 或 > IT7	所有标准公差等级			
大于	至	e	f	g	h	j		k		m	n	p	r
10	18	−32	−16	−6	0	−3	−6	+1	0	+7	+12	+18	+23
18	30	−40	−20	−7	0	−4	−8	+2	0	+8	+15	+22	+28
30	50	−50	−25	−9	0	−5	−10	+2	0	+9	+17	+26	+34
50	65	−60	−30	−10	0	−7	−12	+2	0	+11	+20	+32	+41
65	80												+43
80	100	−72	−36	−12	0	−9	−15	+3	0	+13	+23	+37	+51
100	120												+54

　　③ 公差带中另一极限偏差的确定。基本偏差仅确定了公差带靠近零线的那一个极限偏差,另一个极限偏差则由公差等级决定。如公差带在零线上方,则基本偏差仅确定了孔或轴的下偏差(EI 或 ei),而偏差(ES 或 es)则由下式求出

$$ES = EI + IT \tag{2.22}$$

$$es = ei + IT \tag{2.23}$$

式中　　IT——标准公差数值(μm)。

　　如公差带在零线下方,则基本偏差仅确定了孔或轴的上偏差(ES 或 es),其下偏差(EI 或 ei)则由下式求出

$$EI = ES − IT \tag{2.24}$$

$$ei = es − IT \tag{2.25}$$

由此可见,基本偏差与公差等级原则上无关,但是另一极限偏差则与公差等级有关。例如,三根直径为 $\phi40$ mm 的轴,其基本偏差均相同(es = -9 μm),由于三者公差等级不同(分别为 g5、g6、g7),标准公差分别为 11 μm、16 μm、25 μm,所以其下偏差的数值分别为 20 μm、25 μm、34 μm(图2.12)。

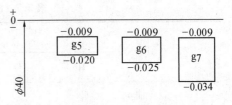

图 2.12　极限偏差与公差等级的关系

3. 极限与配合在图上的标注

图 2.13(a)中的"$\phi60^{+0.046}_{0}$"的含义为直径的基本尺寸是 60 mm 的孔,上偏差为 +0.046 mm,下偏差为零。图 2.13(b)中的"$\phi60^{-0.030}_{-0.060}$"的含义为直径的基本尺寸是 60 mm 的轴,上偏差为 -0.030 mm,下偏差是 -0.060 mm。带有基本偏差和公差等级的标注时,H8、f7 分别表示 8 级基准孔和 7 级 f 配合的轴。

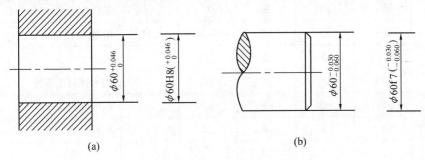

(a)　　　　　　　　　　　(b)

图 2.13　孔、轴公差带在图纸上的标注

在装配图上,公差与配合则需按图 2.14 所示标注。$\dfrac{H8}{f7}$ 表示基孔制 8 级基准孔与 7 级 f 配合的轴相结合。

4. 极限与配合的选用

(1)公差等级的选用。合理地选用公差等级,是保证机器工作性能和寿命的重要因素,同时也对生产成本和生产效率有重要影响。由图 2.15 可知,如果把公差等级从 IT7 提高到 IT5,相对成本提高近 1 倍。

(2)配合的选用。配合选择的合理与否,对保证机器的工作性能至关重要。例如对液压换向阀,既要求密封性好,又要求相对移动灵活。如间隙过大,满足了后者,则不能保证前者;如间隙过小,则出现相反的情况。因此,选择相对合理的配合,经常成为设计中的关键问题。

配合的选择一般采用类比法,即参照以往的经验来选用,故也称经验法。表 2.7 表示常用配合形式的分类和组合(即孔与轴的结合),可从中了解其应用特点。

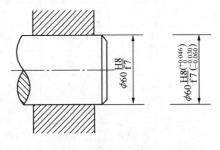

图 2.14　配合公差带在装配图上的标注

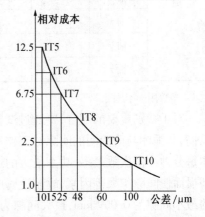

图 2.15　公差等级与相对成本的关系

表 2.7　配合形式的分类和组合

分类		孔				摘　要
		H6	H7	H8	H11	
间隙配合	轴 a					间隙很大
	轴 b					一般极少用
	轴 c		c8	c9	c11	大间隙特别松的转动配合
	轴 d		d8	d8/d10	d11	松转动配合
	轴 e	e7	e8	e8/e9		易运转配合
	轴 f	f6	f7	f8		转动配合
	轴 g	g5	g6	(g7*)		紧转配合
	轴 h	h5	h6	h7/h8	h11	滑合
过渡配合	轴 j*	j5	j6	j7		推合
	轴 k	k5	k6	k7		用木锤轻击连接
	轴 m	m5	m6	m7		用铜锤打入
	轴 n		n6	n7		用轻压力连接
			p7			
			r7			
		n5				
过盈配合	轴 p	p5	p6			轻压入
	轴 r	r5	r6			压入
	轴 s	s5	s6	s7		重压入
	轴 t	t5	t6	t7		
	轴 u	u5	u6	u7		重压入或热装
	轴 v					
	轴 x					
	轴 y					
	轴 z					过盈量依次增大,一般不推荐

* 多数用 js 代替 j。

对于特别重要的配合,要通过试验来确定。例如,在矿山、土建工程中应用非常广泛的风镐,其锤体与筒壁间的间隙对工作性能有决定性的影响。通过试验得出:耗风量最小,锤体每分钟冲击次数最多,功率最大的最佳间隙为 0.03 ~ 0.09 mm。设计时考虑到使用后因磨损而使间隙扩大等因素,故制造时应采用较小的间隙,按国标选取 $\phi38H7/g6$。这种配合的最小间隙为 0.009 mm,最大间隙为 0.05 mm。其他(如制冷压缩机中)的重要配合都是通过试验确定的。

2.4.3　表面结构

表面结构是机械零件在机械加工过程中,由于刀痕、材料的塑性变形、工艺系统的高频振动、刀具与被加工表面的摩擦等原因引起的表面微观几何形状特性。它对机械零件的配合性能、耐磨性、抗腐蚀性、接触刚度、抗疲劳强度、密封性等都有影响,因此机械零件的所有表面都要标注表面结构。

1. 表面结构的粗糙度基本参数及代号、数值

(1) 轮廓算术平均偏差 Ra。它是在取样长度内轮廓偏差绝对值的算术平均值,如图2.16所示,用 Ra 表示,能客观地反映表面微观几何形状。

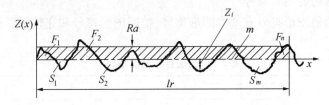

图 2.16　轮廓算术平均偏差 Ra 的评定

(2) 轮廓最大高度 Rz。它是在一个取样长度内最大轮廓峰高和最大轮廓谷深之和,如图 2.17 所示。用 Rz 表示。

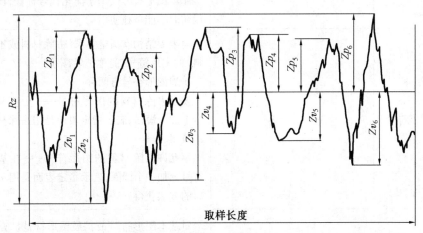

图 2.17　轮廓最大高度 Rz 的评定

(3) Ra、Rz 的数值如表 2.8 所示。

表 2.8　Ra、Rz 的数值及补充系列值　　μm

	规定数值			补充系列值					
	0.012	0.4	12.5	0.008	0.040	0.25	1.25	8.0	40
	0.025	0.8	25	0.010	0.063	0.32	2.0	10.0	63
Ra	0.05	1.6	50	0.016	0.080	0.50	2.5	16.0	80
	0.1	3.2	100	0.020	0.125	0.63	4.0	20	
	0.2	6.3		0.032	0.160	1.00	5.0	32	

续表2.8

	规定数值			补充系列值					
Rz	0.025	1.6	100	0.032	0.25	2.0	16.0	125	1000
	0.05	3.2	200	0.04	0.32	2.5	20	160	1250
	0.1	6.3	400	0.063	0.50	4.0	32	250	
	0.2	12.5	800	0.080	0.63	5.0	40	320	
	0.4	25	1600	0.125	1.00	8.0	63	500	
	0.8	50		0.160	1.25	10.0	80	630	

2.标注表面结构的图形符号

标注表面结构的图形符号有基本图形符号、扩展图形符号和完整图形符号,如表2.9所示。

表2.9　表面结构的图形符号

图形名称	图形符号	说　　明
基本图形符号		对表面结构有要求的图形符号,简称基本符号。基本图形符号由两条不等长的与标注表面成60°夹角的直线构成 基本图形符号仅用于简化代号标注,没有补充说明时不能单独使用
扩展图形符号		对表面结构有指定要求(去除材料或不去除材料)的图形符号,简称扩展符号 扩展图形符号有两种: 要求去除材料的图形符号——在基本图形符号上加一短横,表示指定表面是用去除材料的方法获得 不允许去除材料的图形符号——在基本图形符号上加一个圆圈,表示指定表面是用不去除材料的方法获得
完整图形符号		对基本图形符号或扩展图形符号扩充后的图形符号,简称完整符号 用于对表面结构有补充要求的标注,此时应在基本图形符号或扩展图形符号的长边上加一横线

3. 选用表面结构的粗糙度参数值的参考表

表2.10 表面结构的粗糙度的参数值、表面特征、加工方法及应用举例

粗糙度 Ra/μm	表面形状特征	加工方法	应 用 举 例
50	明显可见刀痕	粗车、镗、钻、刨	粗制后所得到的粗加工面,为粗糙度最低的加工面,一般很少采用
25	微见刀痕	粗车、刨、立铣、平铣、钻	粗加工表面比较精确的一级,应用范围很广,一般凡非结合的加工面均用此级粗糙度。如轴端面、倒角、钻孔,齿轮及带轮的侧面,键槽非工件表面,垫圈的接触面,轴承的支承面等
12.5	可见加工痕迹	车、镗、刨、钻、平铣、立铣、锉、粗铰、磨、铣齿	半精加工表面。不重要零件的非配合表面,如支柱、轴、支架、外壳、衬套、差等的端面;紧固件的自由表面,如螺栓、螺钉、双头螺栓和螺母的表面。不要求定心及配合特性的表面,如螺栓孔、螺钉孔及铆钉孔等表面。固定支承表面,如与螺栓头及铆钉头相接触的表面,皮带轮、联轴节、凸轮、偏心轮的侧面,平键及键槽的上下面,斜键侧面等
6.3	微见加工痕迹	车、镗、刨、铣、刮1~2点·cm⁻²、拉、磨、锉、液压、铣齿	半精加工表面。和其他零件连接而不是配合表面,如外壳、座加盖、凸耳、端面和扳手及手轮的外圆。要求有定心及配合特性的固定支承表面,如定心的轴肩,键和键槽的工作表面。不重要的紧固螺纹的表面,非传动的梯形螺纹、锯齿形螺纹表面,轴与毡圈摩擦面,燕尾槽的表面
3.2	看不见的加工痕迹	车、镗、刨、铣、铰、拉、磨、滚压、刮1~2点·cm⁻²铣齿	接近于精加工,要求有定心(不精确的定心)及配合特性的固定支承表面,如衬套、轴承和定位销的压入孔。不要求定心及配合特性的活动支承面,如活动关节、花键结合、8级齿轮齿面、传动螺纹工作表面,低速(30~60 r·min⁻¹)的轴颈 $d<50$ mm,楔形键及槽上下面,轴承盖凸肩表面(对中心用)端盖内侧面等
1.6	可辨加工痕迹的方向	车、镗、拉、磨、立铣、铰、刮3~10点·cm⁻²、磨、滚压	要求保证定心及配合特性的表面,如锥形销和圆柱销的表面;普通与6级精度的球轴承的配合面,按滚动轴承的孔,滚动轴承的轴颈。中速(60~120 r·min⁻¹)转动的轴颈,静接IT7公差等级的孔,动连接IT9公差等级的孔。不要求保证定心及配合特性的活动支承面,如高精度的活动球状接头表面、支承热圈、套齿叉形件、磨削的轮齿
0.8	微辨加工痕迹的方向	铰、磨、刮3~10点·cm⁻²、镗、拉、滚压	要求能长期保持所规定的配合特性的IT7的轴和孔的配合表面。高速(120 r·min⁻¹以上)工作下的轴颈及衬瓦的工作面。间隙配合中IT7公差等级的孔,7级精度大小齿轮工作面,蜗轮齿面(7~8级精度),滚动轴承颈。要求保证定心及配合特性的表面,如滑动轴承轴瓦的工作表面。不要求保证定心及结合特性的活动支承面,如导杆、推杆表面。 工作时受反复应力的重要零件,在不破坏配合特性下工作,要保证其耐久性和疲劳强度所要求的表面,如受力螺栓的圆柱表面、曲轴和凸轮轴的工作表面

续表2.10

粗糙度 $Ra/\mu m$	表面形状特征	加工方法	应 用 举 例
0.4	不可辨加工痕迹的方向	布轮磨、磨、研磨、超级加工	工作时承受反复应力的重要零件表面,保证零件的疲劳强度、防腐性和耐久性。工作时不破坏配合特性的表面,如轴颈表面、活塞和柱塞表面等;IT5、IT6 公差等级配合的表面,3、4、5 级精度齿轮的工作表面,4 级精度滚动轴承配合的轴颈
0.2	暗光泽面	超级加工	工作时承受较大反复应力的重要零件表面,保证零件的疲劳强度、防蚀性及在活动接头工作中的耐久性的一些表面。如活塞键的表面、液压传动用的孔的表面
0.1	亮光泽面	超级加工	精密仪器及附件的摩擦面,量具工作面,块规、高精度测量仪工作面,光学测量仪中的金属镜面
0.05	镜状光泽面		
0.025	雾状镜面		
0.012	镜面		

4. 表面结构要求在图样中的注法

表面结构要求对每一表面一般只标注一次,并尽可能注在相应的尺寸及其公差的同一视图上。除非另有说明,所标注的表面结构要求是对完工零件表面的要求。表面结构要求在图样中的标注方法见表2.11。

表2.11 表面结构要求在图样中的标注方法示例

标注要求	图例	说明
表面结构的注写方向	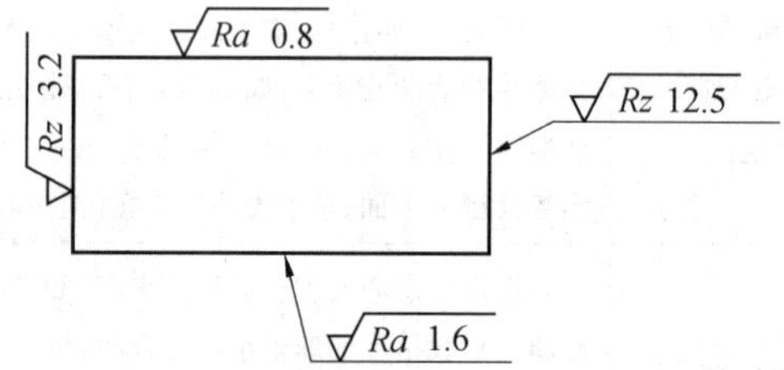	表面结构的注写和读取方向与尺寸的注写和读取方向一致
表面结构要求标注在轮廓线上或指引线上	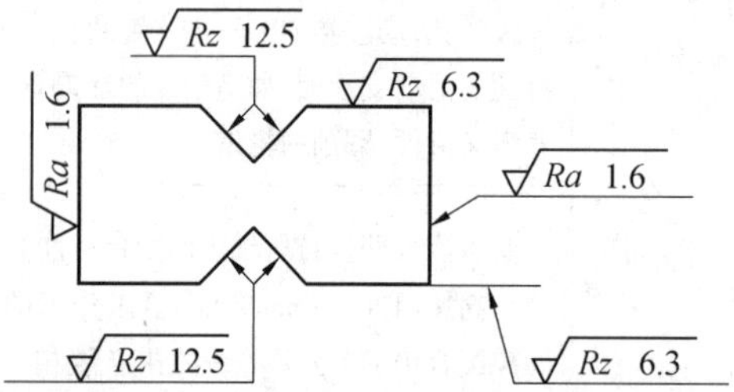	表面结构要求可标注在轮廓线上,其符号应从材料外指向并接触表面
	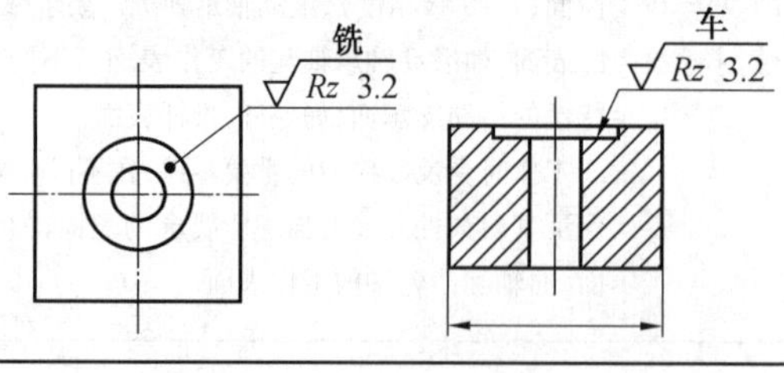	必要时,表面结构符号也可用箭头或黑点的指引线引出标注

续表 2.11

标注要求	图例	说明
表面结构要求在特征尺寸线上的标注	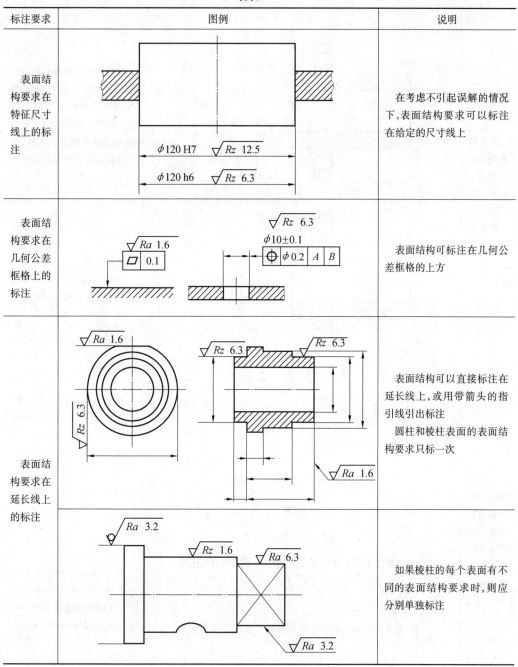	在考虑不引起误解的情况下,表面结构要求可以标注在给定的尺寸线上
表面结构要求在几何公差框格上的标注		表面结构可标注在几何公差框格的上方
表面结构要求在延长线上的标注		表面结构可以直接标注在延长线上,或用带箭头的指引线引出标注 圆柱和棱柱表面的表面结构要求只标一次
		如果棱柱的每个表面有不同的表面结构要求时,则应分别单独标注

续表 2.11

标注要求	图例	说明
大多数表面（包括全部）有相同表面结构要求的简化标注	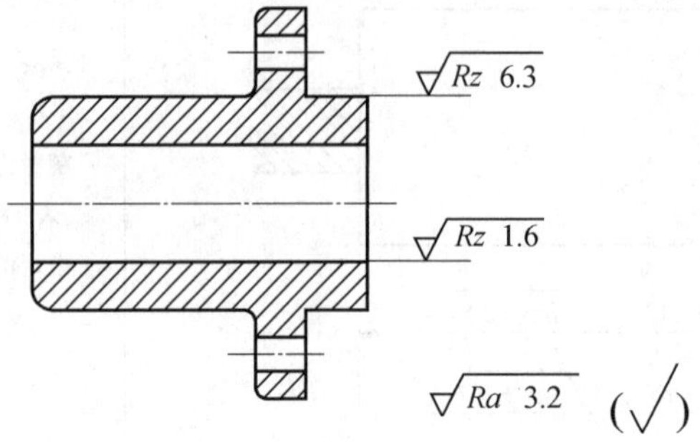 $\sqrt{Rz\ 6.3}$ $\sqrt{Rz\ 1.6}$ $\sqrt{Ra\ 3.2}$ ($\sqrt{}$)	如果工件的多数表面有相同的表面结构要求，则其要求可统一标注在标题栏附近。此时，表面结构要求的符号后面要加上圆括号，并在圆括号内给出基本符号
	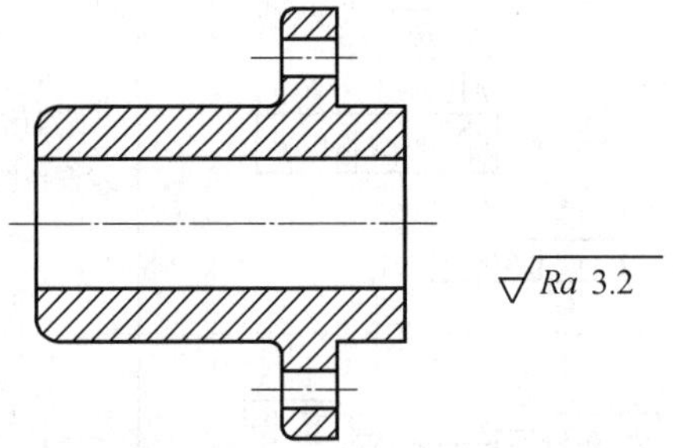 $\sqrt{Ra\ 3.2}$	如果工件全部表面有相同的表面结构要求，则其要求可统一标注在标题栏附近
多个表面有相同的表面结构要求或图纸空间有限时的简化标注	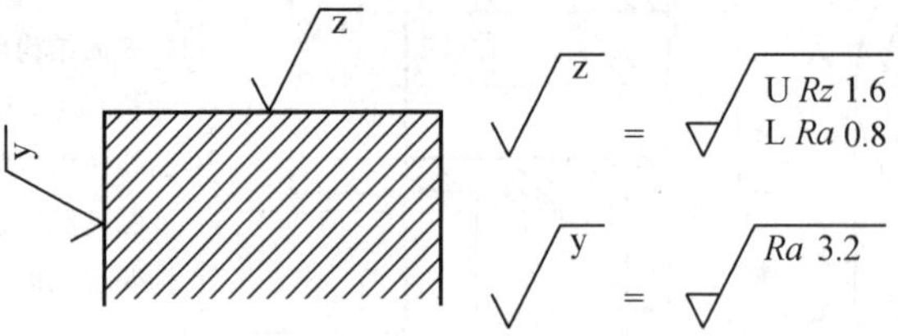 在图纸空间有限时的简化标注	可用带字母的完整符号，以等式的形式，在图形或标题栏附近，对有相同表面结构要求的表面进行简化标注
	 (a)未指定工艺方法的多个表面结构要求的简化注法 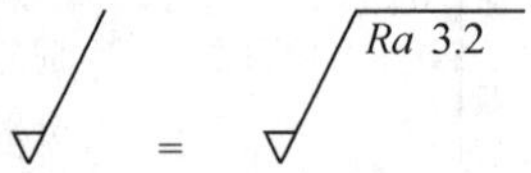 (b)要求去除材料的多个表面结构要求的简化注法 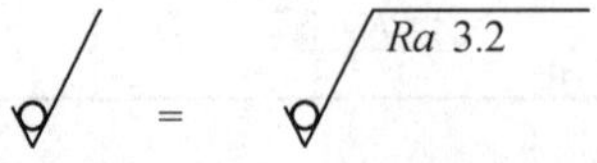 (c)不允许去除材料的多个表面结构要求的简化注法	可用表面结构基本符号(a)和扩展图形符号(b)、(c)，以等式的形式给出多个表面有相同的表面结构要求

续表 2.11

标注要求	图例	说明
键槽表面的表面结构要求的注法	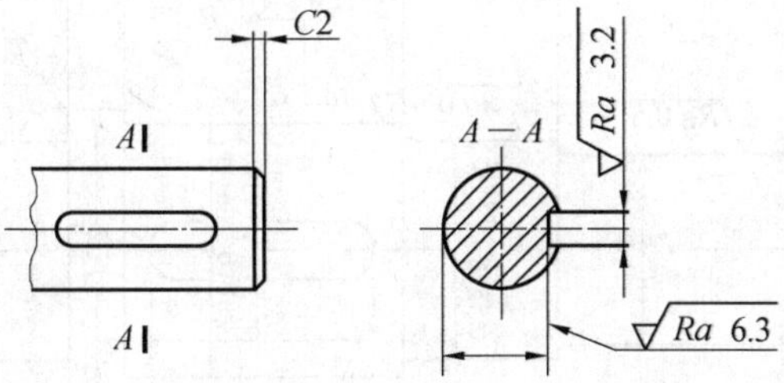	键槽宽度两侧面的表面结构要求标注在键槽宽度的尺寸线上:单向上限值 $Ra=3.2$ μm;键槽底面的表面结构要求标注在带箭头的指引线上:单向上限值 $Ra=6.3$ μm
倒角、倒圆表面的表面结构要求的注法	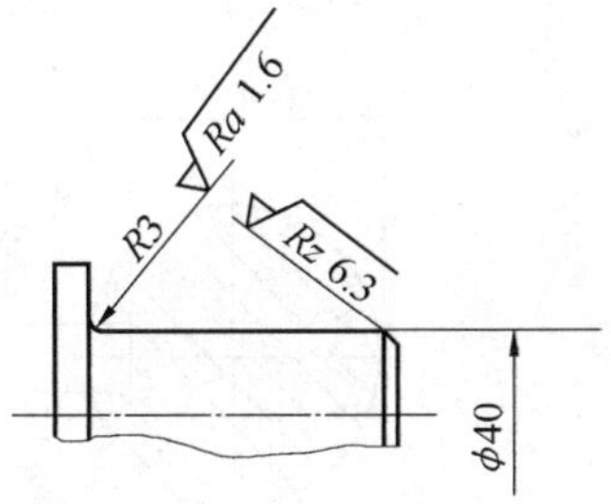	倒圆表面的表面结构要求标注在带箭头的指引线上:单向上限值 $Ra=1.6$ μm;倒角表面的表面结构要求标注在其轮廓延长线上:单向上限值 $Ra=6.3$ μm
两种或多种工艺获得的同一表面的注法	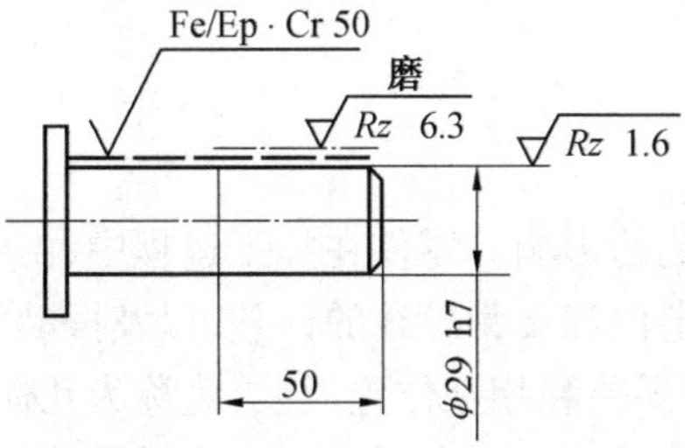	由几种不同的工艺方法获得的同一表面,当需要明确每种工艺方法的表面结构要求时,可按照左图进行标注。

5. 表面结构要求的选用及标注举例

图 2.18 为一减速箱的输出轴,轴颈 $\phi55j6$(两处)是安装滚动轴承的部分,$\phi56r6$ 和 $\phi45m6$ 为安装齿轮和带轮的部位。由于上述表面为配合表面,要求表面结构的粗糙度数值较小,分别选 $Ra=0.8$ μm 和 $Ra=1.6$ μm。$\phi62$ mm 处的两轴肩都是止推面,起一定的定位作用,选 $Ra=3.2$ μm。键槽两侧面的配合精度较低,一般为铣面,选 $Ra=3.2$ μm。轴上其他非配合表面,如端面、键槽底面等处均选 $Ra=12.5$ μm。

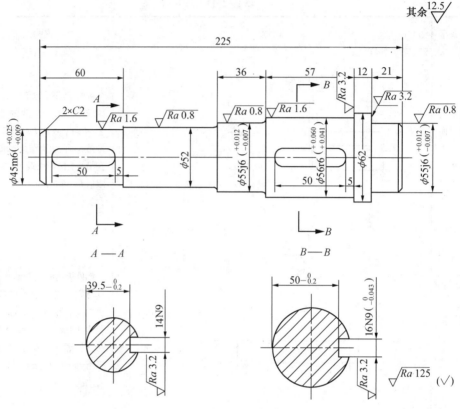

图 2.18   减速箱输出轴表面结构的标注

2.4.4   几何公差

1. 概述

（1）几何误差对零件和产品功能的影响。零件在加工过程中,由于工件、刀具、夹具、机床的变形,相对运动关系的不准确,定位和夹紧导致的误差,以及振动等原因,从而使零件的各个几何要素产生了形状误差、方向误差和相互位置误差,统称为几何误差。

零件的几何误差如超过了允许值,或允许值定得过大,将对零件的功能以至整个产品的功能产生有害的影响。图 2.19(a)、(b)、(c) 分别为轴的素线(母线) 不直、横截面内的截线不圆、燕尾与燕尾槽之间的楔铁平面不平的情况。这都属于零件几何要素的形状误差,它们将导致零件接触不良、接触刚度下降、磨损加剧、间隙扩大、寿命缩短等后果。图2.19(d)为角铁上应该互相垂直的两平面实际不垂直,这属于零件几何要素的方向误差。 图2.19(e)为两轴承孔的轴线应该重合(同轴) 而实际不重合,这属于零件几何要素的位置误差,使轴和轴上的零件受力不好,导致轴和轴上零件的寿命下降。

因此,为保证产品质量,零件除必须规定合理的尺寸公差和表面结构的粗糙度外,还要合理地确定其几何公差。

（2）几何要素及分类。几何公差的研究对象为几何要素(简称要素),也就是构成零件几何特征的点、线、面。它分为:

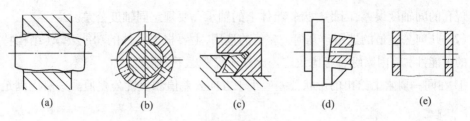

图 2.19　几何误差对零件功能的影响

① 理想要素,即具有几何学意义、没有任何误差的要素,一般指图样上表示的要素,而实际上并不存在,如图 2.20 所示。

② 实际要素,即零件上实际存在的要素,通常以测得要素来代替。

③ 组成要素(轮廓要素),即构成零件外形的点、线、面等各要素。

④ 导出要素(中心要素),即对称轮廓要素的中心点、中心线、中心面或回转表面的轴线。

⑤ 被测要素,即在图样上给出的几何公差要求的要素,是检测的对象。

⑥ 基准要素,即用来确定被测要素的方向或(和)位置的要素。

⑦ 单一要素,即仅对要素本身给出形状公差要求的要素。

⑧ 关联要素,即和其他要素有功能关系的要素。

图 2.21 中所示的角铁,其被测要素为 A、B 两面。测量垂直度时,A 面为基准要素,B 面为关联要素。在测量 A、B 两面的平面度时,它们均属单一要素。

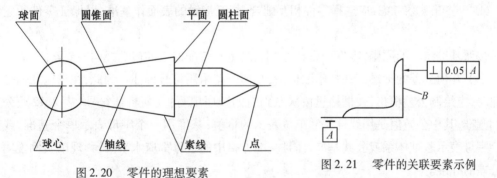

图 2.20　零件的理想要素　　　　图 2.21　零件的关联要素示例

(3) 几何公差的几何特征、符号和附加符号。几何公差分形状公差、方向公差、位置公差和跳动公差四种类型。其中形状公差是对单一要素提出的几何特征,因此,无基准要求;方向公差、位置公差和跳动公差是对关联要素提出的几何特征,因此,在大多数情况下都有基准要求。

2. 几何精度的设计

(1) 几何公差特征项目的选用。选择几何公差特征项目时,主要考虑零件的工作性能要求、零件在加工过程中产生几何误差的可能性及实施检验的可操作性等。例如,为了保证机床工作的运动平稳性和较高的运动精度,则应对机床导轨的直线度公差或平面度公差提出要求;为了保证滚动轴承的装配精度和旋转精度,则应对装配滚动轴承的轴颈规定恰当的圆柱度公差,对相配轴的轴肩也应规定恰当的圆跳动公差;而加工齿轮箱体上两轴承孔时容易出现孔的同轴度误差,因此对齿轮箱体上的轴承孔要规定同轴度公差。

（2）几何公差值的选用。几何公差值的选用,主要根据零件的功能要求(结构特征、工艺上的可能性)等因素综合考虑决定。此外还应考虑下列情况:

① 在同一要素上给出的形状公差应小于方向公差值和位置公差值。一般应满足 $t_形$ < $t_{方向}$ < $t_{位置}$。

② 圆柱形零件的形状公差值(轴线的直线度除外) 一般情况下应小于其尺寸公差值。

③ 平行度公差值应小于其相应的距离尺寸公差值。

④ 考虑到加工的难易程度和除主参数外其他参数的影响,在满足零件功能的要求下,可适当降低1、2级选用,例如,轴的圆柱度公差等级为6级,则其相配孔的圆柱度公差等级可选用7级或8级。

（3）基准要素的选用。在确定被测要素的方向位置和跳动公差时,必须同时确定基准要素。基准要素的选择,通常要考虑以下几个问题:

① 从设计考虑,应根据零件形体的功能要求及要素间的几何关系来选择基准。如对旋转的轴件,常选用轴两端的中心孔作为基准。

② 从加工工艺考虑,应选择加工零件时工件夹具定位的相应要素作基准。如常选用齿轮的毂孔作为基准。

③ 从测量考虑,应选择零件在测量或检验时为计量器具定位的相应要素为基准。如测定轴肩的轴向圆跳动误差时,常选用相关的轴线作为基准。

④ 从装配关系考虑,应选择零件相互配合,相互接触的表面作基准,以保证零件的正确装配。

按照基准统一的原则,零件的设计、加工、测量和装配的基准应选择同一要素。

（4）几何公差的标准。在技术图样中,几何公差采用符号标注。为此,在进行几何公差标注时,应绘制公差框格,在框格里按从左到右的顺序填写:几何特征符号(表 2.12)、公差值和基准,其中公差值是用线性尺寸单位表示的量值;基准用一个字母表示单个基准,或因几个字母表示基准体系或公共基准,而且基准方格中的字母都应水平书写,现以实例说明几何公差的标准。

图 2.22 为减速器输出轴,根据对该轴功能要求给出了有关的形状和位置公差。两个 $\phi55k6$ 的轴颈,因与滚动轴承的内圈相配合,为了保证配合性质,对轴颈表面提出圆柱度公差 0.005 mm 的要求。$\phi62$ 处的两轴肩都是止推面,起一定的定位作用,故按规定给出相对基准轴线 $A-B$ 的端面圆跳动公差为 0.015 mm。对 $\phi56r6$ 为了保证齿轮的运动精度还提出对基准轴线 $A-B$ 径向圆跳动公差为 0.015 mm 的要求。对于 $\phi56r6$ 和 $\phi45m6$ 轴颈上的键槽宽 14N9 和 16N9,为了保证在铣键槽时键槽的中心平面尽可能地与通过轴颈轴线的平面重合,故提出了对称度公差 0.02 mm 的要求,其基准为轴颈的轴线。

图 2.23 所示为减速器上的齿轮,齿轮的两个端面中的一个需要与轴肩贴紧,且为切齿时的工艺基准,另一个端面作为轴套的安装基准,为了保证齿轮精度和安装时定位的准确性,按规定对两个端面相对于基准轴线 A 给出了端面圆跳动公差值 0.022 mm。为了保证加

工内孔上键槽的加工精度,对键槽给出对称度公差为 0.02 mm,其基准为内孔轴线。

表 2.12　几何公差的几何特征符号　　　　　（摘自 GB/T 1182—2008）

公差类型	几何特征	符　号	有无基准	附　加　符　号	
				说　明	符　号
形状公差	直线度	—	无	被测要素	
	平面度	▱	无		
	圆　度	○	无		
	圆柱度	⌭	无	基准要素	
	线轮廓度	⌒	无		
	面轮廓度	⌓	无		
方向公差	平行度	//	有	基准目标	$\overset{\phi 2}{A1}$
	垂直度	⊥	有	理论正确尺寸	[50]
	倾斜度	∠	有	延伸公差带	Ⓟ
	线轮廓度	⌒	有	最大实体要求	Ⓜ
	面轮廓度	⌓	有	最小实体要求	Ⓛ
位置公差	位置度	⊕	有或无	自由状态条件（非刚性零件）	Ⓕ
	同心度(用于中心点)	◎	有	全周(轮廓)	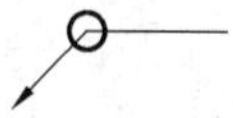
	同轴度(用于轴线)	◎	有	包容要求	Ⓔ
	对称度	=	有	公共公差带	CZ
	线轮廓度	⌒	有	小径	LD
				大径	MD
	面轮廓度	⌓	有	中径、节径	PD
跳动公差	圆跳动	↗	有	线素	LE
				不凸起	NC
	全跳动	↗↗	有	任意横截面	ACS

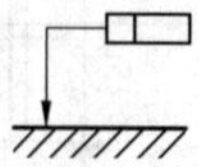

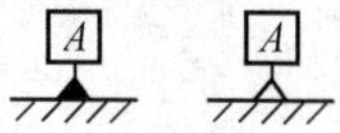

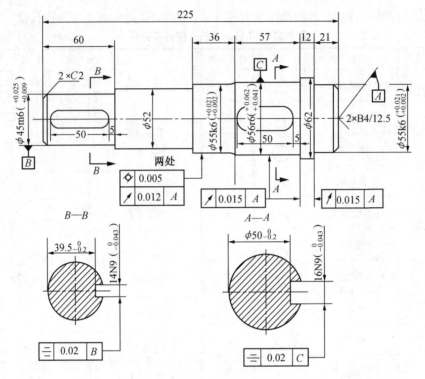

图 2.22　轴的几何公差标注示例

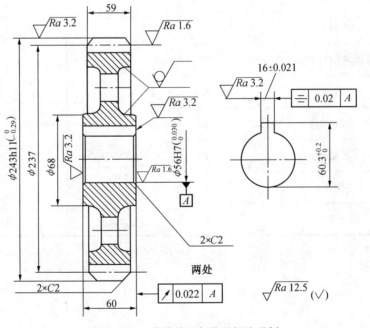

图 2.23　齿轮的几何公差标注示例

2.5　机构运动简图及平面机构自由度

2.5.1　运动副及其分类

当构件组成机械时,构件与构件之间通过一定的相互接触与制约,构成保持相对运动的可动连接,这种可动连接称为运动副,如图 2.24 所示。常见的运动副可分为:

(1) 低副。两构件通过面接触构成的运动副,它又分为回转副和移动副两种。若构成运动副的两构件只能在同一个平面内相对转动,则该运动副称为回转副,或称铰链,如图 2.24(a)、(b) 所示;若组成运动副的两构件只能沿某一轴线相对移动,则该运动副称为移动副,如图 2.24(c) 所示。

(2) 高副。两构件通过点线接触构成的运动副,如图 2.24(d)、(e) 所示。两构件可沿接触处公切线 $t-t$ 相对移动和绕接触处 k 点做相对转动。

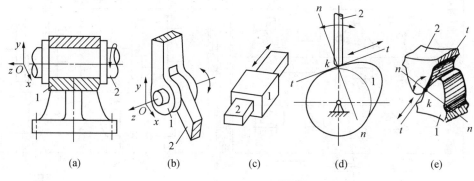

| (a) | (b) | (c) | (d) | (e) |

图 2.24　几种运动副

一切机械都是由若干构件的运动副相连接并具有确定相对运动的组合体,若能完成有用的机械功或转换机械能,则称该组合体为机器,反之称为机构,亦即机构是从运动的观点加以研究的用以传递运动的机械。

2.5.2　机构运动简图

在设计新机械或分析研究现有机械时,当研究其机构的运动时,为了使问题简化,常用一些简单的线条和规定的符号来表示构件和运动副,并按比例定出各运动副的位置。这种说明机构各构件间相对运动关系的简单图形,称为机构运动简图。该简图具有与原机构相同的运动特性,所以,可根据该图对机构进行运动和动力分析。运动简图中的常用符号如表 2.13 所示。

机构中的构件可分为三类:

(1) 固定件(机架)。固定件是用来支承活动构件的构件。研究机构中活动构件的运动时,常以固定件作为参考坐标系。

(2) 原动件。原动件是运动规律已知的活动构件。它的运动是由外界输入的,故又称为输入构件。

(3) 从动件。从动件是机构中随着原动件的运动而运动的其余活动构件,其中输出机构预期运动的从动件称为输出构件。

任何一个机构中,必有一个固定件,一个或几个原动件,其余的都是从动件。

绘制机构运动简图的方法和步骤如下:

(1) 定出原动件和输出构件,然后,搞明确原动件和输出构件之间运动的传递路线,组成机构的构件数目及连接各构件的运动副的类型和数目,测量出各个构件上与运动有关的尺寸。

(2) 恰当地选择投影面,一般可以选择机构的多数构件的运动平面作为投影面。必要时也可以就机构的不同部分选择两个或两个以上的投影面,然后展到同一图面上,或者把主机构运动简图上难以表示清楚的部分另绘成局部简图。

(3) 选择适当的比例,定出各运动副的相对位置,以简单的线条和规定的符号绘出机构运动简图。

下面举例说明机构运动简图的画法。

表 2.13　运动简图中的常用符号

名称	符　　号	名称		符　　号
活动构件	(图)	圆柱齿轮		(图)
固定构件	(图)	锥齿轮	齿轮传动	(图)
回转副	(图)	齿轮齿条		(图)
移动副	(图)	蜗轮与圆柱蜗杆		(图)
球面副	(图)	向心轴承	轴承	普通轴承　　滚动轴承
螺旋副	(图)	推力轴承		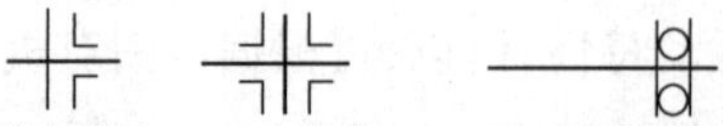 单向推力　双向推力　推力滚动轴承
零件与轴连接	活套连接　导键连接　固定连接	向心推力轴承		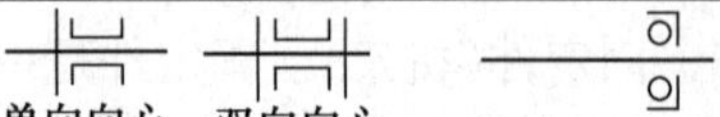 单向向心推力轴承　双向向心推力轴承　向心推力滚动轴承
凸轮与从动件	(图)			
槽轮传动	(图)			

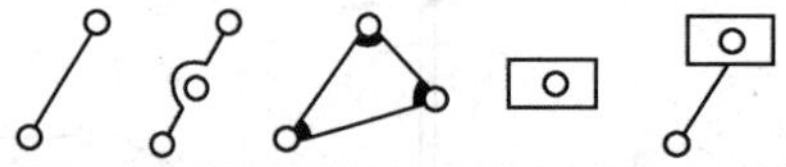

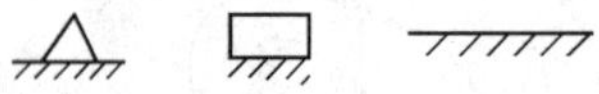

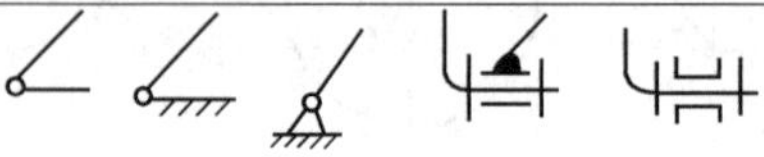

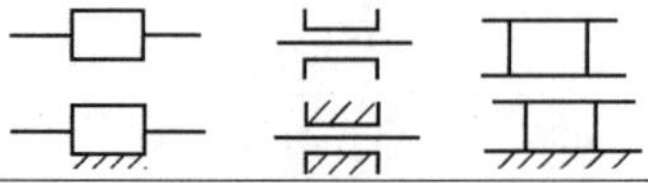

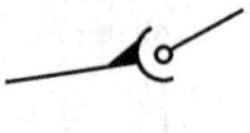

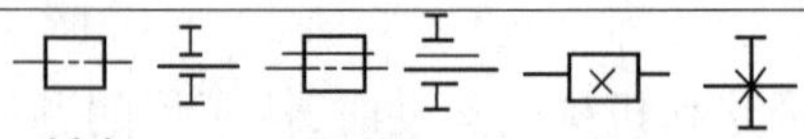

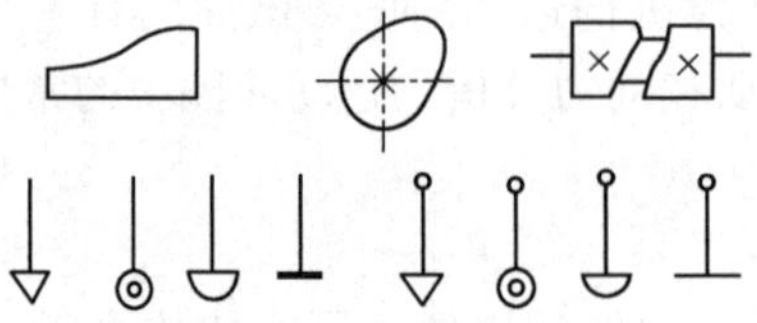

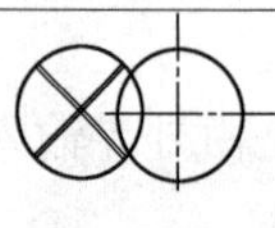

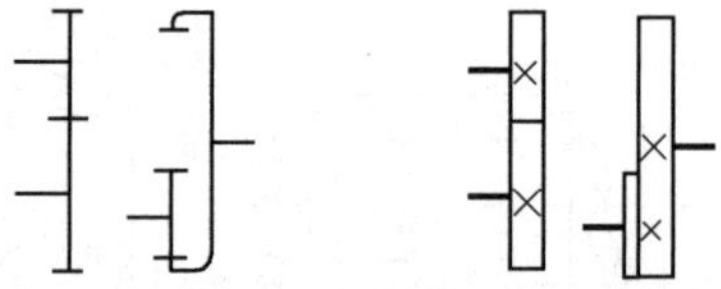

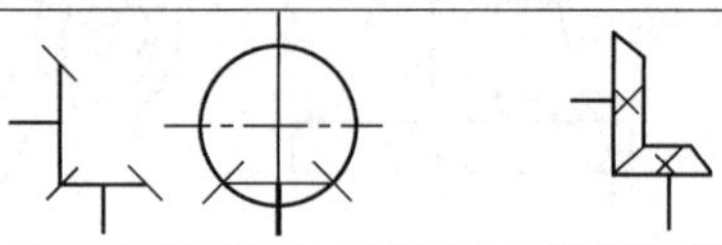

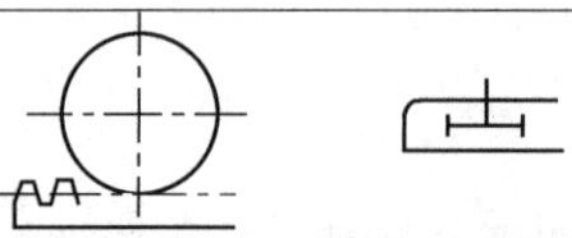

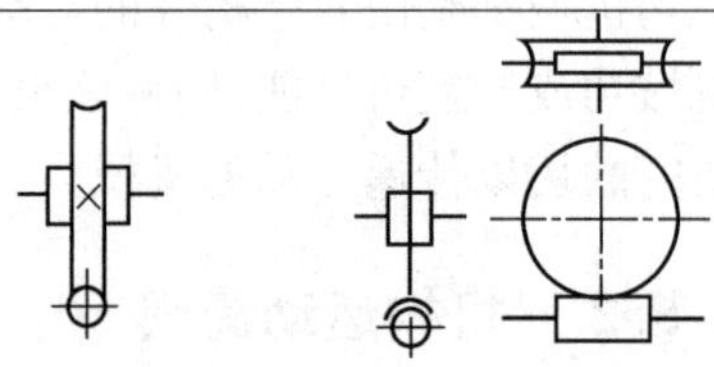

续表 2.13

名称	符号		名称	符号			
棘轮传动			弹簧	压簧	拉簧		
			联轴器	一般符号	固定式	可移式	弹性
带传动		类型符号,标注在带的上方 V带 同步带 平带 圆带	离合器	可控	单向啮合	单向摩擦	自动
链传动		类型符号,标注在轮轴连心线的上方 滚子链 齿形链 环形链	制动器				
			原动机	通用符号		电动机	

【例 2.1】 图 2.25(a)为一颚式破碎机。当曲轴 1 绕轴心 O 连续转动时,动颚板 5 绕轴心 F 往复摆动,从而把矿石轧碎。试绘制此破碎机构运动简图。

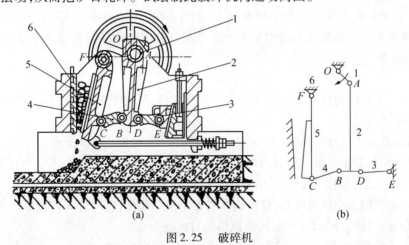

图 2.25 破碎机

【解】 此破碎机的原动件是曲轴 1,输出构件是动颚板 5。运动是由曲轴 1 传递给构件 2,再经构件 3、4 最终传递给动颚板 5。由此可知,该破碎机是由曲轴 1、构件 2、3、4 及动颚板 5 五个活动构件和机架 6 共六个构件组成。其中曲轴 1 与机架 6 及构件 2 分别在点 O 及点 A 构成回转副,构件 2 与构件 3、4 分别在点 D 及点 B 构成回转副,构件 3 与机架 6 在点 E 构成回转副,动颚板 5 与构件 4 及机架 6 分别在点 C 及点 F 构成回转副。由此可见,连接组成破碎机的六个构件共构成了七个回转副。

由于破碎机的五个活动构件的运动平面都平行于绘图的纸面,所以选择该纸面为投影面,选定合适的比例尺,在投影面上画出回转副在点 O、A、B、C、D、E、F 的位置,然后,分别用直线段连接属于同一构件上的运动副。这样就绘出了如图 2.25(b)所示的破碎机机构运动简图。

2.5.3 平面机构的自由度

1. 平面机构自由度的计算公式

机构中各构件之间的相对运动彼此相互平行,则该机构称为平面机构。如图 2.26 所示,当作平面运动的构件 1 尚未与构件 2(与坐标系 xOy 固连) 构成运动副时,构件 1 相对于构件 2 有三个自由度,即分别沿 x、y 轴的移动和在 xOy 平面内的转动。而当两个构件构成运动副之后,它们的相对运动就受到约束,构件自由度数目即随之减少。例如图 2.24(a)、(b) 所示的回转副约束了两个移动的自由度,只保留了一个转动的自由度;图 2.24(c) 所示的移动副约束了沿

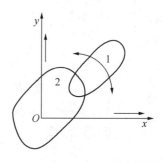

图 2.26　构件相对运动

某一轴线方向的移动和在平面内转动的自由度;而图 2.24(d)、(e) 所示的高副则只约束了沿接触处公法线 $n - n$ 方向移动的自由度,保留了接触处公切线 $t - t$ 方向移动和绕接触处转动的两个自由度。也就是说,运动副引入约束的数目就是构件自由度减少的数目。在平面机构中,每个低副引入两个约束,使构件失去两个自由度;每个高副引入一个约束,使构件失去一个自由度。

设平面机构共有 n 个活动构件,各构件间共构成了 P_L 个低副和 P_H 个高副。那么该机构的活动构件在未用运动副连接起来时共有 $3n$ 个自由度,运动副共引入了 $(2P_L + P_H)$ 个约束,活动构件的自由度总数减去运动副引入的约束总数所剩余的自由度就是该机构的自由度,以 F 表示,即

$$F = 3n - 2P_L - P_H \tag{2.26}$$

式(2.26) 就是平面机构自由度的计算公式。显然,机构自由度 F 取决于活动构件的数目及运动副的类型和数目。

2. 机构具有确定运动的条件

下面通过实例分析平面机构具有确定的相对运动的条件。

【例 2.2】　试计算图 2.25(b) 所示颚式破碎机主体机构的自由度。

【解】　由机构运动简图可知,该机构共有 5 个活动构件,各构件间构成了 7 个回转副,没有高副,即 $n = 5$,$P_L = 7$,$P_H = 0$,故该机构的自由度为

$$F = 3n - 2P_L - P_H = 3 \times 5 - 2 \times 7 - 0 = 1$$

该机构具有一个原动件(曲轴 1),与机构的自由度相等。当原动件运动时,则从动件随之做确定的运动。

【例 2.3】　试计算图 2.27 所示的平面五杆机构的自由度。

【解】　由图可知,该机构共有 4 个活动构件和 5 个回转副,没有高副,故该机构的自由度为

$$F = 3n - 2P_L - P_H = 3 \times 4 - 2 \times 5 - 0 = 2$$

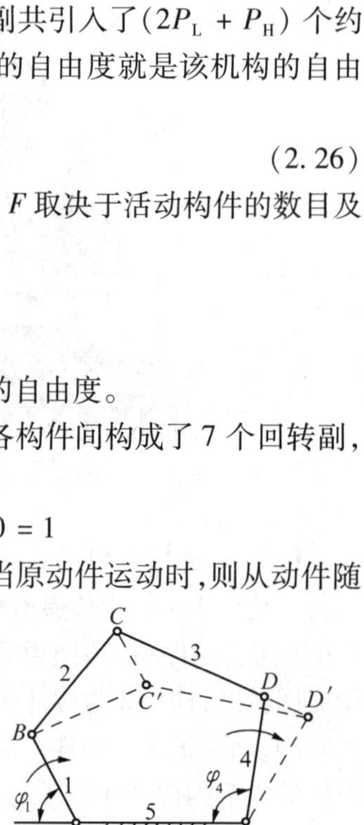

在此机构中,如果构件 1 按运动参数 $\varphi_1 = \varphi_1(t)$ 独立运动,此时,构件 2、3、4 的运动并不能确定。例如,当构件 1 占

图 2.27　平面机构

据位置 AB 时,构件 2、3、4 可以占据位置 BC、CD 和 DE,也可以占据位置 BC'、$C'D'$ 和 $D'E$,或者是占据其他位置。但是,再给定另一个独立的运动参数,使构件 4 按运动参数 $\varphi_4 = \varphi_4(t)$ 独立运动,即同时给定两个独立的运动参数。则不难看出,当构件 1 和构件 4 占据位置 AB 和 DE 时,构件 2 和构件 3 的位置 BC 和 CD 是唯一确定的,也就是说,此时机构的运动是确定的。

【例 2.4】 试计算图 2.28 所示机构的自由度。

【解】 由图可知,该机构共有 4 个活动构件和 6 个回转副,没有高副,故该机构的自由度为

$$F = 3n - 2P_L - P_H = 3 \times 4 - 2 \times 6 - 0 = 0$$

显然,该机构的各构件间不可能产生相对运动,严格地讲,已不能称其为机构了。

综上所述,机构具有确定运动的条件是:

(1) 机构的自由度 $F > 0$。

(2) 机构的原动件数等于机构的自由度 F。

3. 计算平面机构自由度的注意事项

(1) 复合铰链。三个或三个以上构件在同一轴线上用回转副相连接构成复合铰链,如图 2.29 所示为三个构件的同一轴线上构成两个回转副的复合铰链。可以类推,若有 m 个构件构成同轴复合铰链,则应具有 $m - 1$ 个回转副。在计算机构的自由度时,应注意识别复合铰链,以免漏算运动副的数目。

【例 2.5】 计算图 2.30 所示摇杆机构自由度。

【解】 粗看似乎是 5 个活动构件和 A、B、C、D、E、F 等铰链组成六个回转副,由式 (2.26) 得 $F = 3n - 2P_L - P_H = 3 \times 5 - 2 \times 6 - 0 = 3$,如果真如此,则必须有三个原动件才能使机构有确定的运动,但这与实际情况显然不符。事实上,整个机构只要一个构件即构件 1 作为原动件,就能使运动完全确定下来,造成这种计算错误是因为忽略了构件 2、3、4 在铰链 C 处构成复合铰链,组成两个同轴回转副而不是一个回转副之故,故总的回转副数 $P_L = 7$,而不是 $P_L = 6$,据此按式 (2.26) 计算得 $F = 3 \times 5 - 2 \times 7 - 0 = 1$,这便与实际情况相符了。

(2) 局部自由度。不影响机构中输出与输入运动关系的个别构件的独立运动称为局部自由度(或多余自由度),在计算机构自由度时应予排除。

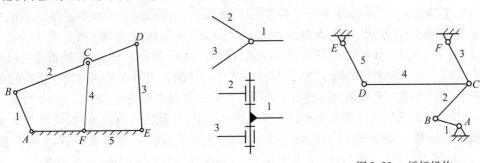

图 2.28 平面机构　　　　图 2.29 复合铰链　　　　图 2.30 摇杆机构

【例 2.6】 计算图 2.31 所示滚子从动件凸轮机构的自由度。

【解】 分析:图示凸轮 1、从动杆 2、滚子 4 三个活动构件,组成两个回转副、一个移动副和一个高副,按式 (2.26) 得 $F = 3n - 2P_L - P_H = 3 \times 3 - 2 \times 3 - 1 = 2$,表明该机构有两个

自由度;这又与实际情况不符,因为实际上只要凸轮 1 一个原动件,从动杆 2 即可按一定规律做确定的运动。进一步分析可知,滚子 4 绕其轴线 B 的自由转动不论正转或反转甚至不转都不影响从动杆 2 的运动规律,因此滚子 4 的转动应看作局部自由度,即多余自由度,在正确计算自由度时应予除去不计。这时可如图 2.31(b) 所示,将滚子与从动杆固连作为一个构件看待,即按 $n = 2$、$P_L = 2$,$P_H = 1$ 来考虑,则由式(2.26) 得 $F = 3n - 2P_L - P_H = 3 \times 2 - 2 \times 2 - 1 = 1$,这便与实际情况相符了。

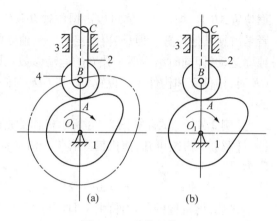

图 2.31　凸轮机构

局部自由度虽然不影响机构输入与输出运动关系,但上例中的滚子可使高副接触处的滑动摩擦变成滚动摩擦,从而减少磨损,提高效率。在实际机械中常有这类局部自由度出现。

(3) 虚约束。在运动副引入的约束中,有些约束对机构自由度的影响与其他约束重复,这些重复的约束称为虚约束(或消极约束),在计算机构自由度时也应除去不计。

【例 2.7】　图 2.32(a) 所示机构,各构件的长度为 $l_{AB} = l_{CD} = l_{EF}$,$l_{BC} = l_{AD}$,$l_{CE} = l_{DF}$,试计算其自由度。

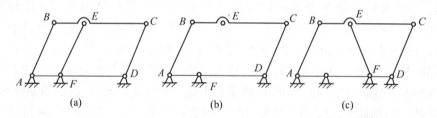

图 2.32　平面机构

【解】　粗分析,$n = 4$,$P_L = 6$,$P_H = 0$,由式(2.26) 得 $F = 3n - 2P_L - P_H = 3 \times 4 - 2 \times 6 - 0 = 0$,显然这又与实际情况不符。若将构件 EF 除去,回转副 E、F 也就不复存在,则成为图 2.32(b) 所示的平行四边形机构;此时,$n = 3$,$P_L = 4$,$P_H = 0$,由式(2.26) 得 $F = 3n - 2P_L - P_H = 3 \times 3 - 2 \times 4 - 0 = 1$,而其运动情况仍与图 2.32(a) 所示一样,点 E 的轨迹为以点 F 为圆心、以 $l_{CD}(l_{EF})$ 为半径的圆。这表明构件 EF 与回转副 E、F 存在与否对整个机构的运动并无影响,加入构件 EF 和两个回转副引入了三个自由度和四个约束,增加的这个约束是虚约束,它是构件间几何尺寸满足某些特殊条件而产生的,计算机构自由度时,应将产生虚约束的构件连同带入的运动副一起除去不计,化为图 2.32(b) 的形式计算。但若如图 2.32(c) 所示,$l_{CE} \neq l_{DF}$,则构件 EF 并非虚约束,该传动链自由度为零,不能运动。

机构中经常会有约束存在,如两个构件之间组成多个导路平行的移动副(图 2.33(a)),只有一个移动副起约束作用,其余都是虚约束;如两个构件之间组成多个轴线重合的回转副(图 2.33(b)),只有一个回转副起约束作用,其余都是虚约束;再如图 2.32(c) 所示行星架 H 上同时安装三个对称布置的行星轮 2、2′、2″,从运动学观点来看,它与采用一个行星轮的运动效果完全一样,即另外两个行星轮是对运动无影响的虚约束。机械中常设计有虚约束,对运动情况虽无影响,但往往能使受力情况得到改善。

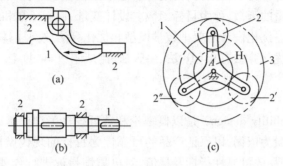

图 2.33 虚约束示例

2.6 现代设计方法简介

2.6.1 现代设计方法的主要内容

现代设计方法是随着当代科学技术的飞速发展和计算机技术的广泛应用而在设计领域发展起来的一门新兴的多元交叉学科。它是以设计产品为目标的一个总的知识群体的统称,其种类繁多,内容广泛。本节以计算机辅助设计、优化设计、可靠性设计、有限元法、工业艺术造型设计、反求工程设计、模块化设计、相似设计、设计方法学等为例,说明现代设计方法的基本内容与特点。

1. 计算机辅助设计

计算机辅助设计(computer aided design,简称 CAD)是把计算机技术引入设计过程,利用计算机来完成计算、选型、绘图及其他作业的一种现代设计方法。CAD 是设计中应用计算机进行设计信息处理的总称。它包括产品分析计算和自动绘图两部分功能,甚至扩展到具有逻辑能力的智能 CAD。计算机、自动绘图机及其他外围设备构成 CAD 的系统硬件,而操作系统、文件管理系统、语言处理程序、数据库管理系统和应用软件等构成 CAD 的系统软件。通常所说的 CAD 系统是指由系统硬件和系统软件组成,兼有计算、图形处理、数据库等功能,并能综合地利用这些功能完成设计作业的系统。CAD 是产品或工程的设计系统。CAD 系统应支持设计过程的各个阶段,即从方案设计入手,使设计对象模型化;依据提供的设计技术参数进行总体设计和总图设计;通过对结构的静态或动态性能分析,最后确定技术参数;在此基础上,完成详细设计和产品设计。所以,CAD 系统应能支持包括分析、计算、综合、模拟及绘图等各项基本设计活动。

CAD 的基础工作是建立产品设计数据库、图形库、应用程序库。

2. 优化设计

优化设计(optimal design)是把最优化数学原理应用于工程设计问题,在所有可行方案中寻求最佳设计方案的一种现代设计方法。进行工程优化设计,首先需将工程问题按优化设计所规定的格式建立数学模型,然后选用合适的优化计算方法在计算机上对数学模型进行寻优求解,得到工程设计问题的最优设计方案。

在建立优化设计数学模型的过程中,把影响设计方案选取的那些参数称为设计变量;设计变量应当满足的条件称为约束条件;而设计者选定来衡量设计方案优劣并期望得到改进的指标表现为设计变量的函数,称为目标函数。设计变量、目标函数和约束条件组成了优化设计问题的数学模型。优化设计需要把数学模型和优化算法放到计算机程序中用计算机自动寻估求解。常用的优化算法有 0.618 法、牛顿法、鲍威尔(Powel)法、变尺度法、惩罚函数法等。

3. 可靠性设计

可靠性设计(reliability design)是以概率论和数理统计为理论基础,以失效分析、失效预测及各种可靠性试验为依据,以保证产品的可靠性为目标的现代设计方法。可靠性设计的基本内容是:选定产品的可靠性指标及量值,对可靠性指标进行合理的分配,再把规定的可靠性指标设计到产品中去。

4. 有限元法

有限元法(finite element method)是以计算机为工具的一种现代数值计算方法。目前,该法不仅能用于工程中复杂的非线性问题、非稳态问题(如结构力学、流体力学、热传导、电磁场等)的求解,而且还可用于工程设计中进行复杂结构的静态和动态分析,并能准确地计算形状复杂零件(如机架、汽轮机叶片、齿轮等)的应力分布和变形,成为复杂零件强度和刚度计算的有力分析工具。

有限元法的基本思想是:首先假想将连续的结构分割成数目有限的小块体,称为有限单元。各单元之间仅在有限个指定结合点处相连接,用组成单元的集合体近似代替原来的结构。在节点上引入等效节点力,以代替实际作用单元上的动载荷。对每个单元,选择一个简单的函数来近似地表达单元位移分量的分布规律,并按弹性力学中的变分原理建立单元节点力与节点位移(速度、加速度)的关系(质量、阻尼和刚度矩阵),最后把所有单元的这种关系集合起来,就可以得到以节点位移为基本未知量的动力学方程。给定初始条件和边界条件,就可求解动力学方程得到系统的动态特性。依据这一思想,有限元法的计算过程是:①结构离散化(即将连续构件转化为若干个单元);②单元特性分析与计算(即建立各单元的节点位移和节点力之间的关系式,求出各单元的刚度矩阵);③单元组集求解方程(利用结构力的平衡条件和边界条件,求出节点位移及各单元内的应力值)。所以,有限元法的计算过程思想是"一分一合",先分是为了进行单元分析,后合则是为了对整个结构进行综合分析。

近些年来,有限元法的应用得到蓬勃发展,国际上不仅研制有功能完善的各类有限元分析通用程序(如 NASTRAN、ANSYS、ASKA、SAP 等),而且还带有功能强大的前处理(自动生成单元网格,形成输入数据文件)和后处理(显示计算结果,绘制变形图、等值线图、振型图,并动态显示结构的动力响应等)程序。由于有限元通用程序使用方便,计算精度高,其计算结果已成为各类工业产品设计和性能分析的可靠依据。

5. 工业艺术造型设计

工业艺术造型设计(industrial design)是工程技术与美学艺术相结合的一门新学科。它是指在保证产品实用功能的前提下,用艺术手段按照美学法则对工业产品进行造型活动,对工业产品的结构尺寸、体面形态、色彩、材质、线条、装饰及人机关系等因素进行有机的综合处理,从而设计出优质美观的产品造型。实用和美观的最佳统一是工业艺术造型设计的基本原则。最终应使产品在保证实用的前提下,具有美的、富有表现力的审美特性。

6. 反求工程设计

反求工程(reverse engineering)是消化吸收并改进国内外先进技术的一系列工作方法和技术的总和。它对提高我国的科技和管理水平有着重要的意义。它是通过实物或技术资料对已有的先进产品进行分析、解剖、试验,了解其材料、组成、结构、性能、功能,掌握其工艺原理和工作机理,以进行消化仿制、改进或发展、创造新产品的系列分析方法和应用技术的组合。反求工程包括设计反求、工艺反求、管理反求等各个方面。

7. 模块化设计

模块化设计(moduler design)是在对一定范围内的不同功能或相同功能不同性能、不同规格的产品进行功能分析的基础上,划分并设计出一系列功能模块,通过模块的不同选择和组合就可以构成不同的产品,以满足市场的不同需求。产品模块设计的主要目标之一是用尽可能少种类和数量的模块组成尽可能多种类和规格的产品。模块化设计相对传统设计具有如下优点:能减少产品的设计和制造时间,缩短供货周期,有利于争取客户;有利于产品的更新换代和新产品的开发,增强企业对市场的快速应变能力;有利于提高产品质量,降低生产成本,增强产品的市场竞争能力;便于产品的维修。

8. 相似设计

相似设计(analogical design)是相似性理论在机械领域的具体应用。它可以解决模型试验如何进行、系列产品如何设计以及计算机仿真原理等问题。

模型试验(模化)是指不直接研究自然现象或过程本身,而是用与这些现象或过程相似的模型来进行研究的一种方法。许多工程问题,由于其复杂性,难于列出微分方程,即使列出微分方程求解也很困难。因此,单靠数学方法还不能完全解决问题,且又难于直接对实物进行试验研究,因此,在模型上进行模化研究是探索自然规律和解决工程实际问题的一种实用、有效的方法,是工业产品开发的重要环节。

为满足使用者的不同需求,工厂常设计和生产系列产品。在进行产品系列设计时,首先选定某一中档型号的产品为基型,对它进行最佳方案设计,定出其材料参数和尺寸。然后通过相似性原理求出系列中其他产品的参数和尺寸。

仿真是对所研究和设计系统的模型进行试验的过程。仿真模型和实际现象一般是不同的物理过程,但过程的本质是能用相同的数学方程描述的。仿真研究的主要优点是:一旦模型确定以后,既可以用来进行分析和综合,又可以在各种不同的条件下检验设计。即使设计完成了,仿真模型还可以用来判明系统中许多无法预知的问题来源,以制订系统改进计划。

9. 设计方法学

设计方法学(design methodology)是以系统的观点来研究产品的设计程序、设计规律和设计中的思维与工作方法的一门综合性学科。它研究的内容包括:

(1) 设计过程及程序。设计方法学从系统观点出发来研究产品的设计过程,它将产品(即设计对象)视为由输入、转换、输出三要素组成的系统,重点讨论将功能要求转化为产品结构图纸的这一设计过程,并分析设计过程的特点,总结设计过程的思维规律,寻求合理的设计程序。

(2) 设计思维。设计是一种创新,设计思维应是创造性思维。设计方法学通过研究设计中的思维规律,总结设计人员科学的创造性的思维方法和技术。

(3) 设计评价。设计方案的优劣如何评价?其核心取决于设计评价指标体系。设计方法学研究和总结评价指标体系的建立,以及应用价值工程和多目标优化技术进行各种定性、定量的综合评价方法。

(4) 设计信息。设计方法学研究设计信息库的建立和应用,即探讨如何把分散在不同学科领域的大量设计信息集中起来,建立各种设计信息库,使之可通过计算机等先进设备方便快速地调阅参考。

(5) 现代设计理论与方法的应用。为了改善设计质量,加快设计进度,设计方法学研究如何把不断涌现出的各种现代设计理论与方法应用到设计过程中去,以进一步促进设计自动化的实现。

由上述可知,设计方法是在深入研究设计过程本质的基础上,以系统论的观点研究设计进程和具体设计方法的科学。其目的是总结设计规律性、启发创造性,在给定条件下,实现高效、优质的设计,培养开发性、创造性产品设计人才。

2.6.2　现代设计方法的特点

通过上述几种典型现代设计方法的内容介绍可知,现代设计方法的基本特点如下:

(1) 程式性。研究设计的全过程。要求设计者从产品规则、方案设计、技术设计、施工设计到试验、试制进行全面考虑,按步骤有计划地进行设计。

(2) 创造性。突出人的创造性,发挥集体智慧,力求探寻更多突破性方案,开发创新产品。

(3) 系统性。强调用系统工程处理技术系统的问题。设计时应分析各部分的有机关系,力求系统整体最优。同时考虑技术系统与外界的联系,即人—机—环境的大系统关系。

(4) 最优化。设计的目的是得到功能全、性能好、成本低的价值最优的产品。设计中不仅考虑零部件参数、性能的最优,更重要的是争取产品的技术系统整体最优。

(5) 综合性。现代设计方法是建立在系统工程、创造工程基础上,综合运用信息论、优化论、相似论、模糊论、可靠性理论等自然科学理论和价值工程、决策论、预测论等社会科学理论,同时采用集合、矩阵、图论等数学工具和电子计算机技术,总结设计规律,提供多种解决设计问题的科学途径。

(6) 计算机化。将计算机全面地引入设计。通过设计者和计算机的密切配合,采用先进的设计方法,提高设计质量和速度。计算机不仅用于设计计算和绘图,同时在信息储存、评价决策、动态模拟、人工智能等方面将发挥更大作用。

习题与思考题

2.1　简述机械设计的一般步骤。

2.2　什么是零件的标准化,标准化的意义是什么?

2.3　机械零件的主要失效形式有哪些,防止机械零件发生失效的设计计算准则有哪些?

2.4　设计机械零件时应从哪几方面考虑其结构工艺性? 试举例并画图说明。

2.5　金属材料有哪些基本的机械性能和工艺性能?

2.6　何谓钢的热处理? 钢的热处理有哪几种?

2.7　金属零件表面处理的目的是什么? 处理方法有哪些?

2.8　按钢的质量,碳素钢可分为几大类? 各类钢的应用范围如何?

2.9 钢、合金钢与铸铁的牌号是怎样表示的? 说明下列牌号金属材料的含义及主要用途:45、T10A、HT150、5CrMnMo、2Cr13、Q195、20Mn2、40Cr、65Mn、GCr15、9SiCr、W18Cr4V。

2.10 钢和铸铁的区别是什么?

2.11 有下列零件,试选用它们的材料:轴、螺栓、铣刀、冲模、齿轮、滚动轴承、滑动轴承、弹簧、机架。

2.12 互换性在机械制造中有何重要意义?

2.13 何谓完全互换? 何谓不完全互换?

2.14 求下列轴、孔的上偏差、下偏差、公差、最大间隙(或过盈)、最小间隙(或过盈)、配合公差,并画出公差与配合图解。基本尺寸均为 30 mm。

(1) $D_{max} = 30.052$ mm, $D_{min} = 30$ mm; $d_{max} = 29.935$ mm, $d_{min} = 29.883$ mm。

(2) $D_{max} = 30.013$ mm, $D_{min} = 30$ mm; $d_{max} = 30.024$ mm, $d_{min} = 30.015$ mm。

2.15 孔与轴的配合,为何要优先采用基孔制?

2.16 何种场合采用基轴制?

2.17 能否只从公差值的大小来说明精度的高低? 为什么?

2.18 何谓基本偏差? 它有何用途? 查表确定 $\phi50H7/m6$ 配合中孔、轴的极限偏差。

2.19 表面结构的粗糙度常用的评定参数是什么? 简述其意义。

2.20 举例说明形状误差和位置误差对零件的功能有何影响?

2.21 试说明几何公差的选用原则。

2.22 说出绘制机构运动简图的方法和步骤。

2.23 当机构的原动件数少于或多于机构的自由度时,机构的运动将发生何种情况?

2.24 画出图 2.34 所示机构的机构运动简图,并计算其自由度。(a) 刨床机构 ;(b) 偏心油泵;(c) 活塞泵;(d) 偏心轮传动机构。

2.25 计算图 2.35 所示机构的自由度,指出机构运动简图中的复合铰链、局部自由度和虚约束。(a) 测量仪表机构;(b) 圆锯盘机构;(c) 压缩机机构;(d) 平炉渣口堵塞机构;(e) 精压机构;(f) 冲压机构。

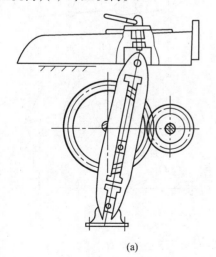

(a)

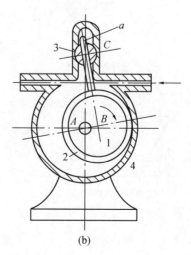

(b)

图 2.34

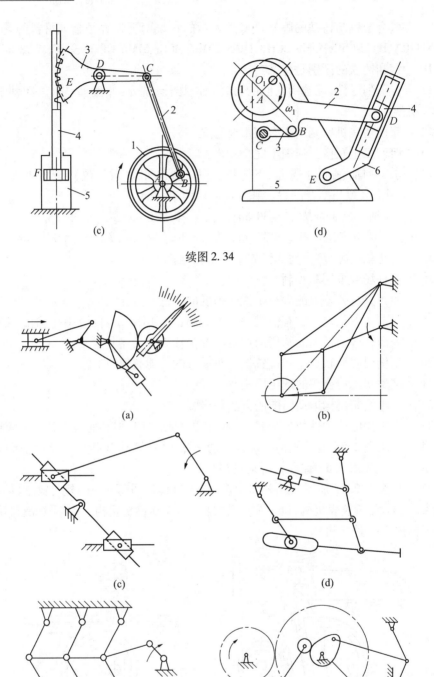

(c)

(d)

续图 2.34

(a)

(b)

(c)

(d)

(e)

(f)

图 2.35

2.26　计算图 2.36 所示机构的自由度。

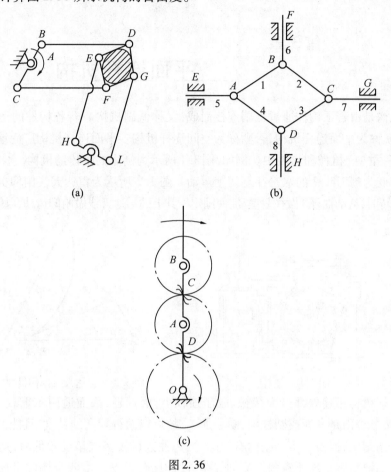

(a)

(b)

(c)

图 2.36

第3章

平面连杆机构

连杆机构是由若干构件通过低副连接而成，又称低副机构。若各构件的运动平面彼此相互平行，就称为平面连杆机构，否则称为空间连杆机构。平面连杆机构广泛地应用于各种（动力、轻工、重型）机械和仪表中。例如，图 3.1 所示为刨床的主传动机构，它将原动件 4 的回转运动转变为刨刀头 7 的水平往复切削运动。图 3.2 所示为雷达天线俯仰机构。当原动件曲柄 1 回转时，从动摇杆 3 做往复摆动，使固定于其上的雷达天线做俯仰运动，以便进行搜索。

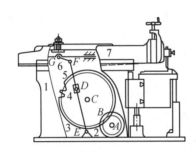
图 3.1　刨床

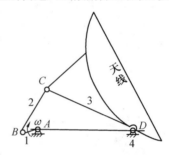
图 3.2　雷达天线俯仰机构

由于连杆机构相连处都是面接触，故压强较小，磨损轻，因而适用于重载，使用寿命较长；又因其接触表面是平面或圆柱面，易于加工，故可以获得较高的精度，且能由本身几何形状保证运动副封闭；但由于运动副内有间隙，当构件数目较多或精度较低时，运动积累误差较大，此外，如要精确实现任意预期运动规律，设计比较繁复。由四个构件组成的平面连杆机构在实际生产中应用最广，故本章将予重点讨论。

3.1　平面连杆机构的基本知识

3.1.1　铰链四杆机构的基本形式

平面连杆机构的最基本形式是铰链四杆机构，如图 3.3 所示。其他形式的四杆机构可以看作在它的基础上通过演化而成的。它不仅应用广泛，而且是组成多杆机构的基础。图中固定构件 4 称为机架；与机架相连的杆 1 和杆 3 称为连架杆；连接两连架杆的活动构件 2 称为连杆；能绕固定铰链

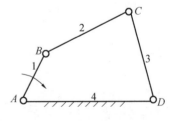
图 3.3　铰链四杆机构

中心做整周转动的连架杆称为曲柄，只能摆动的连架杆称为摇杆。通常，按两连架杆的运动形式可将铰链四杆机构分为三种基本类型：曲柄摇杆机构、双曲柄机构和双摇杆机构。

1. 曲柄摇杆机构

在铰链四杆机构的两个连架杆中,如果其中一个是曲柄,另一个是摇杆,则称为曲柄摇杆机构。通常曲柄为原动件,做匀速转动,而从动摇杆做变速往复摆动,连杆做平面复合运动。图 3.2 所示雷达天线俯仰机构即其一例。

2. 双曲柄机构

当两连架杆都可以相对于机架做整周转动时,称为双曲柄机构。如两曲柄长度不等,则称为不等双曲柄机构,此时当主动曲柄以等角速度连续旋转时,从动曲柄则以变角速度连续转动,且其变化幅度相当大,其最大值是最小值的 2 ~ 3 倍。图 3.4 所示的惯性筛就是利用了双曲柄机构的这个特性,从而使筛子(滑块 6)的往复运动具有较大的变动的加速度,使物料因惯性而达到筛分的目的。

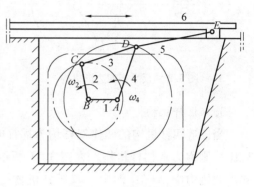

图 3.4 惯性筛机构

在双曲柄机构中,若其相对的两杆平行且相等,如图 3.5 所示,则称为平行双曲柄机构(又称平行四边形机构)。其运动特点是两曲柄以相同的角速度沿相同的方向回转,而连杆做平移运动。

图 3.6 所示的机车车轮联动机构就是利用了其两曲柄等速同向转动的特性。图 3.7 所示载重汽车司机的摆动座椅机构,则是利用了连杆(与坐垫固连)做平动的特性。

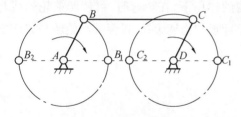

图 3.5 平行四边形机构

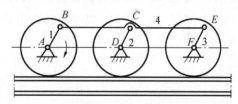

图 3.6 车轮联动机构

在图 3.5 所示的平行四边形机构中,在主动曲柄 AB 转动一周中,从动曲柄 CD 将会出现两次与机架、连杆同时共线的位置,在这两个位置处会出现 CD 转向不确定现象(即 CD 的转向可能改变,也可能不变),此位置称为转折点。为了保证从动曲柄转向不变,工程上常采用如下一些方法:①在机构中安装一个大质量的飞轮,利用其惯性闯过转折点;②利用多组机构来消除运动不确定现象,图 3.6 所示机车车轮联动机构就是应用实例。

如果相对两杆长相等,但彼此不平行,则称为反平行四边形机构,如图 3.8 所示。该机构的特点是两曲柄的转向相反,且角速度不相等。在图 3.9 所示的公共汽车双折车门启闭机构中的 ABCD 就是反平行四边形机构,它可使两扇车门同时反向对开或关闭。

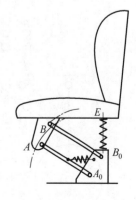

图 3.7 摆动座椅机构

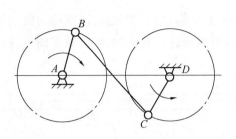

图 3.8 反平行四边形机构

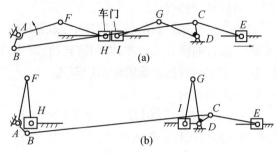

图 3.9 双折车门启闭机构

3. 双摇杆机构

当铰链四杆机构的两连架杆均为摇杆时(图 3.10),则称为双摇杆机构。在图 3.11 所示飞机起落架机构中,ABCD 即为一双摇杆机构。图中实线为起落架放下的位置,虚线为收起位置,此时整个起落架机构藏于机翼中。

在双摇杆机构中,两摇杆在同一时间内所摆过的角度在一般情况下是不相等的。这一特点被用于汽车的转向机构中。图 3.12 所示为汽车前轮的转向机构。这种两摇杆(AB 与 CD)长度相

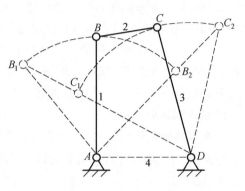

图 3.10 双摇杆机构

等的双摇杆机构(又称等腰梯形机构)。在该机构的作用下,在转弯时,可使两前轮轴线与后轮轴线近似汇交于一点 O,以保证各轮相对于路面近似为纯滚动,以便减小轮胎与路面之间的磨损。

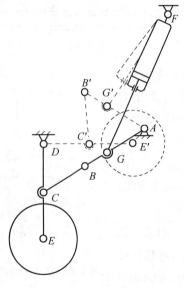

图 3.11 飞机起落架机构

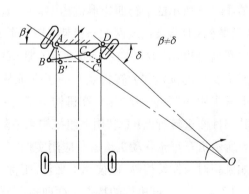

图 3.12 汽车前轮的转向机构

3.1.2 平面四杆机构的演化

在实际机器中,还广泛应用着其他各种形式的四杆机构。这些形式的四杆机构可被认为是由铰链四杆机构通过演化方法而得到的。

1. 改变构件杆长的演变

在图 3.13(a) 所示的曲柄摇杆机构中,摇杆上点 C 的轨迹为以 D 为圆心、以 CD 为半径的圆弧 $m-m$。若 $CD \to \infty$,如图 3.13(b) 所示,点 C 的轨迹 $m-m$ 变为直线。于是摇杆演化成为做直线运动的滑块,转动副 D 演化为移动副,机构演化为曲柄滑块机构。图中点 C 的运动轨迹 $m-m$ 的延长线与曲柄转动中心 A 之间的距离称为偏距 e。当 $e=0$ 时,称为对心曲柄滑块机构(图3.13(c))。当 $e \neq 0$ 时,称为偏置曲柄滑块机构(图3.13(d))。因此,可以认为曲柄滑块机构是从曲柄摇杆机构演化而来的。它广泛用于内燃机、空气压缩机、冲床以及许多其他机械中。

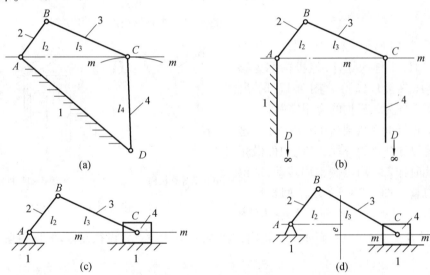

图 3.13 机构演化过程

图 3.14(a) 所示为螺纹搓丝机构示意图。曲柄1绕点 A 转动,通过连杆2带动活动搓丝板3做往复移动,置于固定搓丝板4和活动搓丝板3之间的工件5的表面就被搓出螺纹。

又如图3.14(b) 所示为自动送料机构的示意图。曲柄2每转一周,滑块4就从料槽中推出一个工件5。

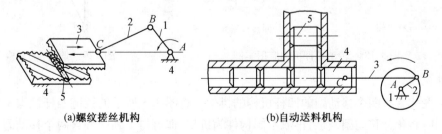

(a)螺纹搓丝机构　　　(b)自动送料机构

图 3.14 曲柄滑块机构应用实例

2. 改变不同杆作机架的演变

在图3.15所示的曲柄滑块机构中,构件4为机架,杆1为曲柄,且为最短杆,A、B两副为整转副,C副为摆转副。若改换机架,以杆2为机架时(图3.16(a)),杆1仍为曲柄,但滑块3变为摇块,即得曲柄摇块机构。图3.16(b)所示的自卸卡车翻斗机构就是该机构的应用实例。当油缸3中压力油推动活塞4运动时,车厢1便绕B轴转动,达到自动卸车的目的。

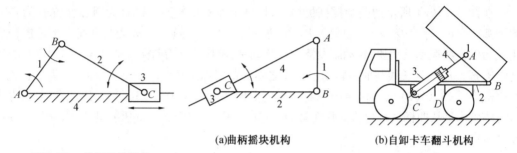

(a)曲柄摇块机构　　　(b)自卸卡车翻斗机构

图3.15　曲柄滑块机构　　　图3.16　曲柄摇块机构应用实例

若将图3.15所示机构中的滑块3作为机架,这时构件4称为导杆,该机构称为移动导杆机构(图3.17(a))。图3.17(b)所示的手摇唧筒即为该机构的应用实例。

若取最短杆1为机架(图3.18(a)),这时滑块3将以导杆4为导轨,沿此构件做相对移动。此时杆2、4均可做整周转动,即得转动导杆机构。图3.18(b)所示回转柱塞泵机构即为应用实例。若杆长 $l_1 > l_2$(图

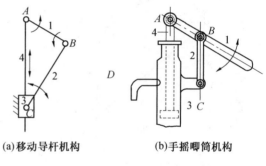

(a)移动导杆机构　　　(b)手摇唧筒机构

图3.17　移动导杆机构应用实例

3.19),此时B、C为整转副,而A为摆转副,因此杆4只能绕点A做往复摆动,即得摆动导杆机构。

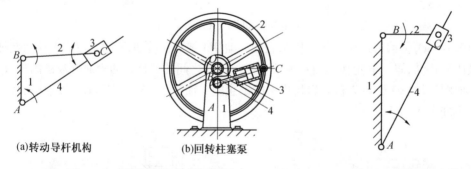

(a)转动导杆机构　　　(b)回转柱塞泵

图3.18　转动导杆机构应用实例　　　图3.19　摆动导杆机构

3. 其他演变

(1) 变化含有两个移动副的四杆机构的机架。将图3.3所示的铰链四杆机构中转动副 C 和 D 同时转化为移动副,然后再取不同构件为机架,即可得下列两种含两个移动副的四杆机构。

当取构件4为机架时(图3.20(a)),该机构称为正弦机构。此时移动导杆3的位移方程

为：$s = a\sin\varphi$。图 3.20(b) 所示为其在缝纫机跳针机构中的应用。

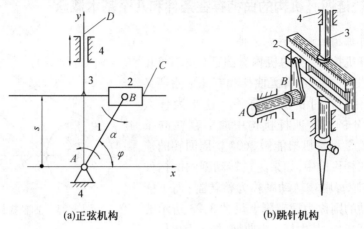

(a)正弦机构　　　　　　　　(b)跳针机构

图 3.20　正弦机构应用实例

当取构件 3 为机架（图 3.21(a)）时，该机构称为双滑块机构，图 3.21(b) 所示的椭圆绘画器是这种机构的应用实例，连杆 1 上各点可描绘出不同离心率的椭圆曲线。

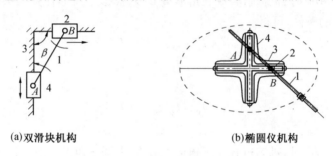

(a)双滑块机构　　　　　　　　(b)椭圆仪机构

图 3.21　双滑块机构应用实例

（2）扩大运动副的尺寸。在图 3.22(a) 所示的曲柄摇杆机构中，如将转动副 B 的半径逐渐扩大到超过曲柄的长度，得到的机构称为偏心轮机构（图 3.22(b)）。同样，可将图3.15的曲柄滑块机构演化为图 3.22(c) 所示的机构。此时偏心轮 1 即为曲柄，转动副 B 中心位于偏心轮的几何中心处，而 A、B 间的距离即为曲柄的长度。这样演化并不影响机构原有的运动情况，相反对机构结构的承载能力却大大提高。它常用于冲床、剪床等机器中，由于这些机械中，偏心距 e 一般都很小，故常把偏心轮与轴做成一体，形成偏心轴，如图3.22(d) 所示。

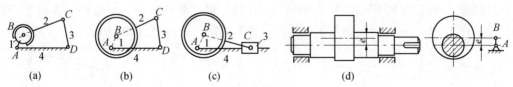

(a)　　　　(b)　　　　(c)　　　　(d)

图 3.22　机构演化过程

由上述分析可见，铰链四杆机构可以通过改变构件的形状和长度，扩大转动副，选取不同构件作为机架等途径，演变成为其他形式的四杆机构，以满足各种工作需要。

3.1.3　铰链四杆机构的曲柄存在条件和几个基本概念

1.铰链四杆机构的曲柄存在条件

在铰链四杆机构中,有的机构有曲柄(一个或几个),有的机构没有曲柄,而有无曲柄和有几个曲柄又与机构各构件相对尺寸的大小有关。这是为什么呢?下面就来分析铰链四杆机构中曲柄存在的条件。所谓曲柄就是相对机架能做360°整周回转的连架杆。在铰链四杆机构中,如果组成转动副的两构件能做整周相对转动,则该转动副称为整转副;而不能做整周相对转动的则称为摆转副。设图3.23所示的机构为曲柄摇杆机构,其中杆1为曲柄,杆3为摇杆。

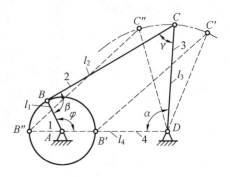

图 3.23　曲柄摇杆机构

各杆长度分别用 l_1、l_2、l_3、l_4 表示且设 $l_1 < l_4$。杆1是否能做整周转动,就看其是否能顺利通过与机架共线的两个位置 AB' 和 AB''。

当曲柄位于 AB' 时,机构折叠成三角形 $B'C'D$,根据三角形任意两边之差小于(极限状态等于) 第三边的条件,可得

$$l_2 - l_3 \leqslant l_4 - l_1$$
$$l_1 + l_2 \leqslant l_3 + l_4 \tag{3.1a}$$

或
$$l_3 - l_2 \leqslant l_4 - l_1$$
即
$$l_1 + l_3 \leqslant l_2 + l_4 \tag{3.1b}$$

当曲柄位于 AB'' 时,机构折叠成三角形 $B''C''D$,根据三角形任意两边之和大于等于第三边的条件,可得

$$l_1 + l_4 \leqslant l_2 + l_3 \tag{3.1c}$$

将式(3.1a)、(3.1b)、(3.1c) 两两相加,可得

$$l_1 \leqslant l_2, l_1 \leqslant l_3, l_1 \leqslant l_4 \tag{3.4d}$$

分析以上诸式,得出铰链四杆机构中曲柄存在的条件:

(1) 最短杆和最长杆长度之和小于或等于其他两杆长度之和(此条件称为杆长条件)。

(2) 最短杆为连架杆或机架。图3.24所示铰链四杆机构,满足杆长条件,杆1为最短杆。当以杆4(图(a))或杆2(图(b))为机架时,杆1为曲柄,杆3为摇杆,得曲柄摇杆机构。当以杆1为机架(图c) 时,杆2、杆4均为曲柄,得双曲柄机构。当以杆3为机架(图(d))时,杆2、杆4均为摇杆,得双摇杆机构。若不满足杆长条件,不论取哪一杆作为机架,

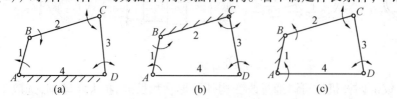

|(a)|(b)|(c)|(d)|

图3.24　变换机架获得不同机构的形式

均无曲柄存在,都只能是双摇杆机构,此时无整转副存在。铰链四杆机构中相邻两构件构成整转副的条件是除需满足杆长条件外,组成整转副的两杆中必有一个杆为四杆中的最短杆。图 3.24 所示铰链四杆机构中 A、B 为整转副,C、D 为摆转副。

2. 急回运动和行程速比系数

图 3.25 所示为一曲柄摇杆机构,取曲柄 AB 为原动件。曲柄在转动一周的过程中,有两次与连杆 BC 共线,即 B_1AC_1 和 AB_2C_2 位置。这时从动摇杆的两个位置 C_1D 和 C_2D 分别为其左、右极限位置。这两个极限位置间的夹角 ψ 就是摇杆的摆角。摇杆处在两极限位置时,曲柄所对应的两个位置之间的锐角 $\theta(\theta = \varphi_1 - 180°)$,称为极位夹角。

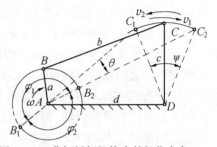

图 3.25 曲柄摇杆机构中的极位夹角

由图可见,当曲柄以匀角速度 ω 由位置 AB_1 顺时针方向转到位置 AB_2 时,曲柄的转角 $\varphi_1 = 180° + \theta$。这时摇杆由左极限位置 C_1D 摆到右极限位置 C_2D,设所需时间为 t_1,摆杆上点 C 的平均速度为 v_1。当曲柄再继续转过角度 $\varphi_2 = 180° - \theta$,即曲柄从位置 AB_2 转到 AB_1 时,摇杆由位置 C_2D 返回 C_1D,所需时间为 t_2,点 C 的平均速度为 v_2。虽然摇杆往返的摆角相同,但由于对应的曲柄转角不相等,$\varphi_1 > \varphi_2$,因而 $v_1 < v_2$。它表明摇杆在摆去时的平均角速度较摆回时要小。通常把在曲柄等速回转情况下,摇杆往复摆动速度快慢不同的运动称为急回运动。

衡量机构的急回运动特性可以用行程速比系数 K 来表示,即

$$K = \frac{v_2}{v_1} = \frac{\widehat{C_1C_2}/t_2}{\widehat{C_1C_2}/t_1} = \frac{t_1}{t_2} = \frac{180° + \theta}{180° - \theta} \tag{3.3}$$

或

$$\theta = 180° \frac{K-1}{K+1} \tag{3.4}$$

由上面分析可知,平面连杆机构有无急回作用取决于有无极位夹角 θ。若 $\theta \neq 0$,则该机构就必定具有急回作用。对图 3.26(a) 所示的对心曲柄滑块机构,由于 $\theta = 0$,故无急回作

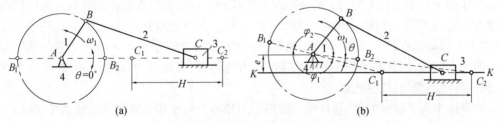

图 3.26 曲柄滑块机构中的极位夹角

用。而图 3.26(b) 所示的偏置曲柄滑块机构,由于极位夹角 $\theta \neq 0°$,故有急回作用。又如图 3.27 所示的摆动导杆机构,当曲柄 AB 两次转到与导杆垂直时,导杆处于两个极限位置,由于其极位夹角 $\theta \neq 0°(\theta = \varphi)$,所以也具有急回作用。

在工程实践中,常利用机构的急回运动特性来缩短非生产时间,以提高劳动生产率。例如牛头刨床、鄂式碎石机等都是如此。关于急回运动特性有以下三点值得注意:

(1) 急回运动具有方向性。

急回运动的方向性一是指从动件的快速行程和慢速行程可以随原动件转动方向的改变

而相互转换;二是指在机器中,经常利用慢速行程作为工作行程(正行程),如牛头刨,这样可以确保加工质量,缩短空回行程时间,提高劳动生产率,但有时也利用快速行程作为工作行程,如鄂式碎石机,在工作时利用动鄂板的惯性快速压碎矿石,然后慢速返回,以便有充分的时间使碎矿石落下。

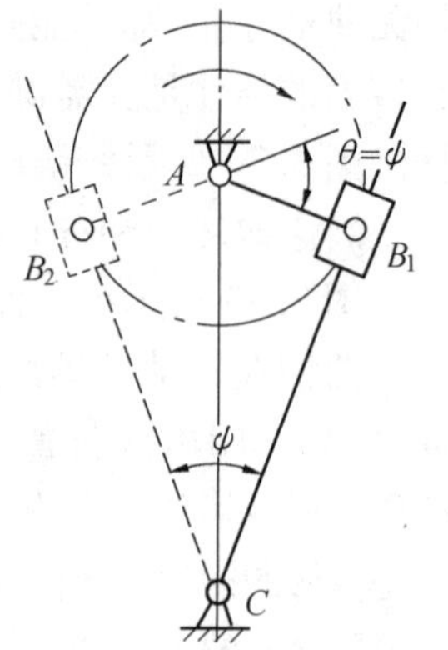

（2）两个不具有急回运动特性的四杆机构经过适当组合,也可能产生急回运动,且行程速比系数往往较大。

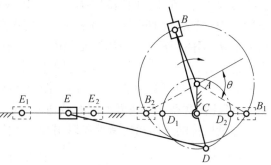

图 3.27　导杆机构

判断机构有无急回运动特性的前提条件是原动件等速运动,如果原动件不等速运动,则原本无急回运动特性的机构也可能产生急回运动。如图 3.28 是由一回转导杆机构和一对心曲柄滑块机构组成的小型刨床,两机构均无急回运动特性。经组合后,对心曲柄滑块机构 CDE 的原动件 CD 做变速运动,因而具有急回运动特性;如下求得:由滑块的左、右两个极位 E_1、E_2,可以依此做出整个机构的相应位置,从而找出原动件的两个极位 AB_1、AB_2 及极位夹角 θ,因 $\theta \neq 0$,故整个机构有急回运动特性。

（3）不是所有的铰链四杆机构（曲柄摇杆机构）都具有急回运动特性。如图 3.25 的铰链四杆机构即使满足曲柄存在条件,但当 $a^2 + d^2 = b^2 + c^2$ 时就没有急回运动特性。

图 3.28　小型刨床

3. 压力角与传动角

在图 3.29 所示的曲柄摇杆机构中,曲柄 A 为原动件,若不计各构件的重力、惯性力和运动副中的摩擦力,则连杆 BC 为二力杆。通过连杆作用于从动摇杆上的力 F 的作用线是沿着 BC 方向,此力 F 的作用线与力的作用点的速度方向 v_C 之间所夹锐角 α 称为压力角。F 力在 v_C 方向上的分力 $F_t = F\cos \alpha$,是推动摇杆 CD 绕点 D 转动的有效分力,而 F 力沿从动摇杆 CD 方向上的分力 $F_t = F\sin \alpha$,它只能增加铰链中的约束反力,因此是有害分力。显然,压力角越大,有效分力就越小,而有害分力就越大,机构传动越费劲,效率就越低。

在设计中为了度量方便,连杆机构常用压力角的余角 γ 作为该机构的传动角,即用 γ 来衡量传力性能的好坏。传动角 γ 的取值为:当连杆与从动件之间夹角 δ 为锐角时,$\delta = \gamma = 90° - \alpha$;当 δ 为钝角时,$\gamma = 180° - \delta$,δ 角是随曲柄转角的变化而变化。同理,α 越小,γ 越大,机构的传力性能越好。

为了保证机构具有良好的传动性能,设计时通常应使 $\gamma_{min} \geq [\gamma]$。对于一般机械,通常取 $[\gamma] = 40°$;对于传递力矩较大的重载机械,如颚式破碎机、冲床、剪床等取 $[\gamma] = 50°$。对于最小传动角 γ_{min} 所在位置,通过计算或由机构运动简图可以直观地判定。对于曲柄摇杆机构,如图 3.29 所示,最小传动角 γ_{min} 出现在机构处于曲柄 AB 与机架 AD 两次共线之一的位置,不是 $\angle B_1 C_1 D$ 最小,就是 $\angle B_2 C_2 D$ 的补角最小。对于对心曲柄滑块机构,如图 3.30 所示,最小传动角 γ_{min} 出现在机构处于曲柄与滑块导路相垂直的位置。对于导杆机构,如图

3.31 所示,在不计摩擦时,由于滑块 3 对从动导杆 4 的作用力 F 始终垂直于导杆,即力 F 与导杆在该点速度方向始终一致,因此传动角始终为 90°。从传力的观点看,导杆机构具有良好的传力性能。

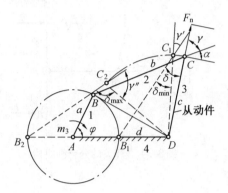

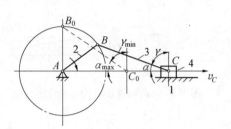

图 3.29　曲柄摇杆机构中压力角与传动角　　　　图 3.30　曲柄滑块机构中的传动角

4. 机构的死点位置

图 3.32 所示的曲柄摇杆机构,若以摇杆为原动件,曲柄为从动件,则当摆杆摆到两极限位置 C_1D 和 C_2D 时,连杆与从动曲柄共线,出现传动角 $\gamma = 0°$ 的情况,这时连杆作用于曲柄上的力将通过铰链中心 A,有效驱动力矩为零,因而不能使曲柄转动。机构的这种位置称为死点位置。同样对于图 3.33 所示的曲柄滑块机构,当以滑块为主动件时,若连杆与从动曲柄共线,机构也处于死点位置。死点位置使机构处于"顶死"状态,并使从动曲柄出现运动不确定现象。为了消除死点位置对机构传动的不利影响,使机构顺利通过死点位置的方法与机构通过转折点的方法相同。

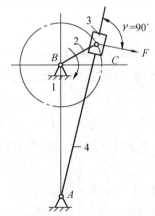

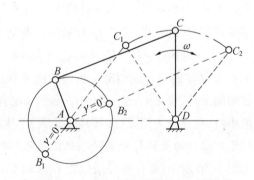

图 3.31　导杆机构中的传动角　　　　　　　图 3.32　曲柄摇杆机构中的死点位置

在工程实践中,也常利用机构的死点来实现特定的工作要求。例如,图 3.34 所示电气设备上开关的分合闸机构,合闸时机构处于死点位置(图中实线所示),虽然触点的接合反力 F_0 和弹簧拉力 F 对构件 CD 产生很大的力矩,但因 AB 和 BC 共线,所以机构不能运动。分闸时,只要在 AB 杆上略施以力,即可使机构离开死点位置,构件 CD 在弹簧力 F 的作用下迅速顺时针方向转动,从而减小分闸时的拉电弧现象。又如图 3.11 所示的飞机起落架机构,着陆时,机轮放下,杆 BC 和 AB 成一直线,机构处于死点位置,此时虽然机轮上可能受到巨大的冲力,但也不能使从动件 AB 摆动,从而保持着支撑状态。日常生活中利用机构死点位置的实例也有很多,如折叠桌子、折叠椅子、折叠轮椅等。

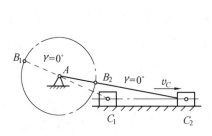

图 3.33 曲柄滑块机构中的死点位置

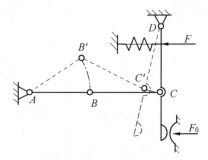

图 3.34 开关的分合闸机构

3.2 平面连杆机构的设计

生产实践中对平面连杆机构所提出的运动要求可分为实现从动件预期的运动规律和轨迹两类问题。因此,设计连杆机构时,首先要根据工作的需要选择合适的机构类型,再按照所给定的运动要求和其他附加要求(如传动角的限制等)确定机构运动简图的尺寸参数(如图 3.26 中曲柄、连杆长度及导路偏距 e 等)。

连杆机构运动设计的方法有解析法、几何作图法和实验法。作图法直观,解析法精确,实验法常需试凑。本节将通过举例阐述平面四杆机构的运动设计方法。

3.2.1 按给定从动件的位置设计四杆机构

1. 已知滑块的两个极限位置(即行程 H),设计对心曲柄滑块机构

如图 3.35 所示,设计的关键是找出曲柄长 l_1、连杆长 l_2 满足行程 H 的关系,H 是滑块两个极限位置 C_1C_2 的距离,C_1C_2 应分别是在曲柄和连杆两次共线 AB_1、AB_2 时滑块的位置,由图得 $l_{AC_2} = l_1 + l_2$,$l_{AC_1} = l_2 - l_1$,$H = l_{AC_2} - l_{AC_1} = (l_1 + l_2) - (l_2 - l_1) = 2l_1$,故 $l_1 = H/2$。这表明曲柄长为 $H/2$ 的对心曲柄滑块机构均能实现这一运动要求,可有无穷多个解。这时应考虑其他辅助条件,设 $\lambda = l_2/l_1$,$l_2 = \lambda l_1$,显然 λ 必须大于 1,一般取 $\lambda = 3 \sim 5$,要求结构尺寸紧凑时取小值,要求受力情况好(即传动角大)时取大值。

2. 已知摇杆的长度 l_3 及其两个极限位置(即摆角 ψ),设计曲柄摇杆机构

如图 3.36 所示,摇杆在极限位置 C_1D 和 C_2D 时连杆和曲柄共线,考虑结构确定固定铰链中心 A 的位置。由图得 $l_{AC_2} = l_1 + l_2$,$l_{AC_1} = l_2 - l_1$,联立求解可得曲柄长度 $l_1 = (l_{AC_2} - l_{AC_1})/2$,连杆长度 $l_2 = (l_{AC_2} + l_{AC_1})/2$。式中 l_{AC_1} 和 l_{AC_2} 可由图中量得。l_{AD} 即为固定杆 4 的长度 l_4。

上述点 A 的选择可以有多种方案。显然,要检查各杆长度是否符合曲柄摇杆机构的尺寸关系,同时还需检查传动角是否符合要求等附加条件。如不合适,可通过调整点 A 的位置重新设计。

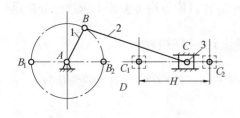

图 3.35 曲柄滑块机构的设计

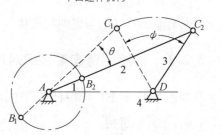

图 3.36 曲柄摇杆机构的设计

3. 已知连杆长度及其两个位置，设计铰链四杆机构

如图 3.37 所示加热炉炉门启闭机构，连杆 BC 即为炉门。为便于加料，给定炉门关闭时，BC 在垂直位置 B_2C_2，炉门打开时，BC 在水平位置 B_1C_1。按此要求设计铰链四杆机构 $ABCD$，关键是确定机架上两个固定铰链中心 A、D 的合适位置。由于点 B 的轨迹是以 A 为圆心、AB 为半径的圆弧，B_1B_2 两点已知，故点 A 必在 B_1B_2 的中垂线 $m-m$ 上；同理，点 D 必在 C_1C_2 的中垂线 $n-n$ 上。按此分析，在图上画出连杆两个位置 B_1C_1 和 B_2C_2，并分别在 B_1B_2、C_1C_2 连线的中垂线 $m-m$ 与 $n-n$ 上任取 A、D 两点，均能实现运动要求，可有无穷多解。这时应考虑对实际结构尺寸以及传动角是否符合要求等附加条件加以分析选定。

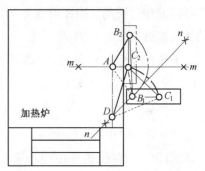

图 3.37 铰链四杆机构的设计

3.2.2 按给定行程速比系数 K 设计四杆机构

如图 3.38 所示，已知摇杆 CD 的长度 l_3 及其摆角 ψ 和行程速比系数 K，设计曲柄摇杆机构。确定中心 A，使机构的极位夹角 $\angle C_1AC_2 = \theta = 180° \cdot \dfrac{K-1}{K+1}$。

利用圆周角等于同弧所对圆心角之半的几何原理，可知满足 $\angle C_1AC_2 = \theta$ 的点 A 必在以点 O 为圆心，C_1、C_2 所成圆心角 $\angle C_1OC_2 = 2\theta$ 的圆周上。按以上分析，任选摇杆回转中心 D 的位置，连接点 C_1 和 C_2，并作与 C_1C_2 成 $90°-\theta$ 的两直线，设交于点 O，则 $\angle C_1OC_2 = 2\theta$，以 O 为圆心、OC_2 长度为半径画圆，在圆弧 $\overset{\frown}{C_1E_2}$ 或 $\overset{\frown}{C_2E_1}$ 上任取一点 A 作为曲柄回转中心，连接 AC_1、AC_2，则 $\angle C_1AC_2 = \theta$。点 A 确定后，量出长度 l_{AC_1} 和 l_{AC_2}，再按前

图 3.38 四杆机构的设计(1)

述实际摇杆两极限位置曲柄和连杆共线的条件求出曲柄长 l_1 和连杆长 l_2。由于点 A 的位置可以很多，仍为无穷多解，需按其他辅助条件来确定点 A 的位置。应该注意，点 A 位置选在圆弧 $\overset{\frown}{C_1E_2}$ 还是 $\overset{\frown}{C_2E_1}$ 上，应根据摇杆工作行程和回程的摆动方向以及曲柄 AB 的转向而定，如图 3.38 所示位置，曲柄 AB 顺时针旋转，则摇杆从位置 C_1D 摆到 C_2D 为工作行程，从位置 C_2D 摆到 C_1D 为急回行程。

对具有急回特性的偏置曲柄滑块机构、摆动导杆机构等均可参照上例进行分析设计。

3.2.3　按给定两连架杆间对应位置设计四杆机构

在如图 3.39 所示铰链四杆机构中,已知连架杆 AB 和 CD 的三对对应角位置 φ_1、ψ_1;φ_2、ψ_2;φ_3、ψ_3,设计该机构。

现通过解析法来讨论本设计。设 l_1、l_2、l_3、l_4 分别代表各杆长度,因机构各杆长度按同一比例增减时,各杆转角间的关系将不变,故只需确定各杆的相对长度。因此可取 $l_1 = 1$,则该机构的待求参数就只有 l_2、l_3、l_4 三个了。

图 3.39　四杆机构的设计(2)

当该机构在任意位置时,取各杆在坐标轴 x、y 上的投影,可得以下关系式

$$\left.\begin{aligned}\cos \varphi + l_2\cos \mu &= l_4 + l_3\cos \psi\\ \sin \varphi + l_2\sin \mu &= l_3 \sin \psi\end{aligned}\right\} \quad (3.5)$$

将式(3.5)移项、整理、消去 μ 后,可得

$$\cos \varphi = \frac{l_4^2 + l_3^2 + 1 - l_2^2}{2l_4} + l_3\cos \psi - \frac{l_3}{l_4}\cos(\psi - \varphi) \quad (3.6)$$

为简化式(3.6),令

$$\lambda_0 = l_3, \lambda_1 = -l_3/l_4, \lambda_2 = (l_4^2 + l_3^2 + 1 - l_2^2)/2l_4 \quad (3.7)$$

则式(3.6)变成

$$\cos \varphi = \lambda_0\cos \psi + \lambda_1\cos(\psi - \varphi) + \lambda_2 \quad (3.8)$$

式(3.8)即为两连架杆 AB 与 CD 转角之间的关系式。将已知的三对对应转角 φ_1、ψ_1;φ_2、ψ_2;φ_3、ψ_3 分别代入式(3.8),可得方程组

$$\left.\begin{aligned}\cos \varphi_1 &= \lambda_0\cos \psi_1 + \lambda_1\cos(\psi_1 - \varphi_1) + \lambda_2\\ \cos \varphi_2 &= \lambda_0\cos \psi_2 + \lambda_1\cos(\psi_2 - \varphi_2) + \lambda_2\\ \cos \varphi_3 &= \lambda_0\cos \psi_3 + \lambda_1\cos(\psi_3 - \varphi_3) + \lambda_2\end{aligned}\right\} \quad (3.9)$$

由方程组可解出三个未知数 λ_0、λ_1、λ_2。将它们代入式(3.7),即可求得 l_2、l_3、l_4。这里求出的杆长为相对于 $l_1 = 1$ 的相对杆长,可按结构情况乘以同一比例常数后所得的机构都能实现对应的转角。

3.2.4　按给定连杆轨迹设计四杆机构

实现给定轨迹的平面四杆机构设计问题,除可用解析法和图解法解决外,也可采用较直观的实验法。如图 3.40 所示,已知连杆上一点的轨迹为 mm,设计该机构。

现以实验法来解决。先选定一点 A 为曲柄的铰链中心,然后再选定曲柄 AB 及连杆上

BM 的长度,令连杆上的点 M 在给定的轨
迹 mm 上运动,这时固接在连杆上的其他
点,如 c^{I}、c^{II}、c^{III}… 也将绘出一定形状的
轨迹。在这些轨迹中,找出与圆或圆弧
相近似的轨迹,即可把形成此轨迹的点
作为连杆上的铰链中心 C,将此轨迹的圆
心作为机架上的铰链中心 D,这时 $ABCD$
即为可实现给定轨迹 mm 的铰链四杆机
构。如果点 C 的轨迹不是圆弧而是一直
线,则可由曲柄滑块机构来实现。

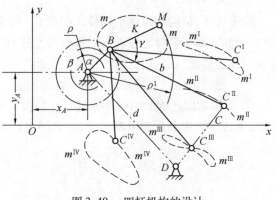

图 3.40   四杆机构的设计

3.3   速度瞬心在平面机构速度分析中的应用

速度分析是机构运动分析的重要内容,是加速度分析及确定机器动能和功率的基础,通
过速度分析还可了解从动件速度的变化能否满足工作要求。例如,要求刨刀在切削行程中
接近于等速运动,以保证加工表面质量和延长刀具寿命;而刨刀的空回行程则要求快速退
回,以提高生产率。为了解所设计的刨床是否满足这些要求,就需要对它进行速度分析。

运动分析的方法可以分为图解法和解析法两种。

图解法又可分为速度瞬心法和矢量方程图解法等。对简单平面机构来讲,应用瞬心法
分析速度往往非常简便清晰。

下面介绍瞬心法的基本知识及其应用。

1. 速度瞬心

当两构件(即两刚体)1、2 做平面相对运动时(图
3.41),在任一瞬时,都可以认为它们是绕某一重合点
做相对转动,而该重合点则称为瞬时速度中心,简称
瞬心,以 P_{12}(或 P_{21}) 表示。

显然,两构件在其速度瞬心处没有相对速度,所
以瞬心是指互相做平面相对运动的两构件在任一瞬
时,其相对速度为零的重合点,或者是做平面相对运
动的两构件在任一瞬时,其速度相等的重合点(即等

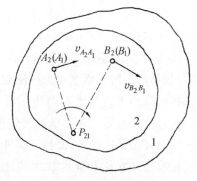

图 3.41   刚体运动速度瞬心

速重合点)。若该点的绝对速度为零,则为绝对瞬心;若不等于零,则为相对瞬心。用符号
P_{ij} 表示构件 i 和构件 j 的瞬心。

2. 机构中瞬心的数目

由于任何两个构件之间都存在一个瞬心,所以根据排列组合原理,由 n 个构件(包括机
架)组成的机构,其总的瞬心数 N 为

$$N = n(n-1)/2 \qquad\qquad (3.10)$$

3.机构中瞬心位置的确定

如上所述,机构中每两个构件之间就有一个瞬心。如果两个构件是通过运动副直接连接在一起的,那么其瞬心位置可以很容易地通过直接观察加以确定。如果两构件并非直接连接形成运动副,则它们的瞬心位置需要用"三心定理"来确定。下面分别介绍如下。

(1)通过运动副直接相连的两构件的瞬心。

① 以转动副连接的两构件的瞬心。如图3.42(a)、(b)所示,当两构件1、2以转动副连接时,则转动副中心即为其瞬心 P_{12}。图3.42(a)、(b)中的 P_{12} 分别为绝对瞬心和相对瞬心。

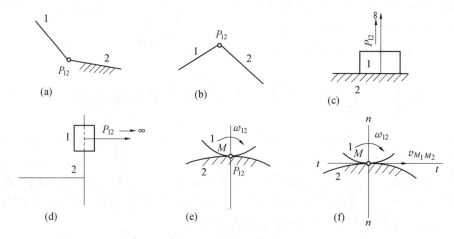

图3.42 构件的瞬心

② 以移动副连接的两构件的瞬心。如图3.42(c)、(d)所示,当两构件以移动副连接时,构件1相对构件2移动的速度平行于导路方向,因此瞬心 P_{12} 应位于移动副导路方向之垂线上无穷远处。图3.42(c)、(d)中的 P_{12} 分别为绝对瞬心和相对瞬心。

③ 以平面高副连接的两构件的瞬心。如图3.42(e)、(f)所示,当两构件以平面高副连接时,如果高副两元素之间为纯滚动(ω_{12} 为相对滚动的角速度),则两元素的接触点 M 即为两构件的瞬心 $\boldsymbol{P}_{12}$,如果高副两元素之间既做相对滚动,又有相对滑动($v_{M_1 M_2}$ 为两元素接触点的相对滑动速度),则不能直接定出两构件的瞬心 P_{12} 的具体位置。但是,因为构成高副的两构件必须保持接触,而且两构件在接触点 M 处的相对移动速度必定沿着高副接触点处的公切线 t - t 方向,由此可知,两构件的瞬心 $\boldsymbol{P}_{12}$ 必位于高副两元素在接触处的公法线 n - n 上。

(2)不直接相连的两构件的瞬心。对于不直接组成运动副的两构件的瞬心,可应用三心定理来求。所谓三心定理就是:做平面运动的三个构件共有三个瞬心,它们位于同一直线上。现证明如下:

如图3.43所示,设构件1、2、3彼此做平面运动,根据式(3.10),它们共有三个瞬心,即 P_{12}、P_{13}、P_{23}。其中 P_{12}、P_{13} 分别处于构件2与构件1即构件3与构件1所构成的转动副的中心处,故可直接求出。现证明 P_{23} 必定位于 P_{12} 和 P_{13} 的连线上。

如图3.43所示,为方便起见,假定构件1是固定不动的。因瞬心为两构件上绝对速度(大小和方向)相等的重合点,如果 P_{23} 不在 P_{12} 和 P_{13} 的连线上,而在图示的点 K,则其绝对速度 v_{K2} 和 v_{K3} 在方向上就不可能相同。显然,只有当 P_{23} 位于 P_{12} 和 P_{13} 的连线上时,构件2

和 3 重合点绝对速度的方向才能一致,故知 P_{23} 必定位于 P_{12} 和 P_{13} 的连线上。

4. 瞬心在速度分析中的应用

利用瞬心法进行速度分析,可求出两构件的角速度比、构件的角速度及构件上某点的线速度。

在图 3.44 所示的平面四杆机构中,已知:各构件的尺寸,主动件 2 以角速度 ω_2 等速回转,求从动件 4 的角速度 ω_4、ω_3/ω_4 及点 C 速度的大小 v_C。

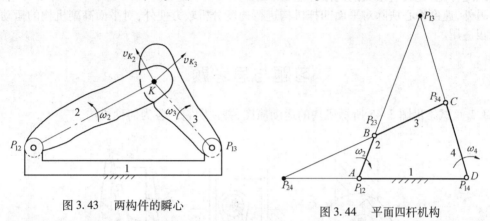

图 3.43　两构件的瞬心　　　　　　　图 3.44　平面四杆机构

此问题应用瞬心法求解极为方便,下面分别求解。因为 P_{24} 为构件 2 和构件 4 的等速重合点,故得

$$\omega_2 \overline{P_{12}P_{24}}\mu_1 = \omega_4 \overline{P_{14}P_{24}}\mu_1$$

式中　　μ_1—— 机构的尺寸比例尺,它是构件的真实长度与图示长度之比($\mathrm{m \cdot mm^{-1}}$)。

由上式可得

$$\frac{\omega_2}{\omega_4} = \frac{\overline{P_{14}P_{24}}}{\overline{P_{12}P_{24}}}$$

故

$$\omega_4 = \omega_2 \cdot \frac{\overline{P_{12}P_{24}}}{\overline{P_{14}P_{24}}}$$

式中　　ω_2/ω_4—— 该机构的主动件 2 与从动件 4 的瞬时角速度之比,即机构的传动比。

由上式可见,此传动比等于两构件的绝对瞬心(P_{12},P_{14})至其相对瞬心(P_{24})之距离的反比。此关系可以推广到平面机构中任意两构件 i 与 j 的角速度之间的关系中,即

$$\frac{\omega_i}{\omega_j} = \overline{P_{1j}P_{ij}} / \overline{P_{1i}P_{ij}}$$

式中　　ω_i、ω_j—— 构件 i 与构件 j 的瞬时角速度;

　　　　P_{1i}、P_{1j}—— 构件 i 及构件 j 的绝对瞬心;

　　　　P_{ij}—— 两构件的相对瞬心。

因此,在已知 P_{1i}、P_{1j} 及构件 i 的角速度 ω_i 的条件下,只要定出 P_{ij} 的位置,便可求得构件 j 的角速度 ω_j。由此可得

$$\frac{\omega_3}{\omega_4} = \frac{\overline{P_{14}P_{34}}}{\overline{P_{13}P_{34}}}$$

点 C 的速度即为瞬心 P_{34} 的速度,则有

$$v_C = \omega_3 \cdot \overline{P_{13}P_{34}} \cdot \mu_1 = \omega_4 \cdot \overline{P_{14}P_{34}} \cdot \mu_1 = \omega_2 \cdot \frac{\overline{P_{12}P_{24}}}{\overline{P_{14}P_{24}}} \cdot \overline{P_{14}P_{34}} \cdot \mu_1$$

由例题可见,利用速度瞬心法对平面四杆机构进行速度分析较方便。但对于瞬心数目多得多杆机构的速度分析,就显得很繁琐,且因图解法精确度较低,作图时常有某些瞬心落在图纸之外,因此具有很大的局限性。

另外,速度瞬心法除对平面四杆机构进行速度分析较方便外,对平面高副机构的运动分析也很适用。

习题与思考题

3.1　试绘出图 3.45 所示机构的运动简图,并说明它们各为何种机构。

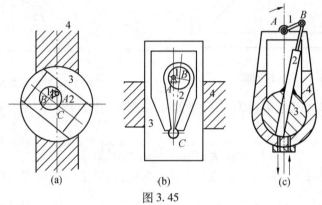

图 3.45

3.2　图 3.46 所示四铰链四杆机构中,已知各构件长度 $l_{AB} = 50$ mm,$l_{BC} = 75$ mm,$l_{CD} = 60$ mm,$l_{AD} = 80$ mm。

（1）该机构是否满足曲柄存在的杆长条件?

（2）若满足杆长条件,则固定哪个构件可得曲柄摇杆机构?

（3）固定哪个构件可获得双曲柄机构?

（4）固定哪个构件可获得双摇杆机构?

3.3　在图 3.47 所示的铰链四杆机构中,各杆件长度分别为 $l_{AB} = 28$ mm,$l_{BC} = 52$ mm,$l_{CD} = 50$ mm,$l_{AD} = 72$ mm。

（1）若取 AD 为机架,求该机构的极位夹角 θ、杆 CD 的最大摆角 ψ 和最小传动角 $\gamma_{\min}$;

（2）若取 AB 为机架,该机构将演化为何种类型的机构? 为什么? 请说明这时 C、D 两个转动副是整转副还是摆转副?

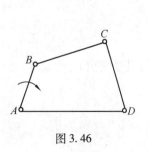

图 3.46

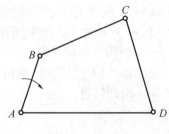

图 3.47

3.4 对于一偏置曲柄滑块机构,试求:

(1) 当曲柄为原动件时机构传动角的表达式;

(2) 试说明曲柄 r、连杆 l 和偏距 e 对传动角的影响;

(3) 说明出现最小传动角时的机构位置;

(4) 若令 $e = 0$(即对心曲柄滑块机构),其传动角在何处最大? 何处最小?

3.5 图 3.48 所示机构中,已知构件 1 的角速度 $\omega_1 = 20$ rad/s,半径 $R = 50$ mm,$\angle ACB = 60°$,$\angle CAO = 90°$,试求构件 2 的角速度 ω_2。

3.6 欲设计一个如图 3.49 所示的铰链四杆机构。设已知其摇杆 CD 的长度 $l_{CD} = 75$ mm,行程速比系数 $K = 1.5$,机架 AD 的长度 $l_{AD} = 100$ mm,又知摇杆的一个极限位置与机架间的夹角 $\psi = 45°$,试求其曲柄的长度 l_{AB} 和连杆的长度 l_{BC}。

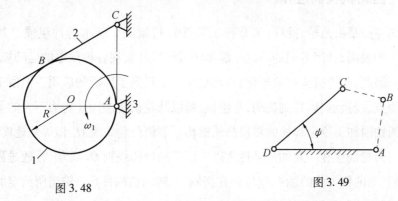

图 3.48 图 3.49

3.7 试设计如图 3.50 所示的六杆机构。当原动件 1 自 y 轴顺时针转过 $\varphi_{12} = 60°$ 时,构件 3 顺时针转过 $\psi_{12} = 45°$ 恰与 x 轴重合。此时滑块 6 自 E_1 移动到 E_2,位移 $s_{12} = 20$ mm。试确定铰链 B_1 和 C_1 的位置,并在所设计的机构中标明传动角 γ,同时说明四杆机构 AB_1C_1D 的类型。

3.8 设计一曲柄摇杆机构,已知其摇杆 CD 长 290 mm,摇杆的两极限位置间摆角 $\psi = 32°$,机构的行程速比系数 $K = 1.25$,若曲柄 AB 的长度为 75 mm,要求设计此四杆机构,并验算最小传动角 $\gamma_{\min}$。

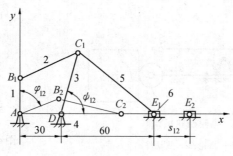

图 3.50

第4章

凸轮机构

4.1 凸轮机构的应用和类型

4.1.1 凸轮机构的应用

凸轮机构一般是由凸轮、推杆(又常称从动件)、机架三个基本构件组成。其特点是凸轮具有曲线工作表面,利用不同的凸轮轮廓曲线可使推杆实现各种预定的运动规律,并且结构简单紧凑。因此,凸轮机构在机械化、自动化生产中得到了广泛的应用。但由于凸轮轮廓与推杆之间为点、线接触,属高副机构,易磨损,所以凸轮机构多用于传力不大的场合。

图4.1为铣削加工给定廓线的靠模凸轮机构。靠模凸轮2绕O_1做等角速度转动时,它的廓线推动与齿轮固接在一起的从动件3以一定运动规律绕轴O_2摆动,再通过齿轮与齿条传动,移动做转动的铣刀5的轴4,这样便在绕轴O_3转动的构件6上铣出所给定的廓线。显然,给定廓线的形状与靠模凸轮的轮廓有关。

图4.2所示为冲床装卸料凸轮机构。原动凸轮1固定于冲头上,当其随冲头往复上下运动时,通过凸轮高副驱动从动件2以一定规律往复水平移动,从而使机械手按预期的输出特性装卸工件。

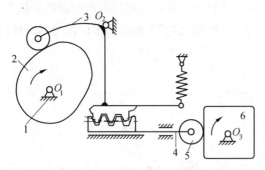

图 4.1　靠模凸轮机构

1—机架;2—凸轮;3—从动件;

4—轴;5—铣刀;6—工件

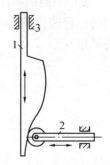

图 4.2　装卸料凸轮机构

1—凸轮;2—连杆;3—送料推杆

4.1.2 凸轮机构的类型

凸轮机构的类型繁多,从不同角度出发可做如下分类:

1. 按凸轮几何形状分

（1）盘形凸轮。这种凸轮是绕固定轴线转动，具有变化向径的盘形构件，如图 4.3（a）所示。这是凸轮最基本的形式。

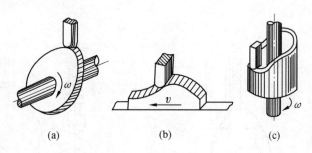

图 4.3　凸轮的类型

（2）移动凸轮。这种凸轮相对于机架做往复直线运动，如图 4.3（b）所示。它可以看成是转轴的中心在无穷远的盘形凸轮。盘状凸轮和移动凸轮均属平面凸轮机构。

（3）圆柱凸轮。这是在圆柱表面上加工出曲线工作表面的凸轮，也可认为是将移动凸轮卷成圆柱体而构成的，如图 4.3（c）所示。圆柱凸轮属空间凸轮机构。

2. 按推杆端部形状分

（1）尖顶推杆。如图 4.4（a）、（e）所示。它的构造最简单，但易磨损，故只宜用于传力不大的低速凸轮机构中，如仪表机构等。

（2）滚子推杆。如图 4.4（b）、（f）所示。推杆的端部装有可自由回转的滚子，以减小摩擦和磨损。它能传递较大的力，应用较广泛。

（3）平底推杆。如图 4.4（c）、（g）所示。推杆的端部为平底，其平底与凸轮轮廓接触处构成楔形间隙，有利于润滑油膜的形成，故能减小摩擦、磨损，常用于高速凸轮机构中。

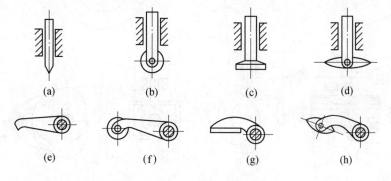

图 4.4　推杆的类型

3. 按推杆的运动形式分

（1）直动推杆。推杆相对于机架做往复直线移动，如图 4.4（a）、（b）、（c）、（d）所示。如推杆的导路轴线通过凸轮轴心，称为对心直动推杆盘形凸轮机构，如图 4.5（a）所示。否则称为偏置直动推杆盘形凸轮机构，如图 4.5（b）所示，e 为偏距。

（2）摆动推杆。推杆相对于机架做往复摆动,如图4.4(e)、(f)、(g)、(h) 所示。

4.按凸轮与推杆维持高副接触的封闭方式分

（1）力封闭。利用推杆的重力或弹簧力等使推杆与凸轮轮廓始终保持接触,如图4.6所示。

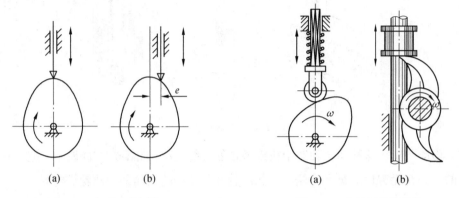

图 4.5　盘形凸轮机构　　　　　图 4.6　力封闭凸轮机构

（2）形封闭。依靠凸轮与推杆的特殊几何结构来保持两者始终接触。如图 4.7(a)、(b) 所示,凸轮的工作廓线可为两条等距的曲线槽,通常采用滚子推杆。由于它设计和制造都比较方便,故应用广泛。

将上述各种分类方式组合起来,就可得到凸轮机构的分类。如图4.7(a) 所示为对心直动滚子推杆盘形凸轮机构。图 4.7(b) 所示为摆动滚子推杆圆柱凸轮机构。

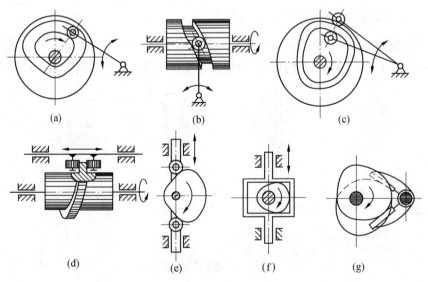

图 4.7　形封闭凸轮机构

另外,能够实现从动件做整周转动,并具有周期停歇的特征,即所谓"周期性单向间歇运动"的凸轮机构,称为空间凸轮间歇运动机构。图 4.8(a) 所示为圆柱凸轮间歇运动机构,图 4.8(b) 所示为蜗杆凸轮间歇运动机构。

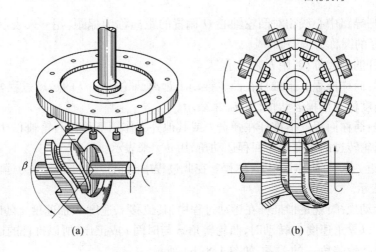

(a)   (b)

图 4.8   空间凸轮间歇运动机构

4.2   推杆的运动规律

4.2.1   凸轮机构的运动循环及基本名词术语

1. 凸轮机构的运动循环

图 4.8 所示为一尖顶直动推杆盘形凸轮机构。此时推杆恰好处于距凸轮轴 O 最近的位置,它的尖顶与凸轮轮廓上点 A_0 相接触。当原动凸轮按顺时针方向转过推程运动角 $\angle A_0OA_1$ 时,推杆随动至距凸轮轴心 O 最远的位置;当凸轮继续转过远休止角 $\angle A_1OA_2$ 时,推杆在最远位置处休止;凸轮再转过回程运动角 $\angle A_2OA_3$ 时,推杆随动回至距凸轮轴 O 最近的位置;当凸轮继续转过近休止角 $\angle A_3OA_0$ 时,推杆在最近位置处休止。至此,凸轮机构完成了一个运动循环。

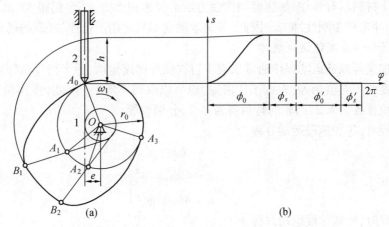

(a)   (b)

图 4.8   尖顶直动推杆盘形式凸轮机构

2. 基本名词和术语

凸轮基圆:以凸轮轴心为圆心,以其轮廓最小向径 r_0 为半径所作的圆;r_0 为基圆半径。

偏距:推杆导路中心线相对凸轮轴心 O 偏置的距离称为偏距,用 e 来表示。以 O 为圆心、以 e 为半径的圆称为偏距圆。

行程:推杆的最大位移,用 h 来表示。

推杆推程:简称推程。指推杆在凸轮推动下远离凸轮轴心 O 的运动过程。在此过程中凸轮转过的角度称为推程运动角,用 ϕ_0 来表示。

推杆回程:简称回程。指推杆在弹簧力或其他外力作用下移近凸轮轴心 O 的运动过程,在此过程中凸轮转过的角度称为回程运动角,用 ϕ'_0 来表示。

推杆远(近)休程:简称远(近)休程。在此过程中凸轮转过的角度称为远(近)休止角,用 ϕ_s、ϕ'_s 来表示。

推杆的运动规律:就是指推杆在运动过程中,其位移 s、速度 v、加速度 a 随时间 t 的变化规律。当凸轮以等角速度 ω 转动时,凸轮转角 φ 与时间 t 成正比,所以推杆的运动规律经常表示为位移与凸轮转角 φ 的关系,如图 4.8(b)所示。

4.2.2　几种常用的推杆运动规律

设计凸轮机械时,首先应根据工作要求确定推杆的运动规律,然后根据这一运动规律设计凸轮的轮廓曲线。生产中常用的推杆运动规律有以下几种:

1. 等速运动规律

设凸轮以等角速度 ω_1 回转,当凸轮转过推程运动角 ϕ_0 时,推杆等速上升 h,其推程的运动方程为

$$\left. \begin{array}{l} s = h\varphi/\phi_0 \\ v = h\omega_1/\phi_0 \\ a = 0 \end{array} \right\} \tag{4.1}$$

图 4.9 所示为其推程的运动线图。由图可知,推杆在运动开始和终了的瞬时,因速度有突变,所以这时推杆的加速度及其由此产生的惯性力在理论上将出现瞬时的无穷大值。实际上由于材料具有弹性,加速度和惯性力虽不会达到无穷大,但仍很大,从而产生强烈的冲击,这种冲击称为刚性冲击。因此,等速运动规律只适用于低速、轻载的场合。

2. 等加速等减速运动规律

等加速等减速运动规律通常取前半行程做等加速运动,后半行程做等减速运动,加速度和减速度的绝对值相等(根据工作需要,也可以取得不等)。因此,推杆做加速运动和减速运动的位移各为 $h/2$,凸轮的转角各为 $\phi/2$,分别相等。

推程时,等加速段运动方程为

$$\left. \begin{array}{l} s = 2h\varphi^2/\phi_0^2 \\ v = 4h\omega_1\varphi/\phi_0^2 \\ a = 4h\omega_1^2/\phi_0^2 \end{array} \right\} \tag{4.2a}$$

推程时,等减速段运动方程为

$$\left. \begin{array}{l} s = h - 2h(\phi_0 - \varphi)^2/\phi_0^2 \\ v = 4h\omega_1(\phi_0 - \varphi)/\phi_0^2 \\ a = -4h\omega_1^2/\phi_0^2 \end{array} \right\} \tag{4.2b}$$

推程时的等加速等减速运动线图如图4.10所示。由图可见,在行程的起始点 A、中点 B 及终点 C 处加速度有突变,因而推杆的惯性力也将有突变。不过这一突变为有限值,所以引起的冲击也较为平缓。这种由于加速度有突变产生的冲击称为柔性冲击。因此,这种运动规律只适用于中、低速的场合。

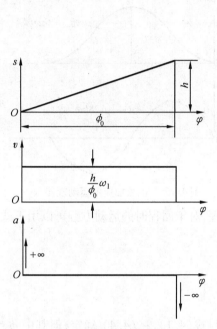

图 4.9　等速运动规律

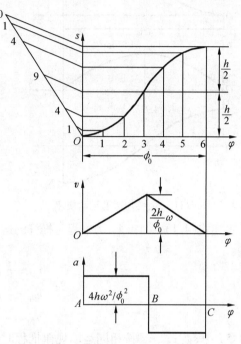

图 4.10　等加速等减速运动规律

3. 余弦加速度运动(简谐运动)规律

当推杆的加速度按余弦规律变化时,其推程的运动方程式为

$$\left.\begin{array}{l} s = h[1 - \cos(\pi\varphi/\phi_0)]/2 \\ v = \pi h\omega_1 \sin(\pi\varphi)/(2\phi_0) \\ a = \pi^2 h\omega_1^2 \cos(\pi\varphi/\phi_0)/(2\phi_0^2) \end{array}\right\} \qquad (4.3)$$

其推杆推程时运动线图如图4.11所示。由图可见,在首末两点推杆的加速度有突变,故也有柔性冲击,一般只适用于中速场合。

4. 正弦加速度(摆线运动)规律

当推杆的加速度按正弦规律变化时,其推程的运动方程式为

$$\left.\begin{array}{l} s = h[\varphi/\phi_0 - \sin(2\pi\varphi/\phi_0)/(2\pi)] \\ v = h\omega_1[1 - \cos(2\pi\varphi/\phi_0)]/\phi_0 \\ a = 2\pi h\omega_1^2 \sin(2\pi\varphi/\phi_0)/\phi_0^2 \end{array}\right\} \qquad (4.4)$$

推程时,推杆的运动线图如图4.12所示,由图可见,其加速度没有突变,可以避免柔性冲击和刚性冲击,故适于高速传动。

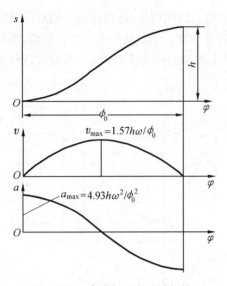

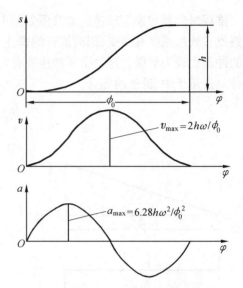

图 4.11　余弦加速度运动规律　　　　　图 4.12　正弦加速度运动规律

上述式(4.1)～(4.4)为推程时推杆的运动方程,对于回程时的运动方程可以用下式得出

$$\left.\begin{aligned} s_{回} &= h - s_{推} \\ v_{回} &= - v_{推} \\ a_{回} &= - a_{推} \end{aligned}\right\} \tag{4.5}$$

式(4.5)中 $s_{推}$、$v_{推}$、$a_{推}$ 按相同运动规律推程时的方程式(4.1)～(4.4)确定,但其中 ϕ_0 用回程运动角 ϕ'_0 代替,凸轮转角 φ 应从回程运动规律的起始位置计量起。

　　上述各项运动规律是凸轮机构的推杆运动规律的基本形式,它们各有其优点和缺点。在工程实际中,为使凸轮机构获得更好的工作性能,扬长避短,经常采用以某种基本运动规律为基础,辅之以其他运动规律与其组合,从而构成组合型运动规律,以改善其运动特性,从而避免在运动始、末位置发生刚性冲击或柔性冲击。

　　例如,图 4.13 为用正弦加速度(也可选用其他合适的运动规律)与等速运动规律组合而成的改进型等速运动规律。它既满足工作中等速运动的要求,又克服了其始末两点存在的刚性冲击,这种组合运动规律无刚性冲击和柔性

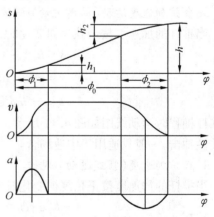

图 4.13　改进型等速运动规律

冲击。注意,当采用不同的运动规律构成组合型运动规律时,它们在连接点处的位移、速度和加速度应分别相等。

4.2.3　运动规律的特征值

　　为了便于根据工作条件来选择和评定运动规律,可用下列这些对凸轮机构工作性能影

响较大参数来标志不同运动规律各自的特性。这些参数称为运动规律的特征值。

（1）最大速度 v_{max}。从动系统的最大动量为 mv_{max}（m 表示质量）。为了停动灵活和安全运行，希望从动系统的动量要小。故需对 v_{max} 值加以限制，特别是当从动系统质量较大时。

（2）最大加速度 a_{max}。a_{max} 是决定惯性力大小，影响动力学性能的主要因素，需加限制，特别是当凸轮转速度较高时。

（3）最大跃动 j_{max}。j_{max} 表示惯性力的最大变化率，影响机构工作的平稳性。

在选择运动规律时，希望 v_{max}、a_{max}、j_{max} 等值越小越好。但这些特征值又往往是相互制约相互矛盾的。因此，我们必须根据工作要求，分别主次进行选择。

对于从动件进行运动规律选择时，可参考以下原则：

（1）高速轻载。一般可按 a_{max}、v_{max}、j_{max} 的顺序予以注意。选用等加等减速运动规律比较合适。

（2）低速重载。一般可按 v_{max}、a_{max}、j_{max} 的顺序予以注意。选用改进型等速运动规律比较合适。

（3）中速中载。要求 v_{max}、a_{max}、j_{max} 等特征值都比较好。可采用正弦加速度运动规律。

表 6.4 比较了从动件的一些常用运动规律的特征值，可供设计凸轮机构时参考。

运动规律	v_{max} $\left(\dfrac{h\omega}{\varphi_0}\right) \times$	a_{max} $\left(\dfrac{h\omega^2}{\varphi_0^2}\right) \times$	j_{max} $\left(\dfrac{h\omega^3}{\varphi_0^2}\right) \times$
等速运动	1.00	∞	∞
等加等减速	2.00	4.00	∞
余弦加速度	1.57	4.93	∞
正弦加速度	2.00	6.28	39.5

注：至于修正等速、修正等加等减速运动规律的特征值，则随所选修正曲线的类型和修正段所对应的凸轮转角的大小不同而异。一般修正等速运动规律的 v_{max} 值略大于 1，而 a_{max} 值较大，j_{max} 值很大。修正等加等减速运动规律的 v_{max} 值与等加等减速相等或接近，a_{max} 值略大于 4，j_{max} 值较大。

4.3 凸轮轮廓曲线的设计

根据工作要求，合理地选择推杆运动规律、凸轮机构的形式、凸轮的基圆半径等基本尺寸和凸轮的转向，就可以进行凸轮廓线设计了。

凸轮廓线的设计方法有图解法和解析法两种。图解法比较直观，概念清晰，但作图误差较大，适用于设计精度要求较低和不重要的凸轮。通过图解法有助于理解凸轮廓线设计原理及一些基本概念。对于高速凸轮或精度要求较高的凸轮，必须用解析的方法进行精确的计算。解析法是通过列出凸轮廓线方程，计算求得廓线上各点的坐标值，这种方法适宜在计算机上计算，并在数控机床上加工轮廓。这两种设计方法的基本原理是相同的。

4.3.1 凸轮廓线设计方法的基本原理

图 4.14 所示为尖顶对心直动推杆盘形凸轮机构。凸轮以等角速度 ω_1 绕轴心 O 逆时针

方向转动,这时推杆沿导路(机架)做往复移动。为便于绘制凸轮廓线,需要凸轮相对固定,可假设给整个凸轮机构加上一个公共角速度"$-\omega_1$"绕凸轮轴心回转,根据相对运动原理,这时凸轮与推杆之间的相对运动关系并未改变,但是凸轮已"固定不动",而推杆一方面随导路以角速度"$-\omega_1$"绕轴心 O 顺时针方向转动(即所谓反转运动),另一方面还相对于导路做预期的往复移动。由于推杆尖顶和凸轮廓线始终接触,因此推杆尖顶在这种复合运动中所描绘的轨迹就是凸轮的轮廓曲线。所以设计凸轮廓线的关键就在于找出推杆尖顶在这种复合运动中的轨迹。这种设计凸轮廓线的方法称为反转法。

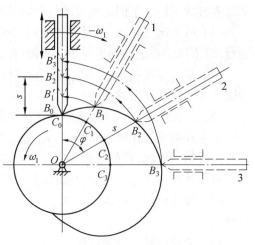

图 4.14　凸轮廓线设计的反转法原理

4.3.2　用作图法设计凸轮廓线

下面通过一实例来介绍用反转法绘制盘形凸轮廓线的方法。

图 4.15 所示为一对心直动尖顶推杆盘形凸轮机构。已知凸轮的基圆半径 $r_0 = 38$ mm,凸轮以 ω_1 沿顺时针方向等速回转,推杆运动规律如表 4.1 所示。

表 4.1　推杆运动规律

凸轮转角 φ	0°～150°	150°～180°	180°～300°	300°～360°
推杆位移 s	等速上升 $h = 15$ mm	上停	等加速等减速 下降 $h = 15$ mm	下停

该凸轮廓线设计步骤如下:

(1)取长度比例尺 μ_L。绘出凸轮基圆,如图 4.15 所示。

(2)做反转运动。在基圆上由起始点位置 C_0 出发,沿 $-\omega_1$ 回转方向依次量取 ϕ_0、ϕ_s、ϕ'_0、ϕ'_s,并将推程运动角 ϕ_0 和回程运动角 ϕ'_0 各细分为若干等份(例如 5 等份和 6 等份)。在基圆上得各等分点 C_0、C_1、…、C_{11}、C_{12},过凸轮回转中心 O 作这些等分点的射线,这些放射线即为在反转运动中导路所占据的一系列位置。

(3)计算推杆的预期位移。

① 等速推程时,由式(4.1)有

$$s = h\varphi/\phi_0 = 15\varphi/150° \qquad (\varphi = 0°～150°)$$

计算结果见表 4.2。

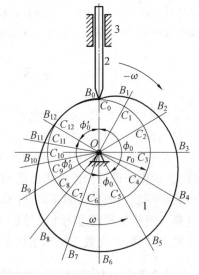

图 4.15　对心直动尖顶推杆盘形凸轮凸轮廓线作图法设计

表 4.2 推杆推程位移计算结果

$\varphi/(°)$	0	30	60	90	120	150
s/mm	0	3	6	9	12	15

② 等加速回程时,由式(4.5)和式(4.2(a))有

$$s = h - 2h\varphi^2/\phi_0^{'2} = 15 - 30(\varphi/120°)^2 \qquad (\varphi = 0° \sim 60°)$$

等减速回程时,由式(4.5)和式(4.2b)

$$s = 2h(\phi'_0 - \varphi)^2/\phi_0^{'2} = 30(120° - \varphi)^2/(120°)^2 \qquad (\varphi = 60° \sim 120°)$$

计算结果见表4.3。

表 4.3 推杆回程位移计算结果

$\varphi/(°)$	0	20	40	60	80	100	120
s/mm	15	14.17	11.67	7.50	3.33	0.83	0

(4)做复合运动。在推杆反转运动中的各轴线上,从基圆开始量取推杆的相应位移,即 $\overline{C_0B_0} = 0$,$\overline{C_1B_1} = 3/\mu_L$,$\cdots$,$\overline{C_5B_5} = \overline{C_6B_6} = 15/\mu_L$,$\overline{C_7B_7} = 14.17/\mu_L$,$\overline{C_8B_8} = 11.67/\mu_L$,$\cdots$,$\overline{C_{12}B_{12}} = 0$。得推杆尖顶在复合运动中的一系列位置 B_0、B_1、B_2、$\cdots$

(5)将 B_0、B_1、B_2、$\cdots$ 点连成光滑曲线,即为所求的凸轮廓线。

图 4.16 所示为偏置直动尖顶推杆盘状凸轮廓线设计反转法的原理图。显然,从动件在反转运动中,其导路始终与凸轮轴心 O 保持偏距 e。因此设计这种凸轮轮廓时,首先以 O 为圆心及偏距 e 为半径作偏距圆切于从动件导路,其次以 r_b 为半径作基圆,基圆与导路的交点 C_0 即为从动件的起始位置。画出反转后从动件导路的一系列位置。从动件的相应位移应在这些切线上量取,这些点连成的光滑曲线即为所求的凸轮轮廓。

图 4.17 所示为摆动尖顶推杆盘状凸轮廓线设计反转法的原理图。若凸轮以 ω_1 沿顺时针方向转动时,则令摆动推杆回转中心 A_0O 以 $-\omega_1$ 绕凸轮轴心 O 转动(逆时针方向),依次到达点 $A_1,A_2,A_3,\cdots$ 位置,同时摆动推杆还应按预期确定的运动规律($\psi - \phi$ 运动规律)摆动,使其推杆尖顶依次到达点 $1',2',3',4'\cdots$ 位置,这些点连成的光滑曲线即为所求的凸轮轮廓。

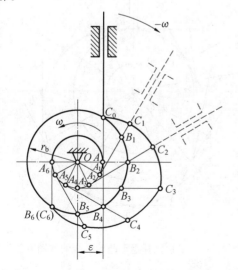

图4.16 偏置直动尖顶推杆盘状凸轮凸轮廓
线作图法设计

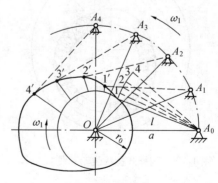

图4.17 摆动尖顶推杆盘状凸轮廓线
作图法设计

对于滚子推杆,其凸轮轮廓设计方法如图4.18 所示。

首先把滚子中心看作尖顶推杆的尖顶,按照上述方法求出一条轮廓曲线 β,β 称为凸轮的理论廓线。再以 β 上一系列点为中心,以滚子半径为半径,画一系列小圆,最后作这些小圆的内包络线 β',便是滚子推杆外凸轮的实际廓线。若为槽凸轮,则内、外包络线便是槽形凸轮两个工作侧面的轮廓曲线,如图4.19 所示。注意,滚子推杆盘形凸轮的基圆半径是指凸轮理论廓线上的最小向径。

对于平底推杆的凸轮廓线的设计方法,如图4.20 所示。以导路中心和平底的交点作为推杆的尖顶,先绘制理论廓线,然后过理论廓线上一系列点 B_0,B_1,B_2,… 画出各个位置的平底直线,这些平底直线的内包络线即为凸轮的实际廓线。注意,平底推杆的凸轮只适合于凸曲面轮廓,同时为了保证在所有位置平底都能与轮廓相切,平底两侧的宽度必须分别大于导路至左右最远切点的距离。

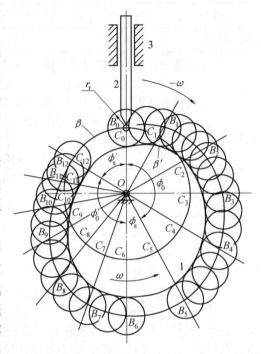

图 4.18   滚子推杆盘状凸轮廓线的作图方法

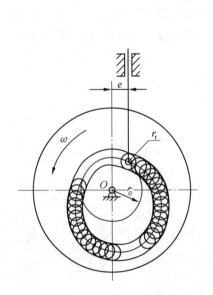

图 4.19   沟槽式盘状凸轮廓线曲线

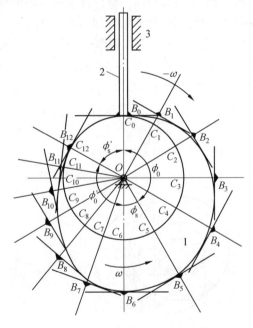

图 4.20   平顶推杆盘形凸轮廓线的作图方法

4.3.3 用解析法设计凸轮廓线

以图 4.21 所示的偏置直动滚子推杆盘形凸轮机构为例。设已知凸轮以角速度 ω_1 逆时针方向转动,并给定推杆的运动规律、偏距 e 及基圆半径 r_0。选取 Oxy 坐标系,点 B_0 为凸轮廓线的起始点。这时,推杆处于最低位置,其高度为 s_0。当凸轮转过 φ 角时,推杆沿导路按预定运动规律上升 s 的位移量。由反转法作图可以看出,这时滚子中心在点 B,其直角坐标为

$$\left.\begin{array}{l} x = (s_0 + s)\sin\varphi + e\cos\varphi \\ y = (s_0 + s)\cos\varphi - e\sin\varphi \end{array}\right\} \quad (4.6)$$

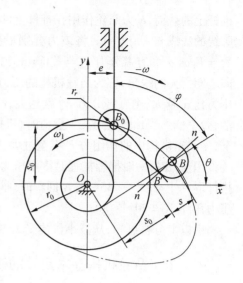

图 4.21 凸轮廓线的解析方法

式中 $s_0 = \sqrt{r_0^2 - e^2}$,式(4.6)即为凸轮的理论廓线方程式。

对于滚子推杆盘形凸轮机构,其理论廓线与实际廓线为一对等距曲线。两者之间的法向距离等于滚子半径 r_r,故当已知理论廓线上任意一点 $B(x,y)$ 时,只要沿理论廓线在该点的法线方向 $n-n$ 取距离为 r_r,即得实际廓线上的相应点 $B'(X,Y)$。

$$\left.\begin{array}{l} X = x - r_r\cos\theta \\ Y = y - r_r\sin\theta \end{array}\right\} \quad (4.7)$$

式(4.7)为凸轮的实际廓线方程。因理论廓线点 B 处法线的斜率与其切线斜率互为负倒数,即

$$\tan\theta = \frac{\mathrm{d}y}{\mathrm{d}x} = \frac{\mathrm{d}x}{-\mathrm{d}y} = \frac{\mathrm{d}x}{\mathrm{d}\varphi}/(-\frac{\mathrm{d}y}{\mathrm{d}\varphi}) = \sin\theta/\cos\theta \quad (4.8)$$

由式(4.6)对 φ 求导,得

$$\left.\begin{array}{l} \mathrm{d}x/\mathrm{d}\varphi = (\mathrm{d}s/\mathrm{d}\varphi - e)\sin\varphi + (s_0 + s)\cos\varphi \\ \mathrm{d}y/\mathrm{d}\varphi = (\mathrm{d}s/\mathrm{d}\varphi - e)\cos\varphi - (s_0 + s)\sin\varphi \end{array}\right\} \quad (4.9)$$

从而可求得式(4.8)中

$$\left.\begin{array}{l} \sin\theta = (\mathrm{d}x/\mathrm{d}\varphi)/\sqrt{(\mathrm{d}x/\mathrm{d}\varphi)^2 + (\mathrm{d}y/\mathrm{d}\varphi)^2} \\ \cos\theta = (\mathrm{d}y/\mathrm{d}\varphi)/\sqrt{(\mathrm{d}x/\mathrm{d}\varphi)^2 + (\mathrm{d}y/\mathrm{d}\varphi)^2} \end{array}\right\} \quad (4.10)$$

式(4.9)中偏距 e 为代数值,其正、负号规定如下:当凸轮沿逆时针方向转动时,推杆导路方向位于凸轮回转中心的右侧时,e 为正;反之 e 为负;若凸轮沿顺时针方向回转,则相反。

4.4 凸轮机构的压力角和基本尺寸

4.4.1 凸轮机构中的作用力与凸轮机构的压力角

图 4.22 所示为对心直动尖顶推杆盘形凸轮机构,推杆与凸轮在点 B 接触,W 为作用在

推杆上的载荷，F 为凸轮作用在推杆上的推动力，当不计摩擦时，力 F 必须沿接触点处凸轮廓线的法线 $n-n$ 方向。将该力分别沿推杆运动方向和垂直于运动方向分解得有效分力 $F_y = F\cos\alpha$ 和有害分力 $F_x = F_y\tan\alpha$。式中 α 为推杆上所受法向力的方向与受力点速度方向之间所夹的锐角，称为凸轮机构的压力角。显然，当推动推杆运动的有效分力 F_y 一定时，压力角 α 越大，则有害分力 F_x 就越大，凸轮推动推杆就越费力。从而使凸轮机构运动不灵活，效率低。当 α 增大到某一数值时，机构将处于自锁状态。为了保证在载荷 W 一定的条件下，使凸轮机构中的作用力 F 不至过大，必须对压力角 α 的最大值给予限制，使其不超过某一许用值 $[\alpha]$，一般推荐推程时许用压力角 $[\alpha]$ 的数值为：对于直动推杆取 $[\alpha] = 30°$，摆动推杆取 $[\alpha] = 35° \sim 45°$，若在回程时，推杆是在重力或弹簧力的作用下返回，则回程的许用压力角 $[\alpha]' = 70° \sim 80°$。

由以上分析可知，从减小机构受力方面考虑，希望压力角越小越好。

4.4.2 凸轮机构基本尺寸的确定

1. 盘形凸轮基圆半径的确定

图 4.23 所示为偏置直动尖顶推杆盘形凸轮机构推程的一个任意位置，推杆和凸轮在接触点 B 作公法线 nn，它与过凸轮轴心 O 且垂直于推杆导路的直线相交于点 P，点 P 就是凸轮和推杆的相对速度瞬心。

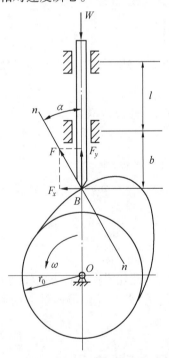

图 4.22 凸轮机构的受力分析

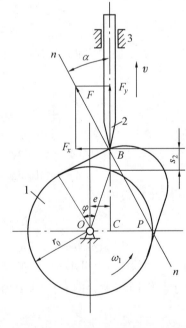

图 4.23 凸轮机构压力角与基圆半径的关系

由速度瞬心的定义，通过计算可知

$$\overline{Op} = \frac{v_2}{\omega_1} = \frac{ds}{d\varphi}$$

故有
$$\tan \alpha = \frac{\dfrac{ds}{d\varphi} \mp e}{s + \sqrt{r_0^2 - e^2}}$$
(4.11)

式中　r_0—— 凸轮的基圆半径;

　　　s—— 推杆对应凸轮转系角 φ 的位移量;

　　　e—— 偏距。

在式(4.11)中,当推杆运动规律给定后,对应于凸轮的某一转角 φ 的 v_2、ω_1 及 s 均为已知常数。因此,在其他条件不变的情况下(e 值不变),凸轮机构的压力角越小,则基圆半径 r_0 越大,即凸轮机构尺寸越大,对机构紧凑性不利;反之对凸轮机构的受力又不利。因此,在实际设计中,可以保证在凸轮机构的最大压力角 α_{max} 不超过许用压力角 $[\alpha]$ 的前提下,应尽量缩小凸轮机构尺寸,可利用公式(4.11)确定基圆半径。

另外,在式(4.11)中,当导路和瞬心 P 在凸轮轴心 O 的同侧时,式中取"−"号,这样也可使压力角减小;反之,当导路和瞬心 P 在凸轮轴心 O 的异侧时,式中取"+"号,可使压力角增大。因此,为了减小推程压力角,应将推杆导路向推程相对速度瞬心的同侧偏置。但须注意,此时回程压力角将增大,所以偏距 e 值不宜过大。

同时,如果还要考虑凸轮的结构及强度要求,应保证凸轮的基圆半径 $r_0 = (1.6 \sim 2)R$,式中 R 为安装凸轮的轴半径。

2. 圆柱凸轮基圆柱半径的确定

图 4.24(a) 是一个直动滚子推杆圆柱凸轮,取其外圆柱为基圆柱,半径为 r_0。图 4.24(b) 为推杆运动规律位移曲线图。其横坐标 x 表示 $r_0\varphi$,其中 φ 为凸轮转角,对应凸轮转动一圈,$x = 2\pi r_0$,其纵坐标 s 表示推杆的轴向位移,H 为行程。由此可以看出,直动推杆的位移曲线就是该圆柱凸轮在基圆柱面上的理论廓线的展开图。而以位移曲线上一系列点为中心,以滚子半径为半径所作的一系列圆的两条包络线,即为圆柱凸轮在基圆柱面上的实际廓线展开图(图4.24(c))。由图可知,位移线图上任一点的切线的倾角就是该圆柱凸轮上相应点的压力角 α_0,故有

$$\tan \alpha = ds/dx = (1/r_0)(ds/d\varphi)$$
(4.12)

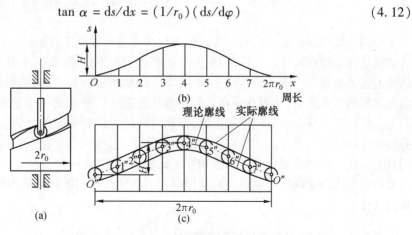

图 4.24　直动滚子推杆圆柱凸轮展开图

显然,当 $ds/d\varphi$ 为 $(ds/d\varphi)_{max}$ 时,α 为 α_{max},即

$$\tan \alpha_{max} = (1/r_0)(ds/d\varphi)_{max} \leqslant \tan[\alpha]$$

得圆柱凸轮基圆柱半径

$$r_0 \geqslant (1/\tan[\alpha])(\mathrm{d}s/\mathrm{d}\varphi)_{\max} \tag{4.13}$$

4.4.3　滚子半径的选择

当采用滚子推杆时,滚子半径的大小对实际轮廓有很大的影响,如滚子半径选择不当,推杆有可能实现不了预期的运动规律。设滚子半径为r_r,理论廓线上最小曲率半径为$\rho_{\min}$,对应实际廓线曲率半径为ρ_a。对于外凸的凸轮廓线(图4.25(a)),有$\rho_a = \rho - r_r$。当$\rho = r_r$时,则$\rho_a = 0$在凸轮实际轮廓上出现尖点(图4.25(b)),这种现象为变尖现象。尖点很容易被磨损。当$\rho < r_r$时,则$\rho_a < 0$,实际廓线发生自交现象(图4.25(c)),交叉线的上一部分在实际加工中将被切掉(称为过切),使得推杆在这一部分的运动规律无法实现,这种现象称为运动失真。为了避免以上两种情况的产生,就必须保证$\rho_{a\min} > 0$,亦即必须保证$\rho_{\min} > r_r$,通常取$r_r \leqslant 0.8\rho_{\min}$。对于外凹的凸轮廓线对滚子半径的选择无此影响。注意:滚子半径也不宜过小,因过小的滚子将会使滚子与凸轮之间的接触应力增大,且滚子本身的强度不足。为了解决上述问题,一般可增大凸轮的基圆半径r_0,以使$\rho_{\min} > r_r$增大。

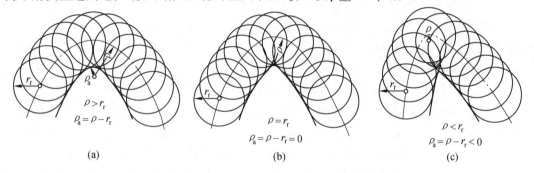

图4.25　滚子半径与实际廓线的关系

4.5　空间凸轮间歇运动机构

空间凸轮间歇运动机构与一般凸轮机构的主要区别在于:后者从动件做往复运动,而前者的从动件做整周转动,并具有周期停歇的特征,即所谓"周期性单向间歇运动"。至于从动件的运动规律与一般凸轮机构一样,决定于凸轮的廓线形状,只要廓线设计合理,就可能实现理想的预期运动,从而获得良好的动力学性能。这是它的一个显著的特点。这种机构的另一个特点是从动件每转停歇次数,停动时间比等设计参数的允许变化范围比其他形式的间歇运动机构大得多。此外它还具有结构简单、工作可靠等优点。因此在自动机械中应用日益广泛。它的主要特点是制造和安装比较困难。

目前空间凸轮间歇运动机构的常用形式有圆柱凸轮间歇运动机构和蜗形凸轮间歇运动机构两种。

4.5.1　圆柱凸轮间歇运动机构

图4.8(a)所示的即为圆柱凸轮间歇运动机构。主动轮是一个具有沟槽的圆柱凸轮,从

动轮上装有若干个均布的柱销。圆柱凸轮回转时,柱销依次进入沟槽。当沟槽的环形段与柱销接触时,从动轮停歇不动,如图 4.26(a)所示。当沟槽的螺旋段与柱销接触时,从动轮转动,如图 4.26(b)所示。若主动凸轮连续匀速回转,则从动轮做"停—转—停"运动,亦即做周期性的单向间歇转动。从动轮每转停歇的次数称为工位数。圆柱凸轮间歇运动机构的工位数等于从动轮上的柱销数和主动轮上沟槽之比。这种机构的柱销数,由于结构上的限制,一般不能少于 6,而沟销的头数常取为 1,故工位数一般不少于 6,多则没有限制。这也是其他间歇运动机构很难实现的一个特点。

在圆柱凸轮间歇运动机构中,如仅就一个柱销的运动来看,它和滚子摆动从动件圆柱凸轮的"停—升—停"段相同,设计方法也一样。故不赘述。

4.5.2 蜗形凸轮间歇运动机构

图 4.8(b)所示为一蜗形凸轮间歇运动机构。它的柱销沿从动轮径向分布而主动凸轮呈蜂腰形。由于主动凸轮的廓形是在凹曲面上的,不能展成平面,故设计比较困难。但设计的原则和步骤仍与一般凸轮机构相同。

这种机构的柱销常用滚子轴承代替。由于柱销是圆柱形的,在从动轮上成辐射状分布,因此柱销与凸轮上梯形脊之间的间隙可以通过改主、从动轴的中心距来调整。如能给以适当的预紧,则可使间隙消除,保证传动精度。由于这种机构具有良好的动力学性能,故适用于高速精密传动。这种机构的柱销数,一般也不能少于 6,也不宜过多。它的主要特点是加工比较困难,需要专用的机床或特殊工艺装备。

4.6 凸轮机构的强度计算及结构设计

设计凸轮机构时,除了前述根据从动件所要求的运动规律设计出凸轮轮廓曲线外,还要选择适当的材料,确定合理的结构和技术要求,必要时进行强度校核。

4.6.1 凸轮和滚子材料的选择

凸轮机构中,凸轮轮廓与从动件之间理论上为点或线接触。接触处有相对运动并承受较大的反复作用的接触应力,因此容易发生磨损和疲劳点蚀。这就要求凸轮和滚子的工作表面硬度高、耐磨,有足够的表面接触强度。凸轮机构还经常受到冲击载荷,故还要求凸轮心部有较大的韧性。凸轮常用的材料及热处理可参考表 4.4。

表 4.4 凸轮常用材料及热处理

使用场合	材　　料	热处理方式
速度较低、 载荷不大的 一般场合	45	调质,230 ~ 260 HBW
	HT200、HT250、HT300	170 ~ 250 HBW
	QT600 - 3	190 ~ 270 HBW
速度较高、 载荷较大的 重要场合	45、40Cr	表面淬火,40 ~ 50 HRC
		高频淬火,52 ~ 58 HRC
	15、20Cr、20CrMnTi	渗碳淬火,56 ~ 62 HRC
	38CrMoAlA、35CrAlA	氮化,> 60 HRC

滚子材料可采用 20Cr 渗碳淬火，表面硬度 56 ~ 62 HRC，或用 GCr15 淬火到 61 ~ 65 HRC，也可采用与凸轮相同的材料。由于滚子半径一般都小于凸轮实际廓线的曲率半径，又由于滚子的应力变化次数比凸轮多，故当两者材料及硬度相同时，一般是滚子先损坏。滚子的制造和更换比凸轮容易得多。

4.6.2　凸轮传动的强度校核

一般凸轮传动主要用于传递运动，传力通常不是主要的，所以可以不作强度计算。但对受力较大或转速高的凸轮（惯性力大）以及受到冲击载荷的凸轮，则应进行接触强度校核。校核应用赫兹公式计算接触应力 σ_{H}(MPa)，使满足

$$\sigma_{\mathrm{H}} = \sqrt{\frac{F_{\mathrm{n}}}{\pi b} \cdot \frac{\dfrac{1}{\rho_1} + \dfrac{1}{\rho_2}}{\dfrac{1 - \mu_1^2}{E_1} + \dfrac{1 - \mu_2^2}{E_2}}} \leqslant [\sigma_{\mathrm{H}}] \tag{4.14}$$

式中　F_{n}——凸轮与从动件接触处的法向力（N）；

　　　b——从动件与凸轮接触处的接触长度（mm）；

　　　ρ_1、ρ_2——凸轮廓线的最小曲率半径和从动件接触处的曲率半径（mm），当廓线内凹时，ρ_1 应以负值代入；当从动件为平底时，$\rho_2 = \infty$；

　　　E_1、E_2——凸轮和滚子材料的弹性模量（MPa）；

　　　μ_1、μ_2——凸轮和滚子材料的泊松比；

　　　$[\sigma_{\mathrm{H}}]$——凸轮的许用接触应力（MPa），可参考表 4.5 选取 $[\sigma_{\mathrm{H}}]$。

表 4.5　凸轮的许用接触应力 $[\sigma_{\mathrm{H}}]$

材料	45 钢调质	45 钢淬火	20Cr 渗碳淬火	铸铁	球墨铸铁
$[\sigma_{\mathrm{H}}]$/MPa	2.6 × HBW 值	27 × HRC 值	(28 ~ 30) × HRC 值	1.5 × HBW 值	1.8 × HBW 值

4.6.3　凸轮传动的结构

1. 从动件的结构

从动件的形式前已叙述，这里讨论其导路结构。实际应用较多的是从动件的导路在凸轮的一侧，如图 4.22 所示。从动件悬臂长度 b 不宜过长，一般应小于导路长度 l 的一半。为了改善从动件的运动灵活性，还可将导路分设在凸轮的两侧，如图 4.26(a) 所示；图 4.26(b) 是双侧导路的另一种结构形式；这种结构将凸轮轴当成导路的一端。

2. 凸轮的结构

最简单、最常见的是整体式凸轮，不需要经常更换的凸轮、较小的凸轮一般均采用这种结构。图 4.27 所示的为镶块式凸轮，其凸轮廓线由若干镶块拼接、固定在鼓轮上组合而成。鼓轮上加工出许多螺纹孔，供固定镶块用。这种凸轮可以更换镶

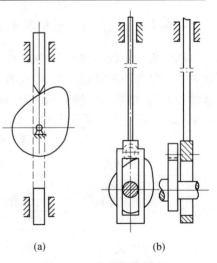

(a)　　　(b)

图 4.26　从动件的结构

块,改变凸轮廓线形状,以适应工作情况变化,用于需要经常更换凸轮的场合(如自动机)。图4.28 所示为组合式凸轮,盘状凸轮与轮毂是分离的,用螺栓将它们紧固成整体。盘状凸轮上螺栓的通孔开成长圆弧槽,这样凸轮与轴的周向相对位置便于调节,因而使从动件的起始位置与轴的相对位置可以根据需要进行调节。

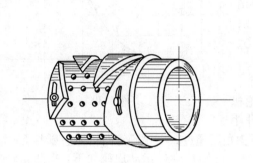

图 4.27　镶块式凸轮结构

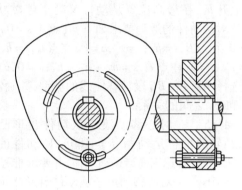

图 4.28　组合式凸轮结构

习题与思考题

4.1　从动件的常用运动规律有哪几种?它们各有什么特点?各适用什么场合?

4.2　当要求凸轮机构从动件的运动没有冲击时,应选用何种运动规律?

4.3　从动件运动规律选取的原则是什么?

4.4　不同规律运动曲线拼接时应满足什么条件?

4.5　凸轮机构的类型有哪些?在选择凸轮机构类型时应考虑哪些因素?

4.6　在用反转法设计盘形凸轮的轮廓线时,应注意哪些问题?移动从动件盘形凸轮机构和摆动从动件盘形凸轮机构的设计方法各有什么特点?

4.7　何谓凸轮机构的偏距圆?

4.8　何谓凸轮机构的理论廓线?何谓凸轮机构的实际廓线?两者有何区别与联系?

4.9　理论廓线相同而实际廓线不同的两个对心移动滚子从动件盘形凸轮机构,其从动件的运动规律是否相同?

4.10　在移动滚子从动件盘形凸轮机构中,若凸轮实际廓线保持不变,而增大或减小滚子半径,从动件运动规律是否发生变化?

4.11　何谓凸轮机构的压力角?当凸轮廓线设计完成后,如何检查凸轮转角为 φ 时机构的压力角 α?若发现压力角超过许用值,可采用什么措施减小推程压力角?

4.12　何谓运动失真?应如何避免处理运动失真现象?

4.13　图 4.29 所示为一尖端移动从动件盘形凸轮机构从动件的部分运动线图。试在图上补全各段的位

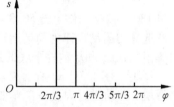

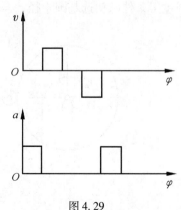

图 4.29

移、速度及加速度曲线,并指出在哪些位置会出现刚性冲击? 哪些位置会出现柔性冲击。

4.14　图 4.30 所示为一移动从动件盘形凸轮机构从动件在推程的位移曲线示意图。从动件先处于停歇状态,然后加速上升 h_1,等速上升 h_2,减速上升 h_3,在最高位置从动件又处于停歇状态。工作对从动件的运动要求如下:在点 A,$s=0$,$v=0$,$a=0$;在点 B,$s=h_1$,$v=v_1$,$a=0$;在点 C,$s=h_1+h_2$,$v=v_1$,$a=0$;在点 D,$s=h_1+h_2+h_3$,$v=0$,$a=0$。试选择 AB 段和 BC 段位移曲线的类型,并确定 φ_1、φ_2 和 φ_3 之间的关系。

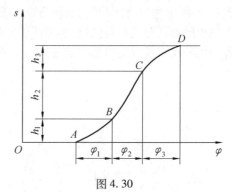

图 4.30

4.15　一对心移动滚子从动件盘形凸轮机构,凸轮的推程运动角 $\phi=180°$,从动件的升距 $h=75$ mm,若选用简谐运动规律,并要求推程压力角不超过 25°,试确定凸轮的基圆半径 r_0。

4.16　一对心移动滚子从动件盘形凸轮机构,已知从动件运动规律如下:当凸轮转过 200° 时,从动件以简谐运动规律上升 50 mm;当凸轮接着转过 60°时,从动件停歇不动;当凸轮转过一周中剩余的 100° 时,从动件以摆线运动规律返回原处。若选取基圆半径 $r_0=25$ mm,试确定推程和回程的最大压力角 a_{max} 和 a'_{max}。

4.17　在一对心移动滚子从动件盘形凸轮机构中,已知凸轮顺时针转动,推程运动角 $\phi=30°$,从动件的升距 $h=16$ mm,从动件运动规律为摆线运动。若基圆半径 $r_0=40$ mm,试确定推程的最大压力角 a_{max}。如果 a_{max} 太大,而工作空间又不允许增大基圆半径,试问:为保证推程最大压力角不超过 30°,应采取什么措施?

4.18　设计一移动平底从动件盘形凸轮机构。工作要求凸轮每转动一周,从动件完成两个运动循环;当凸轮转过 90° 时,从动件以简谐运动规律上升 50.8 mm,当凸轮接着转过 90° 时,从动件以简谐运动规律返回原处;当凸轮转过一周中其余 180° 时,从动件重复前 180° 的运动规律。试确定凸轮的基圆半径 r_0 和从动件平底的最小宽度 B。

4.19　设计一移动平底从动件盘形凸轮机构。工作要求从动件运动规律如下:当凸轮转过 180° 时,从动件上升 50.8 mm;当凸轮转过一周中其余 180° 时,从动件返回原处。若设计者选择的运动规律为简谐运动规律,并取基圆半径 $r_0=38.1$ mm,试确定凸轮廓线的最小曲率半径 ρ_{amin} 和从动件平底的最小宽度 B(每侧加上 5 mm 裕量)。

4.20　图 4.31(a) 所示为自动闪光对焊机的机构简图。凸轮 1 为原动件,通过滚子 2 推动滑块 3 移动进行焊接。工作要求滑板的运动规律如图 4.31(b) 所示。今根据结构、空间、强度等条件已初选基圆半径 $r_0=90$ mm,滚子半径 $r_r=15$ mm,试设计该机构。

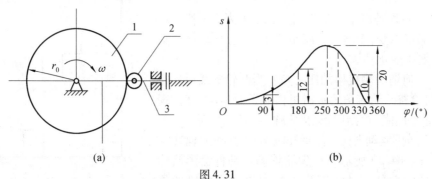

(a)　　　　　　　　　　　(b)

图 4.31

第5章

带传动与链传动

在机械传动中,带传动和链传动都是通过中间挠性元件实现的传动。当主动轴与从动轴相距较远时,常采用这两种传动。带传动是利用带和带轮的摩擦(或啮合)进行工作的,它适用于带速较高和圆周力较小时的场合;链传动是利用链轮轮齿和链条的啮合来实现传动,它适于链速较低和圆周力较大时的场合。

本章主要介绍 V 带传动和滚子链传动的类型、特点、工作原理及其传动设计。

5.1 带传动概述

带传动是两个或多个带轮之间用带作为中间挠性零件的传动,工作时借助带与带轮之间的摩擦(或啮合)来传递运动和动力。如图 5.1 所示,当原动机驱动主动轮 1 回转时,由于主动轮 1 与带 3 和带 3 与从动轮 2 之间的摩擦,拖动从动轮回转,并传递运动和动力。根据带的形状不同,可分为平带传动、V 带传动、圆形带传动、多楔带传动等,见图 5.2(a)、(b)、(c)、(d)。

平带传动的结构简单,在传动中心距较大的情况下应用。平带截面为扁平矩形,用得最多的普通平带由多层胶帆布黏合而成;带长可根据需要剪截后,用带接头接成封闭环形。带轮一般由铸铁制造。

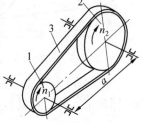

图 5.1 带传动简图

 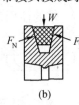   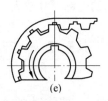

| (a) | (b) | (c) | (d) | (e) |

图 5.2 带传动的几种类型

V 带传动在一般机械传动中应用最为广泛。V 带横截面呈等腰梯形,带的侧面是工作面,带轮上是相应的梯形轮槽。传动时,V 带只与轮槽侧面接触。根据楔形增压原理,在同样张紧力下,V 带传动比平带传动能产生更大的摩擦力、更高的承载能力、更大的传递功率,除此以外 V 带传动还具有标准化程度高、传动比大、结构紧凑等优点,使 V 带传动比平带传动应用的领域更为广泛。

多楔带相当于平带和 V 带组合结构,其楔形部分嵌入带轮的楔形槽内,靠楔面摩擦工作。多楔带兼有平带和 V 带的优点,运转平稳,尺寸小,适用于传递功率较大而要求结构紧凑的场合。

同步带传动属啮合传动(图 5.2(e)),靠带上的齿和带轮上的齿的啮合来传递运动和动力,所需张紧力小,轴和轴承上所受的载荷小;带和带轮间没有滑动,传动比准确且传动比大(可达 10 ~ 20);带的厚度薄,质量小,允许较高的线速度(可达 50 m·s⁻¹)和较小的带轮直径;传动效率高(可达 98%)。但其制造和安装精度要求较高,成本也较高。

带传动多用于两轴平行,且主动轮、从动轴回转方向相同的场合。这种传动亦称开口传动,如图 5.3 所示。带与带轮接触弧所对的圆心角称为包角 α,带的基准长度为 L_d(mm),小带轮、大带轮基准直径分别为 d_{d1}、d_{d2},中心距为 a,则有如下计算公式

$$\left.\begin{array}{l} \alpha_1 = 180° - \dfrac{d_{d2} - d_{d1}}{a} \times 57.3° \\[3mm] L_d = 2a + \dfrac{\pi}{2}(d_{d1} + d_{d2}) + \dfrac{(d_{d2} - d_{d1})^2}{4a} \end{array}\right\} \tag{5.1}$$

由于带传动的材料不是完全的弹性体,带在工作一段时间后会发生塑性伸长而松弛,使张紧力降低。为保持持久的承载能力,带传动需要张紧装置。常用的控制和调整张紧力的方法是调节中心距张紧(图 5.4(a)、(b))和设置张紧轮张紧(图 5.4(c))。

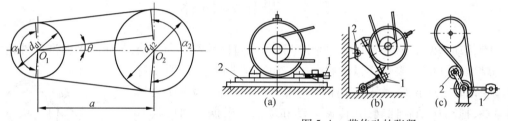

图 5.3　带传动的几何参数　　　　　图 5.4　带传动的张紧

带传动的优点是:能缓冲吸振;运行平稳无噪声,允许速度较高;过载时带在带轮上打滑(同步带除外),可防止其他零件的损坏;制造和安装精度不像啮合传动那么严格;适于中心距较大的传动。

带传动的缺点是:有弹性滑动,使传动效率较低,不能保持准确的传动比(同步带除外);传动的外廓尺寸较大;由于需要张紧,使轴上受力较大;带的使用寿命较短。

5.2　带传动的工作原理和工作能力分析

5.2.1　带传动的力分析

为使带传动具有承载能力,安装带传动时应使带以一定大小的初拉力 F_0 紧套在两轮上,使带与带轮相互压紧。带传动不工作时,传动带两边的拉力相等,都等于 F_0(图 5.5);工作时由于带与带轮之间的摩擦力使其一边的拉力加大到 F_1,称为紧边拉力,另一边减少到 F_2,称为松边拉力,如图 5.6 所示。两者之差 $F = F_1 - F_2$ 即为带的有效拉力,它等于带沿带轮接触弧上摩擦力的总和,因此亦称为圆周力;但紧边拉力和松边拉力数值的和仍然不变,即 $F_1 + F_2 = 2F_0$。有效拉力 F(N)、带速 v(m·s⁻¹)和传递功率 P(kW)之间的关系为

$$P = \frac{Fv}{1\ 000} \tag{5.2}$$

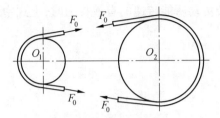

图 5.5　空载时带拉力图

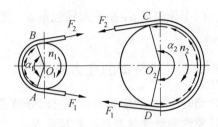

图 5.6　加载时带拉力图

如果带传动所需要的有效拉力超过带与带轮间接触弧上极限摩擦力的总和时,带与带轮将发生显著的滑动,这种现象称为打滑。为分析在打滑之前处于临界状态下的紧边拉力 F_1 与松边拉力 F_2 之间的关系,现以平带为例(图 5.7),在带上截取一微弧段 $\mathrm{d}l$,对应的包角为 $\mathrm{d}\alpha$。设微弧段两端的拉力分别为 F 和 $F + \mathrm{d}F$,带轮作用于弧段的正压力为 $\mathrm{d}N$,带与带轮间的极限摩擦力为 $f\mathrm{d}N$。若不考虑离心力的影响,法向各分力的静力平衡方程式为

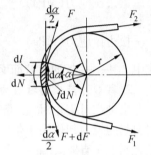

图 5.7　紧边、松边拉力分析图

$$\mathrm{d}N = (F + \mathrm{d}F)\sin\frac{\mathrm{d}\alpha}{2} + F\sin\frac{\mathrm{d}\alpha}{2}$$

切向各分力的静力平衡方程式为

$$f\mathrm{d}N = (F + \mathrm{d}F)\cos\frac{\mathrm{d}\alpha}{2} - F\cos\frac{\mathrm{d}\alpha}{2}$$

因 $\mathrm{d}\alpha$ 很小,可取 $\sin\dfrac{\mathrm{d}\alpha}{2} \approx \dfrac{\mathrm{d}\alpha}{2}$,$\cos\dfrac{\mathrm{d}\alpha}{2} \approx 1$,并略去二阶微量 $\mathrm{d}F\dfrac{\mathrm{d}\alpha}{2}$,将以上两式化简,得

$$\mathrm{d}N = F\mathrm{d}\alpha$$
$$f\mathrm{d}N = \mathrm{d}F$$

综合上两式得 $\dfrac{\mathrm{d}F}{F} = f\mathrm{d}\alpha$,即 $\displaystyle\int_{F_2}^{F_1}\dfrac{\mathrm{d}F}{F} = \int_0^\alpha f\mathrm{d}\alpha$,$\ln\dfrac{F_1}{F_2} = f\alpha$,故紧边与松边的拉力比为

$$\frac{F_1}{F_2} = e^{f\alpha} \tag{5.3}$$

式中　f——带与轮面间的摩擦系数;

　　　α——带轮的包角(rad);

　　　e——自然对数的底,e $\approx$ 2.718。

式(5.3)称为柔性体摩擦的欧拉公式,是在打滑前临界状态紧边拉力与松边拉力的关系式。此时,有效拉力 F 取得极大值。联解 $F = F_1 - F_2$、$F_1 + F_2 = 2F_0$ 和上式得

$$\left.\begin{array}{l}F_1 = F\,\dfrac{e^{f\alpha}}{e^{f\alpha} - 1} \\[2mm] F_2 = F\,\dfrac{1}{e^{f\alpha} - 1} \\[2mm] F = 2F_0\,\dfrac{e^{f\alpha} - 1}{e^{f\alpha} + 1}\end{array}\right\} \tag{5.4}$$

由此可知,增大包角、增大摩擦系数和增大初拉力,都可以提高带传动所能传递的有效

拉力。因小轮包角 α_1 小于大轮包角 α_2,故计算带传动所能传递的有效拉力时,上式中应取 $\alpha = \alpha_1$。

5.2.2 带传动的应力分析

传动时,带中的应力由以下三部分组成:

1. 紧边和松边拉力产生的拉应力

紧边拉应力(MPa)
$$\sigma_1 = \frac{F_1}{A} \tag{5.5}$$

松边拉应力(MPa)
$$\sigma_2 = \frac{F_2}{A} \tag{5.6}$$

式中 A —— 带的横截面面积($\mathrm{mm^2}$)。

2. 离心力产生的拉应力

当带绕过带轮时,在带上产生离心力。离心力只发生在带作圆周运动的部分,但因平衡它引起的拉力却作用于带的全长。如 F_c 表示离心力(N);q 为带每米长的质量($\mathrm{kg \cdot m^{-1}}$),见表 5.1;v 为带速($\mathrm{m \cdot s^{-1}}$),则 $F_c = qv^2$ N,离心拉应力(MPa)
$$\sigma_c = \frac{F_c}{A} \tag{5.7}$$

3. 弯曲应力

带轮绕过带轮时,引起弯曲变形并产生弯曲应力。由材料力学公式得带的弯曲应力(MPa)
$$\sigma_b = E \frac{y}{\rho} = E \frac{2y}{d_d} \tag{5.8}$$

式中 E —— 带的弹性模量(MPa);

y —— 带的中性层到外层的距离(mm);

ρ —— 带弯曲的曲率半径 $\rho = \dfrac{d_d}{2}$(mm);

d_d —— V 带带轮的基准直径(mm)。

两个带轮直径不同时,带在小带轮上的弯曲应力比大带轮上的大。

图 5.8 表示带在工作时的应力分布情况。可以看出带处于变应力状态下工作,当应力循环次数达到一定数值后,带将发生疲劳破坏。图中小带轮为主动轮,最大应力发生在紧边进入小带轮处,最大值为
$$\sigma_{max} = \sigma_1 + \sigma_{b1} + \sigma_c \tag{5.9}$$

5.2.3 带传动的失效形式和设计准则

根据前面的分析可知,带传动的主要失效形式是打滑和带的疲劳破坏,因此带传动的设计准则应为:在保证带传动不打滑的前提下,带具有一定的疲劳强度和使用寿命。

5.2.4 弹性滑动和传动比

带传动中的变形是在弹性范围内,带的变形应与应力成正比,则紧边和松边的单位伸长量分别为 $\varepsilon_1 = \dfrac{F_1}{EA}$ 和 $\varepsilon_2 = \dfrac{F_2}{EA}$。因为 $F_1 > F_2$,所以 $\varepsilon_1 > \varepsilon_2$。如图 5.6 所示,带绕过主动轮 1

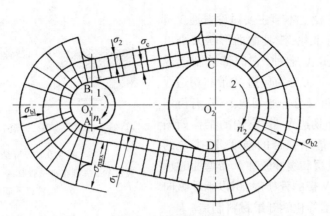

图 5.8　带的应力分布

时,将逐渐缩短并沿轮面滑动,而使带的速度落后于主动轮的圆周速度。绕过从动轮 2 时也发生类似的现象,带将逐渐伸长,亦将沿轮面滑动,不过在这里是带速超前于从动轮的圆周速度。这种由于带的弹性变形而产生的带与带轮之间的相对滑动称为弹性滑动。

　　弹性滑动和打滑是两个截然不同的概念。打滑是指由于过载引起的全面滑动,是传动失效,应当避免的。弹性滑动是由带材料的弹性和紧边、松边的拉力差引起的。只要带传动具有承载能力,出现紧边和松边,就一定会发生弹性滑动,所以弹性滑动是不可以避免的。

　　设 d_{d1}、d_{d2} 分别为主、从动轮的基准直径(mm);n_1、n_2 分别为主、从动轮的转速(r/min),则两轮的圆周速度(m/s)分别为

$$\left.\begin{aligned} v_1 &= \frac{\pi d_{d1} n_1}{60 \times 1\,000} \\ v_2 &= \frac{\pi d_{d2} n_2}{60 \times 1\,000} \end{aligned}\right\} \tag{5.10}$$

　　由于弹性滑动是不可避免的,所以 $v_2 < v_1$。传动中由于带的滑动引起的从动轮圆周速度的降低率称为滑动率 ε,即

$$\varepsilon = \frac{v_1 - v_2}{v_1} = \frac{d_{d1} n_1 - d_{d2} n_2}{d_{d1} n_1} \tag{5.11}$$

由此得带传动比

$$i = \frac{n_1}{n_2} = \frac{d_{d2}}{d_{d1}(1 - \varepsilon)}$$

或从动轮的转速

$$n_2 = \frac{n_1 d_{d1}(1 - \varepsilon)}{d_{d2}} \tag{5.12}$$

　　V 带传动的滑动率 $\varepsilon = 0.01 \sim 0.02$,数值较小,在一般计算中可不计。

5.3　V 带传动的设计计算

5.3.1　V 带的标准

V 带有普通 V 带、窄 V 带、联组 V 带、齿形 V 带、大楔角 V 带、宽 V 带等多种类型,其中普

通 V 带应用最为广泛。本节主要讨论普通 V 带。

普通 V 带已标准化，按其截面形状大小可分为 Y、Z、A、B、C、D、E 七种，它们都被制造成无端口的环形带。V 带分为包边 V 带和切边 V 带两种，而切边 V 带又分普通切边 V 带、有齿切边 V 带和底胶夹布切边 V 带，它们的结构如图 5.9 所示。胶帆布能增强带的强度，减少带的磨损，顶胶层、底胶层和缓冲胶在 V 带弯曲时承受变形，而芯绳是 V 带的骨架层，用以承受纵向拉力，通常采用聚酯等化学纤维材料制造。

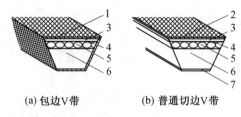

(a) 包边V带　　(b) 普通切边V带

图 5.9　V 带结构

1— 胶帆布；2— 顶布；3— 顶胶；4— 缓冲胶；5— 芯绳；
6— 底胶；7— 底布

当 V 带受弯曲时，顶胶伸长，底胶缩短，只有两者之间的中性层长度不变，称为节面。带的节面宽度称为节宽 b_p，当带弯曲时，该宽度保持不变。在 V 带轮轮槽上，与所配用 V 带节面处于同一位置，并在规定公差范围内与 V 带轮的节宽 b_p 相同的槽宽 b_d，称为 V 带轮轮槽的基准宽度。带轮在轮槽基准宽度处的直径称为 V 带的基准直径。而在规定的张紧力下 V 带位于测量带轮基准直径上的周线长度 L_d 称为 V 的基准长度，这是普通 V 带的公称长度。普通 V 带的截面尺寸及 V 带质量 g 见表5.1，普通 V 带基准长度系列 L_d 及带长修正系数 K_L 见表5.3。V 带轮的最小基准直径 $d_{d\min}$ 及基准直径系列见表5.4。

表 5.1　普通 V 带的截面尺寸

型　号	Y	Z	A	B	C	D	E
顶宽 b/mm	6	10	13	17	22	32	38
节宽 b_p/mm	5.3	8.5	11	14	19	27	32
高度 h/mm	4.0	6.0	8.0	11	14	19	23
楔角 φ/(°)	40						
质量 q/(kg·m^{-1})	0.023	0.060	0.105	0.170	0.300	0.630	0.970

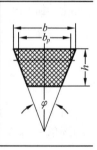

5.3.2　普通 V 带传动设计

1. 设计原始参数及内容

设计 V 带传动所需的原始参数为：传递功率 P、转速 n_1、n_2（或传动比 i_{12}）、传动位置要求和工作条件等。

设计内容包括：确定带的型号、长度、根数、传动中心距、带轮直径、结构尺寸及作用在轴上的载荷等。

2. 设计方法及步骤

（1）确定计算功率 P_c(kW)。计算功率是根据传递功率 P 并考虑到载荷性质和每天运转时间长短等因素的影响而确定的，即

$$P_c = K_A P \qquad\qquad (5.13)$$

式中　　P—— 传递的额定功率(kW)；

　　　　K_A—— 工作情况系数，见表5.2。

表 5.2　工作情况系数

载荷性质	工 作 机	原 动 机					
		电动机（交流启动、直流并励、三角启动）四缸以上内燃机			电动机（联机交流启动、直流复励或串励），四缸以下的内燃机		
		每天工作时间 /h					
		< 10	10 ~ 16	> 16	< 10	10 ~ 16	> 16
载荷变动很小	液体搅拌机、鼓风机、通风机（≤ 7.5 kW）、离心式水泵和压缩机、轻负荷输送机	1.0	1.1	1.2	1.1	1.2	1.3
载荷变动小	带式运输机、通风机（> 7.5 kW）、旋转式水泵和压缩机（非离心式）、发电机等	1.1	1.2	1.3	1.2	1.3	1.4
载荷变动较大	斗式提升机、压缩机、往复式水泵、起重机、冲剪机床、重载运输机、纺织机、振动筛	1.2	1.3	1.4	1.4	1.5	1.6
载荷变动很大	破碎机（旋转式、颚式等）、磨碎机（球磨、棒磨、管磨）	1.3	1.4	1.5	1.5	1.6	1.8

（2）选择带的型号。根据计算功率 P_c、小带轮转速 n_1 由图 5.10 选定带的型号。

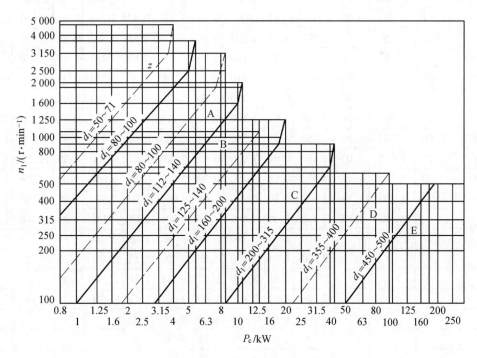

图 5.10　V 带型号选择图

（3）确定带轮的基准直径 d_{d1} 和 d_{d2}。

初选小带轮 d_{d1}：根据 V 带型号，参考表 5.4，选取 $d_{d1} \geqslant d_{dmin}$。为了提高带的寿命，在传动比不大和结构无特殊要求时，宜选取较大的直径。

验算带的速度

$$v = \pi d_{d1} n_1 / (60 \times 1\,000) \quad (\mathrm{m \cdot s^{-1}})$$

一般应满足下式

$$5 \leqslant v \leqslant 25 \sim 30 \quad (\mathrm{m \cdot s^{-1}})$$

计算从动轮基准直径 d_{d2}：$d_{d2} = i_{12} d_{d1}(1 - \varepsilon)$，通常取 $\varepsilon = 0.02$，并按 V 带轮的基准直径系列表 5.4 加以适当调整。

（4）确定中心距 a 和带的基准长度 L_d。如果中心距未限定，可根据传动的结构需要确定中心距 a_0，一般取

$$0.7(d_{d1} + d_{d2}) \leqslant a_0 \leqslant 2(d_{d1} + d_{d2}) \tag{5.14}$$

选取 a_0 后，根据式（5.1）初步计算所需带的基准长度 $L_d{}'$，根据 $L_d{}'$ 在表 5.3 中选取和 $L_d{}'$ 相近的 V 带的基准长度 L_d，再根据 L_d 确定带的实际中心距 a。

由于 V 带传动中心距一般是可以调整的，故可采用下列公式作近似计算，即

$$a = a_0 + (L_d - L_d{}')/2 \tag{5.15}$$

考虑安装调整和补偿张紧力（如带伸长、松弛后的张紧）的需要，中心距的变动范围为

$$a_{\min} = a - 0.015 L_d$$

$$a_{\max} = a + 0.03 L_d$$

表 5.3 普通 V 带的基准长度（L_d）及带长修正系数（K_L）

Y L_d/mm	K_L	Z L_d/mm	K_L	A L_d/mm	K_L	B L_d/mm	K_L	C L_d/mm	K_L	D L_d/mm	K_L	E L_d/mm	K_L
200	0.81	405	0.87	630	0.81	930	0.83	1 565	0.82	2 740	0.82	4 660	0.91
224	0.82	475	0.90	700	0.83	1 000	0.84	1 760	0.85	3 100	0.86	5 040	0.92
250	0.84	530	0.93	790	0.85	1 100	0.86	1 950	0.87	3 330	0.87	5 420	0.94
280	0.87	625	0.96	890	0.87	1 210	0.87	2 2195	0.90	3 730	0.90	6 100	0.96
315	0.89	700	0.99	990	0.89	1 370	0.90	2 420	0.92	4 080	0.91	6 850	0.99
355	0.92	780	1.00	1 100	0.91	1 560	0.92	2 715	0.94	4 620	0.94	7 650	1.01
400	0.96	920	1.04	1 250	0.93	1 760	0.94	2 880	0.95	5 400	0.97	9 150	1.05
450	1.00	1 080	1.07	1 430	0.96	1 950	0.97	3 080	0.97	6 100	0.99	12 230	1.11
500	1.02	1 330	1.13	1 550	0.98	2 180	0.99	3 520	0.99	6 840	1.02	13 750	1.15
		1 420	1.14	1 640	0.99	2 300	1.01	4 060	1.02	7 620	1.05	15 280	1.17
		1 540	1.54	1 750	1.00	2 500	1.03	4 600	1.05	9 140	1.08	16 800	1.19
				1 940	1.02	2 700	1.04	5 380	1.08	10 700	1.13		
				2 050	1.04	2 870	1.05	6 100	1.11	12 200	1.16		
				2 200	1.06	3 200	1.07	6 815	1.14	13 700	1.19		
				2 300	1.07	3 600	1.09	7 600	1.17	15 200	1.21		
				2 480	1.09	4 060	1.13	9 100	1.21				
				2 700	1.10	4 430	1.15	10 700	1.24				
						4 280	1.17						
						5 370	1.20						
						6 070	1.24						

（5）计算小带轮上的包角 α_1

$$\alpha_1 \approx 180° - \frac{d_{d2} - d_{d1}}{a} \times 57.3°$$

（6）确定带的根数 z

$$z = \frac{P_c}{(P_0 + \Delta P_0)K_\alpha K_L} \tag{5.16}$$

式中　　P_0——单根 V 带允许传递的功率(kW)，又称单根 V 带的基本额定功率，P_0 值的大小是在包角 $\alpha = 180°$、特定带长、平稳工作条件下通过试验和计算得到的，见表5.4。

表 5.4　单根普通 V 带的基本额定功率 P_0(包角 $\alpha = \pi$,特定基准长度,载荷平稳时)　　kW

型号	小带轮基准直径 d_{d1}/mm	小带轮转速 n_1/(r·min⁻¹)															
		200	400	800	950	1 200	1 450	1 600	1 800	2 000	2 400	2 800	3 200	3 600	4 000	5 000	6 000
Z	50	0.04	0.06	0.10	0.12	0.14	0.16	0.17	0.19	0.20	0.22	0.26	0.28	0.30	0.32	0.34	0.31
	56	0.04	0.06	0.12	0.14	0.17	0.19	0.20	0.23	0.25	0.30	0.33	0.35	0.37	0.39	0.41	0.40
	63	0.05	0.08	0.15	0.18	0.22	0.25	0.27	0.30	0.32	0.37	0.41	0.45	0.47	0.49	0.50	0.48
	71	0.06	0.09	0.20	0.23	0.27	0.30	0.33	0.36	0.39	0.46	0.50	0.54	0.58	0.61	0.62	0.56
	80	0.10	0.14	0.22	0.26	0.30	0.35	0.39	0.42	0.44	0.50	0.56	0.61	1.64	0.67	0.66	0.61
	90	0.10	0.14	0.24	0.28	0.33	0.36	0.40	0.44	0.48	0.54	0.60	0.64	0.68	0.72	0.73	0.56
A	75	0.15	0.26	0.45	0.51	0.60	0.68	0.73	0.79	0.84	0.92	1.00	1.04	1.08	1.09	1.02	0.80
	90	0.22	0.39	0.68	0.77	0.93	1.07	1.15	1.25	1.34	1.5	1.64	1.75	1.83	1.87	1.82	1.50
	100	0.26	0.47	0.83	0.95	1.14	1.32	1.42	1.58	1.66	1.87	2.05	2.19	2.28	2.34	2.25	1.80
	112	0.31	0.56	1.00	1.15	1.39	1.61	1.74	1.89	2.04	2.30	2.51	2.68	2.78	2.83	2.64	1.96
	125	0.37	0.67	1.19	1.37	1.66	1.92	2.07	2.26	2.44	2.74	2.98	3.15	3.26	3.28	2.91	1.87
	140	0.43	0.78	1.41	1.62	1.96	2.28	2.45	2.66	2.87	3.22	3.48	3.65	3.72	3.67	2.99	1.37
	160	0.51	0.94	1.69	1.95	2.36	2.73	2.54	2.98	3.42	3.80	4.06	4.19	4.17	3.98	2.67	
	180	0.59	1.09	1.97	2.27	2.74	3.16	3.40	3.67	3.93	4.32	4.54	4.58	4.40	4.00	1.81	
B	125	0.48	0.84	1.44	1.64	1.93	2.19	2.33	2.50	2.64	2.85	2.96	2.94	2.80	2.51	1.09	
	140	0.59	1.05	1.82	2.08	2.47	2.82	3.00	3.23	3.42	3.70	3.85	3.83	3.63	3.24	1.29	
	160	0.74	1.32	2.32	2.66	3.17	3.62	3.86	4.15	4.40	4.75	4.89	4.80	4.46	3.82	0.81	
	180	0.88	1.59	2.81	3.22	3.85	4.39	4.68	5.02	5.30	5.67	5.76	5.52	4.92	3.92		
	200	1.02	1.85	3.30	3.77	4.50	5.13	5.46	5.83	6.13	6.57	6.43	5.95	4.98	3.47		
	224	1.19	2.17	3.86	4.42	5.26	5.97	6.33	6.73	7.02	7.25	6.95	6.05	4.47	2.14		
	250	1.37	2.50	4.46	5.10	7.04	6.82	7.20	7.63	7.87	7.89	7.14	5.60	5.12			
	280	1.58	2.89	5.13	5.85	6.90	7.76	8.13	8.46	8.60	8.22	6.80	4.26				
C	200	1.39	2.41	4.07	4.58	5.29	5.84	6.07	6.28	6.34	6.02	5.01	3.23				
	224	1.70	2.99	5.12	5.78	6.71	7.45	7.75	8.00	8.06	7.57	6.08	3.57				
	250	2.03	3.62	6.23	7.04	8.21	9.08	9.38	9.63	9.62	8.75	6.56	2.93				
	280	2.42	4.32	7.52	8.49	9.81	10.72	11.16	11.22	11.04	9.50	6.13					
	315	2.84	5.14	8.92	10.05	11.53	12.56	12.72	12.67	12.14	9.43	4.16					
	355	3.36	6.05	10.46	11.73	13.31	14.12	14.19	13.73	12.59	7.98						
	400	3.91	7.06	12.10	13.48	15.04	15.53	15.24	14.08	11.95	4.34						
	450	4.51	8.20	13.80	15.23	17.59	16.47	15.57	13.29	9.64							

注：在 GB/T 13575.1—2008 中,V 带带轮的计算直径称为基准直径 d_d。V 带带轮计算直径的系列为：20,22.4,25,28,31.5,35.5,40,45,50,56,63,71,75,80,85,90,95,100,106,112,118,125,132,140,150,160,170,180,200,212,224,236,250,265,280,300,315,355,375,400,425,450,475,500,530,560,670,710,750,800,900,1 000。单位为 mm。

　　ΔP_0——考虑到传动比不为 1 时,带在大带轮上的弯曲应力较小,在同等寿命下,P_0 值应有所提高,ΔP_0 即为单根 V 带允许传递功率的增量,大带轮越大(即传动比

i_{12} 越大），提高量越多，其值见表 5.5。

表 5.5　单根普通 V 带额定功率的增量 ΔP_0　　　　kW

带型	小带轮转速 n_1/(r·min⁻¹)	传动比 i									
		1.00 ~ 1.01	1.02 ~ 1.04	1.05 ~ 1.08	1.09 ~ 1.12	1.13 ~ 1.18	1.19 ~ 1.24	1.25 ~ 1.34	1.35 ~ 1.51	1.52 ~ 1.99	≥ 2.0
Z	400	0.00	0.00	0.00	0.00	0.00	0.00	0.00	0.00	0.01	0.01
	730	0.00	0.00	0.00	0.00	0.00	0.00	0.01	0.01	0.01	0.02
	800	0.00	0.00	0.00	0.00	0.01	0.01	0.01	0.01	0.02	0.02
	980	0.00	0.00	0.00	0.01	0.01	0.01	0.01	0.02	0.02	0.02
	1 200	0.00	0.00	0.01	0.01	0.01	0.01	0.02	0.02	0.02	0.03
	1 460	0.00	0.00	0.01	0.01	0.01	0.02	0.02	0.02	0.02	0.03
	2 800	0.00	0.01	0.02	0.02	0.03	0.03	0.03	0.04	0.04	0.04
A	400	0.00	0.01	0.01	0.02	0.02	0.03	0.03	0.04	0.04	0.05
	730	0.00	0.01	0.02	0.03	0.04	0.05	0.06	0.07	0.08	0.09
	800	0.00	0.01	0.02	0.03	0.04	0.15	0.06	0.08	0.09	0.10
	980	0.00	0.01	0.03	0.04	0.05	0.06	0.07	0.08	0.10	0.11
	1 200	0.00	0.02	0.03	0.05	0.07	0.08	0.10	0.11	0.13	0.15
	1 460	0.00	0.02	0.04	0.06	0.08	0.09	0.11	0.13	0.15	0.17
	2 800	0.00	0.04	0.08	0.11	0.15	0.19	0.23	0.26	0.30	0.34
B	400	0.00	0.01	0.03	0.04	0.06	0.07	0.08	0.10	0.11	0.13
	730	0.00	0.02	0.05	0.07	0.10	0.12	0.15	0.17	0.20	0.22
	800	0.00	0.03	0.06	0.08	0.11	0.14	0.17	0.20	0.23	0.25
	980	0.00	0.03	0.07	0.10	0.13	0.17	0.20	0.23	0.26	0.30
	1 200	0.00	0.04	0.08	0.13	0.17	0.21	0.25	0.30	0.34	0.38
	1 460	0.00	0.05	0.10	0.15	0.20	0.25	0.31	0.36	0.40	0.46
	2 800	0.00	0.10	0.20	0.29	0.39	0.49	0.59	0.69	0.79	0.89
C	400	0.00	0.04	0.08	0.12	0.16	0.20	0.23	0.27	0.31	0.35
	730	0.00	0.07	0.14	0.21	0.27	0.34	0.41	0.48	0.55	0.62
	800	0.00	0.08	0.16	0.23	0.31	0.39	0.47	0.55	0.63	0.71
	980	0.00	0.09	0.19	0.27	0.37	0.47	0.56	0.65	0.74	0.83
	1 200	0.00	0.12	0.24	0.35	0.47	0.59	0.70	0.82	0.94	1.06
	1 460	0.00	0.14	0.28	0.42	0.58	0.71	0.85	0.99	1.14	1.27
	2 800	0.00	0.27	0.55	0.82	1.10	1.37	1.64	1.92	2.19	2.47

K_L——考虑带的长度不同时的影响系数，简称长度系数，见表 5.3。

K_α——考虑包角不同时的影响系数，简称包角系数，见表 5.6。

表 5.6　小带轮包角修正系数 K_α

包角 α_1/(°)	180	175	170	165	160	155	150	145	140	135	130	125	120
K_α	1.0	0.99	0.98	0.96	0.95	0.93	0.92	0.91	0.89	0.88	0.86	0.84	0.82

（7）确定张紧力 F_0(N) 和作用在轴上的载荷 F_Q。保持适当的张紧力是带传动工作的首要条件，张紧力过小，摩擦力小，容易发生打滑；张紧力过大，则带寿命降低，轴和轴承受力增大。

单根普通 V 带最合适的张紧力可按下式计算

$$F_0 = \frac{500P_c}{zv}\left(\frac{2.5}{K_\alpha} - 1\right) + qv^2 \tag{5.17}$$

式中　z——带的根数；

　　　v——带的线速度($\mathrm{m \cdot s^{-1}}$)；

　　　K_α——包角系数；

　　　q——带的线密度($\mathrm{kg \cdot m^{-1}}$)。

带轮所在轴受到的载荷(N)为

$$Q = 2zF_0\sin(\alpha_1/2) \tag{5.18}$$

式中　z——带的根数；

　　　F_0——单根带的初拉力(N)；

　　　α——小带轮的包角。

(8) V 带轮的设计。带轮的设计主要是选择带轮材料,根据带轮基准直径的大小选择结构形式,根据带的类型确定轮缘尺寸(表 5.7)。其他结构尺寸的确定可参见图 5.11 所列的经验公式进行计算。

带轮的材料主要采用铸铁,常用材料的牌号为 HT150 或 HT200；转速较高时宜采用铸钢；小功率时可用铸铝和塑料。

表 5.7　普通 V 带带轮轮槽尺寸　　　　　　　　　　　　　　　　mm

槽型剖面尺寸		型　　号						
		Y	Z	A	B	C	D	E
h_e		6.3	9.5	12	15	20	28	33
$h_{a\,min}$		1.6	2.0	2.75	3.5	4.8	8.1	9.6
e		8 ± 0.3	12 ± 0.3	15 ± 0.3	19 ± 0.4	25 ± 0.5	37 ± 0.6	44.5 ± 0.7
f		7 ± 1	8 ± 1	10^{+2}_{-1}	12.5^{+2}_{-1}	17^{+2}_{-1}	23^{+3}_{-1}	29^{+4}_{-1}
b_d		5.3	8.5	11	14	19	27	32
δ		5	5.5	6	7.5	10	12	15
B		$B = (z-1)e + 2f$　z 为带根数						
φ_0	32°	$\leqslant 60$						
	34°		$\leqslant 80$	$\leqslant 118$	$\leqslant 190$	$\leqslant 315$		
	36°	> 60					$\leqslant 475$	$\leqslant 600$
	38°		> 80	> 118	> 190	> 315	> 475	> 600

(注: φ_0 行的 d_d 对应 32°/34°/36°/38°)

带轮的结构形式主要由带轮的基准直径确定:当带轮的基准直径 $d_d = (2.5 \sim 3)d$ (d 为轴的直径) 时, 可采用实心式(图 5.11(a))；当 $d_d \leqslant 400$ mm 时,可采用腹板式或孔板式(图 5.11(b)、(c))；当 $d_d > 400$ mm 时,可采用椭圆轮辐式(图 5.11(d))。根据带的型号在表 5.7 中可确定轮缘尺寸,其他结构尺寸可参见图 5.11。

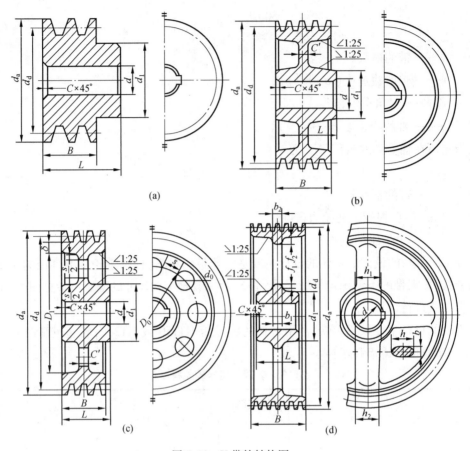

图 5.11　V 带轮结构图

$d_1 = (1.7 \sim 2)d, d$ 轴的直径; $h_2 = 0.8h_1$; $D_0 = (D_1 + d_1)/2$; $b_1 = 0.4h_1$; $d_0 = (0.2 \sim 0.3)(D_1 - d_1)$; $b_2 = 0.8b_1$; $C' = (1/7 - 1/4)B$; $s = C'$; $L = (1.6 \sim 2)d$, 当 $B < 1.5d$ 时, $L = B$; $f_1 = 0.2h_1$; $f_2 = 0.2h_2$; $h_1 = 290\sqrt[3]{P/(nz_f)}$, P— 传递的功率(kW); n— 带轮的转速(r·min^{-1}); z_f— 轮辐数

【例 5.1】　试设计带式运输机与 Y132S – 4 型电动机之间的 V 带传动。已知电动机的额定功率为 5.5 kW, 转速 $n_1 = 1\,440$ r·min^{-1}, $n_2 = 625$ r·min^{-1}, 每天工作 16 h。

【解】

(1) 确定计算功率。由表 5.2 查取工作情况系数 $K_A = 1.2$, 即
$$P_c = K_A P = 1.2 \times 5.5 = 6.6(\text{kW})$$

(2) 选择 V 带型号。根据 $P_c = 6.6$ kW 和 $n_1 = 1\,440$ r·min^{-1}, 查图 5.10, 选用 A 型带。

(3) 确定带轮直径。

① 由表 5.4 选取 A 型带带轮基准直径 $d_{d1} = 125$ mm。

② 验算带速
$$v = \frac{\pi d_{d1} n_1}{60 \times 1\,000} = \frac{\pi \times 125 \times 1\,440}{60 \times 1\,000} = 9.42(\text{m·s}^{-1})$$

在 5 ~ 25 m·s^{-1} 范围内, 故合适。

③ 确定大带轮基准直径 d_{d2}。取 $\varepsilon = 0.02$, 由式(5.12) 有

$$d_{d2} = \frac{n_1}{n_2}d_{d1}(1-\varepsilon) = \frac{1\,440}{625} \times 125(1-0.02) = 282.24 \ (\text{mm})$$

由表 5.4 取 $d_{d2} = 280$ mm。

④ 验算传动比误差。

理论传动比　　　$i = n_1/n_2 = 1\,440/625 = 2.304$

实际传动比　　　$i' = \dfrac{d_{d2}}{d_{d1}(1-\varepsilon)} = \dfrac{280}{125 \times (1-0.02)} = 2.29$

传动比误差　　　$\Delta i = \left|\dfrac{i-i'}{i}\right| = \left|\dfrac{2.304-2.29}{2.304}\right| = 0.006 = 0.6\% < 5\%$ 合适

（4）确定中心距 a 及带的基准长度 L_d。

① 由式(5.14)初选中心距

$$0.7 \times (125 + 280) \leqslant a_0 \leqslant 2 \times (125 + 280)$$

$$283.5 \leqslant a_0 \leqslant 810 \qquad 取 \qquad a_0 = 400 \ \text{mm}$$

② 确定 V 带基准长度 L_d。由式(5.1)计算 V 带的基准长度

$$L_d' = 2a_0 + \frac{\pi}{2}(d_{d1} + d_{d2}) + \frac{(d_{d2}-d_{d1})^2}{4a_0} =$$

$$2 \times 400 + \frac{\pi}{2}(125+280) + \frac{(280-125)^2}{4 \times 400} = 1\,451.2 \ (\text{mm})$$

由表 5.3 选带的基准长度为 $L_d = 1\,430$ mm。

③ 式(5.15)计算实际中心距 a

$$a \approx a_0 + (L_d - L_d')/2 = 400 + (1\,430 - 1\,451.2)/2 = 389.4 \ (\text{mm})$$

（5）计算小带轮包角 α。由式(5.1)

$$\alpha = 180° - \frac{d_{d2}-d_{d1}}{a} \times 57.3° = 180° - \frac{280-125}{389.4} \times 57.3° = 157.19°$$

（6）确定 V 带根数。

① 单根 V 带传递的额定功率 P_0。

由表 5.4 可得单根 V 带传递的额定功率 $P_0 = 1.91$ kW。

② 由表 5.5 可得单根 V 带传递的额定功率增量 $\Delta P_0 = 0.17$ kW。

③ 由表 5.6 可得包角系数 $K_\alpha = 0.939$。

④ 由表 5.3 可得长度系数 $K_L = 0.96$。

⑤ 计算 V 带根数。

由式(5.16)有

$$z = \frac{P_c}{(P_0 + \Delta P_0)K_\alpha K_L} = \frac{6.6}{(1.91+0.17) \times 0.939 \times 0.96} = 3.52$$

取 $z = 4$ 根。

（7）计算初拉力 F_0、压轴力 F_Q。

由式(5.17)有

$$F_0 = \frac{500P_c}{zv}\left(\frac{2.5}{K_\alpha}-1\right) + qv^2 = \frac{500 \times 6.6}{4 \times 9.43}\left(\frac{2.5}{0.939}-1\right) + 0.1 \times 9.43^2 = 154 \ (\text{N})$$

由式(5.18)有

$$F_Q = 2zF_0\sin(\alpha_1/2) = 2 \times 4 \times 155 \times \sin(157.19°/2) = 1\ 216\ (\text{N})$$

（8）带轮工作图（略）。

5.4   链传动

5.4.1   链传动概述

链传动是两个或多个链轮之间用链作为挠性拉曳元件的一种啮合传动。链传动通常由主、从动链轮和链条组成（图 5.12）。链轮上制有特殊齿形的齿，依靠链轮轮齿与链节的啮合来传递运动和动力。

1.传动特点

链传动具有准确的平均传动比，结构较带传动紧凑，作用于轴上的径向压力较小，承载能力较大和传动效率较高，在恶劣的工作条件（如高温、潮湿）下仍能很好地工作等优点。但链传动存在链节易磨损而使链条伸长，从而使链造成跳齿，甚至脱链，不能保持恒定的瞬时传动比，工作时有噪音，不宜在载荷变化大和急速反向的传动中应用等缺点。

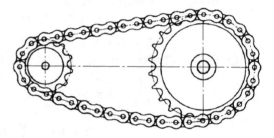

图 5.12   链传动

链传动主要用在要求工作可靠，要求平均传动比准确，但对瞬时传动比要求不高，且两轴相距较远，以及一些不宜采用齿轮传动和带传动的场合。链传动传递的功率一般在 100 kW 以下，链速一般不超过 15 m·s⁻¹，推荐使用的最大传动比 $i_{max} = 8$。

2.运动特性

链传动的运动情况与绕在多边形轮子上的带传动相似。设 z_1、z_2 为两链轮的齿数，p 为两链轮的节距(mm)，n_1、n_2 为两链轮的转速(r·min⁻¹)，则链条线速度(简称链速)(m/s)为

$$v = \frac{z_1 p n_1}{60 \times 1\ 000} = \frac{z_2 p n_2}{60 \times 1\ 000} \tag{5.19}$$

传动比为

$$i = \frac{n_1}{n_2} = \frac{z_2}{z_1} \tag{5.20}$$

以上两式求得的链速和传动比都是平均值。实际上，由于多边形效应，瞬时链速和瞬时传动比都是变化的。如图 5.13 所示，当主动轮以角速度 ω_1 回转时，链轮分度圆的圆周速度为 $d_1\omega_1/2$（图中的铰链 M）。它在沿链节中心线方向的分速度，即为链条的线速度

$$v = \frac{d_1\omega_1}{2}\cos\theta$$

式中 θ——啮入过程中链节铰链在主动轮上的相位角。

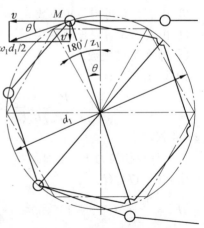

图 5.13   链传动的运动分析

θ 的变化范围是 $\left[-\dfrac{180°}{z}, \dfrac{180°}{z}\right]$。当 $\theta = 0°$ 时，链速最大，$v_{\max} = d_1\omega_1/2$；当 $\theta = \dfrac{180°}{z_1}$ 时，

链速最小，$v_{\min} = \dfrac{d_1\omega_1}{2}\cos\dfrac{180°}{z_1}$。

即链轮每转过一齿，链速就变化一个周期。当 ω_1 为常数时，瞬时链速和瞬时传动比都作周期性变化。同理，链条垂直于链节中心线方向的分速度 $v' = \dfrac{d_1\omega_1}{2}\sin\theta$，也做周期性的变化，使链条上下颤动。由于链速是变化的，工作时不可避免地要产生振动和动载荷。

5.4.2　滚子链结构特点

滚子链结构如图 5.14 所示，它是由滚子 5、套筒 4、销轴 3、内链板 1 和外链板 2 所组成。内链板与套筒之间、外链板与销轴之间分别用过盈配合固连。滚子与套筒之间、套筒与销轴之间均为间隙配合，可相对自由转动。工作时，滚子沿链轮齿廓滚动，这样可减轻齿廓磨损。链板一般制成 8 字形，使截面的抗拉强度接近相等，同时也减小了链的质量和运动的惯性力。

当传递较大的载荷时，可采用双排链（图 5.15）或多排链。多排链的承载能力与排数近似成正比。但由于精度影响，各排链所受载荷不易均匀，所以排数不宜过多。

如图 5.14 所示，滚子链和链轮啮合的基本参数是节距 p、滚子外径 d_1 和内链节内宽 b_1（对于多排链还有排距 p_t，见图 5.15），其中节距 p 是滚子链的主要参数，节距增大时，链条中的各零件的尺寸也相应增大，可传递的功率也随之增大。

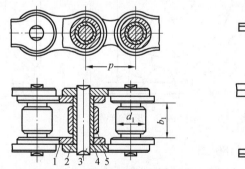

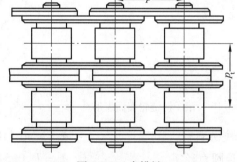

图 5.14　滚子链结构　　　　　　　　　　图 5.15　多排链

滚子链是标准件，其结构和基本参数已在国标中作了规定（表 5.8），设计时可根据载荷大小及工作条件选用。滚子链的标记为

$$\boxed{链号} - \boxed{排数} \times \boxed{整数链节数} \quad \boxed{标准编号}$$

表 5.8　A 系列部分滚子链主要参数（摘自 GB/T 1243—2006）

链号	节距 /mm	排距 /mm	滚子外径 /mm	销轴直径 /mm	内链节内宽 /mm	极限拉伸载荷 /kN	单排质量 /(kg·m⁻¹)
08A	12.70	14.38	7.92	3.98	7.85	13.9	0.60
10A	15.875	18.11	10.16	5.09	9.40	21.8	1.00
12A	19.05	22.78	11.91	5.96	12.57	31.3	1.50
16A	25.40	29.29	15.88	7.94	15.75	55.6	2.60
20A	31.75	35.76	19.05	9.54	18.90	87.0	3.80

例如,08A - 1 × 78 GB/T 18150—2006,表示 A 系列、8 号链、节距 12.7 mm、单排、78 节的滚子链。

5.4.3 链轮的结构和材料

链轮是链传动的主要零件,链轮齿形已标准化。链轮设计主要是确定其结构及尺寸、选择材料和热处理方法。

1. 滚子链链轮

链轮的基本参数是配用链条的节距 p、滚子的外径 d_1、排距 p_t 以及链轮的轮齿数 z。其齿形设计因滚子链与链轮齿的啮合属非共轭啮合,故具有较大的灵活性,国标中只规定了最大和最小齿槽形状及其极限参数(详见 GB/T 18150—2006)。在这两种极限齿槽形状之间的各种各样齿槽形状都可采用。近年来推荐了一种三圆弧一直线齿形,它由圆弧 aa、ab、cd 和线段 bc 组成,其中 $abcd$ 为齿廓工作段,如图 5.16 所示。

链轮的主要尺寸如图 5.17 所示。

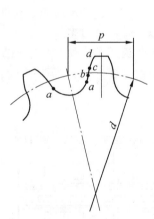

图 5.16 滚子链链轮端面齿形

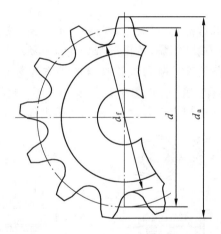

图 5.17 滚子链链轮

分度圆直径 $\quad\quad\quad\quad\quad d = p/\sin(180°/z)$

齿顶圆直径 $\quad\quad\quad\quad d_a = P[0.54 + \cot(180°/z)]$

分度圆弦齿高 $\quad\quad\quad h_a = 0.27p$

齿根圆直径 $\quad\quad\quad\quad d_f = d - d_1$

式中 $\quad d_1$——链条滚子外径(mm)。

其他尺寸可查有关手册。

链轮的材料应能保证轮齿具有足够的耐磨性和强度,由于小链轮的啮合次数比大链轮轮齿的啮合次数多,所受的冲击较严重,故小链轮应选用较好的材料制造。链轮的常用材料和应用范围见表5.9。

表 5.9   常用链轮材料及齿面硬度

链轮材料	热处理	齿面硬度	应用范围
15、20	渗碳、淬火、回火	50 ~ 60 HRC	$z \le 25$ 有冲击载荷的链轮
35	正火	160 ~ 200 HBW	$z > 25$ 的链轮
45、50、ZG310 ~ 570	淬火、回火	40 ~ 45 HRC	无剧烈冲击的链轮
15Cr、20Cr	渗碳、淬火、回火	50 ~ 60 HRC	传递大功率的重要链轮 $(z < 25)$
40Cr、35SiMn、35CrMn	淬火、回火	40 ~ 50 HRC	重要的、使用优质链条的链轮
Q235	焊接后退火	140 HBW	中速、中等功率、较大的链轮
不低于 HT150 的灰铸铁	淬火、回火	260 ~ 280 HBW	$z < 50$ 的链轮
酚醛层压布板	—	—	$P < 6$ kW、速度较高、要求传动平稳和噪声小的链轮

5.4.4   滚子链传动的设计计算

1. 滚子链传动的主要失效形式

① 正常润滑的链传动,铰链元件由于疲劳强度不足而破坏;② 因润滑不好,铰链销轴磨损,使链节节距过度伸长造成脱链现象;③ 转速过高时,销轴和套筒的摩擦表面易发生胶合破坏;④ 由于过载造成链条拉断。

2. 链传动的设计计算

滚子链传动的设计计算内容有:确定两链轮齿数 z_1 和 z_2,计算链轮的主要几何尺寸,选择链号,确定链节距 p,计算链节数 L_p,计算实际中心距 a,选定润滑方式(见国家标准 GB/T 18150—2006)。

单排链链传动的设计步骤如下:

(1)选择链轮齿数 z_1 和 z_2。小链轮齿数 z_1 对链传动平稳性和使用寿命有较大的影响,齿数过少,会使链传递的圆周力增大,多边形效应显著,传动的不均匀性和动载荷增加,铰链磨损加剧,所以规定小链轮的最少齿数 $z_{1min} \ge 17$,一般情况下,z_1 可根据链速的大小由表 5.10 选取。

表 5.10   链速与小链轮齿数 z_1 的关系

链速 $v/(\mathrm{m \cdot s^{-1}})$	0.6 ~ 3	3 ~ 8	> 8	> 25
齿数 z_1	≥ 17	≥ 21	≥ 25	≥ 35

大链轮的齿数为 $z_2 = i_{12}z_1$。考虑到链的使用寿命,z_2 不宜过多,否则磨损后易造成脱链,一般推荐 $z_2 < 114$。通常链节数取偶数,链轮齿数最好取与链节数互质的奇数。

链轮齿数太多将缩短链的使用寿命。在链节磨损后,套筒和滚子都被磨薄,这时,链与轮齿实际啮合的节距将由 p 增至 $p + \Delta p$,链节将沿着轮齿齿廓向外移,因而分度圆直径将由 d 增至 $d + \Delta d$,见图 5.18。若 Δp 不变,则链轮齿越多,分度圆直径的增量 Δd 就越大,越容易掉链,链的使用寿命也就越短。

(2)确定计算功率。计算功率 P_c(kW)是根据传递功率 P 并考虑载荷性质和原动机的

种类而确定的,即

$$P_c = f_1 f_2 P \tag{5.21}$$

式中　　P——链传递的功率(kW);

　　　　f_1——应用系数,见表5.11;

　　　　f_2——小链轮齿数系数,见公式(5.22)。

$$f_2 = (19/Z_1)^{1.08} \tag{5.22}$$

式中　　Z_1——小链轮的齿数。

表 5.11　应用系数 f_1

载荷种类	原 动 机	
	电动机	内燃机
平稳载荷	1.0	1.1
中等冲击载荷	1.4	1.5
较大冲击载荷	1.8	1.9

(3)选择链型号(确定链节距)。链节距 p 大小可确定链条和链轮各部分主要尺寸的大小。可根据计算功率 P_c 和小链轮转速 n_1 由图5.19和表5.8(或机械设计手册)中滚子链规格选取。

图5.19所示 A 系列滚子链的额定功率曲线是在标准试验条件下(即两链轮共面,轴线水平安装,z_1 = 19,i 为 1∶3 到 3∶1,链长 L_p = 120 节,载荷平稳,能连续 15 000 h 满负荷运转,按推荐方式润滑,工作温度在 –5 ~ 70 ℃ 等)得到。

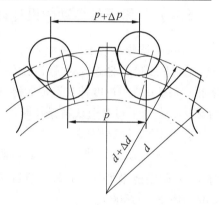

图 5.18　链节伸长对啮合的影响

(4)计算链传动实际中心距和链节数。链条长度用链节数 L_p(节距的倍数)来表示。在计算 L_p 之前,应先根据结构要求初步确定,或按推荐值 $a_0 = (30 - 50)p$($a_{0\max} = 80p$)初选链传动中心距 a_0。再由初选的 a_0 和已知节距 p 来计算链节数 L_p。与带传动相似,链节数 L_p 与中心距之间的关系式为

$$L_p = \frac{2a_0}{p} + \frac{z_1 + z_2}{2} + \left(\frac{z_2 - z_1}{2\pi}\right)^2 \frac{p}{a_0} \tag{5.23}$$

计算出的 L_p 应圆整为整数,最好取偶数,这样链不需过渡链节,可方便构成封闭环节。根据圆整后的链节数计算理论中心距

$$a = \frac{p}{4}\left[\left(L_p - \frac{z_1 + z_2}{2}\right) + \sqrt{\left(L_p - \frac{z_1 + z_2}{2}\right)^2 - 8\left(\frac{z_2 - z_1}{2\pi}\right)^2}\right] \tag{5.23}$$

为保证链条松边有一个合适的垂度 $f = (0.01 \sim 0.02)a$,实际中心距 a 应较理论中心距小一些,即

$$a' = a - \Delta a$$

中心距减小量 $\Delta a = (0.002 \sim 0.004)a$。

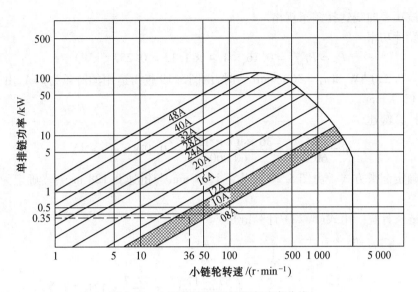

图 5.19　A 系列滚子链的额定功率曲线

（5）验算链速

$$v = \frac{n_1 z_1 p}{60 \times 1\ 000} \leqslant 15\ (\text{m} \cdot \text{s}^{-1})$$

（6）选择润滑方式。链传动的润滑方式可根据已确定的链节距和链速按图 5.20 中所推荐的方式润滑。当实际情况不能保证图 5.20 推荐的润滑方式时,链传动的工作能力和使用寿命将会下降,甚至根本不能工作。

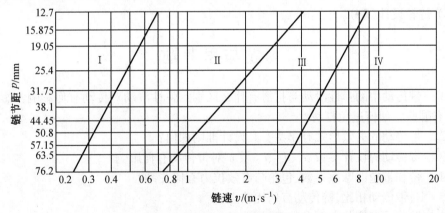

图 5.20　滚子链推荐润滑方式

Ⅰ—人工定期润滑;Ⅱ—滴油润滑;Ⅲ—浸油或飞溅润滑;Ⅳ—压力喷油润滑

【例 5.2】　试设计用于不均匀加载输送机上的链传动,电动机驱动,传动功率 $P = 0.16\ \text{kW}$,主动轴转速 $n_1 = 36\ \text{r} \cdot \text{min}^{-1}$,减速比 $i = 3.35$。链传动的空间尺寸限止为:中心距约 530 mm,链宽不大于 25 mm。

【解】

（1）确定应用系数 f_1,由表 5.11 查得 $f_1 = 1.4$。

（2）确定链轮齿数,按优选的最小齿数选取。取 $z_1 = 17$,$z_2 = z_1 i \approx 57$。

当 $z_1 = 17$ 时,由式(5.22)求得,齿数系数 $f_2 = 1.13$。

（3）按功率曲线选择链条规格。

计算设计功率

$$P_c = Pf_1f_2 = 0.16 \times 1.4 \times 1.13 = 0.253 \ （kW）$$

当 $P_c = 0.253$ kW 和 $n_1 = 36$ r·min^{-1} 时，由图 5.19 查得适用的链条为 08A，由表 5.8 得，其节距为 12.7 mm。

（4）计算链速

$$v = \frac{n_1 z_1 p}{60\ 000} = \frac{36 \times 17 \times 12.7}{60\ 000} = 0.128 \ （m \cdot s^{-1}）$$

（5）确定润滑方式。由图 5.20 按节距 12.7 mm 与链速 0.128 m·s^{-1} 确定为人工定期润滑。

（6）链长计算。由式（5.22）计算链长

$$L_p = \frac{2a_0}{p} + \frac{z_1 + z_2}{2} + \left(\frac{z_2 - z_1}{2\pi}\right)^2 \frac{p}{a_0} =$$

$$\frac{2 \times 530}{12.7} + \frac{17 + 57}{2} + \left(\frac{57 - 17}{2 \times 3.14}\right)^2 \times \frac{12.7}{530} = 121.4 \ （节）$$

圆整为

$$L_p = 122 \ 节$$

（7）中心距精确计算。由式（5.23）计算中心距

$$a = \frac{p}{4}\left[\left(L_p - \frac{z_1 + z_2}{2}\right)^2 + \sqrt{\left(L_p - \frac{z_1 + z_2}{2}\right)^2 - 8\left(\frac{z_2 - z_1}{2\pi}\right)^2}\right] =$$

$$\frac{12.7}{4} \times \left[\left(106 - \frac{17 + 57}{2}\right)^2 + \sqrt{\left(106 - \frac{17 + 57}{2}\right)^2 - 8 \times \left(\frac{57 - 17}{2 \times 3.14}\right)^2}\right] = 430.6 \ （mm）$$

（8）链轮设计（略）。

习题与思考题

5.1　带传动中的弹性滑动与打滑有什么区别？弹性滑动对传动有何影响？影响打滑的因素有哪些？如何避免打滑？

5.2　带传动的失效形式有哪些？其设计准则如何？

5.3　带传动的设计参数 α_1、d_{d1}、i_{12} 及 a 对带传动有何影响？

5.4　带和带轮的摩擦系数、包角与有效拉力有何关系？

5.5　与带传动相比，链传动有何优缺点？

5.6　链传动有哪些主要参数，如何选择？

5.7　为什么说带传动打滑通常发生在小带轮，而链传动脱链现象一般发生在大链轮？

5.8　为什么说 V 带传动不能保证准确的传动比，而链传动虽有确定的平均传动比，但其瞬时传动比是变化的？

5.9　设计由电动机驱动的普通 V 带传动。已知电动机功率 $P = 7.5$ kW，转速 $n_1 = 1\ 440$ r·min^{-1}，传动比 $i_{12} = 3$，其允许偏差为 ±5%，双班工作，载荷平稳。

5.10　设计用于带式运输机的链传动，已知电动机功率 $P = 3.5$ kW，转速 $n_1 = 320$ r·min^{-1}，从动轮转速 $n_2 = 100$ r·min^{-1}，载荷平稳，中心距可以调节。

第6章

齿轮传动

6.1　齿轮传动的特点和类型

6.1.1　齿轮传动的特点

齿轮传动用于传递空间任意两轴之间的运动和动力,是机械中应用最广泛的传动形式之一。其主要优点是:传动比准确、效率高、寿命长、工作可靠、结构紧凑、适用的圆周速度和功率范围广等;其主要缺点是:要求加工精度和安装精度较高,制造时需要专用工具和设备,因此成本比较高;精度低时噪音大;不宜于远距离两轴之间的传动等。

6.1.2　齿轮传动的分类

根据一对齿轮在啮合过程中其传动比$(i_{12} = \omega_1/\omega_2)$是否恒定,可将齿轮传动分为定传动比传动和变传动比传动两大类。因为定传动比传动中的齿轮其节曲线都是圆形的,故又称为圆形齿轮传动。这类齿轮传动在工程中应用非常广泛。而变传动比传动中的齿轮其节曲线都是非圆形的,故又称为非圆齿轮传动(图6.1)。这类齿轮传动在工程中主要用于一些特殊的场合。本章只讨论定传动比齿轮传动。

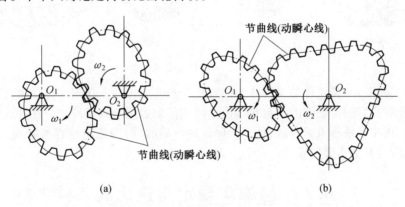

图6.1　非圆齿轮传动

定传动比齿轮传动(图6.2)的类型很多,按照两齿轮轴线的相对位置和齿向,可分为:

$$
齿轮传动
\begin{cases}
平行轴齿轮传动\\(圆柱齿轮传动)
\begin{cases}
直齿圆柱齿轮传动
\begin{cases}
外啮合(图6.2(a))\\
内啮合(图6.2(b))\\
齿轮齿条啮合(图6.2(c))
\end{cases}\\
斜齿圆柱齿轮传动
\begin{cases}
外啮合(图6.2(d))\\
内啮合\\
齿轮齿条啮合
\end{cases}\\
人字齿轮传动(图6.2(e))
\end{cases}\\
相交轴齿轮传动\\(锥齿轮传动)
\begin{cases}
直齿锥齿轮传动(图6.2(f))\\
斜齿锥齿轮传动\\
曲齿锥齿轮传动
\end{cases}\\
交错轴齿轮传动\\(圆柱螺旋齿轮传动)
\begin{cases}
交错轴斜齿轮传动(图6.2(g))\\
蜗杆传动(图6.2(h))
\end{cases}
\end{cases}
$$

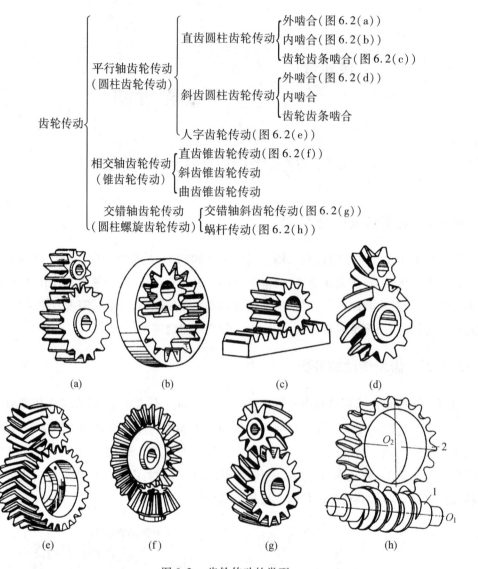

图 6.2　齿轮传动的类型

按照工作条件,齿轮传动又可分为闭式传动和开式传动。在闭式传动中,齿轮安装在刚性很大、并有良好润滑条件的密封箱体内。闭式传动多用于重要传动。在开式传动中,齿轮是外露的,灰尘容易落入啮合区,且不能保证良好的润滑,因此轮齿容易磨损。开式传动多用于低速传动和不重要的场合。

6.2　齿廓实现定角速比的条件

齿轮传动是依靠主动轮的轮齿齿廓依次推动从动轮的轮齿齿廓来实现的。所以当主动轮按一定的角速度转动时,从动轮转动的角速度将与两轮齿廓的形状有关。在一对齿轮中,其角速度之比称为传动比,用 i 表示,即 $i_{12}=\omega_1/\omega_2$。

定传动比齿轮传动的基本要求之一是,其瞬时角速度之比必须保持不变,否则,当主动轮等角速度回转时,从动轮的角速度是变化的,从而产生惯性力。这种惯性力不仅影响齿轮的寿命,而且还引起机器的振动和噪声,影响其工作精度。因此,必须分析一对齿廓实现定角速比传动的条件。

图 6.3 所示为一对相互啮合的轮齿,主动轮 1 以角速度 ω_1 绕轴 O_1 顺时针方向转动,从动轮 2 受轮 1 的推动以角速度 ω_2 绕轴 O_2 逆时针方向转动。

两相互啮合的齿廓 E_1 和 E_2 在点 K 接触。过点 K 作两齿廓的公法线 $n-n$,它与连心线 O_1O_2 的交点 C 称为节点。由三心定理可知,点 C 就是齿轮 1、2 的相对速度瞬心,从而可得

$$i_{12} = \frac{\omega_1}{\omega_2} = \frac{\overline{O_2C}}{\overline{O_1C}} \qquad (6.1)$$

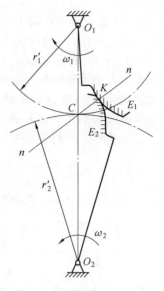

图 6.3　齿廓实现定角速比的条件

式(6.1)表明,一对传动齿轮的瞬时角速度与其连心线 O_1O_2 被齿廓接触点公法线所分割的两线段长度成反比。

可以推论,欲使两齿轮瞬时角速度比恒定不变,必须使点 C 为连心线上的固定点。或者说,欲使齿轮保持定角速比,不论齿廓在任何位置接触,过接触点所作的齿廓公法线都必须与连心线交于一定点。

凡能实现预期传动比要求相互啮合传动的一对齿廓称为共轭齿廓。定传动比齿轮的齿廓曲线除要求满足定角速比之外,还必须考虑制造、安装和强度等要求。在机械中,常用的齿廓有渐开线齿廓、摆线齿廓和圆弧齿廓,其中以渐开线齿廓应用最广,故本章着重讨论渐开线齿轮。

过节点 C 分别以 O_1C 和 O_2C 为半径所作的两个相切的圆称为节圆,以 r'_1、r'_2 表示两个节圆的半径。由于节点的相对速度等于零,所以一对齿轮传动时,它的一对节圆在做纯滚动。又由图可知,一对外啮合齿轮的中心距恒等于其节圆半径之和。

6.3　渐开线齿廓

6.3.1　渐开线的形成及性质

如图 6.4 所示,当一条直线 L 沿半径为 r_b 的圆做纯滚动时,直线上任意一点 K 的轨迹 AK 称为该圆的渐开线。该圆称为渐开线的基圆,直线 L 称为渐开线的发生线。

由渐开线的形成特点可知,渐开线具有下列性质:

(1)因发生线与基圆之间为纯滚动,故发生线沿基圆滚过的线段长度等于基圆上被滚过的相应圆弧长度,即 $\overline{BK} = \widehat{AB}$。

(2)当发生线在位置 Ⅱ 沿基圆做纯滚动时,点 B 是发生线与基圆的速度瞬心,因此直线 BK 是渐开线上点 K 的法线,且线段 $\overline{BK}$ 为点 K 的曲率半径,点 B 为其曲率中心。又因发生线始终切于基圆,故渐开线上任意一点的法线必与基圆相切;或者说,基圆的切线必为渐开线上某一点的法线。

(3)渐开线齿廓上某点的法线(压力方向线),与齿廓上该点速度方向线所夹的锐角 α_K,称为该点的压力角。以 r_b 表示基圆半径,由图可知

$$\cos \alpha_K = \frac{\overline{OB}}{\overline{OK}} = \frac{r_b}{r_K} \tag{6.2}$$

式(6.2)表示渐开线齿廓上各点压力角不等,向径r_K越大(即点K离轮心越远),其压力角越大。基圆上的压力角等于零。

(4)渐开线的形状取决于基圆的大小,如图6.5所示。大小相等的基圆,其渐开线形状相同。取大小不等的两个基圆,使其渐开线上压力角相等的点在点K相切,由图可见,基圆越大,它的渐开线在点K的曲率半径越大,即渐开线越平直。当基圆半径趋于无穷大时,其渐开线将成为垂直于N_3K的直线,它就是渐开线齿条的齿廓。

(5)基圆以内无渐开线。

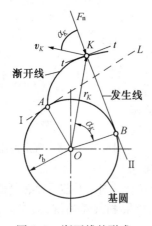

图6.4　渐开线的形成

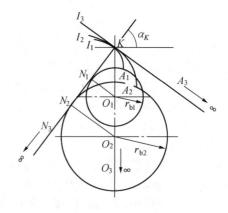

图6.5　基圆大小对渐开线形状的影响

6.3.2　渐开线齿廓满足定角速比要求

由前所述,欲使齿轮传动保持瞬时传动比恒定不变,要求两齿廓在任何位置接触时,接触点处的齿廓公法线与连心线必须交于一固定点。

如图6.6所示,渐开线齿廓G_1和G_2在任意位置点K接触时,过点K作两齿廓的公法线$n-n$,由渐开线性质可知,其公法线总是两基圆的内公切线。而两轮基圆的大小和安装位置均固定不变,同一方向的内公切线只有一条,所以两齿廓G_1和G_2在任意点(如点K及K')接触啮合的公法线均重合为同一条内公切线$n-n$,因此公法线与连心线的交点是固定的,这说明两渐开线齿廓啮合能保证两轮瞬时传动比为一常数,即

$$i_{12} = \omega_1 / \omega_2 = \overline{O_2C} / \overline{O_1C} = 常数$$

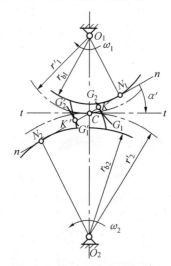

图6.6　渐开线齿廓的特点

6.3.3　渐开线齿廓传动的特点

1. 渐开线齿轮具有可分性

在图6.6中,$\triangle O_1CN_1 \backsim \triangle O_2CN_2$,故对定角速比传动且角速度恒定的一对齿轮,其传动

比可记为

$$i = \frac{\omega_1}{\omega_2} = \frac{n_1}{n_2} = \frac{\overline{O_2C}}{\overline{O_1C}} = \frac{r'_2}{r'_1} = \frac{r_{b2}}{r_{b1}}$$

式中　　r'_1、r'_2——两轮的节圆半径；

　　　　r_{b1}、r_{b2}——两轮的基圆半径。

由上式可以看出,渐开线齿轮的传动比不仅等于两轮节圆半径的反比,同时也等于两轮基圆半径的反比。由此可知,一对相互啮合的渐开线齿轮,即使两轮的中心距由于制造和安装误差或者轴承的磨损等原因,而导致中心距发生微小的改变,但因其基圆大小不变,所以传动比仍保持不变。这一特性称为渐开线齿轮传动的可分性。

可分性是渐开线齿轮传动的一个重要优点,在生产实践中,不仅为齿轮的制造和装配带来方便,而且利用渐开线齿轮的可分性可以设计变位齿轮传动。

2. 啮合线与啮合角

齿轮传动时,其齿廓接触点的轨迹称为啮合线。渐开线齿廓在任何位置啮合时,接触点的公法线都是同一条直线 N_1N_2(图6.6),所以一对渐开线齿廓从开始啮合到脱离接触,所有啮合点都在 N_1N_2 线上,故直线 N_1N_2 就是渐开线齿轮传动的啮合线。

啮合线 N_1N_2 与两轮节圆内公切线 $t-t$ 之间所夹锐角称为啮合角,以 α' 表示。由图6.6可见,渐开线齿轮传动的啮合角为常数,恒等于节圆上的压力角 α'。

3. 齿廓间正压力

如上所述,齿轮在啮合过程中,其接触点的公法线是一条不变的直线,啮合角为常数,当不考虑摩擦时,法线方向就是受力方向,所以,渐开线齿轮在传动过程中,齿廓间正压力的方向始终不变。若齿轮传递的转矩恒定,则轮齿间的压力大小和方向均不变,从而轴与轴承之间作用力的大小和方向也不变,这对齿轮传动的平稳性是十分有利的。

6.4　齿轮各部分名称及渐开线标准齿轮的基本尺寸

6.4.1　直齿圆柱齿轮各部分的名称和基本参数

1. 齿轮的各部分名称

图6.7为外啮合直齿圆柱齿轮的一部分,其各部分的名称如下:

齿顶圆:由齿轮各轮齿顶端所确定的圆,其半径用 r_a 表示,直径用 d_a 表示。

齿槽:相邻两齿间的空间称为齿槽。

齿根圆:由齿轮的各齿槽底部所确定的圆,其半径用 r_f 表示,直径用 d_f 表示。

齿厚:任意圆周上一个轮齿两侧齿廓间的弧线长度称为该圆上的齿厚,用 s_K 表示。

齿槽宽:任意圆周上齿槽两侧齿廓间的弧线长度称为该圆上的齿槽宽,用 e_K 表示。

齿宽:轮齿的轴向长度,用 b 表示。

齿距:任意圆周上相邻两齿同侧齿廓间的弧线长度称为该圆上的齿距(或称为周节),用 p_K 表示,有

$$p_K = s_K + e_K \tag{6.3}$$

分度圆:为设计和计算方便,在齿顶圆和齿根圆之间,规定一个参考圆,并将其作为度量齿轮尺寸的基准圆,该圆称为分度圆。其半径用 r 表示,直径用 d 表示。

为了简便,分度圆上的齿距、齿厚及齿槽宽习惯上不加分度圆字样,直接称齿距、齿厚及齿槽宽。分度圆上各参数的代号不带下标,如分度圆上的齿距、齿厚及齿槽宽分别用 p、s 和 e 表示。

齿顶高:位于齿顶圆与分度圆之间的轮齿部分称为齿顶。齿顶部分的径向高度称为齿顶高,用 h_a 表示。

齿根高:位于齿根圆与分度圆之间的轮齿部分称为齿根。齿根部分的径向高度称为齿根高,用 h_f 表示。

全齿高:齿顶圆与齿根圆之间的径向距离,用 h 表示,有 $h = h_a + h_f$。

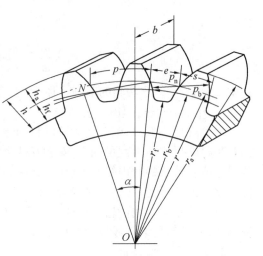

图 6.7　齿轮各部分的名称

上述各名称的定义也适用于内齿轮。

2. 渐开线齿轮的基本参数

齿数:在齿轮的整个圆周上轮齿的个数,用 z 来表示,z 应为整数。

模数:齿轮的分度圆是计算各部分尺寸的基准,其周长为 $d\pi = zp$,分度圆直径为

$$d = zp/\pi$$

由上式可知,一个齿数为 z 的齿轮,只要其齿距 p 一定,即可求出其分度圆直径 d。但式中无理数 π 对设计、制造和测量均不方便。为此,把比值 p/π 规定为整数或简单的有理数,并称其为模数,用 m 来表示,即

$$m = p/\pi \tag{6.4}$$

模数 m 是齿轮的一个基本参数,其单位为 mm。从而得

$$p = \pi m \quad \text{及} \quad d = mz \tag{6.5}$$

模数反映了齿轮的轮齿及各部分尺寸的大小,模数越大,其齿距、齿厚、齿高和分度圆直径(当齿数 z 不变时)都将相应增大。

为减少标准刀具数量,方便加工及齿轮的互换使用,模数已经标准化。我国规定的通用机械和重型机械用圆柱参数模数系列见表 6.1。

表 6.1　标准模数系列表(摘自 GB/T 1357—2008)

第一系列	···	1.5	2	2.5	3	4	5	6	8	10	12	16	20	25	32	40	50
第二系列	···	1.75	2.25	2.75	3.5	4.5	5.5	(6.5)	7	9	11	14	18	22	28	36	45

注:选用模数时,应优先选用第一系列,其次是第二系列,括号内的模数尽可能不用。

压力角:分度圆上的压力角也称分度圆压力角,用 α 表示

$$\alpha = \arccos(r_b/r)$$

为设计、制造和检验方便,压力角规定了标准值,我国规定的标准压力角 $\alpha = 20°$。

由此可见,齿轮上的分度圆也是齿轮上具有标准模数和标准压力角的圆。

齿顶高系数(h_a^*):齿顶高 h_a 与模数 m 的比值,即 $h_a^* = h_a/m$。

齿顶高 $\qquad\qquad\qquad\qquad h_{a} = h_{a}^{*} m$ $\qquad\qquad\qquad\qquad$ (6.6)

顶隙系数(c^{*}):顶隙是指一对齿轮啮合时,一个齿轮的齿顶与另一个齿轮的齿根之间的径向间隙。顶隙不仅可以避免传动时轮齿相互顶撞,而且有利于储存润滑油。顶隙 c 与模数 m 的比值称为顶隙系数,即 $c^{*} = c/m$。

顶隙 $\qquad\qquad\qquad\qquad c = c^{*} m$

齿根高 $\qquad\qquad\qquad\qquad h_{f} = (h_{a}^{*} + c^{*}) m$ $\qquad\qquad\qquad$ (6.7)

齿顶高系数 h_{a}^{*} 和顶隙系数 c^{*} 均规定为标准值,对于圆柱齿轮

正常齿制 $\qquad\qquad\qquad\qquad h_{a}^{*} = 1 \qquad\qquad c^{*} = 0.25$

短齿制 $\qquad\qquad\qquad\qquad h_{a}^{*} = 0.8 \qquad\qquad c^{*} = 0.3$

3. 其他参数

基圆:形成渐开线齿廓的发生圆,基圆半径和直径分别用 r_{b} 和 d_{b} 表示。由式(6.2)可知,基圆与分度圆的关系为

$$r_{b} = r\cos\,\alpha = \frac{1}{2} zm\cos\,\alpha \qquad\qquad (6.8)$$

基圆齿距:基圆上相邻两齿同侧齿廓之间的弧长(图6.7)称为基圆齿距,用 p_{b} 表示,则

$$p_{b} = \pi d_{b}/z = \pi m\cos\,\alpha \qquad\qquad (6.9)$$

法向齿距(法节):齿轮相邻两齿同侧齿廓间沿公法线方向所量得的距离称为齿轮的法向齿距,用 p_{n} 表示,根据渐开线性质可知,法向齿距与基圆齿距相等,即

$$p_{b} = p_{n} \qquad\qquad (6.10)$$

6.4.2 渐开线标准直齿圆柱齿轮的几何尺寸计算

若一齿轮的模数、分度圆压力角、齿顶高系数和顶隙系数均为标准值,且其分度圆上齿厚与齿槽宽相等,则称该齿轮为标准齿轮。对于标准齿轮

$$s = e = \frac{p}{2} = \frac{\pi}{2} m$$

为了便于设计计算,现将渐开线标准直齿圆柱齿轮(正常齿制)的几何尺寸计算公式列于表6.2。

表 6.2   渐开线标准直齿圆柱齿轮的几何尺寸计算公式

名称	符号	计 算 公 式
模数	m	见表6.1
齿顶高	h_{a}	$h_{a} = h_{a}^{*} m$
齿根高	h_{f}	$h_{f} = (h_{a}^{*} + c^{*}) m = 1.25 m$
全齿高	h	$h = h_{a} + h_{f} = (2h_{a}^{*} + c^{*}) m = 2.25 m$
分度圆直径	d	$d = z\,m$
齿顶圆直径	d_{a}	$d_{a} = d \pm 2h_{a} = d \pm 2h_{a}^{*} m$
齿根圆直径	d_{f}	$d_{f} = d \mp 2h_{f} = d \mp 2(h_{a}^{*} + c^{*}) m$
基圆直径	d_{b}	$d_{b} = d\cos\,\alpha$
齿距	p	$p = \pi m$
齿厚	s	$s = p/2 = \pi m/2$
齿槽宽	e	$e = p/2 = \pi m/2$

注:在"$\pm$"或"$\mp$"中,上面符号用于外齿轮,下面符号用于内齿轮。

6.5　渐开线直齿圆柱齿轮的啮合传动

一对渐开线齿廓在传动中虽能保证瞬时传动比不变,但由于齿轮传动是由若干对轮齿依次啮合来实现的,所以,还必须讨论一对齿轮啮合时,能使各对轮齿依次、连续啮合传动的条件。

6.5.1　渐开线直齿圆柱齿轮的正确啮合条件

齿轮传动时,它的每一对齿只啮合一段时间就会分离,而由后一对齿接替啮合。如前所述,渐开线齿廓的啮合点都应在啮合线 N_1N_2 上,如图 6.8 所示。要使处于啮合线上的各对轮齿都能正确地进入啮合状态,必须保证当前一对齿在啮合线上点 K_2 接触时,其后一对齿应在啮合线上另一点 K_1 接触,从而齿轮 1、2 处在啮合线上的相邻两齿同侧齿廓之间的法向齿距 K_1K_2 和 $K'_1K'_2$ 相等,即

$$\overline{K_1K_2} = \overline{K'_1K'_2}$$

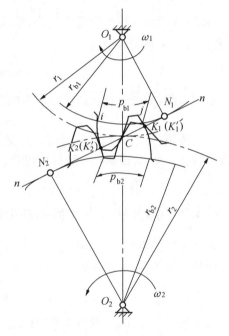

图 6.8　齿轮的正确啮合条件

由渐开线性质可知,齿廓之间的法向齿距应等于基圆齿距 p_b,即对于齿轮 1,有

$$\overline{K_1K_2} = \overline{K_2N_1} - \overline{K_1N_1} = \widehat{iN_1} - \widehat{jN_1} = \widehat{ij} = p_{b1}$$

由式(6.9)可知

$$p_{b1} = \pi m_1 \cos \alpha_1$$

同理,对于齿轮 2,有

$$\overline{K'_1K'_2} = p_{b2} = \pi m_2 \cos \alpha_2$$

显然,要满足 $\overline{K_1K_2} = \overline{K'_1K'_2}$,则应使 $p_{b1} = p_{b2}$,即

$$m_1 \cos \alpha_1 = m_2 \cos \alpha_2 \tag{6.11}$$

由于模数 m 和压力角 α 均已标准化,很难拼凑模数和压力角以满足上述关系,所以要满足式(6.11),则应使

$$m_1 = m_2 = m \tag{6.12}$$
$$\alpha_1 = \alpha_2 = \alpha$$

式(6.12)表明,渐开线直齿圆柱齿轮的正确啮合条件是两轮的模数和压力角必须分别相等。

由此,一对齿轮的传动比可表示为

$$i_{12} = \frac{\omega_1}{\omega_2} = \frac{d'_2}{d'_1} = \frac{d_{b2}}{d_{b1}} = \frac{d_2}{d_1} = \frac{z_2}{z_1} \tag{6.13}$$

6.5.2　渐开线直齿圆柱齿轮的标准中心距(标准安装条件)

一对齿轮传动中,两轮的节圆做纯滚动。一轮节圆上的齿槽宽与另一轮节圆上的齿厚之差称为齿侧间隙。在齿轮传动中,为了消除反向传动的空程和减小冲击,要求齿侧无间隙。因此在机械设计中,正确安装的齿轮都是按照无齿侧间隙设计其中心距尺寸。当然,考虑到轮齿热膨胀、润滑和安装的需要,两轮的轮齿间必须要有微小的侧隙,但该侧隙是由制造公差予以控制的。

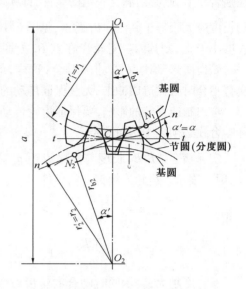

图 6.9　圆柱齿轮的标准安装

由于标准齿轮分度圆的齿厚与齿槽宽相等,且正确啮合的一对渐开线齿轮的模数相等,故 $s_1 = e_1 = s_2 = e_2 = \pi m/2$。若安装时使节圆与分度圆重合(此时两轮分度圆相切,见图6.9),则节圆齿厚 s' 和齿槽宽 e' 分别与分度圆齿厚 s 和齿槽宽 e 相等,此时有 $e'_1 - s'_2 = e_1 - s_2 = 0$,即齿侧间隙为零。

使两标准齿轮的节圆与分度圆相重合的安装称为标准安装。这时的中心距称为标准中心距,其值为

$$a = r'_2 \pm r'_1 = r_2 \pm r_1 = \frac{1}{2}m(z_2 \pm z_1) \qquad (6.14)$$

式中,"+"用于外啮合,"−"用于内啮合。

因两轮分度圆相切,故顶隙

$$c = c^* m = h_f - h_a \qquad (6.15)$$

应当指出,分度圆和压力角是单个齿轮本身所具有的,而节圆和啮合角是两个齿轮啮合时才出现的。标准齿轮只有在标准安装时,节圆和分度圆才重合,啮合角和压力角才相等。否则节圆和分度圆不会重合,啮合角和压力角亦不相等。

6.5.3　渐开线直齿圆柱齿轮连续传动的条件

图6.10中齿轮1为主动轮,齿轮2为从动轮,它们的转动方向如图所示。一对齿廓开始啮合时,应是主动轮的齿根部与从动轮的齿顶接触,所以起始啮合点是从动轮的齿顶圆与啮合线 N_1N_2 的交点 B_2。当两轮继续转动时,啮合点位置沿啮合线 N_1N_2 向下移动,轮2齿廓上的接触点由齿顶向齿根移动,而轮1齿廓上的接触点则由齿根向齿顶移动。终止啮合点是主动轮的齿顶圆与啮合线 N_1N_2 的交点 B_1。线段 B_1B_2 为啮合点的实际轨迹,故称为实际啮合线段。

当两轮齿顶圆加大时,点 B_1 和 B_2 趋近于点 N_1 和 N_2,但由于基圆内无渐开线,故线段 N_1N_2 为理论上可能的最大啮合线段,称为理论啮合线段。

如前所述,满足正确啮合条件的一对齿轮,若能保证在前后两对轮齿啮合交替时,两个啮合点同时在啮合线上,则可实现连续平稳的传动,但若要使两个啮合点同时在啮合线上,则必须满足一定的条件,即实际啮合线$\overline{B_1B_2}$的长度应大于等于其法向齿距p_n,见图6.10。若$\overline{B_1B_2}$的长度小于p_n,则其前一对轮齿在点B_1处脱离啮合时,后一对轮齿尚未到达点B_2进入啮合,这样,前后两对轮齿交替啮合时必然造成冲击,无法保证传动的平稳性。

考虑制造误差的影响,要保证齿轮传动的连续性,实际啮合线必须大于法向齿距。

实际啮合线$\overline{B_1B_2}$长度与法向齿距p_n之比称为重合度,用ε表示。齿轮连续传动的条件是

$$\varepsilon = \frac{实际啮合线}{法向齿距} > 1$$

即

$$\varepsilon = \frac{\overline{B_1B_2}}{p_n} > 1 \qquad (6.16)$$

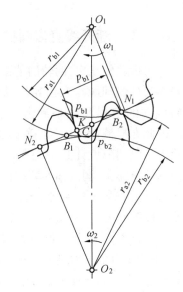

图6.10   齿轮连续传动的条件

重合度越大,表示同时啮合的轮齿对数越多,传动越平稳,每个齿所受的力也越小,因此,重合度是衡量齿轮传动的重要质量指标之一。

6.6   渐开线齿轮的切齿原理及根切与变位

6.6.1   齿轮加工的基本原理

渐开线齿轮的切齿方法很多,但按其原理可分为成形法和范成法两类。

1.成形法

成形法是用渐开线齿形的成形铣刀直接切出齿形。常用的刀具有盘形铣刀(图6.11(a)、(b))和指状铣刀(图6.11(c))。加工时,铣刀绕本身轴线旋转,同时轮坯沿齿轮轴线方向直线移动。铣出一个齿槽后,将轮坯转过$360°/z$,再铣第二个齿槽,从而依次加工出所有的齿槽。

这种切齿方法简单,不需要专用机床,但生产率低,精度差,故仅适用于单件生产及精度要求不高的齿轮加工。

2.范成法

范成法是利用一对齿轮(或齿轮与齿条)互相啮合时其共轭齿廓互为包络线的原理来切齿的。如果把其中一个齿轮(或齿条)做成刀具,就可以切出与它共轭的渐开线齿廓。用范成法切齿的常用刀具如下:

(1)齿轮插刀。齿轮插刀的形状如图6.12(a)所示,刀具顶部应比正常齿高出c^*m,以便切出顶隙部分。所选用插刀的模数和压力角与被切齿轮的模数和压力角相等。插齿时,插刀沿轮坯轴线方向做往复切削运动,同时插刀与轮坯以所需的角速度比转动(图

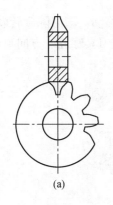 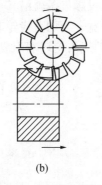 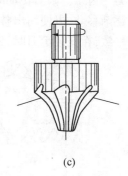

(a)   (b)   (c)

图 6.11   成形法切齿

6.12(b)),好像一对齿轮啮合传动一样,直至全部齿槽切削完毕。因插刀的齿廓是渐开线,所以插制的齿轮齿廓也是渐开线,且用同一把插刀切出的同类齿轮都能正确啮合。

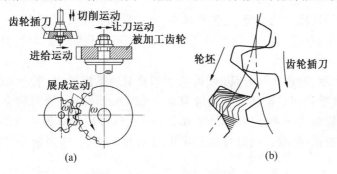

图 6.12   齿轮插刀切齿

(2) 齿条插刀。当齿轮插刀的齿数增至无穷多时,其基圆半径变为无穷大,渐开线齿廓变为直线齿廓,齿轮插刀变为齿条插刀。齿条插刀的切齿原理与齿轮插刀相同(图 6.13(a))。图 6.13(b) 为齿条插刀齿廓在水平面上的投影,其顶部比传动用的齿条高出 $c^* m$,以便切出传动时的顶隙部分。

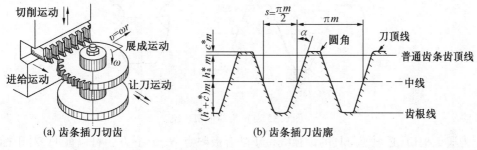

(a) 齿条插刀切齿   (b) 齿条插刀齿廓

图 6.13   齿条插刀

在切制标准齿轮时,应使轮坯径向进给至刀具中线与轮坯分度圆相切,并保持纯滚动。这样切成的齿轮,分度圆齿厚与分度圆齿槽宽相等,即 $s = e = \pi m/2$,且模数和压力角与刀具的模数和压力角分别相等。

(3) 齿轮滚刀。以上两种刀具都只能间断地切削,生产率较低。目前广泛采用的齿轮滚刀,能连续切削,生产率较高。图 6.14 表示滚刀及其加工齿轮的情况。滚刀形状很像螺旋,在其上均匀地开有若干条纵向槽,以便制出切削刃。滚齿时,它的齿廓在水平工作台面上的投影为一齿条。滚刀转动时,该投影齿条就沿其中线方向移动。滚刀除旋转外,还沿轮坯的轴向逐渐移动,以便切出整个齿宽。滚切直齿轮时,为了使刀具螺旋线方向与被切齿轮轮齿方向一致,在安装滚刀时,使其轴线与轮坯端面成一滚刀升角 γ。

图 6.14　滚刀切齿

6.6.2　轮齿的根切现象

在模数和传动比确定的情况下,齿数越少,则齿轮机构的中心距越小,尺寸和质量也越小。因此设计时希望把齿数 z 取得尽可能少,但是对于渐开线标准齿轮,其最少齿数是有限制的。

如图 6.15 所示,用齿条型刀具(或齿轮型刀具)加工齿轮时,若被加工齿轮的齿数过少,刀具的齿顶线就会超过轮坯的啮合极限点 N_1(图 6.15(a)),这时将会出现刀刃把轮齿根部的渐开线齿廓切去一部分的现象(图 6.15(b)),这种现象称为轮齿的根切。过分的根切使得轮齿根部被削弱,轮齿的抗弯能力降低,重合度减小,故应当避免出现严重的根切。

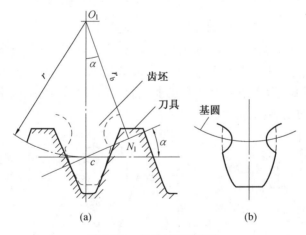

图 6.15　轮齿的根切现象

为避免根切,必须使刀具的齿顶线位于啮合极限点 N_1 的下方。可以证明,对于标准齿轮,是否发生根切取决于其齿数的多少。因此,设计标准齿轮时,欲避免根切,其齿数 z 必须大于或等于不产生根切的最少齿数 z_{min}。

用齿条型刀具加工渐开线标准齿轮时,当 $h_a^* = 1$、$\alpha = 20°$ 时,根据计算,轮齿不发生根切的最少齿数 $z_{min} = 17$。在工程实际中,有时为了结构紧凑,允许轻微的根切,这时可取正常齿标准齿轮的实际最少齿数 $z_{min} = 14$。

6.6.3　变位齿轮的概念

在用齿条型刀具加工齿轮时,若刀具的中线(又称分度线)与轮坯的分度圆相切(图 6.16(a)),则加工出来的齿轮为标准齿轮。

若在加工齿轮时,不采用标准安装,而是将刀具相对于轮坯中心向外移出或向内移近一段距离(图 6.16(b)、(c)),则刀具的中线将不再与轮坯的分度圆相切。刀具移动的距离 xm 称为变位量,其中 m 为模数,x 为变位系数。这种用改变刀具与轮坯相对位置的方法加工出来的齿轮称为变位齿轮。

在加工齿轮时,若刀具是离开标准位置向外移出(图 6.16(b)),则称为正变位,变位系数 $x > 0$,加工出来的齿轮称为正变位齿轮;若刀具是离开标准位置向轮坯中心移近(图 6.16(c)),则称为负变位,变位系数 $x < 0$,加工出来的齿轮称为负变位齿轮。具有相同模数、齿数和压力角的变位齿轮与标准齿轮的齿形比较如图 6.16(d) 所示。

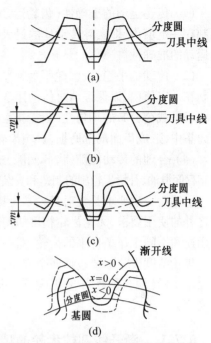

图 6.16　变位齿轮与标准齿轮的比较

从图 6.15(d) 中可以看出,变位齿轮和标准齿轮的分度圆及基圆尺寸相同。与标准齿轮相比,正变位齿轮的齿根厚度增大,轮齿的抗弯能力提高,但齿顶厚度减小,因此,正变位齿轮的变位量不宜过大,以免造成齿顶变尖。与标准齿轮相比,负变位齿轮的齿根厚度减小,轮齿的抗弯能力降低。因此,通常只在有特殊需要的场合才采用负变位齿轮,如配凑中心距等。

变位齿轮与标准齿轮相比,有如下优点:

(1)采用正变位,可以加工出齿数 $z < z_{min}$ 而不发生根切的齿轮,使齿轮传动的结构尺寸减小。因为如前所述,对于标准齿轮,当 $z < z_{min}$ 时,刀具的齿顶线将超过点 N_1(图 6.15(a)),加工出的齿轮会发生根切。而采用正变位,将刀具外移,使刀具的齿顶线不超过点 N_1,就可以避免根切。

(2)正变位齿轮的齿厚及齿顶高比标准齿轮的大,负变位齿轮的齿厚及齿顶高比标准齿轮的小。当实际中心距 a' 不等于标准中心距 $a(a' > a$ 或 $a' < a)$ 时,可以采用变位齿轮,选择适当的变位量,来满足实际中心距的要求。

(3)在标准齿轮传动中,小齿轮的齿根厚度比大齿轮的齿根厚度小,因此,小齿轮轮齿的抗弯能力较弱,同时,小齿轮的啮合频率又比大齿轮高,对其强度不利。这时,可以通过正变位来提高小齿轮的抗弯能力,从而提高一对齿轮传动的总体强度。

由于变位齿轮与标准齿轮相比具有很多优点,而且并不增加加工的难度,因此,变位齿轮在各种机械中得到广泛的应用。

6.7　齿轮传动的精度

制造和安装齿轮传动装置时,不可避免地会产生误差。为了保证齿轮传动具有良好的工作性能,通常对其提出以下四个方面的精度和使用要求。

（1）传递运动的准确性（齿轮运动精度）。要求从动齿轮在一转范围内，最大转角误差限制在一定值内，即实际传动比的最大变动量不超过允许值（$i_{最大} - i_{最小} \leqslant [\Delta i]$），以保证传递运动的准确性。

（2）传动的平稳性（齿轮平稳性精度）。要求从动齿轮在一齿距角范围内的转角误差限制在一定值内，以保证瞬时传动比变化小，从而减小冲击、振动和噪声。

（3）载荷分布的均匀性（齿轮接触精度）。要求齿轮啮合时，齿面接触良好，以免引起应力集中，造成齿面局部磨损，影响齿轮使用寿命。

（4）合理的传动侧隙（齿侧间隙）。要求齿轮啮合时，非工作齿面间留有一定的间隙，以储存润滑油、补偿齿轮副的制造和安装误差以及受力变形和发热变形，保证齿轮自由回转。

上述前三项要求是针对齿轮本身提出的精度要求，第四项是对齿轮副的，它是独立于精度之外的使用要求，无论齿轮精度如何，都应根据齿轮传动的工作条件确定适当的侧隙。不同用途和不同工作条件下的齿轮，对精度和使用要求的侧重点不同。

齿轮精度设计主要包括四个方面：① 正确选择齿轮的精度等级；② 正确选择齿轮质量的评定指标（检验参数）；③ 正确设计齿侧间隙；④ 正确设计齿坯及箱体的尺寸公差与表面粗糙度。

6.7.1　渐开线圆柱齿轮的精度等级及其选择

国家标准 GB/T 10095.1 ~ 2—2008 对渐开线圆柱齿轮规定了 0、1 ~ 12 共 13 个精度等级（对径向综合偏差规定了 4 ~ 12 共 9 个精度等级），其中 0 级最高，12 级最低。0 ~ 2 级目前尚不能制造，属于有待发展的展望级；3 ~ 5 级为高精度等级；6 ~ 9 级为中等精度等级，使用最为广泛；10 ~ 12 级为低精度等级。

齿轮精度等级的选择应依据齿轮的用途、使用要求、传递功率、圆周速度及其他技术条件等，同时还要考虑加工工艺与经济性。表 6.3 列出了常用的 6 ~ 9 级精度齿轮的应用范围、适应圆周速度及切齿方法等，供设计时参考。

表 6.3　圆柱齿轮常用精度等级及其应用范围

精度等级	圆周速度 $v/(\text{m} \cdot \text{s}^{-1})$		切齿方法	齿面终加工方法	应　用　范　围
	直齿	斜齿			
6 级（高精密）	≤ 15	≤ 30	在高精度机床上范成加工	精密磨齿或剃齿	用于高速且对运动平稳性、噪声有较高要求的齿轮，如机床、机车、汽车、船舶及工业设备的重要齿轮，高速、中速减速器齿轮
7 级（精密）	≤ 10	≤ 15	在较高精度机床上范成加工	高精度切齿。对渗碳淬火齿轮要经磨齿、精刮、珩齿等	用于有平稳性、噪声要求的齿轮，如机床、机车、汽车、船舶及工业设备有可靠性要求的一般齿轮，中速减速器齿轮
8 级（中等精密）	≤ 6	≤ 8	在普通齿轮机床上范成加工	不磨齿，必要时光整加工或对研	用于一般机械中，要求较平稳传动的齿轮，如冶金、矿山、石油、林业、农业、工程机械及普通减速器齿轮
9 级（较低精度）	≤ 4	≤ 6	一般范成或成形法加工	无须特殊光整处理	用于速度较低、噪声要求不高的一般性工作的齿轮

注：圆周速度指齿轮节圆的圆周速度。

6.7.2 齿轮质量检验项目的确定及精度等级的标注

国家标准 GB/T 10095.1 ~ 2—2008 及 GB/Z 18620.2—2008 中给出了很多齿轮质量的检验项目,但由于有些检验项目对特定齿轮的功能没有明显的影响,以及有些检验项目可以代替另一些检验项目,因此,对于具体的齿轮,没有必要检验所有的齿轮质量项目。

根据我国企业齿轮生产的技术和质量控制水平,将齿轮质量检验项目组合成 6 个检验组,建议供需双方依据齿轮的使用要求、生产批量和检测手段,在 6 个检验组中选取一个,用于评定齿轮质量。

在标注检验项目的精度等级时,若齿轮质量检验项目的精度等级相同,可将精度等级标注于标准号之前,如 7GB/T 10095.1—2008;若齿轮质量检验项目的精度等级不同,则需标明精度等级所对应的具体检验项目,如 $6F_\alpha 7(F_p, F_\beta)$ GB/T 10095.1—2008。

6.7.3 齿侧间隙

为了保证齿轮机构正常工作,在齿轮传动设计中,必须保证有足够的最小侧隙。最小侧隙可根据齿轮副的实际工作条件和润滑要求由计算得到,还可以由 GB/Z 18620.2—2008 按齿轮传动的模数和中心距查得。

为了获得齿轮副的最小侧隙,须削薄齿厚,故采用齿厚偏差来控制齿侧间隙。由于公法线平均长度偏差测量简便,因而常用公法线平均长度偏差代替齿厚偏差。

按照国标规定,应将齿厚(或公法线平均长度)的极限偏差数值标注在图样的参数表中。

6.8 齿轮的失效形式和设计准则

6.8.1 齿轮的失效形式

齿轮的失效主要是指轮齿的失效,常见的失效形式有轮齿折断、齿面点蚀、齿面磨损、齿面胶合和轮齿塑性变形。

1. 轮齿折断

轮齿折断一般发生在齿根部分,因为齿轮工作时轮齿可视为悬臂梁,齿根弯曲应力最大,而且有应力集中。轮齿根部受到脉动循环(单侧工作时)或对称循环(双侧工作时)的弯曲变应力多次作用后产生疲劳裂纹,随着应力循环次数的增加,疲劳裂纹逐步扩展,最后导致轮齿的疲劳折断(图 6.17(a))。偶然的严重过载或大的冲击载荷,也会引起轮齿的突然脆性折断。轮齿折断是齿轮传动中最严重的失效形式,必须避免。

增大齿根圆角半径,降低表面粗糙度,减轻加工损伤,采用表面强化处理(如喷丸、辗压)等都有利于提高轮齿抗疲劳折断的能力。

2. 齿面点蚀

齿轮工作时,齿面上会产生交变的接触应力,当某一局部的接触应力超过齿面材料的许用疲劳接触应力时,齿面就会出现微小的疲劳裂纹。随着应力循环次数的增加和封闭在裂纹中的润滑油的作用使裂纹扩展,最后导致金属表层粒状脱落而形成凹坑,即疲劳点蚀(图6.17(b))。实验表明,疲劳点蚀一般首先出现在齿根表面靠近节线处。点蚀会影响传动的平稳性,产生振动和噪声,造成失效。

开式传动由于齿面磨损较快,一般看不到齿面点蚀现象。齿面点蚀一般发生在软齿面闭式传动中。

提高齿面硬度,降低齿面粗糙度,采用黏度高的润滑油,选择变位量较大的正变位齿轮等,均可提高齿面抗疲劳点蚀的能力。

3. 齿面磨损

由于硬的屑粒等落入相啮合的齿面间,引起磨粒磨损(图6.17(c))。过度磨损使齿面材料大量损耗,齿廓形状被破坏,强度被削弱,导致严重的振动和噪声,最终失效。齿面磨损是开式齿轮传动的主要失效形式。

改用闭式传动,提高齿面硬度,降低齿面粗糙度,改善润滑条件,保持润滑油的清洁,可有效地减轻磨损。

4. 齿面胶合

在高速重载传动中,因啮合部位局部过热使润滑失效,并使两齿面金属相互粘着,随着齿面的相对滑动,较软的齿面金属沿滑动方向被撕成沟纹(图6.17(d)),造成失效。这种现象称为齿面胶合。在低速重载传动中,由于齿面间的润滑油膜不易形成,也可能产生齿面胶合。

提高齿面硬度,降低齿面粗糙度,对低速传动采用黏度较大的润滑油,对高速传动采用含抗胶合添加剂的润滑油,可提高传动的抗胶合能力。

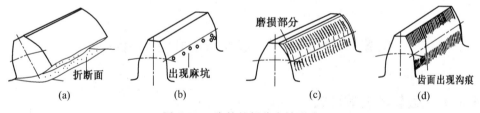

图 6.17　齿轮的部分失效形式

5. 齿面塑性变形

在过载严重、起动频繁的齿轮传动中,较软的齿面上可能产生局部塑性变形,甚至齿体产生塑性变形,从而使齿廓失去正确的形状(图6.18),导致失效。

提高齿面硬度和润滑油的黏度,可有效地防止齿面的塑性变形。

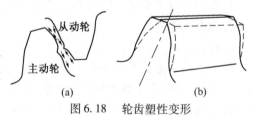

图 6.18　轮齿塑性变形

6.8.2　齿轮传动的设计准则

在齿轮设计中,齿面硬度小于等于350 HBW的齿轮称为软齿面齿轮,齿面硬度大于350 HBW的齿轮称为硬齿面齿轮。在设计齿轮传动时,所依据的设计准则取决于齿轮可能出现的失效形式。

（1）对于软齿面闭式齿轮传动,常因齿面点蚀而失效,故通常先按齿面接触疲劳强度进行设计,然后校核齿根弯曲疲劳强度。

（2）对于硬齿面闭式齿轮传动,其齿面接触承载能力较强,故通常先按齿根弯曲疲劳强度进行设计,然后校核齿面接触疲劳强度。

（3）对于开式传动的齿轮,其主要失效形式是齿面磨损和磨损后出现齿根弯曲疲劳折断,因磨损尚无成熟的计算方法,所以,目前只按齿根弯曲疲劳强度进行设计。考虑到齿面磨损后轮齿变薄对齿根弯曲疲劳强度的影响,应将计算得到的模数值增大 10% ~ 15%。

6.9　齿轮材料和热处理方法

齿轮材料应具有足够的抗折断、抗点蚀、抗胶合及耐磨损等能力。常用的齿轮材料有各种钢材(优质碳素钢、合金结构钢、铸钢) 和铸铁,在某些场合也可采用有色金属和非金属材料。

钢材可分为锻钢和铸钢两类, 一般多采用锻钢制造齿轮,当齿轮较大 (直径大于 400 mm), 且轮坯不易锻造时,可采用铸钢,有时也可采用球墨铸铁。在低速、无冲击和大尺寸或开式传动的场合,可采用灰铸铁。

齿轮常用的热处理方法有以下几种:

1. 表面淬火

表面淬火一般用于中碳钢和中碳合金钢,例如 45 钢、40Cr 等。表面淬火后轮齿变形不大,可不磨齿,齿面硬度可达 45 ~ 55 HRC,由于齿面接触强度高,耐磨性好,而齿芯部未淬硬仍有较高的韧性,故能承受一定的冲击载荷。

2. 渗碳淬火

渗碳淬火用于低碳钢和低碳合金钢,例如 20 钢、20Cr 钢等。渗碳淬火后齿面硬度可达 56 ~62 HRC,齿面接触强度高,耐磨性好,而齿芯部仍保持有较高的韧性,常用于受冲击载荷的重要齿轮传动。通常渗碳淬火后要磨齿。

3. 调质

调质一般用于中碳钢和中碳合金钢,例如 45 钢、40Cr、35SiMn 等。调质处理后齿面硬度一般为 220 ~ 280 HBW。因硬度不高,故可在热处理以后精切齿形,且在使用中易于跑合。

4. 正火

正火能消除内应力、细化晶粒、改善力学性能和切削性能。机械强度要求不高的齿轮可用中碳钢正火处理。大直径的齿轮可用铸钢正火处理。

5. 渗氮

渗氮是一种化学热处理。渗氮后不再进行其他热处理,齿面硬度可达 60 ~ 62 HRC。因氮化处理温度低,齿的变形小,因此适用于难以磨齿的场合,例如内齿轮。常用的渗氮钢为 38CrMoAlA。

上述五种热处理中,调质和正火两种热处理后的齿面硬度较低(≤ 350 HBW),为软齿面;表面淬火、渗碳淬火及渗氮三种热处理后的齿面硬度较高(> 350 HBW),为硬齿面。软齿面齿轮的制造工艺简单,适用于一般传动。当大小齿轮都是软齿面时,考虑到小齿轮齿根较薄,弯曲强度较低,且受载次数较多,故在选择材料和热处理时, 一般使小齿轮齿面硬度比大齿轮高 20 ~ 50 HBW。硬齿面齿轮的承载能力较强,但需专门设备磨齿,常用于要求结构紧凑或生产批量大的齿轮。当大小齿轮都是硬齿面时,小齿轮的硬度应略高,也可和大齿轮相等。

齿轮常用材料及其机械性能列于表 6.4。

表 6.4　齿轮常用材料及其机械性能

材　　料	热处理方法	强度极限 R_m/MPa	屈服极限 R_{eL}/MPa	齿面硬度
HT300		300		187 ~ 255 HBW
QT600 - 3	正火	600	420	190 ~ 270 HBW
ZG310 - 570		580	320	163 ~ 197 HBW
ZG340 - 640		650	350	179 ~ 207 HBW
45		580	290	162 ~ 217 HBW
ZG340 - 640	调质	700	380	241 ~ 269 HBW
45		650	360	217 ~ 255 HBW
35SiMn		750	450	217 ~ 269 HBW
40Cr		700	500	241 ~ 286 HBW
45	调质后表面淬火	680	400	45 ~ 50 HRC
40Cr		750	550	48 ~ 55 HRC
20Cr	渗碳后淬火	650	400	56 ~ 62 HRC
20CrMnTi		1 100	580	56 ~ 62 HRC

6.10　直齿圆柱齿轮的强度计算

直齿圆柱齿轮传动的强度计算方法是其他各类齿轮传动强度计算的基础。其他类型的齿轮传动(如斜齿圆柱齿轮传动、圆锥齿轮传动等)的强度计算都可以通过转变成当量直齿圆柱齿轮传动的方法来进行。

6.10.1　受力分析和计算载荷

1. 受力分析

为了计算齿轮强度,设计轴和轴承,需要知道齿轮上的作用力。图 6.19 所示为标准安装的直齿圆柱齿轮传动,其齿廓在节点 C 接触,小齿轮 1 是主动轮,若略去齿面间的摩擦力,则轮齿间的相互作用力是沿着啮合线 $n-n$ 方向的法向力 F_n。将法向力 F_n 分解为与节圆相切的圆周力 F_t 和沿齿轮径向通过齿轮轴心的径向力 F_r,由于齿轮传动在节点处多为一对齿啮合,故可以假设在节点处只有一对齿啮合,则各分力可表示为

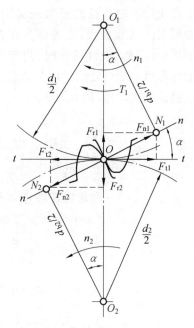

$$\left.\begin{array}{lll} \text{圆周力} & F_{t1}/\text{N} = F_{t2} = \dfrac{2T_1}{d_1} \\[2mm] \text{径向力} & F_{r1}/\text{N} = F_{r2} = F_{t1}\tan\alpha \\[2mm] \text{法向力} & F_{n1}/\text{N} = F_{n2} = \dfrac{F_{t1}}{\cos\alpha} = \dfrac{2T_1}{d_1\cos\alpha} \end{array}\right\}$$

$$(6.17)$$

式中 T_1——小齿轮上的转矩（N·mm）；

　　　 d——小齿轮分度圆直径（mm）；

　　　 α——分度圆压力角（°）。

作用于主动轮 1 上的圆周力 F_{t1} 是主动轮转动的阻抗力，因此，主动轮上圆周力的方向与受力点的圆周速度方向相反；作用于从动轮上的圆周力 F_{t2} 是从动轮转动的驱动力，因此，从动轮上的圆周力的方向与受力点的圆周速度方向相同。对于外齿轮，径向力的方向都是由受力点指向各自轮心；对于内齿轮，径向力背离轮心。

图 6.19　齿轮的受力分析

如果小齿轮传递的功率为 P_1（kW），角速度为 ω_1（rad/s），转速为 n_1（r/min），则小齿轮上的转矩（N·mm）为

$$T_1 = 10^6 \frac{P_1}{\omega_1} = 9.55 \times 10^6 \frac{P_1}{n_1}$$

$$(6.18)$$

2. 计算载荷

按式（6.17）计算得到的各种力均系作用于轮齿上的名义载荷，实际传动中，由于存在原动机和工作机固有的载荷特性，齿轮制造、安装误差引起的附加动载荷，齿轮、轴及轴承受载后的变形引起的载荷分布不均等因素的影响，使齿轮轮齿上所受的实际载荷一般都大于名义载荷。为了考虑这些影响，在齿轮强度计算时，应按计算载荷 F_c 来计算。计算载荷 F_c 为

$$F_c = KF$$

$$(6.19)$$

式中　 K——载荷系数，其值见表 6.5。

表 6.5　载荷系数 K

原动机	工作机的载荷特性		
	平　稳	中等冲击	大冲击
电动机	1 ~ 1.2	1.2 ~ 1.6	1.6 ~ 1.8
多缸内燃机	1.2 ~ 1.6	1.6 ~ 1.8	1.9 ~ 2.1
单缸内燃机	1.6 ~ 1.8	1.8 ~ 2.0	2.2 ~ 2.4

注：斜齿、圆周速度低、精度高、齿宽系数较小时，取较小值；直齿、圆周速度高、精度低、齿宽系数较大时，取较大值。轴承相对于齿轮对称布置、轴的刚性较大时，取较小值；反之取较大值。

6.10.2　齿面接触疲劳强度计算

齿面接触疲劳强度计算的目的是防止齿面发生点蚀。齿面点蚀与齿面的接触应力有关，为防止点蚀，应使齿面计算接触应力 σ_H 小于或等于许用接触应力 $[\sigma]_H$。

齿轮传动的节点处多为一对轮齿啮合,接触应力较大。实验表明,点蚀常发生在齿根部分靠近节线处,因此,设计齿轮时,以节点作为接触应力的计算点。节点处的齿面最大接触应力(MPa)可按赫兹公式计算(图6.20),即

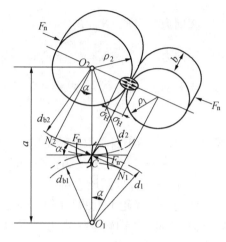

图6.20   齿面接触应力

$$\sigma_H = \sqrt{\dfrac{F_n}{\pi b} \dfrac{\dfrac{1}{\rho_1} \pm \dfrac{1}{\rho_2}}{\dfrac{1-\mu_1^2}{E_1} + \dfrac{1-\mu_2^2}{E_2}}}$$

式中 ρ_1、ρ_2——两齿廓在节点 C 处的曲率半径(mm)。对标准齿轮传动,$\rho_1 = \dfrac{d_1}{2}\sin \alpha$,$\rho_2 = \dfrac{d_2}{2}\sin \alpha$。设大齿轮与小齿轮的齿数比为 u,即 $u = \dfrac{z_2}{z_1} = \dfrac{d_2}{d_1}$(对减速传动,$u=i$;对增速传动,$u = \dfrac{1}{i}$),可得 $\dfrac{1}{\rho_1} \pm \dfrac{1}{\rho_2} = \dfrac{u \pm 1}{u} \dfrac{2}{d_1 \sin \alpha}$,其中"+"号用于外啮合,"−"号用于内啮合,$d_1$ 为小齿轮的分度圆直径(mm);

b——两齿廓接触长度(mm);

F_n——作用于齿廓上的法向载荷(N)。设节点处只有一对齿啮合,即载荷由一对齿承担,则 $F_n = \dfrac{2T_1}{d_1 \cos \alpha}$,其中,$T_1$ 为小齿轮传递的转矩(N·mm);

E_1、E_2——两齿轮材料的弹性模量(MPa);

μ_1、μ_2——两齿轮材料的泊松比。

引入载荷系数 K(表6.5),由赫兹公式可得齿面接触应力(MPa)

$$\sigma_H = \sqrt{\dfrac{1}{\pi\left(\dfrac{1-\mu_1^2}{E_1} + \dfrac{1-\mu_2^2}{E_2}\right)}} \sqrt{\dfrac{2}{\sin \alpha \cos \alpha}} \cdot \sqrt{\dfrac{(u \pm 1)2KT_1}{ubd_1^2}} =$$

$$Z_E Z_H \sqrt{\dfrac{(u \pm 1)2KT_1}{ubd_1^2}} \tag{6.20}$$

式中 Z_E——材料弹性系数,$Z_E = \sqrt{\dfrac{1}{\pi\left(\dfrac{1-\mu_1^2}{E_1} + \dfrac{1-\mu_2^2}{E_2}\right)}}$,对于一对钢制齿轮啮合,$Z_E = 189.8\sqrt{\text{MPa}}$;对于钢与铸铁齿轮啮合,$Z_E = 162\sqrt{\text{MPa}}$;对于铸铁与铸铁齿轮啮合,$Z_E = 143.7\sqrt{\text{MPa}}$;

Z_H——节点区域系数,$Z_H = \sqrt{\dfrac{2}{\sin \alpha \cos \alpha}}$,反映节点处齿面形状对接触应力的影响,对于标准圆柱齿轮,$Z_H = 2.5$。

对于一对钢制标准直齿圆柱齿轮传动,将 $Z_E = 189.8\sqrt{\text{MPa}}$、$Z_H = 2.5$ 代入式(6.20),则

得齿面接触疲劳强度的校核公式

$$\sigma_H = 671 \sqrt{\frac{KT_1(u \pm 1)}{bd_1^2 u}} \leqslant [\sigma]_H (\text{MPa}) \tag{6.21}$$

式中 $[\sigma]_H$——齿轮材料的许用接触应力(MPa)。

引入齿宽系数$\phi_d = \dfrac{b}{d_1}$(ϕ_d的取值见表6.6),则由式(6.21)可得齿面接触强度设计公式

$$d_1 \geqslant 76.6 \sqrt[3]{\frac{KT_1(u \pm 1)}{\phi_d u [\sigma]_H^2}} \ (\text{mm}) \tag{6.22}$$

式(6.21)和式(6.22)只适用于一对钢制齿轮。若齿轮的配对材料为钢对铸铁,则校核公式中的系数671应改为573,设计公式中的系数76.6应改为69。若齿轮的配对材料为铸铁对铸铁,则校核公式中的系数671应改为508,设计公式中的系数76.6应改为63.7。

表6.6   齿宽系数 ϕ_d

齿轮相对于轴承的位置	齿面硬度	
	软齿面(硬度 ≤ 350 HBW)	硬齿面(硬度 > 350 HBW)
对称布置	0.8 ~ 1.4	0.4 ~ 0.9
非对称布置	0.6 ~ 1.2	0.3 ~ 0.6
悬臂布置	0.3 ~ 0.4	0.2 ~ 0.25

注:① 对于直齿圆柱齿轮宜取小值,斜齿轮可取大值;
② 载荷稳定、轴刚度大的宜取大值,变载荷、轴刚度小的宜取小值。

齿轮的许用接触应力$[\sigma]_H$(MPa)按下式确定

$$[\sigma]_H = \frac{\sigma_{Hlim}}{S_H} \tag{6.23}$$

式中 σ_{Hlim}——试验齿轮的接触疲劳极限应力,可根据齿轮的材料和硬度由图6.22(a)~(e)查取。

S_H——接触疲劳强度计算的安全系数,一般取$S_H = 1$,当齿轮损坏会造成严重后果时,取$S_H = 1.25$。

应当注意,一对齿轮啮合时,两齿面上的接触应力σ_H是相等的,当两轮的材料或热处理方式不同时,其许用接触应力$[\sigma]_H$不同,在强度计算时,应将$[\sigma]_{H1}$与$[\sigma]_{H2}$中的较小值代入公式中计算。

6.10.3 齿根弯曲疲劳强度计算

齿根弯曲疲劳强度计算的目的是防止轮齿折断。轮齿折断与齿根弯曲应力有关,为防止轮齿折断,应使齿根计算弯曲应力σ_F小于或等于许用弯曲应力$[\sigma]_F$。

在计算齿根弯曲应力时,将轮齿视为一宽度等于齿宽b的悬臂梁,考虑到制造和安装误差的影响,可假定全部载荷由一对轮齿来承担,且载荷作用于齿顶,其危险截面可用30°切线法确定,即作与轮齿对称中心线成30°夹角且与齿根圆角相切的斜线,过两切点连线并与齿数轴线平行的平面截得轮点所得的截面就是危险截面(图6.21)。图中s_F为齿根危险截面的厚度,h_F为悬臂梁的臂长。将法向力F_n移至轮齿对称中心线上,F_n与轮齿中心线的垂

线夹角为α_F。F_n分解成两个相互垂直的分力,则在轮齿的危险截面上产生三种应力,即由分力$F_n\cos\alpha_F$引起的弯曲应力和切应力以及由分力$F_n\sin\alpha_F$引起的压应力,因切应力和压应力数值较小,略去不计。由$F_n\cos\alpha_F$和悬臂长h_F可确定齿根处的弯矩M,由齿宽b、齿厚s_F可确定齿根处的抗弯截面系数W,同时考虑载荷系数K,则可得齿根弯曲应力(MPa)

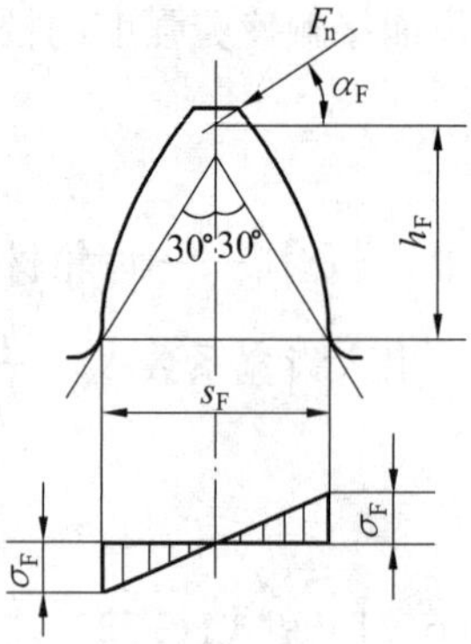

$$\sigma_F = \frac{M}{W} = \frac{KF_n h_F \cos\alpha_F}{bs_F^2/6} = \frac{KF_n}{bm}\frac{6(h_F/m)\cos\alpha_F}{(s_F/m)^2\cos\alpha} = Y_F\frac{KF_t}{bm}$$

齿根弯曲疲劳强度的校核公式

$$\sigma_F = \frac{2KT_1 Y_F}{bd_1 m} = \frac{2KT_1 Y_F}{bm^2 z_1} \leqslant [\sigma]_F \text{(MPa)} \qquad (6.24)$$

图 6.21 齿根弯曲应力

式中　Y_F——齿形系数,$Y_F = \dfrac{6(h_F/m)\cos\alpha_F}{(s_F/m)^2\cos\alpha}$。因$h_F$和$s_F$均与模数$m$成正比,故$Y_F$与模数无关,它反映了轮齿几何形状对弯曲应力的影响。对标准齿轮Y_F仅取决于齿数z,z越小,Y_F越大。正常齿制标准齿轮的Y_F值见表6.7。

$[\sigma]_F$——齿轮材料的许用弯曲应力(MPa)。

引入齿宽系数$\phi_d = \dfrac{b}{d_1}$(ϕ_d的取值见表6.6),则由式(6.24)可得齿根弯曲疲劳强度的设计公式

$$m \geqslant 1.26\sqrt[3]{\frac{KT_1 Y_F}{\phi_d z_1^2 [\sigma]_F}}\text{(mm)} \qquad (6.25)$$

表 6.7　齿形系数 Y_F

$z(z_v)$	17	18	19	20	21	22	23	24	25	26	27	28	29
Y_F	3.08	3.02	2.97	2.91	2.87	2.83	2.78	2.75	2.72	2.69	2.67	2.64	2.62
$z(z_v)$	30	35	40	45	50	60	70	80	90	100	150	200	400
Y_F	2.6	2.51	2.45	2.4	2.35	2.3	2.27	2.24	2.22	2.2	2.17	2.16	2.14

齿轮的许用弯曲应力$[\sigma]_F$(MPa)按下式确定

$$[\sigma]_F = \frac{\sigma_{Flim}}{S_F} \qquad (6.26)$$

式中　σ_{Flim}——试验齿轮的弯曲疲劳极限应力,可根据齿轮的材料和硬度由图6.22(f)～(j)查取。对于双侧工作的齿轮传动,因齿根弯曲应力为对称循环变应力,故应将图中σ_{Flim}的数值乘以0.7。

S_F——弯曲疲劳强度计算的安全系数。一般取$S_F = 1.25$,当齿轮损坏会造成严重后果时,取$S_F = 1.6$。

应当注意,通常两齿轮的齿数不同,故齿形系数Y_{F1}和Y_{F2}不相等,两齿轮的材料或热处理方式不同时,其许用弯曲应力$[\sigma]_{F1}$和$[\sigma]_{F2}$也不相等。因此,在校核弯曲疲劳强度或按弯曲疲劳强度进行设计时,应将$Y_{F1}/[\sigma]_{F1}$和$Y_{F2}/[\sigma]_{F2}$中的较大值代入公式中计算。按弯曲强度设计时,算得的模数m应按表6.1向上圆整为标准模数。传递动力的齿轮,其模数应不小于1.5 mm,以免短期过载时发生轮齿折断。

在直齿圆柱齿轮传动设计中,为使中心距取得圆整值,可通过调整齿数、模数或通过变位来实现。对一般传动,传动比的允许误差为 ±5%。

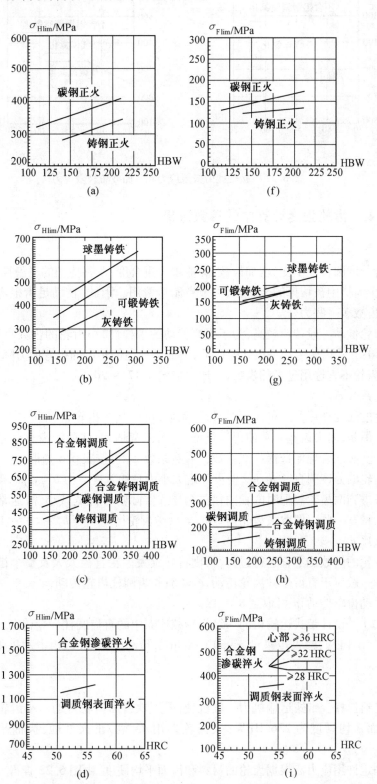

(a)

(f)

(b)

(g)

(c)

(h)

(d)

(i)

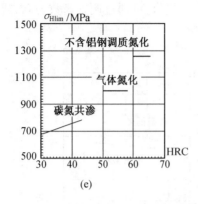 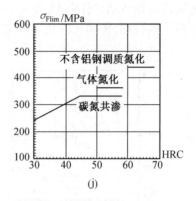

图 6.22　接触疲劳极限应力和弯曲疲劳极限应力

6.10.4　齿轮强度计算中的参数选择

1. 齿数 z_1

若保持分度圆直径不变,增加齿数,除能增大重合度、改善传动的平稳性外,还可减小模数,从而减少齿槽中被切掉的金属量,可节省制造费用。因此,在满足齿根弯曲疲劳强度的条件下,以齿数多一些为好。

闭式齿轮传动一般转速较高,为了提高传动的平稳性,小齿轮的齿数宜选多一些,可取 $z_1 = 20 \sim 40$;开式齿轮传动一般转速较低,齿面磨损会使轮齿的抗弯能力降低,为使轮齿不致过小,小齿轮不宜选用过多的齿数,一般可取 $z_1 = 17 \sim 20$。

2. 齿宽系数 ϕ_d

由齿轮的强度计算公式可知,增大齿宽系数,可以减小齿轮直径和中心距,使齿轮传动结构紧凑。但是,增大齿宽系数使得齿宽增大,而齿宽越大,载荷沿齿宽分布的不均匀性就越严重,因此,必须合理地选择齿宽系数。齿宽系数 ϕ_d 可按表 6.6 选取。

求出齿轮的分度圆直径 d_1 后,便可确定大小齿轮的宽度。由 $b = \phi_d d_1$ 得到的齿宽应加以圆整。考虑到两齿轮装配时的轴向错位会导致实际啮合齿宽减小,故通常把小齿轮设计得比大齿轮稍宽一些。即取大齿轮齿宽 $b_2 = b$,小齿轮齿宽 $b_1 = b_2 + (5 \sim 10)\,\mathrm{mm}$。

3. 齿数比 u

一对齿轮的齿数比不宜选得过大,否则将导致大齿轮直径太大及整个齿轮传动的外廓尺寸变大。一般对于直齿圆柱齿轮传动,$u \leqslant 5$;斜齿圆柱齿轮传动,$u \leqslant 6 \sim 7$;对于开式齿轮传动或手动齿轮传动,u 可取到 $8 \sim 12$。

【例 6.1】　设计带式运输机的一级齿轮减速器中的直齿圆柱齿轮传动。已知减速器的输入功率 $P_1 = 8\ \mathrm{kW}$,输入转速 $n_1 = 960\ \mathrm{r \cdot min^{-1}}$,传动比 $i = 3.2$,由电动机驱动,单向运转,载荷平稳。

【解】

(1)材料选择。带式运输机为一般机械,采用软齿面齿轮传动。小齿轮选用 45 钢,调质处理,齿面平均硬度为 236 HBW;大齿轮选用 45 钢,正火处理,齿面平均硬度为 190 HBW。

(2)确定许用应力。根据齿轮的材料和齿面平均硬度,由图 6.22 查得

$$\sigma_{\text{Hlim1}} = 570 \text{ MPa} \quad \sigma_{\text{Hlim2}} = 390 \text{ MPa}$$

$$\sigma_{\text{Flim1}} = 220 \text{ MPa} \quad \sigma_{\text{Flim2}} = 170 \text{ MPa}$$

取 $S_{\text{H}} = 1, S_{\text{F}} = 1.25$, 则

$$[\sigma]_{\text{H1}} = \frac{\sigma_{\text{Hlim1}}}{S_{\text{H}}} = \frac{570}{1} = 570 \quad [\sigma]_{\text{H2}}/\text{MPa} = \frac{\sigma_{\text{Hlim2}}}{S_{\text{H}}} = \frac{390}{1} = 390 \text{ (MPa)}$$

$$[\sigma]_{\text{F1}} = \frac{\sigma_{\text{Flim1}}}{S_{\text{F}}} = \frac{220}{1.25} = 176 \quad [\sigma]_{\text{F2}}/\text{MPa} = \frac{\sigma_{\text{Flim2}}}{S_{\text{F}}} = \frac{170}{1.25} = 136 \text{ (MPa)}$$

（3）参数选择。

① 齿数 z_1、z_2：取 $z_1 = 24$, $z_2 = iz_1 = 3.2 \times 24 = 76.8$, 取 $z_2 = 76$。

② 齿宽系数 ϕ_d：由表 6.6 取 $\phi_d = 1.0$。

③ 载荷系数 K：由表 6.5 取 $K = 1.1$。

④ 齿数比 u：$u = z_2/z_1 = 76/24 = 3.17$。

（4）按齿面接触疲劳强度设计。小齿轮传递的转矩为

$$T_1 = 9.55 \times 10^6 \frac{P_1}{n_1} = 9.55 \times 10^6 \times \frac{8}{960} = 7.96 \times 10^4 (\text{N} \cdot \text{mm})$$

$$[\sigma]_{\text{H}} = \min\{[\sigma]_{\text{H1}}, [\sigma]_{\text{H2}}\} = 390 \text{ MPa}$$

由式（6.22）计算小齿轮的分度圆直径

$$d_1 \geqslant 76.6 \sqrt[3]{\frac{KT_1(u+1)}{\phi_d u [\sigma]_{\text{H}}^2}} = 76.6 \sqrt[3]{\frac{1.1 \times 7.96 \times 10^4 \times (3.17+1)}{1.0 \times 3.17 \times 390^2}} = 69.82 \text{ (mm)}$$

（5）确定模数、中心距、分度圆直径及齿宽。

① 模数：$m = d_1/z_1 = 69.82/24 = 2.91 \text{ mm}$, 按表 6.1 取标准模数 $m = 3 \text{ mm}$。

② 中心距：$a = \frac{1}{2}m(z_1 + z_2) = \frac{1}{2} \times 3 \times (24 + 76) = 150 \text{ (mm)}$。

③ 分度圆直径：$d_1 = z_1 m = 24 \times 3 = 72$, $d_2/\text{mm} = z_2 m = 76 \times 3 = 228 \text{ (mm)}$。

④ 齿宽：$b = \phi_d d_1 = 1.0 \times 72 = 72 \text{ mm}$, 取 $b_2 = 75 \text{ mm}$, $b_1 = 80 \text{ mm}$。

（6）校核齿根弯曲疲劳强度。根据齿数, 由表 6.7 查得齿形系数 $Y_{\text{F1}} = 2.75$, $Y_{\text{F2}} = 2.25$。

齿形系数与许用弯曲应力的比值为

$$\frac{Y_{\text{F1}}}{[\sigma]_{\text{F1}}} = \frac{2.75}{176} = 0.0156 \qquad \frac{Y_{\text{F2}}}{[\sigma]_{\text{F2}}} = \frac{2.25}{136} = 0.0165$$

因为 $\dfrac{Y_{\text{F2}}}{[\sigma]_{\text{F2}}}$ 较大, 故需校核齿轮 2 的弯曲疲劳强度, 由式（6.24）有

$$\sigma_{\text{F2}} = \frac{2KT_1 Y_{\text{F2}}}{bd_1 m} = \frac{2 \times 1.1 \times 7.96 \times 10^4 \times 2.25}{75 \times 72 \times 3} = 24.3 \text{ (MPa)} < [\sigma]_{\text{F2}}$$

齿根弯曲疲劳强度满足。

（7）计算齿轮的其他几何尺寸（略）。

（8）齿轮结构设计及零件工作图绘制（略）。

6.11　平行轴斜齿圆柱齿轮传动

6.11.1　斜齿圆柱齿轮齿廓曲面的形成

渐开线直齿圆柱齿轮齿廓曲面的形成原理如图 6.23(a) 所示,发生面 S 在基圆柱上做纯滚动时,其上与基圆柱母线平行的直线 $K-K$ 所展成的渐开面即为直齿轮的齿面。这种齿轮啮合时,齿面的接触线与齿轮的轴线平行(图6.23(b)),轮齿沿整个齿宽同时进入或退出啮合,因此轮齿上的载荷是突然加上或卸掉,容易引起冲击和振动,不适于高速传动。

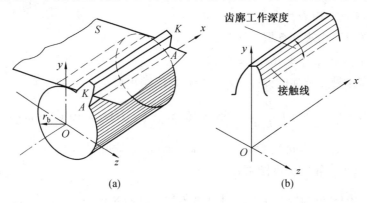

图 6.23　直齿圆柱齿轮齿廓的形成

斜齿轮的齿廓曲面形成原理如图 6.24(a) 所示,发生面 S 沿基圆柱纯滚动时,其上一条与基圆柱母线呈 β_b 角的直线 $K-K$ 所展成的渐开螺旋面就是斜齿轮的齿廓曲面。一对斜齿轮啮合时,齿面接触线是斜直线(图6.24(b)),接触线先由短变长,而后又由长变短,直至脱离啮合。

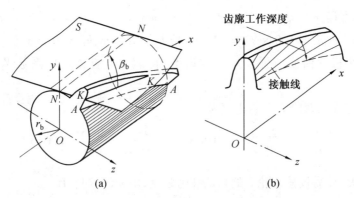

图 6.24　斜齿圆柱齿轮齿廓的形成

斜齿轮的齿面与分度圆柱面的交线为螺旋线。斜齿圆柱齿轮上垂直于齿轮轴线的平面称为端面,垂直于分度圆柱螺旋线的平面称为法面。斜齿轮的齿面为渐开螺旋面,其端面齿形为渐开线,一对斜齿轮啮合,从端面看与直齿轮相同,因此,可实现定角速比传动。

6.11.2 斜齿轮的基本参数及几何尺寸计算

1. 螺旋角 β

将斜齿轮的分度圆柱展开(图 6.25),分度圆柱上的螺旋线与齿轮轴线之间所夹的锐角称为分度圆柱上的螺旋角,简称螺旋角,用 β 表示。螺旋角越大,斜齿轮传动的优越性表现得越显著;但齿轮啮合时产生的轴向力也随之增大。因此通常取 $\beta = 8° \sim 20°$。根据轮齿螺旋线的方向,斜齿轮分为左旋(图 6.25)和右旋两种。

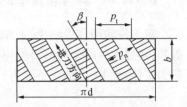

图 6.25 斜齿轮分度圆柱展开图

2. 模数、压力角、齿顶高系数和顶隙系数

加工斜齿轮的轮齿时,所用刀具与直齿轮相同,但刀具要沿轮齿的螺旋线方向进刀,因此,斜齿轮上垂直于轮齿方向的法面齿形应与刀具齿形相同。国标规定斜齿轮的法面参数(模数 m_n、压力角 α_n、齿顶高系数 h_{an}^* 和顶隙系数 c_n^*)为标准值。标准值 m_n 按表6.1选取,$\alpha_n = 20°$,$h_{an}^* = 1$,$c_n^* = 0.25$。由于斜齿轮的几何尺寸是按端面计算的,因此必须建立端面参数和法面参数间的关系。

由图 6.25 可得法面齿距 p_n 与端面齿距 p_t 的关系为

$$p_n = p_t \cos \beta \tag{6.27}$$

因 $p_n = \pi m_n$,$p_t = \pi m_t$,所以法面模数 m_n 与端面模数 m_t 的关系为

$$m_n = m_t \cos \beta \tag{6.28}$$

可以证明,法面压力角 α_n 与端面压力角 α_t 的关系为

$$\tan \alpha_n = \tan \alpha_t \cos \beta \tag{6.29}$$

法面齿顶高与端面齿顶高是相等的,即 $h_a = h_{an}^* m_n = h_{at}^* m_t$,故法面齿顶高系数 h_{an}^* 与端面齿顶高系数 h_{at}^* 的关系为

$$h_{an}^* = h_{at}^* / \cos \beta \tag{6.30}$$

同理,法面顶隙系数 c_n^* 与端面顶隙系数 c_t^* 的关系为

$$c_n^* = c_t^* / \cos \beta \tag{6.31}$$

3. 斜齿轮传动的几何尺寸计算

外啮合斜齿轮传动的几何尺寸计算公式列于表6.8。

表 6.8 标准斜齿轮的几何尺寸计算公式

名　称	代　号	计　算　公　式
齿顶高	h_a	$h_a = h_{an}^* m_n = m_n$　　$(h_{an}^* = 1)$
齿根高	h_f	$h_f = (h_{an}^* + c_n^*) m_n = 1.25 m_n$　　$(c_n^* = 0.25)$
全齿高	h	$h = h_a + h_f = (2h_{an}^* + c_n^*) m_n = 2.25 m_n$
分度圆直径	d	$d_1 = z_1 m_t = \dfrac{z_1 m_n}{\cos \beta}$,　　$d_2 = z_2 m_t = \dfrac{z_2 m_n}{\cos \beta}$
齿顶圆直径	d_a	$d_{a1} = d_1 + 2h_a = d_1 + 2m_n$,　　$d_{a2} = d_2 + 2h_a = d_2 + 2m_n$
齿根圆直径	d_f	$d_{f1} = d_1 - 2h_f = d_1 - 2.5m_n$,　　$d_{f2} = d_2 - 2h_f = d_2 - 2.5m_n$
顶隙	c	$c = c_n^* m_n = 0.25 m_n$
中心距	a	$a = \dfrac{1}{2}(d_1 + d_2) = \dfrac{1}{2}(z_1 + z_2)\dfrac{m_n}{\cos \beta}$

由表中中心距计算公式可知,当模数和齿数确定后,可通过修改螺旋角来圆整中心距。

6.11.3 斜齿轮传动的正确啮合条件

对斜齿轮啮合传动,除了如直齿轮啮合传动一样,要求两个齿轮的模数及压力角分别相等外,还要求外啮合的两斜齿轮螺旋角必须大小相等、旋向相反(内啮合旋向相同)。因此,斜齿轮传动的正确啮合条件为

$$\left.\begin{array}{c} m_{n1} = m_{n2} = m_n \\ \alpha_{n1} = \alpha_{n2} = \alpha_n \\ \beta_1 = \pm \beta_2 \end{array}\right\} \tag{6.33}$$

6.11.4 斜齿轮传动的重合度

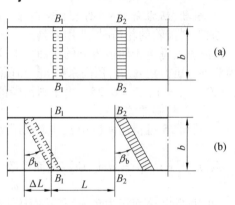

设齿轮的宽度为 b。对直齿轮(图6.26(a)),轮齿啮合是沿整个齿宽同时进入啮合及沿整个齿宽同时退出啮合,即轮齿全齿宽在 B_2B_2 位置同时开始啮合,在 B_1B_1 位置同时脱离啮合。对斜齿轮(图6.26(b)),轮齿啮合是沿齿宽逐渐进入啮合及沿齿宽逐渐退出啮合,即当一对轮齿的前端面啮合结束时,其后的不同截面仍在啮合。在图6.26(b)中,B_2B_2 线表示上端面进入啮合,此时下端面尚未进入啮合,B_1B_1 线表

图6.26 斜齿轮传动的重合度

示下端面脱离啮合,斜齿轮传动的实际啮合区比直齿轮增大了 $\Delta L = b\tan \beta_b$。可以证明,由增大的 ΔL 引起的重合度的增加量 $\Delta\varepsilon$ 为

$$\Delta\varepsilon = b \cdot \sin \beta / \pi m_n = b \cdot \sin \beta / p_n \tag{6.33}$$

由式(6.33)可见,斜齿轮的重合度随着齿宽和螺旋角的增加而增大。

6.11.5 斜齿轮的当量齿轮和当量齿数

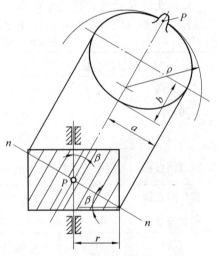

在用成形刀具加工斜齿轮和进行强度计算时,必须知道斜齿轮的法面齿形。由于斜齿轮的端面齿形为渐开线,而其法面齿形比较复杂,不易精确求得,故一般用以下方法近似求出法面齿形。

如图6.27所示,过斜齿轮分度圆柱上点 P 作轮齿螺旋线的法向截面 $n—n$,此法向截面与分度圆柱面的交线为一椭圆,其长半轴 $a = d/(2\cos \beta)$,短半轴 $b = d/2$,椭圆在点 P 的曲率半径 ρ 为

$$\rho = \frac{a^2}{b} = \frac{d}{2\cos^2\beta}$$

以 ρ 为分度圆半径,用斜齿轮的 m_n 和 α_n 分别为

图6.27 斜齿轮的当量齿轮

模数和压力角作一假想的直齿轮,因其齿形与斜齿轮法面齿形最接近,故可以将该直齿轮的齿形看成是斜齿轮的法面齿形,这个假想的直齿轮称为斜齿轮的当量齿轮,其齿数称为当量齿数,用 z_v 表示,其值为

$$z_v = \frac{2\rho}{m_n} = \frac{d}{m_n\cos^2\beta} = \frac{z}{\cos^3\beta} \quad (6.34)$$

斜齿轮不发生根切的最少齿数 z_{min} 可由 z_v 来确定,即

$$z_{min} = z_{vmin}\cos^3\beta \quad (6.35)$$

式中　z_{vmin}——当量齿轮不发生根切的最少齿数。对正常齿制的标准齿轮 $z_{vmin} = 17$。

由此可见,斜齿轮不发生根切的最少齿数小于直齿轮。

6.11.6　斜齿轮传动的主要优缺点

与直齿轮相比,斜齿轮传动具有以下主要优点:

(1)齿廓接触线是斜线,一对轮齿是逐渐进入啮合和逐渐脱离啮合,故传动平稳,噪声小。

(2)重合度较大,并随着齿宽和螺旋角的增大而增大,故承载能力较强,运转平稳,适于高速传动。

(3)最少齿数小于直齿轮的最少齿数。

斜齿轮传动的主要缺点是:在啮合时会产生轴向分力,从而增大轴承的载荷。为了克服这一缺点,可以采用人字齿轮(图6.2(e))。人字齿轮可看作螺旋角大小相等、方向相反的两个斜齿轮合并而成,因左右对称而使两个轴向分力的作用相互抵消。但人字齿轮制造较困难,成本较高。

6.11.7　斜齿圆柱齿轮的强度计算

1. 受力分析

若略去齿面间的摩擦力,则两斜齿轮轮齿间的相互作用力为法向力 F_n(图6.28),将法向力 F_n 分解为三个相互垂直的分力,即圆周力 F_t、径向力 F_r 和轴向力 F_a。设在节点 C 处只有一对齿啮合,则节点处各分力可表示为

$$\left.\begin{array}{l} F_{t1} = F_{t2} = \dfrac{2T_1}{d_1} \\[2mm] F_{r1} = F_{r2} = \dfrac{F_{t1}\tan\alpha_n}{\cos\beta} \\[2mm] F_{a1} = F_{a2} = F_{t1}\tan\beta \\[2mm] F_{n1} = F_{n2} = \dfrac{F_{t1}}{\cos\alpha_n \cdot \cos\beta} \end{array}\right\} \quad (6.28)$$

各分力的方向如下:圆周力 F_t 的方向在主动轮上与受力点的运动方向相反,在从动轮上与受力点的运动方向相同;径向力 F_r 的方向对两轮都是指向各自的轮心(两轮外啮合);轴向力 F_a 的方向可用左右手定则判定,即:对于主动轮,轮齿左旋用左手,轮齿右旋用右手,四指弯曲方向表示齿轮的转动方向,拇指伸直时所指的方向就是所受轴向力 F_a 的方向。从

动轮轴向力的方向与主动轮的相反。

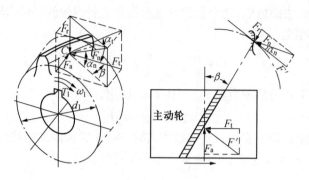

图 6.28   斜齿轮传动的受力分析

2. 强度计算

斜齿轮啮合传动的载荷作用在法面上,而法面齿形近似于当量齿轮的齿形,因此,斜齿轮传动的强度计算可转换为当量齿轮的强度计算。由于斜齿轮传动的接触线是倾斜的,且重合度较大,因此,斜齿轮传动的承载能力比相同尺寸的直齿轮传动略有提高。一对钢制斜齿轮传动的齿面接触疲劳强度和齿根弯曲疲劳强度计算公式分别为

(1)齿面接触疲劳强度校核公式

$$\sigma_{\mathrm{H}} = 657.3 \sqrt{\frac{KT_1(u \pm 1)}{bd_1^2 u}} \leqslant [\sigma]_{\mathrm{H}}(\mathrm{MPa}) \qquad (6.37)$$

式中 $\pm$——"$+$"号用于外啮合,"$-$"号用于内啮合;

K—— 载荷系数,见表 6.5;

T_1—— 小齿轮传递的转矩(N·mm);

u—— 齿数比,$u \geqslant 1$;

b—— 齿宽(mm);

d_1—— 小齿轮分度圆直径(mm);

$[\sigma]_{\mathrm{H}}$—— 齿轮材料的许用接触应力(MPa),按式(6.23)计算。

引入齿宽系数 $\phi_d = \dfrac{b}{d_1}$(ϕ_d 的取值见表 6.6),则由式(6.37)可得斜齿轮齿面接触疲劳强度的设计公式

$$d_1 \geqslant 75.6 \sqrt[3]{\frac{KT_1(u \pm 1)}{\phi_d u [\sigma]_{\mathrm{H}}^2}} \qquad (6.38)$$

式(6.37)和式(6.38)只适用于一对钢制齿轮。若齿轮的配对材料为钢对铸铁,则校核公式中的系数 657.3 应改为 561,设计公式中的系数 75.6 应改为 68。若齿轮的配对材料为铸铁对铸铁,则校核公式中的系数 657.3 应改为 497.7,设计公式中的系数 75.6 应改为 62.8。

(2)齿根弯曲疲劳强度校核公式

$$\sigma_{\mathrm{F}} = \frac{1.6 KT_1 Y_{\mathrm{F}}}{bm_{\mathrm{n}} d_1} \leqslant [\sigma]_{\mathrm{F}}(\mathrm{MPa}) \qquad (6.39)$$

引入齿宽系数 $\phi_d = \dfrac{b}{d_1}$,并注意到 $d_1 = \dfrac{m_{\mathrm{n}} z_1}{\cos \beta}$,由式(6.39)可得齿根弯曲疲劳强度的设计公式为

$$m_n \geq 1.17 \sqrt[3]{\frac{KT_1 Y_F \cos^2\beta}{\phi_d z_1^2 [\sigma]_F}} \ (\text{mm}) \tag{6.40}$$

在式(6.39)和式(6.40)中,齿形系数 Y_F 应按当量齿数 z_v 在表6.7中查取,法面模数 m_n 的标准值按表6.1选取,螺旋角 $\beta = 8° \sim 20°$,许用弯曲应力 $[\sigma]_F$ 按式(6.26)计算,载荷系数 K 由表6.5查取,齿宽系数 ϕ_d 由表6.6选取。

设计斜齿轮传动时,可通过修正螺旋角 β 来圆整中心距 a,圆整过程为:

在按接触疲劳强度设计时,初选螺旋角 $\beta(\beta = 8° \sim 20°)$,按式(6.38)计算 d_1;确定模数 $m_n = d_1 \cdot \cos\beta / z_1$,并向上取标准值;计算中心距 $a = m_n(z_1 + z_2)/(2\cos\beta)$,圆整 a;修正螺旋角 $\beta = \arccos \frac{m_n(z_1 + z_2)}{2a}$。

在按弯曲疲劳强度设计时,初选螺旋角 $\beta(\beta = 8° \sim 20°)$,按式(6.40)计算 m_n,向上取标准值;计算中心距 $a = m_n(z_1 + z_2)/(2\cos\beta)$,圆整 a;修正螺旋角 $\beta = \arccos \frac{m_n(z_1 + z_2)}{2a}$。

【例6.2】 设计带式运输机的一级齿轮减速器中的斜齿圆柱齿轮传动。已知减速器的输入功率 $P_1 = 8$ kW,输入转速 $n_1 = 960$ r/min,传动比 $i = 3.2$,由电动机驱动,单向运转,载荷平稳。

【解】

(1)材料选择。带式运输机为一般机械,采用软齿面齿轮传动。小齿轮选用45钢,调质处理,齿面平均硬度为236 HBS;大齿轮选用45钢,正火处理,齿面平均硬度为190 HBS。

(2)确定许用应力。根据齿轮的材料和齿面平均硬度,由图6.23查得

$$\sigma_{Hlim1} = 570 \ (\text{MPa}) \qquad \sigma_{Hlim2} = 390 \ (\text{MPa})$$
$$\sigma_{Flim1} = 220 \ (\text{MPa}) \qquad \sigma_{Flim2} = 170 \ (\text{MPa})$$

取 $S_H = 1, S_F = 1.25$,则

$$[\sigma]_{H1} = \frac{\sigma_{Hlim1}}{S_H} = \frac{570}{1} = 570 \ \text{MPa} \qquad [\sigma]_{H2} = \frac{\sigma_{Hlim2}}{S_H} = \frac{390}{1} = 390 \ \text{MPa}$$

$$[\sigma]_{F1} = \frac{\sigma_{Flim1}}{S_F} = \frac{220}{1.25} = 176 \ \text{MPa} \qquad [\sigma]_{F2} = \frac{\sigma_{Flim2}}{S_F} = \frac{170}{1.25} = 136 \ \text{MPa}$$

(3)参数选择。

① 齿数 z_1、z_2:取 $z_1 = 21, z_2 = iz_1 = 3.2 \times 21 = 67.2$,取 $z_2 = 67$。

② 初选螺旋角:$\beta = 14°$。

③ 齿宽系数 ϕ_d:由表6.6取 $\phi_d = 1.2$。

④ 载荷系数 K:由表6.5取 $K = 1.0$。

⑤ 齿数比 u:$u = z_2/z_1 = 67/21 = 3.19$。

(4)按齿面接触疲劳强度设计。小齿轮传递的转矩

$$T_1 = 9.55 \times 10^6 \frac{P_1}{n_1} = \frac{9.55 \times 10^6 \times 8}{960} = 7.96 \times 10^4 (\text{N} \cdot \text{mm})$$

$$[\sigma]_H = \min\{[\sigma]_{H1}, [\sigma]_{H2}\} = 390 \ (\text{MPa})$$

由式(6.38)计算小齿轮的分度圆直径

$$d_1 \geq 75.6 \sqrt[3]{\frac{KT_1(u+1)}{\phi_d u [\sigma]_H^2}} = 75.6 \sqrt[3]{\frac{1.0 \times 7.96 \times 10^4 \times (3.19+1)}{1.2 \times 3.19 \times 390^2}} = 62.79 \ (\text{mm})$$

（5）确定模数及中心距。

① 模数：$m_n = \dfrac{d_1 \cos \beta}{z_1} = \dfrac{62.79 \cos 14°}{21} = 2.90$（mm），按表 6.1 取标准模数 $m_n = 3$ mm。

② 中心距：$a = \dfrac{m_n(z_1 + z_2)}{2\cos \beta} = \dfrac{3 \times (21 + 67)}{2\cos 14°} = 136.041$（mm），圆整，取 $a = 136$ mm。

（6）修正螺旋角

$$\beta = \arccos \frac{m_n(z_1 + z_2)}{2a} = \arccos \frac{3 \times (21 + 67)}{2 \times 136} = 13.930\,6° = 13°55'50''$$

（7）确定分度圆直径及齿宽。

分度圆直径 $d_1 = \dfrac{z_1 m_n}{\cos \beta} = \dfrac{21 \times 3}{\cos 13°55'50''} = 64.909$（mm）

$$d_2 = \frac{z_2 m_n}{\cos \beta} = \frac{67 \times 3}{\cos 13°55'50''} = 207.090 （mm）$$

齿宽 $b = \phi_d d_1 = 1.2 \times 64.909 = 77.89$ mm，取 $b_2 = 80$ mm，$b_1 = 85$ mm

（8）校核齿根弯曲疲劳强度。

当量齿数 $z_{v1} = \dfrac{z_1}{\cos^3 \beta} = \dfrac{21}{\cos^3 13°55'50''} = 22.97$

$$z_{v2} = \frac{z_2}{\cos^3 \beta} = \frac{67}{\cos^3 13°55'50''} = 73.28$$

根据当量齿数，由表 6.7 查得齿形系数 $Y_{F1} = 2.78$，$Y_{F2} = 2.26$。

齿形系数与许用弯曲应力的比值为

$$\frac{Y_{F1}}{[\sigma]_{F1}} = \frac{2.78}{176} = 0.015\,8 \qquad \frac{Y_{F2}}{[\sigma]_{F2}} = \frac{2.26}{136} = 0.016\,6$$

因为 $Y_{F2}/[\sigma]_{F2}$ 较大，故需校核齿轮 2 的弯曲疲劳强度，由式（6.39）有

$$\sigma_{F2} = \frac{1.6KT_1Y_{F2}}{bd_1m_n} = \frac{1.6 \times 1.0 \times 7.96 \times 10^4 \times 2.26}{80 \times 64.909 \times 3} = 18.5 \text{ MPa} < [\sigma_{F2}]$$

齿根弯曲疲劳强度满足。

（9）计算齿轮的其他几何尺寸（略）。

（10）齿轮结构设计及零件工作图绘制（略）。

6.12   圆锥齿轮传动

圆锥齿轮用于相交两轴之间的传动，与圆柱齿轮传动相似，一对圆锥齿轮的运动相当于一对节圆锥的纯滚动。除了节圆锥以外，圆锥齿轮还有分度圆锥、齿顶圆锥、齿根圆锥和基圆锥。图 6.29 表示一对正确安装的标准圆锥齿轮，其节圆锥与分度圆锥重合。设 δ_1 和 δ_2 分别为小齿轮和大齿轮的分度圆锥角，r_1 和 r_2 分别为两轮的分度圆半径，Σ 为两轴线的交角，$\Sigma = \delta_1 + \delta_2$。因

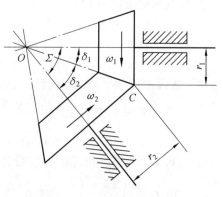

图 6.29   圆锥齿轮传动

$$r_2 = \overline{OC}\sin\delta_2 \qquad r_1 = \overline{OC}\sin\delta_1$$

故传动比

$$i = \frac{\omega_1}{\omega_2} = \frac{z_2}{z_1} = \frac{r_2}{r_1} = \frac{\sin\delta_2}{\sin\delta_1} \qquad (6.41)$$

6.12.1　圆锥齿轮的当量齿轮和当量齿数

图 6.30 的左下部为一对相互啮合的直齿
圆锥齿轮,$\triangle OCA$ 和 $\triangle OCB$ 分别为两轮的分度
圆锥。在两个圆锥齿轮的大端分别作圆锥面
O_1CB 和 O_2CA,它们与各自分度圆锥面在同一
轴线上,且其母线与分度圆锥母线垂直相交,该
两圆锥称为圆锥齿轮的背锥。将背锥 O_2CA 和
O_1CB 展开为两个平面扇形,以 O_1C 和 O_2C 为分
度圆半径,以圆锥齿轮大端模数为模数,大端压
力角为压力角,按照圆柱齿轮的作图法画出两
扇形齿轮的齿廓,该齿廓即为圆锥齿轮大端的
近似齿廓,两扇形齿轮的齿数即为两圆锥齿轮
的真实齿数(图 6.30)。将扇形齿轮补全,得到
假想的直齿圆柱齿轮,该假想的直齿圆柱齿轮
称为圆锥齿轮的当量齿轮。

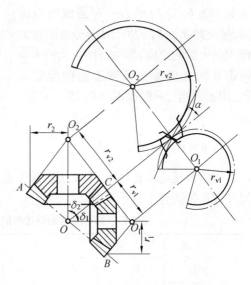

图 6.30　圆锥齿轮的当量齿轮

当量齿轮的齿数称为当量齿数,用 z_v 表
示。当量齿轮的模数和压力角与圆锥齿轮大端的模数和压力角相等。设圆锥齿轮的分度圆
锥角为 δ,齿数为 z,分度圆半径为 r,当量齿轮的分度圆半径为 r_v,则有

$$r_v = \frac{r}{\cos\delta} = \frac{mz_v}{2}$$

$$r = \frac{mz}{2}$$

$$z_v = \frac{z}{\cos\delta} \qquad (6.42)$$

若圆锥齿轮的当量齿轮不发生根切,则该圆锥齿轮也不会发生根切,因此,圆锥齿轮不
发生根切的最少齿数为

$$z_{min} = z_{v\,min}\cos\delta \qquad (6.43)$$

式中　$z_{v\,min}$——圆柱齿轮不根切的最少齿数,当 $h_a^* = 1$、$\alpha = 2°$ 时,$z_{v\,min} = 17$。

6.12.2　直齿圆锥齿轮的啮合传动和几何尺寸计算

1. 基本参数的标准值

我国规定直齿圆锥齿轮的大端参数为标准值。大端标准模数值见 GB/T 12368—1990,
可参照表 6.1 选取;大端标准压力角 $\alpha = 20°$;大端齿顶高系数 $h_a^* = 1$,大端顶隙系数
$c^* = 0.2$。

2. 正确啮合条件

直齿圆锥齿轮的正确啮合条件可从当量圆柱齿轮得到,即两圆锥齿轮的大端模数和压力角分别相等。

3. 几何关系及几何尺寸计算

圆锥齿轮的几何尺寸计算以大端为基准。图 6.31 所示为一对圆锥齿轮传动,轴交角 $\delta_1 + \delta_2 = 90°$,$R$ 为分度圆锥的锥顶到大端的距离,称为锥距。齿宽 b 与锥距 R 的比值称为圆锥齿轮的齿宽系数,用 ϕ_R 表示,一般取 $\phi_R = 0.25 \sim 0.3$。由

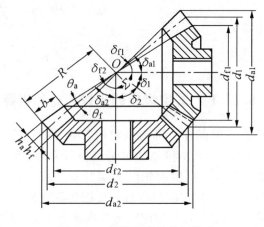

图 6.31 圆锥齿轮的几何尺寸

$$b = \phi_R R = \frac{1}{2}\phi_R\sqrt{d_1^2 + d_2^2}$$

计算出的齿宽应圆整,并取大小齿轮的齿宽相等,即 $b_1 = b_2 = b$。圆锥齿轮传动的主要几何尺寸计算公式列于表 6.9 中。

表 6.9　标准直齿圆锥齿轮的几何尺寸计算公式($\delta_1 + \delta_2 = 90°$)

名　称	代　号	计　算　公　式
齿顶高	h_a	$h_a = h_a^* m = m$　$(h_a^* = 1)$
齿根高	h_f	$h_f = (h_a^* + c^*)m = 1.2m$　$(c^* = 0.2)$
全齿高	h	$h = h_a + h_f = (2h_a^* + c^*)m = 2.2m$
顶隙	c	$c = c^* m = 0.2m$
分度圆锥角	δ	$\delta_1 = \arctan(z_1/z_2)$,$\delta_2 = \arctan(z_2/z_1) = 90° - \delta_1$
分度圆直径	d	$d_1 = z_1 m$,$d_2 = z_2 m$
齿顶圆直径	d_a	$d_{a1} = d_1 + 2h_a\cos\delta_1$,$d_{a2} = d_2 + 2h_a\cos\delta_2$
齿根圆直径	d_f	$d_{f1} = d_1 - 2h_f\cos\delta_1$,$d_{f2} = d_2 - 2h_f\cos\delta_2$
锥距	R	$R = \frac{1}{2}\sqrt{d_1^2 + d_2^2} = \frac{1}{2}m\sqrt{z_1^2 + z_2^2}$
齿根角	θ_f	$\theta_f = \arctan(h_f/R)$
齿顶角	θ_a	正常收缩齿:$\theta_a = \arctan(h_a/R)$ 等顶隙收缩齿:$\theta_a = \theta_f$
顶锥角	δ_a	$\delta_{a1} = \delta_1 + \theta_a$,$\delta_{a2} = \delta_2 + \theta_a$
根锥角	δ_f	$\delta_{f1} = \delta_1 - \theta_f$,$\delta_{f2} = \delta_2 - \theta_f$

6.12.3　直齿圆锥齿轮的强度计算

1. 受力分析

若略去齿面间的摩擦力,则两锥齿轮齿面间的相互作用力为法向力 $F_n(\text{N})$(图 6.32),

为便于分析计算,一般将法向力 F_n 视为作用在分度圆锥的齿宽中点处,并设此时为一对齿啮合。将法向力 F_n 分解为三个相互垂直的分力,即圆周力 $F_t(N)$、径向力 $F_r(N)$ 和轴向力 $F_a(N)$。当 $\delta_1 + \delta_2 = 90°$ 时,各分力的计算式为

$$\left.\begin{aligned} F_{t1} &= F_{t2} = \frac{2T_1}{d_{m1}} \\ F_{r1} &= F_{a2} = F_{t1}\tan\alpha\cos\delta_1 \\ F_{a1} &= F_{r2} = F_{t1}\tan\alpha\sin\delta_1 \\ F_{n1} &= F_{n2} = \frac{F_{t1}}{\cos\alpha} \end{aligned}\right\} \tag{6.44}$$

式中　d_{m1}——小圆锥齿轮齿宽中点处的分度圆直径(mm),$d_{m1} = (1 - 0.5\phi_R)d_1 = d_1 - b\sin\delta_1$。

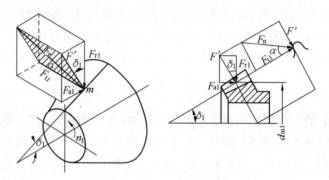

图 6.32　圆锥齿轮传动受力分析

圆周力 F_t 的方向在主动轮上与受力点的运动方向相反,在从动轮上与受力点的运动方向相同;径向力 F_r 的方向对两轮都是指向各自的轮心;轴向力 F_a 的方向对两轮都是由小端指向大端。

小齿轮上的径向力和轴向力与大齿轮上的轴向力和径向力大小相等、方向相反。

2. 强度计算

圆锥齿轮传动的强度计算可以近似地按平均分度圆处的当量齿轮传动进行计算。一对钢制标准直齿圆锥齿轮传动,其齿面接触疲劳强度和齿根弯曲疲劳强度的计算公式如下。

(1)齿面接触疲劳强度校核公式

$$\sigma_H = 671\sqrt{\frac{KT_1\sqrt{u^2+1}}{(1-0.5\phi_R)^2 ubd_1^2}} \le [\sigma]_H(\text{MPa}) \tag{6.45}$$

考虑到齿宽 $b = \frac{1}{2}\phi_R\sqrt{d_1^2 + d_2^2} = \frac{1}{2}\phi_R d_1\sqrt{u^2+1}$,则可得齿面接触强度的设计公式

$$d_1 \ge 96.6\sqrt[3]{\frac{KT_1}{(1-0.5\phi_R)^2 u\phi_R[\sigma]_H^2}} \ (\text{mm}) \tag{6.46}$$

若齿轮的配对材料为钢对铸铁,则式(6.45)中的系数671应改为573,式(6.46)中的系数96.6应改为86.9。若齿轮的配对材料为铸铁对铸铁,则式(6.45)中的系数671应改为508。式(6.46)中的系数96.6应改为80.2。

（2）齿根弯曲疲劳强度校核公式

$$\sigma_{\mathrm{F}} = \frac{2KT_1Y_{\mathrm{F}}}{bd_1m(1-0.5\phi_R)^2} \leqslant [\sigma]_{\mathrm{F}}(\mathrm{MPa}) \tag{6.47}$$

齿根弯曲疲劳强度设计公式

$$m \geqslant \sqrt[3]{\frac{4KT_1Y_{\mathrm{F}}}{\phi_R(1-0.5\phi_R)^2z_1^2\sqrt{u^2+1}[\sigma]_{\mathrm{F}}}} \quad (\mathrm{mm}) \tag{6.48}$$

式中,齿形参数 Y_{F} 应按圆锥齿轮的当量齿数 $z_{\mathrm{v}} = z/\cos\delta$ 在表 6.6 中查取; m 为大端模数（mm）;其余参数的确定方法与直齿圆柱齿轮的强度计算相同。

6.13　齿轮的结构设计

　　齿轮传动的强度和几何计算只能确定出齿轮的主要尺寸,如分度圆直径、顶圆和根圆直径、齿宽等,而轮缘、轮辐和轮毂的结构形状和尺寸则需由结构设计确定。设计时通常根据齿轮尺寸大小、毛坯种类、齿轮材料和加工方法等选择合适的结构形式,再根据经验公式确定具体尺寸。

1. 齿轮轴

　　如果圆柱齿轮的齿根圆到键槽底面的径向距离 $e < 2.5m$（或 m_{n}）（图6.33(a)）,圆锥齿轮小端齿根圆到键槽底面的径向距离 $e < 1.6m$（图6.33(b)）,则应将齿轮与轴做成一体,称为齿轮轴,如图6.34 所示。若 e 不满足上述条件,则齿轮与轴应分开做。

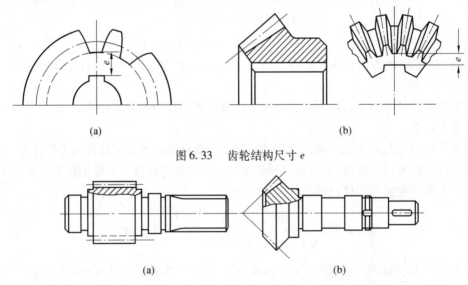

(a)　　　　　　　　　　　　　　(b)

图 6.33　齿轮结构尺寸 e

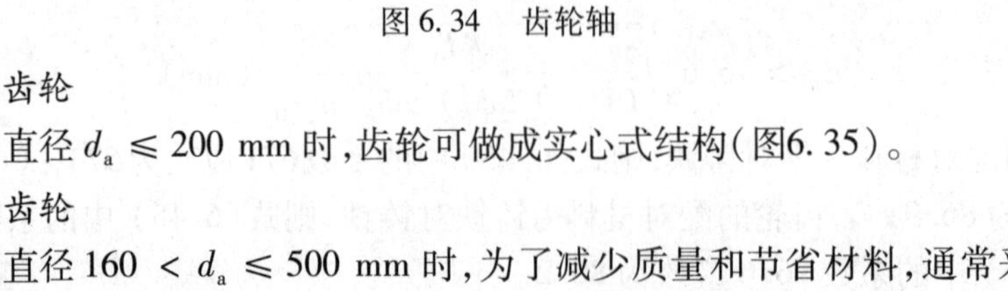

(a)　　　　　　　　　　　　　(b)

图 6.34　齿轮轴

2. 实心式齿轮

　　当齿顶圆直径 $d_{\mathrm{a}} \leqslant 200$ mm 时,齿轮可做成实心式结构（图6.35）。

3. 腹板式齿轮

　　当齿顶圆直径 $160 < d_{\mathrm{a}} \leqslant 500$ mm 时,为了减少质量和节省材料,通常采用腹板式结构。应用最广泛的是锻造腹板式齿轮（图6.36）。对采用铸铁或铸钢的不重要齿轮,则采用

铸造腹板式齿轮(图 6.37)。

4. 轮辐式齿轮

当齿轮直径较大(d_a = 400 ~ 1 000 mm),多采用轮辐式的铸造结构(图 6.38)。轮辐剖面形状可以是椭圆形(轻载)、T 字形(中载)及工字形(重载)等,圆锥齿轮的轮辐剖面形状只用 T 字形。

5. 焊接式齿轮

对于单件生产或尺寸过大不宜铸造的齿轮,可采用焊接结构,如图 6.39 所示。

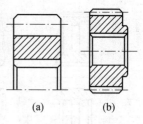

图 6.35　实心式齿轮

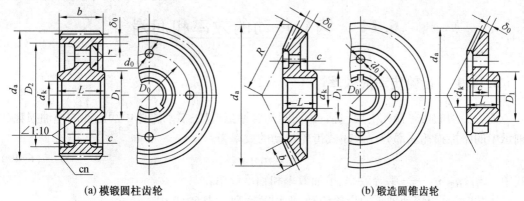

(a) 模锻圆柱齿轮　　　　　　　　(b) 锻造圆锥齿轮

图 6.36　腹板式锻造齿轮结构

图(a)　自由锻圆柱齿轮无拔模斜度,其他参数同模锻圆柱齿轮;$D_1 \approx 1.6d_k$;$D_2 \approx d_a - 10\,m$(或 m_n)(且 $\delta_0 \geqslant 10$ mm);当 $b = (1 \sim 1.5)d_k$ 时,取 $L = b$,否则 $L = (1.2 - 1.5)d_k$;$c = (0.2 \sim 0.3)b$;$D_0 \approx 0.5(D_1 + D_2)$;$d_0 = 0.25(D_2 - D_1)$;$r = 0.5c$;$n = 0.5m$(或 m_n)

图(b)　$D_1 \approx 1.6d_k$;$L = (1.2 \sim 1.5)d_k$;$\delta_0 = (3 \sim 4)m$,但不小于 10 mm;$c = (0.1 \sim 0.17)R$;D_0、d_0 由结构设计确定

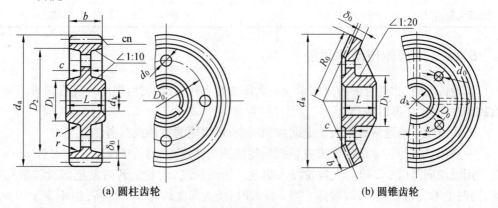

(a) 圆柱齿轮　　　　　　　　　(b) 圆锥齿轮

图 6.37　腹板式铸造齿轮结构

图(a)　$D_1 = 1.6d_k$(铸钢),$D_1 = 1.8d_k$(铸铁);$L = (1.2 \sim 1.5)d_k$(且 $L \geqslant b$);
　　　$\delta_0 = (2.5 \sim 4)m$(或 m_n)(且 $\delta_0 \geqslant 8 \sim 10$ mm);$n = 0.5\,m$(或 m_n);$r \approx 0.5c$,$c = 0.2b \geqslant 10$ mm;
　　　　　　　　　$D_0 = 0.5(D_1 + D_2)$;$d_0 = 0.25(D_2 - D_1)$

图(b)　$D_1 = 1.6d_k$(铸钢),$D_1 = 1.8d_k$(铸铁);$L = (1 \sim 1.2)d_k$;$\delta_0 = (3 \sim 4)m$(且 $\delta_0 \geqslant 10$ mm);
　　　　　$c = (0.1 \sim 0.17)R \geqslant 10$ mm;$s = 0.8c \geqslant 10$ mm;D_0、d_0 按结构确定

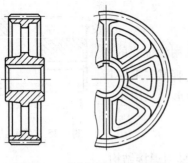

图 6.38　轮辐式铸造齿轮结构

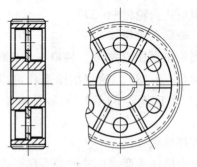

图 6.39　焊接式齿轮结构

6.14　齿轮传动的效率和润滑

6.14.1　齿轮传动的效率

齿轮传动的功率损耗主要包括:齿面间啮合摩擦损耗、搅动箱体中润滑油的搅油损耗和轴承中的摩擦损耗三部分。故闭式齿轮传动的效率为

$$\eta = \eta_1 \eta_2 \eta_3 \tag{6.49}$$

式中　η_1、η_2、η_3——啮合效率、搅油效率和轴承效率。

满载时,采用滚动轴承的齿轮传动,平均效率列于表 6.10 中。

表 6.10　采用滚动轴承时齿轮传动的平均效率

传动类型	精度等级和结构形式		
	6 级或 7 级精度的闭式传动	8 级精度的闭式传动	脂润滑的开式传动
圆柱齿轮传动	0.98	0.97	0.95
圆锥齿轮传动	0.97	0.96	0.93

6.14.2　齿轮传动的润滑

齿轮传动时,相啮合的齿面间承受很大压力且有相对滑动,所以必须进行润滑。润滑油除减小摩擦外,还可以散热。

开式齿轮传动通常采用人工定期加油润滑,可采用润滑油或润滑脂。

一般闭式齿轮传动的润滑方式根据齿轮的圆周速度 v 的大小而定。当 $v \leqslant 12$ m·s^{-1} 时多采用浸油润滑(图 6.40),大齿轮浸入油池一定的深度,齿轮运转时就把润滑油带到啮合区,同时也甩到箱壁上,借以散热。当 v 较大时,浸入深度约为一个齿高(但不少于10 mm),当 v 较小($v < 0.8$ m·s^{-1})时,浸油深度可达到齿轮半径的1/3。

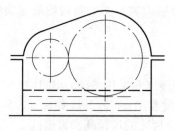

图 6.40　浸油润滑

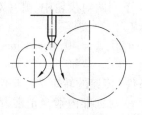

图 6.41　喷油润滑

当 $v > 12$ m·s^{-1} 时,不宜采用浸油润滑,这是因为:

① 圆周速度过高,齿轮上的油大多被甩出去而达不到啮合区;

② 搅油过于激烈,使油的升温增加,降低其润滑性能;

③ 会搅起箱底沉淀的杂质,加速齿轮的磨损。

故此时最好采用喷油润滑(图 6.41),用油泵将润滑油直接喷到啮合区。

润滑油的黏度可按表 6.11 选取。润滑油的运动黏度确定之后,即可由机械设计手册查出所需润滑油的牌号。

表 6.11　齿轮传动润滑油黏度荐用值

齿轮材料	强度极限 R_m/MPa	圆周速度 v/(m·s^{-1})						
		< 0.5	0.5 ~ 1	1 ~ 2.5	2.5 ~ 5	5 ~ 12.5	12.5 ~ 25	> 25
		运动黏度 ν/(mm^2·s^{-1})(40 ℃)						
塑料、铸铁、青铜	—	320	220	150	100	80	60	—
钢	450 ~ 1 000	500	320	220	150	100	80	60
	1 000 ~ 1 250	500	500	320	220	150	100	80
渗碳或表面淬火的钢	1 250 ~ 1 580	1 000	500	500	320	220	150	100

注:对于多级齿轮传动,应按各级传动圆周速度的平均值来选取润滑油黏度。

习题与思考题

6.1　欲使齿轮实现定角速比传动,相啮合的齿廓应满足什么条件?

6.2　什么叫标准齿轮? 什么叫标准安装?

6.3　分度圆与节圆、啮合角与压力角各有什么区别?

6.4　齿轮传动中的理论啮合线段和实际啮合线段有何区别?

6.5　渐开线齿轮的正确啮合条件和连续传动条件是什么?

6.6　标准渐开线圆柱齿轮的齿根圆是否都大于基圆?

6.7　当两渐开线标准直齿圆柱齿轮传动的安装中心距大于标准中心距时,传动比、啮合角、节圆半径、分度圆半径、基圆半径、顶隙和侧隙等是否发生变化?

6.8　常见的齿轮失效形式有哪些? 失效的原因是什么? 如何提高抗失效的能力? 齿轮传动的设计准则如何?

6.9　斜齿圆柱齿轮传动与直齿圆柱齿轮传动相比有哪些优缺点?

6.10   下列两对齿轮中,哪一对齿轮的接触疲劳应力大? 哪一对齿轮的弯曲疲劳应力大? 为什么?

(1) $z_1 = 20, z_2 = 40, m = 4$ mm, $\alpha = 20°$;

(2) $z_1 = 40, z_2 = 80, m = 2$ mm, $\alpha = 20°$。

其他条件(传递的转矩 T_1、齿宽 b、材料及热处理硬度和工作条件) 相同。

6.11   一对标准内啮合正常齿直齿圆柱齿轮的齿数比 $u = 3/2$,模数 $m = 2.5$ mm,中心距 $a = 120$ mm,试求出两齿轮的齿数和分度圆直径、小齿轮的齿顶高和齿根高。

6.12   一对标准外啮合斜齿圆柱齿轮的传动比 $i = 4.3$,中心距 $a = 170$ mm,小齿轮齿数 $z_1 = 21$,试确定齿轮的主要参数 m_n、β、d_1、d_2。

6.13   图 6.42 所示为一对斜齿圆柱齿轮传动,两轮的转向及轮齿旋向如图,试分别在图上标出当轮 1 为主动时和当轮 2 为主动时两轮所受各分力的方向。

6.14   图 6.43 所示为圆锥 - 圆柱齿轮减速器,已知输入轴 I 的转向 n_1,要求 II 轴上两轮所受轴向力方向相反,试在图上标出斜齿轮 3、4 的轮齿旋向、各轮的转向及作用在各轮上的圆周力、径向力和轴向力的方向。

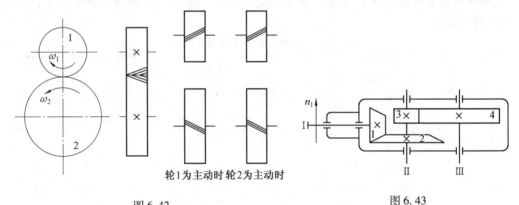

图 6.42   图 6.43

6.15   如图 6.44 所示,一台二级标准斜齿圆柱齿轮减速器,已知齿轮 2 的模数 $m_n = 3$ mm,齿数 $z_2 = 51$,$\beta = 15°$,旋向如图;齿轮 3 的模数 $m_n = 5$ mm,$z_3 = 17$,试问:

(1) 使中间轴 II 上两齿轮的轴向力方向相反,斜齿轮 3 的旋向应如何选择?

(2) 若主动轴 I 转向如图 6.44 所示,标明齿轮 2 和齿轮 3 的圆周力 F_t、径向力 F_r 和轴向力 F_a 的方向。

(3) 斜齿轮 3 的螺旋角 β 应取多大值,才能使 II 轴的轴向力相互抵消?

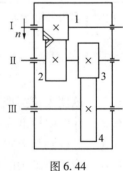

图 6.44

6.16   试设计一闭式斜齿圆柱齿轮传动,已知 $P_1 = 7.5$ kW,$n_1 = 1\,450$ r·min^{-1},$n_2 = 700$ r·min^{-1},齿轮对轴承为不对称布置,传动平稳,齿轮精度为 7 级。

6.17   某一级斜齿圆柱齿轮减速器由电动机驱动,已知中心距 $a = 230$ mm,$m_n = 3$ mm;$z_1 = 25$,$z_2 = 125$,$b = 92$ mm,小齿轮材料为 40Cr 调质,齿面硬度为 260 ~ 280 HBS,大齿轮材料为 45 钢调质,齿面硬度为 230 ~ 250 HBS;小齿轮转速 $n_1 = 975$ r·min^{-1},工作平稳,试求该减速器的许用功率。

第7章

蜗杆传动

7.1 蜗杆传动的特点和类型

7.1.1 蜗杆传动的特点及应用

蜗杆传动由蜗杆和蜗轮组成(图7.1),用于传递交错轴之间的运动和动力,通常两轴间的交错角为90°。一般蜗杆为主动件。蜗杆传动广泛应用于各种机械设备中,如减速器、分度机构、起重机械等。通过蜗杆轴线并垂直于蜗轮轴线的平面称为中间平面。在中间平面上,蜗杆蜗轮的传动相当于齿条和齿轮的传动。蜗杆传动具有以下特点:

(1)传动比大且准确,结构紧凑。在动力传动中,单级传动比为10～80;当功率很小并主要用来传递运动时(如分度机构),传动比可达1 000。

(2)传动平稳,噪声小。由于蜗杆的轮齿是连续的螺旋齿,与蜗轮的啮合是连续啮合,因此比齿轮传动平稳,噪声小。

(3)可以实现自锁。当蜗杆导程角 γ 小于其齿面间的当量摩擦角 ρ 时,将形成自锁,即只能是蜗杆驱动蜗轮,而蜗轮不能驱动蜗杆,这对某些要求反行程自锁的机械设备(如起重机械)很有意义。

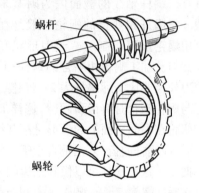

蜗杆

蜗轮

图7.1 蜗杆传动

(4)传动效率低。由于蜗杆蜗轮的齿面间存在较大的相对滑动,所以摩擦大,热损耗大,传动效率低。啮合效率 η 通常为0.7～0.8,自锁时 η 低于0.5。因而需要良好的润滑和散热条件,不适用于大功率传动(一般不超过50 kW)。

(5)为了减摩耐磨,蜗轮齿圈通常需用青铜制造,成本较高。

7.1.2 蜗杆传动的类型

蜗杆传动的类型较多,根据蜗杆形状不同,蜗杆传动可分为圆柱蜗杆传动(图7.2(a))、环面蜗杆传动(图7.2(b))和锥蜗杆传动(图7.2(c)),其中应用最早、最广泛的是圆柱蜗杆传动。

在圆柱蜗杆传动中,根据加工刀具的形状不同,又分为普通圆柱蜗杆传动和圆弧圆柱蜗杆传动两类。普通圆柱蜗杆的螺旋面是用直线刀刃的刀具(图7.3)或圆盘刀具加工的,而圆弧圆柱蜗杆的螺旋面是用刃边为凸圆弧形的刀具加工的。

在普通圆柱蜗杆传动中,根据蜗杆螺旋面的形状又分为阿基米德蜗杆(ZA 蜗杆)(图

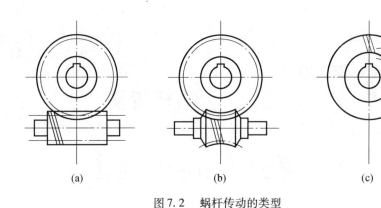

(a)   (b)   (c)

图 7.2   蜗杆传动的类型

7.3）和渐开线蜗杆(ZI 蜗杆) 等。

车制阿基米德蜗杆时,刀具切削刃的平面通过蜗杆轴线(图 7.3),车刀切削刃夹角 $2\alpha = 40°$。这样切出的蜗杆齿形,在通过蜗杆轴线的截面内为侧边呈直线的齿条齿形,在垂直于蜗杆轴线的截面内为阿基米德螺旋线。与蜗杆相啮合的蜗轮一般是在滚齿机上用蜗轮滚刀切制的。滚刀形状和尺寸必须和与被加工蜗轮相啮合的蜗杆相当,只是滚刀外径要比实际蜗杆大 2 倍顶隙,以使

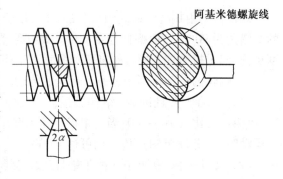

阿基米德螺旋线

2α

图 7.3   阿基米德圆柱蜗杆

蜗杆与蜗轮啮合时有齿顶间隙,这样加工出来的蜗轮在中间平面上的齿形是渐开线齿形。

渐开线蜗杆的齿形,在垂直于蜗杆轴线的截面内为渐开线,在通过蜗杆轴线的截面内为凸廓曲线。这种蜗杆可以像圆柱齿轮那样用滚刀铣切,适用于成批生产。

按蜗杆螺旋齿形的旋向,蜗杆可分为左旋蜗杆和右旋蜗杆,常用的是右旋蜗杆(图 7.3)。

根据蜗杆轮齿的螺旋线条数,蜗杆可分为单头蜗杆(一条螺旋线,即 $z_1 = 1$)、双头蜗杆(两条螺旋线,$z_1 = 2$)和多头蜗杆($z_1 = 4、6$ 等),通常取 $z_1 = 1、2$ 或 4。

本章以阿基米德蜗杆传动为例,讨论普通圆柱蜗杆传动的设计计算问题。

GB 10089—2018 对普通圆柱蜗杆传动规定了 12 个精度等级,1 级最高,12 级最低。对于动力传动,一般按 7 ~ 9 级精度制造。这时精度等级可根据蜗轮的圆周速度 v_2 选取,即 7 级精度适用于 $v_2 \leq 7.5 \text{ m} \cdot \text{s}^{-1}$,8 级精度适用于 $v_2 \leq 3 \text{ m} \cdot \text{s}^{-1}$,9 级精度适用于 $v_2 \leq 1.5 \text{ m} \cdot \text{s}^{-1}$。

7.2   普通圆柱蜗杆传动的主要参数和几何尺寸

由于阿基米德蜗杆传动在中间平面上相当于直齿齿条与渐开线齿轮的啮合关系,因此,在设计蜗杆传动时,通常取中间平面上的参数(如模数、压力角等) 和尺寸(如齿顶圆、分度圆、齿根圆等)作为计算基准,并沿用齿轮传动的计算关系。

7.2.1 普通圆柱蜗杆传动的主要参数及其选择

蜗杆传动的主要参数有模数 m、压力角 α、蜗杆头数 z_1、蜗轮齿数 z_2、蜗杆分度圆直径 d_1 和蜗杆分度圆柱上的导程角 γ 等。进行蜗杆传动设计时,首先要正确地选择这些主要参数。

1. 模数 m 和压力角 α

在中间平面内(图 7.4),由于蜗杆与蜗轮的啮合如同齿条与齿轮的啮合,故蜗杆的轴面模数 m_{a1} 和压力角 α_{a1} 应与蜗轮的端面模数 m_{t2} 和压力角 α_{t2} 分别相等,且等于标准值。其标准模数值见表 7.1;标准压力角 $\alpha = 20°$(渐开线蜗杆的法向压力角为标准值 $\alpha_n = 20°$)。

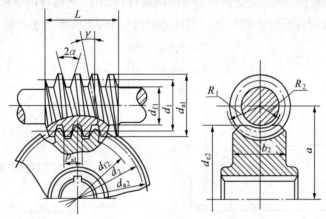

图 7.4 阿基米德蜗杆传动的啮合关系和几何尺寸

表 7.1 模数 m、蜗杆分度圆直径 d_1 及 $m^2 d_1$ 值 （摘自 GB/T 10085—2018）

m/mm	1	1.25		1.6		2			
d_1/mm	18	20	22.4	20	28	(18)	22.4	(28)	35.5
$m^2 d_1$/mm³	18	31.5	35	51.2	71.68	72	89.6	112	142
m/mm	2.5			3.15			4		
d_1/mm	(22.4)	28	(35.5) 45	(28)	35.5	(45) 56	(31.5)	40	(50) 71
$m^2 d_1$/mm³	140	175	221.9 281	277.8	352.2	446.5 555.6	504	640	800 1 136
m/mm	5			6.3			8		
d_1/mm	(40)	50	(63) 90	(50)	63	(80) 112	(63)	80	(100) 140
$m^2 d_1$/mm³	1 000	1 250	1 575 2 250	1 985	2 500	3 175 4 564.35	4 032	5 120	6 400 8 960
m/mm	10			12.5			16		
d_1/mm	(71)	90	(112) 160	(90)	112	(140) 200	(112)	140	(180) 250
$m^2 d_1$/mm³	7 100	11 200		14 062	21 875		28 672	46 080	
	9 000	16 000		17 500	31 250		35 840	64 000	

注:括号中的 d_1 值是第二系列,其余是第一系列。应优先选用第一系列。

2. 蜗杆分度圆直径 d_1、蜗杆导程角 γ 及蜗轮螺旋角 β

蜗杆上齿厚与齿槽宽相等的圆柱称为蜗杆分度圆柱,蜗杆分度圆直径以 d_1 表示,蜗轮

分度圆直径以 d_2 表示。由于切削蜗轮的滚刀必须和与蜗轮相啮合蜗杆的直径及齿形参数相当,为了减少滚刀数量并便于标准化,对每一个模数规定有限个蜗杆分度圆直径 d_1 值(表7.1)。

蜗杆分度圆柱螺旋线上任一点的切线与垂直于蜗杆轴线的平面之间所夹的锐角称为蜗杆的导程角,用 γ 表示(图7.5)。设 z_1 为蜗杆头数(即蜗杆螺旋线的条数),p_{a1} 为蜗杆的轴向齿距,s 为蜗杆螺旋线的导程,将分度圆柱展开,则有

$$\tan \gamma = \frac{s}{\pi d_1} = \frac{z_1 p_{a1}}{\pi d_1} = \frac{z_1 \pi m}{\pi d_1} = \frac{z_1 m}{d_1} \tag{7.1}$$

由图7.6可以看出,在两轴交错角为90°的蜗杆传动中,当蜗杆的导程角 γ 与蜗轮的螺旋角 β 数值相等旋向相同时才能啮合。因此,蜗杆传动的正确啮合条件是:

$$\left.\begin{array}{l} m_{a1} = m_{t2} = m \\ \alpha_{a1} = \alpha_{t2} = \alpha \\ \gamma = \beta \end{array}\right\} \tag{7.2}$$

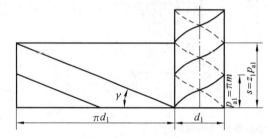

图 7.5　蜗杆展开图

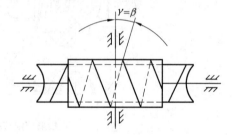

图 7.6　蜗杆导程角与蜗轮螺旋角的关系

3. 传动比 i、蜗杆头数 z_1 和蜗轮齿数 z_2

若蜗杆头数为 z_1,蜗轮齿数为 z_2,当蜗杆转一周时,蜗轮将转过 z_1 个齿,即 z_1/z_2 周,因此,蜗杆传动的传动比为

$$i = \frac{n_1}{n_2} = \frac{z_2}{z_1} \tag{7.3}$$

式中　n_1 和 n_2——蜗杆和蜗轮的转速($\mathrm{r \cdot min^{-1}}$)。

蜗杆头数 z_1 的选择将影响传动比、传动效率和蜗杆加工的难易程度。z_1 越小,传动比越大,效率越低。若要得到大传动比或要求自锁,可取 $z_1 = 1$,此时效率最低。当传动功率较大时,为提高传动效率,可采用多头蜗杆,取 $z_1 = 2$ 或 $z_1 = 4$。头数过多,加工精度不易保证。

蜗轮齿数 $z_2 = iz_1$。为了避免蜗轮轮齿发生根切,z_2 应不少于26,但也不宜大于80。若 z_2 过多,会使蜗轮结构尺寸过大,蜗杆长度也随之增加,导致蜗杆刚度降低,影响啮合精度。z_1 和 z_2 的推荐值见表7.2。

表7.2　z_1、z_2 的荐用值

传动比 $i = z_2/z_1$	5 ~ 6	7 ~ 13	14 ~ 27	28 ~ 40	> 40
蜗杆头数 z_1	6	4	2	1,2	1
蜗轮齿数 z_2	30 ~ 36	28 ~ 52	28 ~ 54	28 ~ 80	i

4. 齿面间相对滑动速度 v_s

由图 7.7 可知,蜗杆传动的啮合即使在节点 C 处,齿面间也有较大的相对滑动,相对滑动速度 v_s 沿蜗杆轮齿螺旋线方向。设蜗杆圆周速度为 v_1,蜗轮圆周速度为 v_2,则有

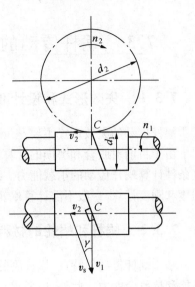

$$v_s = \sqrt{v_1^2 + v_2^2} = \frac{v_1}{\cos \gamma} = \frac{\pi d_1 n_1}{60 \times 1\ 000 \cos \gamma}$$
$$(7.4)$$

式中　　d_1——蜗杆分度圆直径(mm);

　　　　n_1——蜗杆的转速(r·min^{-1});

　　　　γ——蜗杆分度圆柱上的导程角(°)。

相对滑动速度 v_s 的大小对蜗杆传动有很大影响。当润滑、散热等条件不良时,v_s 大会使齿面产生磨损和胶合;而当具备良好的润滑条件、特别是能形成油膜时,v_s 大有助于形成油膜,使齿面间摩擦系数减小,减少磨损,从而提高传动效率和承载能力。

图 7.7　蜗杆传动的相对滑动速度

5. 中心距 a

当蜗杆节圆与分度圆重合时称为标准传动,其中心距为

$$a = \frac{1}{2}(d_1 + d_2) = \frac{1}{2}(d_1 + z_2 m)$$

7.2.2　普通圆柱蜗杆传动的几何尺寸计算

阿基米德蜗杆传动的几何关系见图 7.4,其计算公式列于表 7.3 中。

表 7.3　阿基米德蜗杆传动主要几何尺寸的计算公式

名称	符号	公　式	名称	符号	公　式
齿顶高	h_a	$h_a = m$	压力角	α	$\alpha = 20°$
齿根高	h_f	$h_f = 1.2m$	蜗轮分度圆直径	d_2	$d_2 = mz_2$
全齿高	h	$h = 2.2m$	蜗轮喉圆直径	d_{a2}	$d_{a2} = d_2 + 2m$
蜗杆分度圆直径	d_1	按表 7.1 选取	蜗轮齿根圆直径	d_{f2}	$d_{f2} = d_2 - 2.4m$
蜗杆齿顶圆直径	d_{a1}	$d_{a1} = d_1 + 2m$	蜗轮宽度	b_2	$z_1 = 1 \sim 2, b_2 \leqslant 0.75d_{a1}$
蜗杆齿根圆直径	d_{f1}	$d_{f1} = d_1 - 2.4m$			$z_1 = 4, b_2 \leqslant 0.67d_{a1}$
蜗杆轴向齿距	p_{a1}	$p_{a1} = \pi m$	蜗轮外圆直径	d_{e2}	$z_1 = 1, d_{e2} \leqslant d_{a2} + 2m$
					$z_1 = 2, d_{e2} \leqslant d_{a2} + 1.5m$
蜗杆导程角	γ	$\gamma = \arctan(z_1 m / d_1)$			$z_1 = 4, d_{e2} \leqslant d_{a2} + m$
蜗杆螺旋部分长度	L	$z_1 = 1 \sim 2 \ L \geqslant (11 + 0.06z_2)m$	蜗杆传动的中心距	a	$a = (d_1 + d_2)/2$
		$z_1 = 4 \sim 6 \ L \geqslant (12.5 + 0.09z_2)m$			
		磨削蜗杆加长量:	蜗轮齿根圆弧面半径	R_1	$R_1 = d_{a1}/2 + 0.2m$
		$m < 10$ mm 时,加长 25 mm			
		$m = 10 \sim 16$ mm 时,加长 35 mm	蜗轮齿顶圆弧面半径	R_2	$R_2 = d_{f1}/2 + 0.2m$
		$m > 16$ mm 时,加长 50 mm			

7.3　蜗杆传动的失效形式、设计准则和材料选择

7.3.1　失效形式和设计准则

蜗杆传动的失效形式主要是齿面胶合、点蚀和磨损,而且失效通常发生在蜗轮轮齿上。

由于目前对胶合和磨损的计算还缺乏可靠的方法和数据,因此,通常按齿面接触疲劳强度条件计算蜗杆传动的承载能力。对闭式传动要进行热平衡计算,必要时要对蜗杆轴进行强度和刚度计算,一般不需计算蜗轮轮齿的弯曲强度。

7.3.2　蜗杆和蜗轮的材料选择

基于蜗杆传动的特点,蜗杆副的材料组合首先要求具有良好的减摩、耐磨、易于跑合的性能和抗胶合能力。此外,也要求有足够的强度。

　1. 蜗杆的材料

蜗杆绝大多数采用碳钢或合金钢制造,其螺旋齿面硬度越高,齿面越光洁,耐磨性就越好。对于高速重载的蜗杆,常用 20Cr、20CrMnTi 等合金钢渗碳淬火,表面硬度可达 56 ~ 62 HRC;或用 45、40Cr 等钢表面淬火,齿面硬度可达 45 ~ 55 HRC;淬硬蜗杆表面应磨削或抛光。一般蜗杆可采用 40、45 等碳钢调质处理,硬度约为 217 ~ 255 HBW。在低速或手摇传动中,蜗杆也可不经热处理。

　2. 蜗轮的材料

在高速、重要的传动中,蜗轮常用铸造锡青铜 ZCuSn10P1 制造,它的抗胶合和耐磨损性能好,允许的滑动速度 v_s 可达 25 m·s^{-1},易于切削加工,但价格贵。在滑动速度 $v_s \leqslant$ 12 m·s^{-1} 的蜗杆传动中,可采用含锡量低的铸造锡铅锌青铜 ZCuSn5Pb5Zn5。铸造铝铁青铜 ZCuAl10Fe3 强度较高、价廉,但切削性能差,减摩性、耐磨性和抗胶合性能不如锡青铜,一般用于滑动速度 $v_s \leqslant$ 6 m·s^{-1} 的传动,且配对蜗杆需经淬火处理。在滑动速度 $v_s \leqslant$ 2 m·s^{-1} 的传动中,蜗轮也可以用球墨铸铁或灰铸铁。

7.4　普通圆柱蜗杆的强度计算

7.4.1　蜗杆传动的受力分析

在进行蜗杆传动受力分析时,首先要进行蜗杆传动的运动分析,即根据蜗杆(或蜗轮)的转动方向和轮齿的螺旋线方向,按照螺旋副的运动规律,确定蜗轮(或蜗杆)的转动方向。例如在图 7.7 所示的蜗杆传动中,当右旋的主动蜗杆沿箭头方向旋转时,蜗轮将按顺时针方向旋转,如箭头所示。这是分析受力方向的先决条件。

蜗杆传动的受力分析和斜齿圆柱齿轮传动相似。如图 7.8 所示,略去摩擦力的影响,将啮合节点 C 处齿面上的法向力 F_n 分解为三个相互垂直的分力:圆周力 F_t、轴向力 F_a 和径向力 F_r。当蜗杆轴与蜗轮轴交错角 $\Sigma = 90°$ 时,在蜗杆和蜗轮的齿面间,相互作用着蜗杆的圆

周力 F_{t1} 与蜗轮的轴向力 F_{a2}、蜗杆的轴向力 F_{a1} 与蜗轮的圆周力 F_{t2}、蜗杆的径向力 F_{r1} 与蜗轮的径向力 F_{r2} 这样三对大小相等、方向相反的分力,即

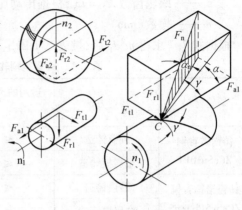

$$\left. \begin{array}{l} F_{t1} = -F_{a2} = \dfrac{2T_1}{d_1} \\[2mm] F_{t2} = -F_{a1} = \dfrac{2T_2}{d_2} \\[2mm] F_{r1} = -F_{r2} = F_{a1}\tan\alpha \\[2mm] F_{n1} = -F_{n2} = \dfrac{F_{a1}}{\cos\alpha_n\cos\gamma} \approx \dfrac{2T_2}{d_2\cos\alpha\cos\gamma} \end{array} \right\}$$

(7.5)

图 7.8　蜗杆传动的受力分析

式中　T_1、T_2——蜗杆和蜗轮轴上的转矩(N·mm),$T_2 = T_1 i\eta$,i 为传动比,η 为传动效率;

d_1、d_2——蜗杆和蜗轮的分度圆直径(mm);

α——压力角,$\alpha = 20°$;

γ——蜗杆分度圆柱上的导程角(°)。

各分力的方向判定如下:当蜗杆为主动轮时,作用在蜗杆上的圆周力 F_{t1} 与受力点的运动方向相反,作用在蜗轮上的圆周力 F_{t2} 与受力点的运动方向相同;蜗杆上的径向力 F_{r1} 和蜗轮上的径向力 F_{r2} 分别由啮合点指向各自的轮心;蜗杆上的轴向力 F_{a1} 与蜗轮上的圆周力 F_{t2} 方向相反,蜗轮上的轴向力 F_{a2} 与蜗杆上的圆周力 F_{t1} 方向相反。主动件上的轴向力 F_a 的方向还可用左右手定则来判定,即轮齿左旋用左手,轮齿右旋用右手,四指弯曲方向表示主动件的转动方向,拇指伸直时所指的方向就是所受轴向力 F_a 的方向。

7.4.2　蜗杆传动的强度计算

蜗杆传动的齿面接触疲劳强度计算与斜齿轮类似,也是以赫兹公式为计算基础。将蜗杆作为齿条、蜗轮作为斜齿轮,以其节点处啮合的相应参数代入赫兹公式,对于钢制蜗杆和青铜或铸铁制的蜗轮,可得:

齿面接触疲劳强度校核公式

$$\sigma_H = \frac{480}{mz_2}\sqrt{\frac{KT_2}{d_1}} \leqslant [\sigma]_H$$

(7.6)

齿面接触疲劳强度设计公式

$$m^2 d_1 \geqslant \left(\frac{480}{[\sigma]_H z_2}\right)^2 KT_2$$

(7.7)

式中　T_2——作用在蜗轮上的转矩(N·mm);

K——载荷系数,用来考虑载荷集中和动载荷的影响,$K = 1 \sim 1.4$,当载荷平稳、滑动速度低($v_s \leqslant 3$ m·s^{-1})以及制造和安装精度较高时,取小值;

$[\sigma]_H$——蜗轮的许用接触应力(MPa),查表 7.4 及表 7.5;

d_1——蜗杆分度圆直径(mm);

z_2—— 蜗轮齿数，$z_2 = iz_1$，根据传动比 i 参考表 7.2 确定；

m—— 模数（mm）。

根据式 7.7 求得 $m^2 d_1$ 后，按表 7.1 确定 m 和 d_1 的标准值。

表 7.4　锡青铜蜗轮的许用接触应力$[\sigma]_H$　　　　　　　　　　　MPa

蜗轮材料	铸造方法	适用的滑动速度 $v_s/(\text{m} \cdot \text{s}^{-1})$	蜗杆齿面硬度	
			$\leqslant$ 45 HRC	> 45 HRC
铸锡磷青铜 ZCuSn10P1	砂模铸造	$\leqslant$ 12	180	200
	金属模铸造	$\leqslant$ 25	200	220
铸锡铅锌青铜 ZCuSn5Pb5Zn5	砂模铸造	$\leqslant$ 10	110	125
	金属模铸造	$\leqslant$ 12	135	150

表 7.5　无锡青铜及灰铸铁蜗轮的许用接触应力$[\sigma]_H$　　　　　MPa

材料		相对滑动速度 $v_s/(\text{m} \cdot \text{s}^{-1})$						
蜗轮	蜗杆	0.25	0.5	1	2	3	4	6
铝铁青铜 ZCuAl10Fe3	淬火钢	—	250	230	210	180	160	120
锰铅黄铜 ZCuZn38Mn2Pb2	淬火钢	—	215	200	180	150	135	95
灰铸铁 HT 150,HT 200	渗碳钢	160	130	115	90			
	调质或正火钢	140	110	90	70	—		

若蜗轮材料是锡青铜，则蜗轮齿面的失效形式主要是疲劳点蚀。若蜗轮材料是无锡青铜或铸铁，则蜗轮齿面的失效形式主要是胶合，这时进行齿面接触疲劳强度计算是条件性计算，在确定许用应力时要考虑胶合失效因素的影响，故许用接触应力应根据材料组合及滑动速度来确定（表 7.5）。

实践表明，一般情况下因蜗轮轮齿弯曲疲劳强度不够而失效的情况很少，故不需计算弯曲强度。在少数情况下，如在受强烈冲击或开式传动中，或者在蜗轮采用脆性材料时，计算弯曲强度才有意义。若需进行弯曲疲劳强度计算可查阅相关资料。

7.5　蜗杆传动的效率、润滑和热平衡计算

7.5.1　蜗杆传动的效率

闭式蜗杆传动的功率损耗包括三部分：齿面间啮合摩擦损耗、蜗杆轴上轴承的摩擦损耗和搅动箱体中润滑油的搅油损耗。因此蜗杆传动的总效率为

$$\eta = \eta_1 \cdot \eta_2 \cdot \eta_3 \tag{7.8}$$

式中　η_1、η_2、η_3—— 啮合效率、轴承效率和搅油效率。其中，一般取 $\eta_2 \cdot \eta_3 = 0.95 \sim 0.96$。

在上述三项效率中，啮合效率 η_1 是影响蜗杆传动效率的主要因素。当蜗杆主动时，啮合效率可表示为

$$\eta_1 = \frac{\tan \gamma}{\tan(\gamma + \rho')} \tag{7.9}$$

式中　γ—— 蜗杆导程角;

　　　ρ'—— 当量摩擦角,$\rho' = \arctan f'$,其中 f' 为当量摩擦系数。当量摩擦角 ρ' 可根据蜗杆副材料、表面硬度和相对滑动速度 v_s 由表 7.6 查取。由表可见,滑动速度 v_s 越大,当量摩擦系数 f' 越小,即啮合中齿面间的滑动有利于油膜的形成。

蜗杆传动的总效率 η 可表示为

$$\eta = (0.95 \sim 0.96) \frac{\tan \gamma}{\tan(\gamma + \rho')} \tag{7.10}$$

由式 7.10 可知,导程角 γ 是影响蜗杆传动效率的主要参数之一,在 γ 值的常用范围内,η 随 γ 的增大而提高,故为提高传动效率,常采用多头蜗杆,但 γ 过大会导致加工蜗杆困难,而且当 $\gamma > 28°$ 后,效率提高很少,所以蜗杆的导程角 γ 一般都小于 $28°$。

蜗轮主动时的啮合效率为

$$\eta_1 = \frac{\tan(\gamma - \rho')}{\tan \gamma}$$

因此当 $\gamma \leqslant \rho'$ 时,蜗杆传动具有自锁性,此时效率很低($\eta_1 < 0.5$)。

表 7.6　当量摩擦系数 f' 及当量摩擦角 ρ'

蜗轮齿圈材料	锡 青 铜				无锡青铜		灰 铸 铁			
蜗杆齿面硬度	$\geqslant 45$ HRC		< 45 HRC		$\geqslant 45$ HRC		$\geqslant 45$ HRC		< 45 HRC	
相对滑动速度 $v_s/(\mathrm{m \cdot s^{-1}})$	f'	ρ'	f'	ρ'	f'	ρ'	f'	ρ'	f'	ρ'
0.01	0.110	6°17′	0.120	6°51′	0.180	10°12′	0.180	10°12′	0.190	10°45′
0.05	0.090	5°09′	0.100	5°43′	0.140	7°58′	0.140	7°58′	0.160	9°05′
0.10	0.080	4°34′	0.090	5°09′	0.130	7°24′	0.130	7°24′	0.140	7°58′
0.25	0.065	3°43′	0.075	4°17′	0.100	5°43′	0.100	5°43′	0.120	6°51′
0.50	0.055	3°09′	0.065	3°43′	0.090	5°09′	0.090	5°09′	0.100	5°43′
1.0	0.045	2°35′	0.055	3°09′	0.070	4°00′	0.070	4°00′	0.090	5°09′
1.5	0.040	2°17′	0.050	2°52′	0.065	3°43′	0.065	3°43′	0.080	4°34′
2.0	0.035	2°00′	0.045	2°35′	0.055	3°09′	0.055	3°09′	0.070	4°00′
2.5	0.030	1°43′	0.040	2°17′	0.050	2°52′				
3.0	0.028	1°36′	0.035	2°00′	0.045	2°35′				
4	0.024	1°22′	0.031	1°47′	0.040	2°17′				
5	0.022	1°16′	0.029	1°40′	0.035	2°00′				
8	0.018	1°02′	0.026	1°29′	0.030	1°43′				
10	0.016	0°55′	0.024	1°22′						
15	0.014	0°48′	0.020	1°09′						
24	0.013	0°45′								

在设计蜗杆传动时,有时需预知蜗杆传动的效率,这时可根据蜗杆头数 z_1 按表 7.7 初步估计蜗杆传动的总效率。

表7.7　蜗杆传动设计时总效率预估值

z_1		1	2	4	6
η	闭式传动	0.7 ~ 0.75	0.75 ~ 0.82	0.87 ~ 0.92	0.95
	开式传动	0.6 ~ 0.7			

7.5.2　蜗杆传动的润滑

为了提高蜗杆传动的效率、降低工作温度、避免胶合和减少磨损,蜗杆传动必须进行良好的润滑。对于闭式蜗杆传动,主要是根据相对滑动速度 v_s 和载荷情况按表7.8选择润滑油的黏度和给油方法。对于开式蜗杆传动,常采用黏度较高的齿轮油或润滑脂进行定期加油润滑。

表7.8　蜗杆传动的润滑油黏度推荐值和给油方法

相对滑动速度 v_s/(m·s⁻¹)	> 0 ~ 1	> 1 ~ 2.5	> 2.5 ~ 5	> 5 ~ 10	> 10 ~ 15	> 15 ~ 25	> 25
载荷情况	重载	重载	中载	—	—	—	—
运动黏度 ν/(mm²·s⁻¹)(40 ℃)	1 000	680	320	220	150	100	75
润滑方法	浸油润滑			喷油润滑或浸油润滑	喷油润滑时的喷油压力/MPa		
					0.07	0.2	0.3

对于闭式蜗杆传动,如果采用浸油润滑,为了有利于动压油膜的形成,并有助于散热,油池中应有适当的油量,传动件应有足够的浸油深度。对于下置或侧置蜗杆的传动,浸油深度约为蜗杆的1 ~ 2个齿高,且不小于10 mm;且对于上置蜗杆的传动,浸油深度约为蜗轮外径的1/3。

7.5.3　蜗杆传动的热平衡计算

由于蜗杆传动的传动效率低,工作时发热量大,在闭式蜗杆传动中,如果产生的热量不能及时散逸,油温将不断升高,使润滑油黏度降低,润滑条件恶化,从而导致齿面磨损加剧,甚至发生胶合。因此对闭式蜗杆传动,要进行热平衡计算,以将油温限制在规定的范围内。

单位时间内由摩擦损耗的功率产生的热量为

$$H_1 = 1\ 000P_1(1 - \eta) \tag{7.11}$$

式中　P_1——蜗杆传递的功率(kW);

　　　η——蜗杆传动的总效率。

以自然冷却方式,单位时间内由箱体外壁散发到周围空气中的热量为

$$H_2 = K_s A(t - t_0) \tag{7.12}$$

式中　K_s——散热系数,根据箱体周围通风条件而定。没有循环空气流动时,取 K_s = 8.5 ~ 10.5 W·(m²·℃)⁻¹,通风良好时,取 K_s = 14 ~ 17.5 W·(m²·℃)⁻¹;

A——散热面积(m^2),指箱体内壁能被油飞溅到而外壁又能被周围空气冷却的箱体表面积,对于箱体上的凸缘及散热片,其散热面积按实际面积的 50% 计算;

t——箱体内的油温;

t_0——周围空气温度,一般取 $t_0 = 20\ ℃$。

根据热平衡条件 $H_1 = H_2$,可求得达到热平衡时箱体内的油温 $t(℃)$ 为

$$t = t_0 + \frac{1\ 000P_1(1 - \eta)}{K_s A} \leqslant [\,t\,] \tag{7.13}$$

式中 $[\,t\,]$——箱体内润滑油的许用温度,一般取$[\,t\,] = 75 \sim 80\ ℃$。

或者箱体内的油温为许用值时,所需要的散热面积 $A(m^2)$ 为

$$A = \frac{1\ 000P_1(1 - \eta)}{K_s([\,t\,] - t_0)} \tag{7.14}$$

若 $t > [\,t\,]$ 或有效的散热面积不足时,则必须采取措施,以提高其散热能力。常用的措施有:

(1) 合理地设计箱体结构,铸出或焊上散热片,以增大散热面积。

(2) 在蜗杆轴上安装风扇,进行人工通风(图7.9(a)),以提高散热系数。这时可取 $K_s = 21 \sim 28\ W \cdot (m^2 \cdot ℃)^{-1}$。

(3) 在箱体油池中装设蛇形冷却水管(图7.9(b)),用循环水冷却。

(4) 采用压力喷油循环润滑(图7.9(c))。

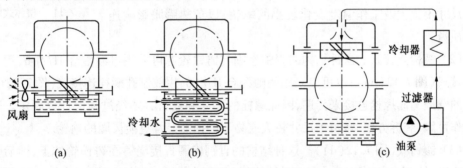

图 7.9   提高蜗杆传动散热能力的措施

7.6   蜗杆和蜗轮的结构

7.6.1   蜗杆的结构

蜗杆通常和轴制成一体,称为蜗杆轴。蜗杆的螺旋齿面可用车削或铣削方法加工。对车制蜗杆(图7.10(a)),为车削螺旋部分,轴上应有退刀槽,故轴径 d 应比蜗杆齿根圆直径 d_{f1} 小 $2 \sim 4$ mm。对铣制蜗杆(图7.10(b)),因无须退刀槽,轴径 d 可大于 d_{f1},以增加蜗杆的刚度。

当蜗杆直径较大($d_{f1}/d > 1.7$)时,可将蜗杆与轴分开制作,然后装配在一起。

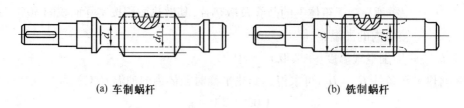

(a) 车制蜗杆   (b) 铣制蜗杆

图 7.10   蜗杆的结构

7.6.2   蜗轮的结构

蜗轮可制成整体式(图 7.11)或装配式(图 7.12)。

整体式主要用于铸铁蜗轮及直径小于 100 mm 的青铜蜗轮。

对于直径较大的青铜蜗轮,为了节省贵重的有色金属,蜗轮要做成装配式,即将青铜齿圈与铸铁轮芯装配起来,组成蜗轮。根据装配方式的不同,装配式蜗轮又有以下几种:

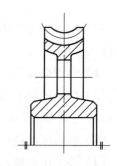

(1) 齿圈压配式(图 7.12(a))。这种结构的青铜齿圈与铸铁轮芯采用过盈配合 H7/s6 或 H7/u6 连接,并加台阶定位。为增加连接的可靠性,沿接合面周围加装4 ~ 6 个螺钉,为了便于钻孔,应将螺纹孔中心线向材料较硬的轮芯一边偏移2 ~ 3 mm。这种结构用于尺寸不太大及工作温度变化较小的蜗轮,以免热膨胀影响连接的质量。

图 7.11   整体式蜗轮

(2) 螺栓连接式。这种结构的青铜齿圈与铸铁轮芯可采用过渡配合 H7/js6,用普通螺栓连接式(图 7.12(b));也可以采用间隙配合 H7/h6,用铰制孔螺栓连接式(图 7.12(c))。蜗轮的圆周力靠螺栓连接来传递,因此螺栓的尺寸和数目必须经过强度计算确定。这种结构工作可靠、装拆方便,多用于尺寸较大或易于磨损需经常更换齿圈的蜗轮。

(3) 镶铸式(图 7.12(d))。这种结构的青铜齿圈直接浇铸在铸铁轮芯上,然后切齿。为防止齿圈与轮芯相对滑动,在轮芯外圆柱面上预制出榫槽。此方法只用于大批生产的蜗轮。

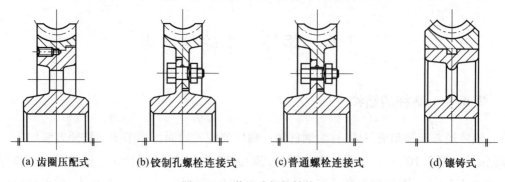

(a) 齿圈压配式   (b) 铰制孔螺栓连接式   (c) 普通螺栓连接式   (d) 镶铸式

图 7.12   装配式蜗轮结构

【例 7.1】 设计一单级闭式蜗杆传动。已知输入功率 $P_1 = 4.5$ kW，蜗杆转速 $n_1 = 960$ r·min^{-1}，传动比 $i = 21$，载荷平稳。

【解】

（1）选择材料及热处理方式并确定许用应力 $[\sigma]_H$。由于蜗杆的转速不高，传递的功率也不大，蜗杆材料选用 45 钢，表面淬火，齿面硬度为 45 ~ 50 HRC。初估相对滑动速度 $v_s = 4.5$ m·s^{-1}，故蜗轮材料选用铝铁青铜 ZCuAl10Fe3，查表 7.5，并使用线性插值得 $[\sigma]_H = 150$ MPa。

（2）选择蜗杆头数 z_1 并确定蜗轮齿数 z_2。由传动比 $i = 21$，查表 7.2 取 $z_1 = 2$，则 $z_2 = iz_1 = 21 \times 2 = 42$。

（3）确定蜗轮上的转矩 T_1 及载荷系数 K。由 $z_1 = 2$，初估总效率 $\eta = 0.79$，则

$$T_2 = i\eta T_1 = i\eta \times 9.55 \times 10^6 \frac{P_1}{n_1} = 21 \times 0.79 \times 9.55 \times 10^6 \times \frac{4.5}{960} = 7.427 \times 10^5 (\text{N} \cdot \text{mm})$$

由于载荷平稳，故取 $K = 1.1$。

（4）按齿面接触疲劳强度确定模数 m 和蜗杆分度圆直径 d_1

$$m^2 d_1 \geqslant \left(\frac{480}{[\sigma]_H z_2}\right)^2 K T_2 = \left(\frac{480}{150 \times 42}\right)^2 \times 1.1 \times 7.427 \times 10^5 = 4743 \ (\text{mm}^3)$$

由表 7.1，按 $m^2 d_1 \geqslant 4743$ mm^3，选取 $m = 8$ mm，$d_1 = 80$ mm。

（5）计算蜗轮分度圆直径 d_2 及传动中心距 a

$$d_2 = mz_2 = 8 \times 42 = 336 \ (\text{mm})$$

$$a = \frac{1}{2}(d_1 + d_2) = \frac{1}{2}(80 + 336) = 208 \ (\text{mm})$$

（6）验算相对滑动速度 v_s 及传动总效率 η。蜗杆导程角为

$$\gamma = \arctan \frac{mz_1}{d_1} = \arctan \frac{8 \times 2}{80} = 11.31°$$

$$v_s = \frac{\pi d_1 n_1}{60 \times 1\,000 \cos \gamma} = \frac{\pi \times 80 \times 960}{60 \times 1\,000 \times \cos 11.31°} = 4.1 \ (\text{m} \cdot \text{s}^{-1})$$

与初估值相符，材料及许用应力选用合适。由 $v_s = 4.1$ m·s^{-1}，查表 7.6 得，当量摩擦角 $\rho' = 2°15' = 2.25°$，故传动总效率

$$\eta = (0.95 \sim 0.96)\frac{\tan \gamma}{\tan(\gamma + \rho')} = (0.95 \sim 0.96)\frac{\tan 11.31°}{\tan(11.31° + 2.25°)} = 0.788 \sim 0.796$$

与初估值相符。

（7）计算蜗杆和蜗轮的主要几何尺寸（略）。

（8）热平衡计算。取许用油温 $[t] = 80$ ℃，周围空气温度 $t_0 = 20$ ℃；设通风良好，取散热系数 $K_s = 15$ W·(m^2·℃)$^{-1}$；传动总效率 $\eta = 0.79$，则所需散热面积为

$$A = \frac{1\,000 P_1 (1 - \eta)}{K_s([t] - t_0)} = \frac{1\,000 \times 4.5 \times (1 - 0.79)}{15 \times (80 - 20)} = 1.05 \ (\text{m}^2)$$

若箱体散热面积不足 1.05 m^2，则需加散热片或安装风扇或采取其他散热措施。

（9）选择精度等级。蜗轮圆周速度为

$$v_2 = \frac{\pi d_2 n_2}{60 \times 1\,000} = \frac{\pi \times 336 \times 960/21}{60 \times 1\,000} = 0.80 \ (\text{m} \cdot \text{s}^{-1})$$

此为动力传动，且 $v_2 < 1.5 \text{ m} \cdot \text{s}^{-1}$，故取 9 级精度。

（10）蜗杆和蜗轮的结构设计及其零件工作图的绘制（略）。

习题与思考题

7.1　蜗杆传动的特点有哪些？

7.2　蜗杆传动的正确啮合条件是什么？其传动比是否等于蜗轮与蜗杆的节圆直径之比？

7.3　蜗杆分度圆直径 d_1 为何要取与模数 m 相对应的标准值？

7.4　何谓蜗杆传动的中间平面？

7.5　有一单头右旋蜗杆，欲为其配制蜗轮。现测得该蜗杆为阿基米德蜗杆，$\alpha = 20°$，蜗杆齿顶圆直径 $d_{a1} = 41.8$ mm，轴向齿距 $p_{a1} = 9.896$ mm，要求传动比 $i = 25$，试计算所配制蜗轮的主要尺寸 d_2、d_{a2}、d_{f2}、β 及传动中心距 a。

7.6　安装蜗杆传动时，蜗杆的轴向定位和蜗轮的轴向定位是不是都要很准确？为什么？

7.7　蜗杆传动的常见失效形式有哪些？设计准则如何？

7.8　蜗杆传动为什么要进行热平衡计算？热平衡计算不满足时应采取什么措施？

7.9　蜗杆和蜗轮的常用材料有哪些？一般根据什么条件来选择？

7.10　在图 7.13 所示的各蜗杆传动中，标出各图中未注明的蜗杆或蜗轮的螺旋线方向和转动方向（均为蜗杆主动）以及啮合点三个分力的方向。

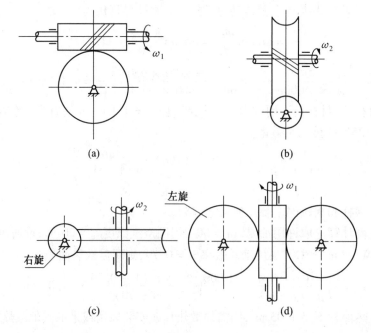

图 7.13

7.11 一闭式蜗杆传动(图 7.14),已知蜗杆输入功率 $P = 3$ kW,转速 $n_1 = 1\ 450$ r·min^{-1},蜗杆头数 $z_1 = 2$,蜗轮齿数 $z_2 = 40$,模数 $m = 4$ mm,蜗杆分度圆直径 $d_1 = 40$ mm,蜗杆和蜗轮间的当量摩擦系数 $f' = 0.1$。试求:

(1)啮合效率 η_1 和总效率 η;

(2)作用在蜗杆轴上的转矩 T_1 和蜗轮轴上的转矩 T_2;

(3)作用在蜗杆和蜗轮上的各分力的大小和方向。

7.12 一手动绞车采用圆柱蜗杆传动(图 7.15)。已知 $m = 8$ mm,$z_1 = 1$,$d_1 = 80$ mm,$z_2 = 40$,卷筒直径 $D = 200$ mm。试计算:

(1)重物上升 1 m 时,蜗杆应转多少转?

(2)蜗杆与蜗轮间的当量摩擦系数 $f' = 0.18$,该机构能否自锁?

(3)若重物 $W = 5$ kN,手摇时施加的力 $F = 100$ N,手柄转臂的长度 L 应是多少?

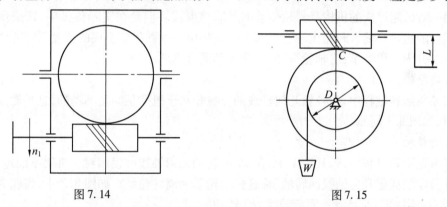

图 7.14   图 7.15

7.13 试设计一闭式单级圆柱蜗杆传动,已知蜗杆轴上输入功率 $P_1 = 8$ kW,蜗杆转速 $n_1 = 1\ 450$ r·min^{-1},蜗轮的转速 $n_2 = 80$ r·min^{-1},载荷平稳,批量生产。

第 8 章

轮　系

8.1　轮系的分类及应用

8.1.1　轮系及其分类

由一对齿轮组成的机构是齿轮传动的最简单形式。但是在实际机械中,常采用一系列互相啮合的齿轮将输入和输出轴连接起来。这种由一系列齿轮组成的传动系统称为轮系。轮系可以分为三种类型:定轴轮系、周转轮系和混合轮系。

1. 定轴轮系

在轮系运转过程中,若各轮几何轴线的位置相对于机架是固定不动的,这种轮系称为定轴轮系,如图 8.1 所示。

2. 周转轮系

轮系在运转过程中,若其中至少有一个齿轮的几何轴线位置相对于机架不固定,而是绕着其他齿轮的固定几何轴线回转的,称这样的轮系为周转轮系。如图 8.2 中,齿轮 2 的几何轴线 O_2O_2 不固定,而是绕着固定轴线 OO 转动的。

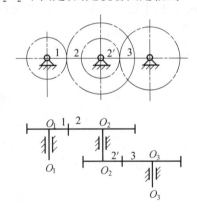

图 8.1　定轴轮系

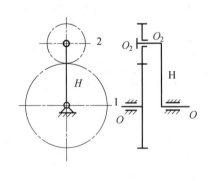

图 8.2　周转轮系

图 8.3(a) 所示为一种常见的周转轮系。齿轮 1 和 3 以及构件 H 均绕着各自的轴线 $O-O$ 回转;齿轮 2 空套在构件 H 上,在围绕其自身的几何轴线 O_2-O_2 做回转(自转)的同时,又随着构件 H 绕固定轴线 $O-O$ 回转(公转)。在周转轮系中,几何轴线位置固定的齿轮(如齿轮 1 和 3)称为中心轮或太阳轮,常用 K 表示;几何轴线位置变动的齿轮(如齿轮 2)称为行星轮;支持行星轮自转的构件称为系杆(又称行星架,常用 H 表示)。周转轮系是由行星轮、中心轮和系杆组成的,每个单一的周转轮系具有一个系杆,且系杆与中心轮的几何轴线必须重合。当周转轮系的系杆固定不动时,即成为定轴轮系。

周转轮系根据自由度数目不同分为差动轮系和行星轮系两种。如图8.3(a)所示轮系，其中中心轮1和3均转动，则机构的自由度为2。这表明，需要有两个独立运动的原动件，机构的运动才能完全确定。这种两个中心轮都不固定、自由度 $F=2$ 的周转轮系称为差动轮系。如图8.3(b)所示轮系，中心轮3被固定，则该机构的自由度为1。这种有一个中心轮固定、自由度 $F=1$ 的周转轮系称为行星轮系。

3. 混合轮系

在各种实际机械中所用的轮系，很多都不单纯是由单一定轴轮系或单一周转轮系组成的，而经常是由定轴轮系部分及周转轮系部分(图8.4(a))或者是由几部分周转轮系组成的(图8.4(b))，这种复杂的轮系称为混合轮系，又称为复合轮系。

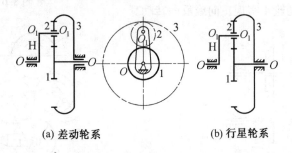

(a) 差动轮系　　　　　　　(b) 行星轮系

图 8.3　周转轮系及其类型

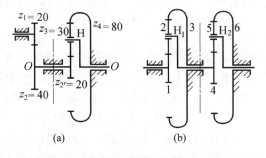

(a)　　　　　　　　(b)

图 8.4　混合轮系

8.1.2　轮系的应用

轮系广泛应用于各种机械和仪表中，它的主要应用有以下几个方面。

1. 实现较远距离传动

当两轴之间的距离较远时，若仅用一对齿轮传动，如图8.5中点划线所示，两轮的轮廓尺寸就很大；如果改用图中实线所示轮系传动，总的轮廓尺寸就小得多，从而可节省材料、减轻质量、降低成本和所占空间。

2. 实现分路传动

当输入轴的转速一定时，用轮系可将输入轴的一种转速同时传到几根输出轴上，获得所需的各种转速。图8.6为滚齿机上实现轮坯与滚刀范成运动的传动简图，轴 Ⅰ 的运动和动力经过锥齿轮1、2传给滚刀，经过齿轮3、4、5、6、7和

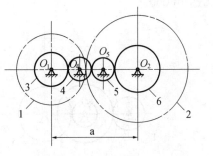

图 8.5　齿轮传动与轮系尺寸对比

蜗杆传动 8、9 传给轮坯。

3. 实现变速与换向

当主动轴转速、转向不变时,利用轮系可使从动轴获得多种转速或换向。如图 8.7a 所示的轮系中,用滑动键和轴 I 相连的三联齿轮块 1 - 2 - 3 处于三个不同位置,使齿轮 1 与 1′、2 与 2′、3 与 3′ 分别相啮合,可获得三种不同的传动比,实现三级变速。图 8.7(b) 所示为三星轮换向机构。轮 1 为主动轮,旋转手柄 a 可以使一个中间齿轮 3(图中点划线位置所示) 或两个中间齿轮 2 和 3(图中实线位置所示) 分别参与啮合,从而使从动轮 4 实现正向或反向转动。

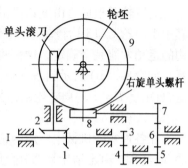

图 8.6　分路轮系机构

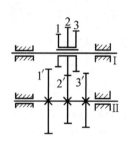

（a）变速轮系机构

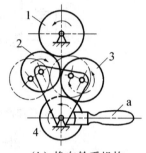

（b）换向轮系机构

图 8.7　变速与换向机构

4. 获得大的传动比

当两轴间需要较大的传动比时,若仅用一对齿轮传动,如图 8.8 中点划线所示,则两轮直径相差很大,不仅使传动轮廓尺寸过大,而且由于两轮齿数必然相差很多,小轮极易磨损,两轮寿命相差过分悬殊。若采用图中实线所示的轮系,就可在各齿轮直径不大的情况下得到很大的传动比。图 8.9 所示的轮系中,套装在构件 H 转臂小轴上的齿轮块 2 - 2′（双联齿轮）,分别与齿轮 1、3 相啮合,构件 H 又绕固定轴线 $O—O$ 旋转,若各轮齿数为 $z_1 = 100$、$z_2 = 101$、$z'_2 = 100$、$z_3 = 99$,当轮 3 固定不动时,经计算求得的构件 H 和齿轮 1 的转速比 n_H/n_1 竟高达 10 000。

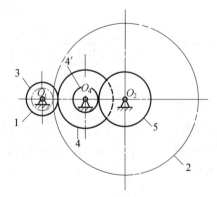

图 8.8　齿轮与轮系传动比较

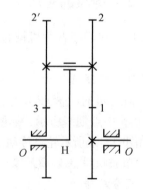

图 8.9　获得大的传动比

5. 实现合成或分解运动

如图 8.10 所示轮系,齿轮 1 和齿轮 3 分别独立输入转速 n_1 和 n_3。可合成输出构件 H 的

转速 $n_H = \dfrac{n_1 + n_3}{2}$。图 8.11 所示为汽车后桥差速器的轮系,当汽车拐弯时,它能将发动机传动齿轮 5 的运动分解为不同转速分别送给左右两个车轮,以避免转弯时左右两轮对地面产生相对滑动,从而减轻轮胎的磨损。

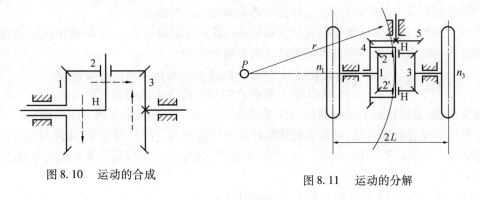

图 8.10　运动的合成　　　　　　　　　图 8.11　运动的分解

8.2　定轴轮系的传动比

　　轮系的传动比通常是指轮系运动时其输入轴与输出轴的转速(或角速度)之比。它包括计算传动比的大小和确定输入轴与输出轴两者转向的关系。传动比用 i_{AB} 表示。下标 A、B 为输入轴与输出轴的代号,即 $i_{AB} = n_A/n_B$(或 ω_A/ω_B)。

　　一对圆柱齿轮传动,其传动比为

$$i_{12} = \frac{n_1}{n_2} = \frac{\omega_1}{\omega_2} = \mp \frac{z_2}{z_1}$$

式中,负号和正号相应表示两轮转向相反的外啮合(图 8.12(a))与两轮转向相同的内啮合(图 8.12(b))。在轮系中,若所求传动比相关两轮的轴线平行,则用负号表明转向相反,用正号表明转向相同。

　　如图 8.13 所示,对于由圆柱齿轮组成的定轴轮系,若已知各齿轮的齿数,则可求得各对齿轮的传动比为

$$i_{12} = \frac{n_1}{n_2} = -\frac{z_2}{z_1}; \quad i_{2'3} = \frac{n_{2'}}{n_3} = -\frac{z_3}{z_{2'}}; \quad i_{34} = \frac{n_3}{n_4} = \frac{z_4}{z_3}$$

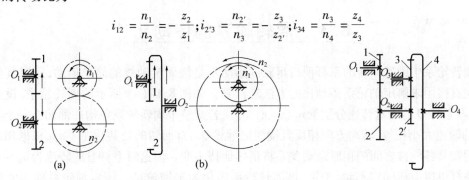

(a)　　　　　　　　　　(b)

图 8.12　齿轮啮合传动比　　　　　　　图 8.13　定轴轮系传动比

　　将上列各式顺序连乘,且考虑到由于齿轮 2 与 2′ 固定在同一根轴上,即 $n_2 = n_{2'}$,故得

$$i_{14} = \frac{n_1}{n_4} = \frac{n_1}{n_2} \cdot \frac{n_{2'}}{n_3} \cdot \frac{n_3}{n_4} = i_{12} \cdot i_{2'3} \cdot i_{34} = (-1)^2 \frac{z_2 z_3 z_4}{z_1 z_{2'} z_3}$$

即该定轴轮系的传动比,等于组成该轮系的各对啮合齿轮的传动比的连乘积,也等于各对齿轮传动中的从动轮齿数的乘积与主动轮齿数的乘积之比;而传动比的正负(首末两轮转向相同或相反)则取决于外啮合齿轮的对数。

图中齿轮 3 既为主动又为从动,由上式可见,其齿数 z_3 对传动比的大小不发生影响,仅起改变转向或调节中心距的作用,这种齿轮称为惰轮或过桥齿轮。

由以上分析,对由圆柱齿轮组成的定轴轮系(即平面定轴轮系),取 m 表示该定轴轮系中外啮合齿轮的对数,则得到计算其传动比的普通公式为

$$i_{AB} = \frac{n_A}{n_B} = (-1)^m \frac{\text{从齿轮 A 至 B 之间啮合的各从动轮齿数连乘积}}{\text{从齿轮 A 至 B 之间啮合的各主动轮齿数连乘积}} \tag{8.1}$$

需要指出,定轴轮系中各轮的转向也可用图 8.12 所示以标注箭头的方法来确定。

如果轮系是含有锥齿轮、螺旋齿轮或蜗杆传动等组成的空间定轴轮系,其传动比的大小仍可用式(8.1)来计算,但式中的 $(-1)^m$ 不再适用,只能在图中以标注箭头的方法确定各轮的转向。

【例 8.1】 图 8.14 所示的轮系中,设蜗杆 1 为右旋,转向如图所示,$z_1 = 2, z_2 = 40, z_{2'} = 18, z_3 = 36, z_{3'} = 20, z_4 = 40, z_{4'} = 18, z_5 = 45$。若蜗杆转速 $n_1 = 1\ 000\ \mathrm{r \cdot min^{-1}}$,求内齿轮 5 的转速 n_5 和转向。

【解】 本题为空间定轴轮系,只应用式(8.1)计算轮系传动比的大小

$$i_{15} = \frac{n_1}{n_5} = \frac{z_2 z_3 z_4 z_5}{z_1 z_{2'} z_{3'} z_{4'}} = \frac{40 \times 36 \times 40 \times 45}{2 \times 18 \times 20 \times 18} = 200$$

所以

$$n_5 = \frac{n_1}{i_{15}} = \frac{1\ 000}{200} = 5\ (\mathrm{r \cdot min^{-1}})$$

蜗杆轴的转向 n_1 是给定的,按传动系统路线依次用箭头标出各级传动的转向,最后获得 n_5 的转向如图 8.14 所示。

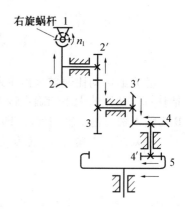

图 8.14　空间定轴轮系

8.3　周转轮系的传动比

周转轮系中因有回转的系杆使行星轮的运动不是绕固定轴线的简单运动,所以其传动比不能直接用求解定轴轮系传动比的方法来计算。如图 8.15(a) 所示的周转轮系,设齿轮 1、2、3 及系杆 H 的绝对转速分别为 n_1、n_2、n_3、n_H。若给整个周转轮系各构件都加上一个与系杆 H 的转速大小相等、转动方向相反且绕固定轴线 $O-O$ 回转的公共转速 $-n_H$,根据相对运动原理知其各构件之间的相对运动关系将仍然保持不变。但这时系杆 H 的转速为 $n_H - n_H = 0$,即系杆可以看成固定不动,于是,该周转轮系转化为定轴轮系。该定轴轮系称为原周转轮系的"转化轮系",如图 8.15(b) 所示。若以 n_1^H、n_2^H、n_3^H 和 n_H^H 表示转化轮系中构件 1、2、3 和系杆 H 的转速,则转化前后各构件的转速如表 8.1 所示。

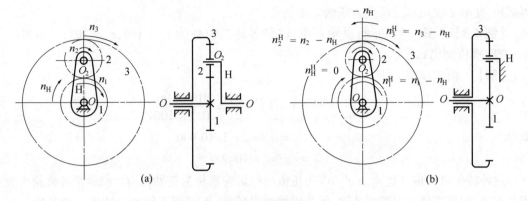

图 8.15　周转轮系的组成

表 8.1　轮系转化前后各构件转速

构件	原来的转速	转化轮系的转速(即加上 $-n_H$ 后的转速)
1	n_1	$n_1^H = n_1 - n_H$
2	n_2	$n_2^H = n_2 - n_H$
3	n_3	$n_3^H = n_3 - n_H$
H	n_H	$n_H^H = n_H - n_H = 0$

转化轮系中各构件的转速的右上方都带有角标 H,表示这些转速是各构件对系杆 H 的相对转速。

既然周转轮系的转化轮系是一定轴轮系,就可应用求解定轴轮系传动比的方法,求出转化轮系中任意两个齿轮的传动比来。如图 8.15(b) 的转化轮系中,齿轮 1 与 3 的传动比为

$$i_{13}^H = \frac{n_1^H}{n_3^H} = \frac{n_1 - n_H}{n_3 - n_H} = (-1)^1 \frac{z_2 z_3}{z_1 z_2} = -\frac{z_3}{z_1}$$

需要指出的是:$i_{13} = n_1/n_3$ 和 $i_{13}^H = n_1^H/n_3^H$ 的概念是不一样的,前者是两轮真实的传动比;而后者是假想的转化轮系中两轮的传动比,同时上式右边的"−"号表示轮 1 与轮 3 在转化轮系中的转向反向,而并非指实际的转速 n_1 和 n_3 反向。

将以上分析推广到一般情形。设轮系首轮 A、末轮 B 和系杆 H 的绝对转速分别为 n_A、n_B 和 n_H,m 表示齿轮 A 到 B 之间的外啮合次数,则转化轮系传动比的一般表达式为

$$i_{AB}^H = \frac{n_A - n_H}{n_B - n_H} = (-1)^m \frac{\text{假设 H 不动时从齿轮 A ～ B 间啮合的各从动轮齿数连乘积}}{\text{假设 H 不动时从齿轮 A ～ B 间啮合的各主动轮齿数连乘积}}$$

$$(8.2)$$

式中　　m—— 齿轮 A ～ B 间外啮合齿轮的对数。

式(8.2) 中,如果已知各轮的齿数及 n_A、n_B、n_H 三个转速中的任意两个,即可求出另一个转速。在应用式(8.2) 求周转轮系的传动比时,还必须注意以下几点:

(1) 此式只适用于单一周转轮系中齿轮 A、B 和系杆 H 轴线平行的场合。

(2) 代入上式时,n_A、n_B、n_H 值都应带有自己的正负符号,设定某一转向为正,则与其相反的方向为负。

(3) 上式如用于由锥齿轮组成的单一周转轮系,转化轮系的传动比的正负号 $(-1)^m$ 不

再适用,此时必须用标注箭头方法确定正负号。

【例8.2】 图8.9所示行星轮系中,已知各轮的齿数为$z_1 = 100, z_2 = 101, z_{2'} = 100,$ $z_3 = 99$,求传动比i_{H1}。

【解】 由式(8.2)得

$$i_{13}^H = \frac{n_1 - n_H}{n_3 - n_H} = (-1)^2 \frac{z_2 z_3}{z_1 z_{2'}} = \frac{101 \times 99}{100 \times 100}$$

解得 $\qquad\qquad i_{1H} = 1 - I_{13}^H = n_1/n_H = 1/10\ 000$

因此 $\qquad\qquad i_{H1} = n_H/n_1 = 10\ 000$

这种转化机构传动比$i_{13}^H = n_1^H/n_3^H$为正值的行星轮系称为正号机构。该轮系各齿轮齿数相差不多,却可得到很大的减速比,但其机械效率较低,不宜用于传动大功率。如其反行程的增速传动,可能发生自锁。

【例8.3】 图8.16所示锥齿轮组成的行星轮系中,各轮的齿数为:$z_1 = 18, z_2 = 27,$ $z_{2'} = 40, z_3 = 80$。已知$n_1 = 100\ \text{r} \cdot \text{min}^{-1}$。求系杆H的转速$n_H$和转向。

【解】 因在该轮系中,齿轮1、3和系杆H的轴线相重合,所以可用式(8.2)进行计算

$$i_{13}^H = \frac{n_1 - n_H}{n_3 - n_H} = -\frac{z_2 z_3}{z_1 z_{2'}}$$

上式等号右边的负号,是由于在转化轮系中标注转向箭头(如图中虚线箭头)后1、3两轮的箭头方向相反。其实,在原周转轮系中,轮3是固定不动的。

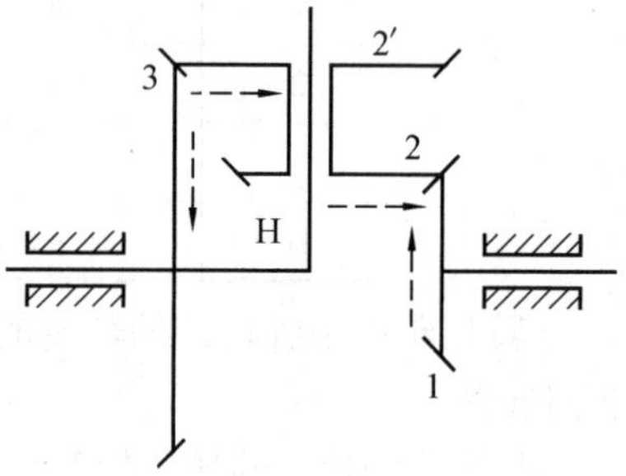

图8.16

设n_1的转向为正,则

$$\frac{100 - n_H}{0 - n_H} = -\frac{27 \times 80}{18 \times 40}$$

解得 $\qquad\qquad n_H = 25\ \text{r} \cdot \text{min}^{-1}$

正号表示n_H的转向与n_1的转向相同。

本例中行星齿轮$2 - 2'$的轴线和齿轮1(或齿轮3)及系杆H的轴线不平行,所以不能利用式(8.2)来计算n_2。若要计算n_2,可参阅相关资料。

8.4 混合轮系的传动比

在机械设备中,除了采用定轴轮系或单一周转轮系外,还大量应用由定轴轮系和单一周转轮系组成的或n个周转轮系组成的混合轮系。求解混合轮系的传动比不能用上两节所讨论的方法直接计算。首先必须正确地把混合轮系划分为定轴轮系与各个单一的周转轮系,并分别列出它们的传动比计算公式,找出其相互联系,然后联立求解。

正确地找出各个单一周转轮系是求解混合轮系传动比的关键。其方法是:先找出具有动轴线的行星轮,再找出支持行星轮的系杆,注意有时系杆不一定呈简单的杆状;最后找出轴线与系杆的回转轴线重合,同时又与行星轮直接啮合的一个或多个中心轮。混合轮系在划出各个单一周转轮系后,如有剩下的就是一个或多个定轴轮系。

【例8.4】 图8.17所示为电动卷扬机的传动装置,已知各轮齿数,求i_{15}。

【解】　在该轮系中,双联齿轮 2 - 2′的几何轴线是绕着齿轮 1、3 固定轴线回转的,所以是行星轮;支持它运动的构件(卷筒 H)就是系杆;和行星轮相啮合的齿轮 1、3 是两个中心轮。这样齿轮 2 - 2′、系杆 H 和齿轮 1、3 组成一个单一的周转轮系,剩下的齿轮 5、4、3 则是一个定轴轮系。

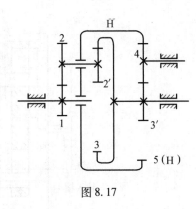

图 8.17

齿轮 1、2 - 2′、3′和 H 组成的单一周转轮系的转化轮系传动比为

$$i_{13}^H = \frac{n_1 - n_H}{n_3 - n_H} = -\frac{z_3 z_2}{z_1 \cdot z_2'}$$

齿轮 5、4 和 3′组成的定轴轮系的传动比

$$i_{3'5} = \frac{n_{3'}}{n_5} = -\frac{z_5}{z_{3'}}$$

以上划分的两个轮系间的联系是:齿轮 3 和 3′为同一构件,系杆 H 和齿轮 5 为同一构件,故 $n_3 = n_{3'}, n_5 = n_H$,可得

$$i_{15} = \frac{n_1}{n_5} = \left(1 + \frac{z_3 z_2}{z_2' z_1} + \frac{z_5 z_3 z_2}{z_3 z_2' z_1}\right)$$

因为 $i_{15} > 0$,故齿轮 1 和齿轮 5(系杆 O_H)转向相同。

8.5　　特殊行星传动简介

8.5.1　　渐开线少齿差行星传动

渐开线少齿差行星传动的基本原理如图 8.18 所示。通常,中心轮 1 固定,系杆 H(制成偏心轴)为输入轴,行星轮 2 为从动件,通过传动比为 1 的等角速比输出机构,把做复杂运动的行星轮的绝对转速 n_2 由与输入轴同轴线的轴 V 输出。由于中心轮常以 K 表示,故此传动一般称为 K - H - V 传动。

通过它的转化轮系,可求得传动比

$$i_{HV} = \frac{n_H}{n_V} = i_{H2} = -\frac{z_2}{z_1 - z_2}$$

式中　负号表示 H 和 V 转向相反。

由上式可知,两轮齿数差 $z_1 - z_2$ 越少,传动比越大。通常齿数差为 1 ~ 4,且以齿数差为 1 和 2 的机构用得最多,故称少齿差。

渐开线少齿差传动的主要优点是:传动比大,结构紧凑,体积和质量小,加工容易,与蜗杆传动相比,效率较高,且可节约有色金属,近年来在工业上应用日益增多;其主要缺点是:同时啮合的齿数少,承载能力较低,而且为避免轮齿发生干涉现象,必须进行复杂的变位计算。

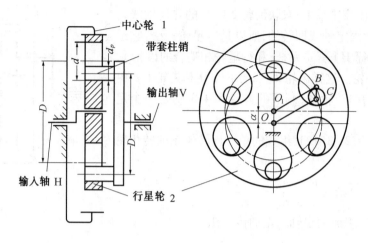

图 8.18 渐开线少齿差行星传动

8.5.2 摆线针轮行星传动

摆线针轮行星传动的工作原理、传动比计算与渐开线少齿差行星传动相同,属于少齿差的 K－H－V 传动。二者在结构上的不同点主要是在齿廓曲线上。如图 8.19 所示的摆线针轮行星传动示意图,固定的中心轮为圆柱形的针轮,即用许多针齿销(为改善摩擦,外面套上针齿套) 固定在机壳上而成;而与针齿啮合的行星齿轮的齿廓曲线是短幅外摆线的等距曲线,故又称为摆线轮。

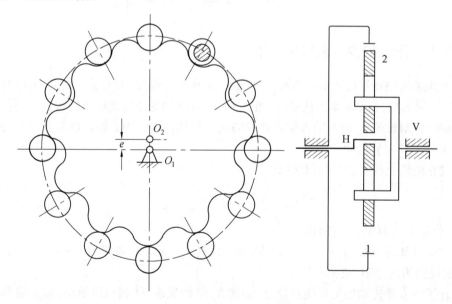

图 8.19 摆线针轮行星传动

与少齿差渐开线行星传动相比较,摆线针轮行星传动同时啮合的齿数较多,并且摆线轮和针齿都可淬硬精磨,故其承载能力、使用寿命以及平稳性均比少齿差渐开线行星传动高。但是由于无可分性,对中心距误差要求较严格,而且摆线轮的制造需要专用的加工设备。

8.5.3 谐波齿轮传动

谐波齿轮传动是利用行星轮的弹性变形实现传动的一种少齿差行星齿轮传动。其主要组成部分如图 8.20 所示,H 为波发生器,相当于系杆;1 为带有内齿的刚轮,其齿数为 z_1,相

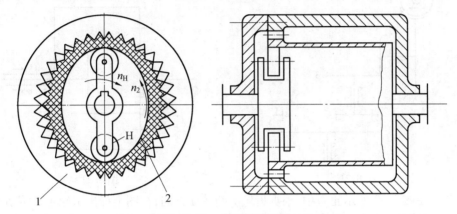

图 8.20 谐波齿轮传动

当于中心轮;2 为带有外齿的柔轮,其齿数为 z_2,可产生较大的弹性变形,相当于行星轮。系杆 H 的两端装上滚动轴承构成滚轮,其外缘尺寸略大于柔轮内孔直径,所以将其装入柔轮内孔后,柔轮即产生径向变形而成椭圆形,椭圆长轴处的轮齿与刚轮内齿相啮合,而短轴处的两轮的齿完全脱开,其他各处则处于啮合和脱开的过渡阶段。一般钢轮固定不动,当主动件波发生器 H 回转时,柔轮 2 的弹性变形位置也随之改变,致使柔轮与刚轮的啮合位置也就跟着发生转动。由于柔轮比刚轮少$(z_1 - z_2)$ 个齿,所以当波发生器转一周时,柔轮相对刚轮沿波发生器转动的相反方向转过$(z_1 - z_2)$ 个齿的角度,即反转$(z_1 - z_2)/z_2$ 周,故得传动比 i_{H2} 为

$$i_{H2} = \frac{n_H}{n_2} = \frac{1}{[-(z_1 - z_2)/z_2]} = -\frac{z_2}{z_1 - z_2}$$

此式和渐开线少齿差行星传动的传动比公式完全相同。

谐波传动的主要优点是:①传动比大,单级传动比最大可达 500;②结构简单,零件数目少,体积和质量小;③齿与齿之间是面接触,且同时啮合的齿数很多,运动精度高,承载能力高,而且传动平稳,无冲击。

这种传动装置的缺点是:柔轮周期性地变形,易于发热和疲劳损坏,对柔轮的材料性能、加工精度和热处理等要求均很高。

谐波传动是一种很有发展前途的新型传动,适用于要求体积小、质量小和大传动比的传动装置中。但由于上述这些限制,目前一般只用于小功率传动中。

习题与思考题

8.1 在什么情况下要考虑采用轮系? 轮系有哪些功用? 试举例说明。

8.2 定轴轮系和周转轮系有何区别? 行星轮系和差动轮系的区别何在?

8.3 定轴轮系的传动比如何计算? 首末两轮的转向关系如何确定?

8.4 何谓转化轮系? 引入转化轮系的目的何在?

8.5 在图 8.21 所示轮系中,已知:蜗杆为单头且右旋,转速 $n_1 = 1\,440$ r·min^{-1},转动方向如图,其余各轮齿数为:$z_2 = 40$,$z_{2'} = 20$,$z_3 = 30$,$z_{3'} = 18$,$z_4 = 54$,试:(1) 说明轮系属于何种

类型;(2) 计算齿轮 4 的转速 n_4;(3) 在图中标出齿轮 4 的转动方向。

8.6 在图 8.22 所示轮系中,所有齿轮均为标准齿轮,又知齿数 $z_1 = 30, z_4 = 68$。试问:(1)$z_2 = ?$ $z_3 = ?$ (2) 该轮系属于何种轮系?

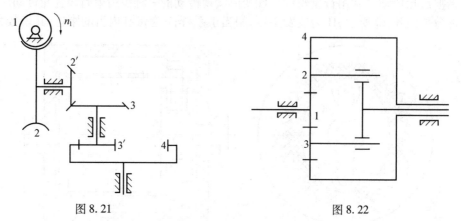

图 8.21　　　　　　　　　　　　　图 8.22

8.7 在图 8.23 所示轮系中,根据齿轮 1 的转动方向,在图上标出蜗轮 4 的转动方向。

8.8 在图 8.24 所示万能刀具磨床工作台横向微动进给装置中,运动经手柄输入,由丝杠传给工作台。已知丝杠螺距 $P = 50$ mm,且单头。$z_1 = z_2 = 19, z_3 = 18, z_4 = 20$,试计算手柄转一周时工作台的进给量 S。

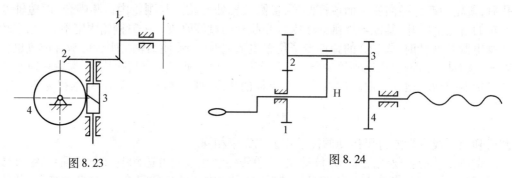

图 8.23　　　　　　　　　　　　　图 8.24

8.9 图 8.25 所示为里程表中的齿轮传动,已知各轮的齿数为:$z_1 = 17, z_2 = 68, z_3 = 23, z_4 = 19, z_{4'} = 20, z_5 = 24$。试求传动比 i_{15}。

8.10 已知图 8.26 所示轮系中各轮的齿数 $z_1 = 20, z_2 = 40, z_3 = 15, z_4 = 60$,轮 1 的转速为 $n_1 = 120$ r·min^{-1},转向如图。试求轮 3 的转速 n_3 的大小和转向。

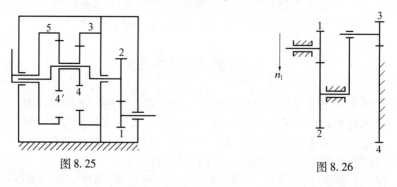

图 8.25　　　　　　　　　　　　　图 8.26

第9章
间歇运动机构

主动件连续运动时,从动件周期性地出现停歇状态的机构称为间歇运动机构。间歇运动机构在自动生产线的转位分度机构、步进机构、计数装置和许多复杂的轻工机械中有着广泛的应用。间歇运动机构的类型很多,本章着重介绍棘轮机构、槽轮机构和不完全齿轮机构。

9.1 棘轮机构

9.1.1 棘轮机构的工作原理和类型

1. 轮齿式棘轮机构

图9.1所示为一种外啮合棘轮机构,它是由棘轮、棘爪及机架组成。棘轮2通常呈锯齿形,并与轴4固连,棘爪3与摇杆1用转动副A相连接,摇杆1空套在轴4上。通常以摇杆为原动件,棘轮为从动件。当摇杆1连同棘爪3逆时针方向转动时,棘爪3插入棘轮的相应齿槽,推动棘轮转过某一角度;当摇杆1返回做顺时针方向转动时,棘爪3在棘轮齿背上滑过,这时,簧片6迫使止回棘爪5插入棘轮的相应齿槽,阻止棘轮顺时针方向返回,而使棘轮静止不动。由此可知,当原动件摇杆1连续往复摆动时,棘轮2只做单向的间歇运动。

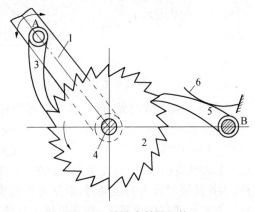

图9.1 外啮合棘轮机构

图9.2所示为双动式棘轮机构,棘爪3可以制成直边的或带钩头的。棘轮为锯齿形。这种棘轮机构的棘爪由大小两个棘爪组成。如图9.2(a)所示,当摇杆1逆时针方向转动时,大棘爪将插入棘轮的相应齿槽推动棘轮做逆时针方向转动,此时小棘爪在棘轮的齿背上滑过;当摇杆返回做顺时针方向转动时,小棘爪将插入棘轮的相应齿槽推动棘轮也做逆时针方向转动,大棘爪则在棘轮的齿背上滑过。因此,双动式棘轮机构可实现摇杆往复摆动时均能使棘轮沿单一方向运动。

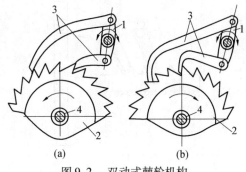

图9.2 双动式棘轮机构

如果棘轮的回转方向需要经常改变而获得双向的间歇运动,则可如图9.3(a)所示,棘轮轮齿制成矩形齿,摇杆上装一可翻转的双向棘爪3。棘爪推动棘轮的一边制成直边,另一边呈曲线状,以便返回时可以在棘轮齿背上滑过。图中若棘爪3在实线位置,当摇杆1连续往复摆动时,可推动棘轮2沿逆时针方向做间歇运动;若棘爪翻转到点划线位置,当摇杆往复摆动时,将推动棘轮2沿顺时针方向做间歇运动。图9.3(b)所示为另一种双向棘轮机构,当棘爪3连同摇杆在图示位置往复摆动时,棘轮2将沿逆时针方向做间歇运动;若将棘爪提起(拔出定位销5)并绕本身轴线转180°再放下(定位销插入另一销孔中),棘轮则可实现沿顺时针方向的间歇运动;若将棘爪提起并绕本身轴线转90°后放下(定位销不能落入销孔中),使棘爪与棘轮脱开而不起作用,则当棘爪往复摆动时,棘轮静止不动。这种棘轮机构常应用在牛头刨床工作台的进给装置中。

除外啮合棘轮机构外,还有如图9.4所示的内啮合棘轮机构和如图9.5所示的棘条机构。

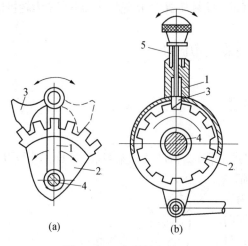
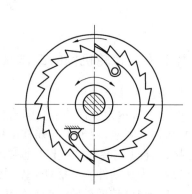

图9.3　双向棘轮机构　　　　　　图9.4　内啮合棘轮机构

上述的轮齿式棘轮机构,棘轮是靠摇杆上的棘爪推动其棘齿而运动的,所以棘轮每次的转动角都是棘轮齿距角的倍数。在摇杆摆角一定的条件下,棘轮每次的转动角是不能改变的。但有时需要随工作要求而改变棘轮的转动角,为此,除可以改变摇杆的摆动角度外,还可如图9.6所示,在棘轮上加一遮板,用以遮盖摇杆摆角φ范围内棘轮上的一部分齿。这样,当摇杆逆时针方向摆动时,棘爪先在遮板上滑动,然后才插入棘轮的齿槽来推动棘轮转动。被遮板遮住的齿越多,则棘轮每次转动的角度就越小。

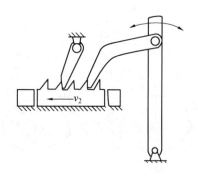
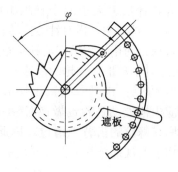

图9.5　棘条机构　　　　　　　图9.6　带遮板的棘轮机构

2.摩擦式棘轮机构

图9.7(a)所示为摩擦式棘轮机构,它的工作原理与轮齿式棘轮驱动机构相同,只是棘

爪为一偏心扇形块,棘轮为一摩擦轮。当摇杆 1 做逆时针方向转动时,利用驱动棘爪 3 与棘轮 2 之间产生的摩擦力,带动棘轮 2 和摇杆一起转动;当摇杆返回做顺时针方向转动时,棘爪 3 与棘轮 2 之间产生滑动,这时止回棘爪 5 与棘轮 2 楔紧,阻止棘轮反转。这样,摇杆做连续往复摆动时,棘轮 2 便做单向的间歇运动。

图 9.7(b)所示为滚子楔紧式棘轮机构,构件 1 逆时针转动或构件 3 顺时针转动时,在摩擦力作用下能使滚子 2 楔紧在构件 1、3 形成的收敛狭隙处,则构件 1、3 成一体,一起转动;运动相反时,构件 1、2 成脱离状态。这样,主动件的顺(逆)转动可以使从动件获得单向运动。

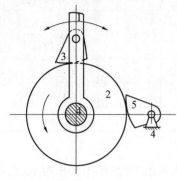

（a）楔块式摩擦棘轮机构

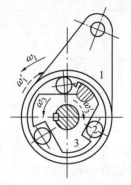

（b）滚子楔紧式棘轮系机构

图 9.7   摩擦式棘轮机构

9.1.2   棘爪工作条件

如图 9.8 所示,当棘轮机构工作时,在一定载荷下,为使棘爪受力最小,应使 $\angle O_1AO_2 = 90°$。为了保证棘爪能滑入齿槽,以防止棘爪从棘轮齿槽中脱出,棘爪在与棘轮齿面接触的点 A 处所受压力 F_N(沿 $n-n$ 方向)对回转轴线 O_2 的力矩应大于棘爪所受摩擦力 F_f 对 O_2 的力矩,即

$$F_N L \sin\alpha > F_f L \cos\alpha$$

而

$$F_f = F_N \mu = F_N \tan\rho$$

式中 α—— 棘轮齿面与棘轮轮齿尖顶径向线间的夹角,即齿面角;

ρ—— 摩擦角($\rho = \arctan\mu$);

μ—— 摩擦系数;

L—— 棘爪长。

图 9.8   棘爪受力分析

将以上二式整理,可得

$$\frac{\sin\alpha}{\cos\alpha} > \tan\rho$$

即

$$\tan\alpha > \tan\rho$$

故应使

$$\alpha > \rho \qquad\qquad (9.1)$$

由此可知,棘爪能够顺利滑入齿根进行工作的条件为:棘轮齿面角 α 大于摩擦角 ρ。

9.1.3　棘轮机构主要几何尺寸计算及棘轮齿形的画法

棘轮与齿轮一样,棘轮齿的大小也是用模数来衡量的,且棘轮齿的模数已被标准化。

当选定齿数 z 和按照强度要求确定模数 m 之后,棘轮和棘爪的主要几何尺寸可按表9.1计算。

表 9.1　棘轮和棘爪的主要几何尺寸计算

序号	名称	公式及计算数据
1	齿顶圆直径	$d_a = mz$
2	齿高	$h = 0.75m$
3	齿顶厚	$a = m$
4	齿槽夹角	$\theta = 60°$ 或 $55°$
5	棘爪长度	$L = 2\pi m$

其他结构尺寸可参看机械零件设计手册。

由以上公式算出棘轮的主要尺寸后,可按下述方法画出齿形:如图 9.9 所示,根据 d_a 和 h 先画出齿顶圆和齿根圆;按照齿数等分齿顶圆,得到点 A'、C… 并由任一等分点 A' 作弦;$A'B = a = m$ 再由 B 到第二等分点 C 作弦 BC;然后自点 B、C 分别作角度 $\angle O'BC = \angle O'CB = 90° - \theta$ 得点 O';以 O' 为圆心,$O'B$ 为半径画圆交齿根圆于点 E,连 CE 得轮齿工作面,连 BE 得全部齿形。

9.1.4　棘轮机构的特点和应用

轮齿式棘轮机构结构简单,运动可靠,棘轮的转角容易实现有级的调节。但这种机构在回程时,棘爪在棘轮齿背上滑过有噪声;在运动开始和终了时,速度骤变而产生冲击,运动平稳性较差,且棘轮齿易磨损,故常用在低速、轻载等场合实现间歇运动。摩擦式棘轮机构传递运动较平稳、无噪声,棘轮的转角可作无级调节,但运动准确性差,不宜用于运动精度要求高的场合。滚子楔紧式棘轮机构除具有上述特点外,还可以实现快速超越运动。

在起重机、卷扬机等机械中,则常用棘轮机构作为防止逆转的止逆器,使提升的重物能停止在任何位置上,以防止由于停电等原因造成事故。图 9.10 所示即为提升机的棘轮止逆器。

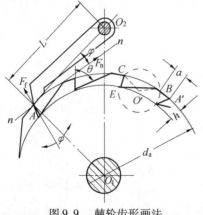

图 9.9　棘轮齿形画法

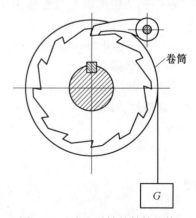

图 9.10　防止逆转的棘轮机构

9.2 槽轮机构

9.2.1 槽轮机构的工作原理和类型

如图 9.11 所示为外啮合槽轮机构。它主要由带有圆销 A 的主动拨盘 1、具有径向槽的从动槽轮 2 和机架所组成。当拨盘 1 的圆销 A 未进入槽轮 2 的径向槽时,由于槽轮的内凹锁住弧 S_2 被拨盘的外凸锁止弧 S_1 卡住,而使槽轮 2 做与主动拨盘转向相反的静止不动。图 9.11 所示为圆销 A 开始进入槽轮径向槽的位置,这时锁住弧 S_2 被松开,圆销 A 驱使槽轮 2 转动。当圆销 A 从槽轮的径向槽脱出时,槽轮的另一内凹锁止弧又被拨盘的外凸锁止弧重新锁住,又使槽轮 2 停止不动,直至拨盘 1 的圆销 A 再次进入槽轮 2 的另一径向槽时,两者又重复上述的运动循环。这样,就把主动拨盘的连续转动变成槽轮的单向间歇运动。

图 9.12 为内啮合槽轮机构。内啮合槽轮机构的工作原理与外啮合槽轮机构一样。内啮合槽轮机构较外啮合槽轮机构运动平稳,且结构紧凑,并能使主动拨盘与从动槽轮转动方向相同,但槽轮的停歇时间较短,槽轮尺寸也较大。

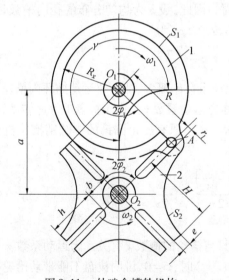

图 9.11 外啮合槽轮机构

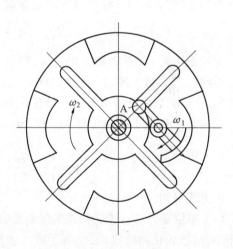

图 9.12 内啮合槽轮机构

槽轮机构其结构简单,工作可靠,效率较高,与棘轮机构相比,运转平稳,能准确控制转角的大小,应用较广,但槽轮的转角不能调节,槽轮在启动和停歇时有一定程度的冲击,一般不宜用于高速运动的场合。

图 9.13 所示为转塔车床刀架转位装置中的槽轮机构,图 9.14 所示为电影放映机中用以间歇走片的槽轮机构。

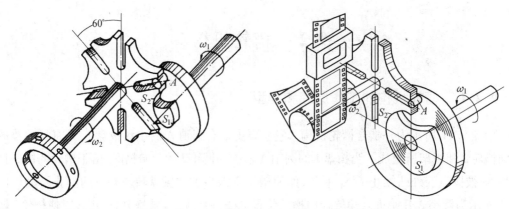

图 9.13　刀架转位机构　　　　图 9.14　电影放映机中的槽轮机构

9.2.2　槽轮机构的主要参数设计

槽轮机构的主要参数是槽数 z 和主动拨盘的圆销数 K,这里主要针对外啮合槽轮进行介绍。

1. 槽数 z

为避免槽轮开始转动和终止转动时发生刚性冲击,如图 9.11 所示,圆销 A 进入径向槽时,径向槽的中心线应切于圆销中心的运动圆周。因此,设 z 为均匀分布的径向槽数目,则由图可知,槽轮 2 转过 $2\varphi_2$ 弧度时对应拨盘 1 的转角 $2\varphi_1$ 为

$$2\varphi_1 = \pi - 2\varphi_2 = \pi - \frac{2\pi}{z} \tag{9.2}$$

为讨论槽数 z 和圆销数 K 的选择,特引入运动系数的概念,即一个运动循环内槽轮 2 运动的时间 t_2 与拨盘 1 转动一周的时间 t_1 之比,称为运动系数 τ。由于拨盘 1 等速转动,时间与转角成正比,故运动系数 τ 可用转角比来表示。对于只有一个圆销的单圆销槽轮机构,t_2 和 t_1 各对应于拨盘 1 的回转角 $2\varphi_1$ 和 2π,因此

$$\tau = \frac{t_2}{t_1} = \frac{2\varphi_1}{2\pi} = \frac{\pi - \dfrac{2\pi}{z}}{2\pi} = \frac{z-2}{2z} \tag{9.3}$$

由上式可知:

(1) 单圆销外啮合槽轮机构的运动系数 τ 只与槽轮的槽数 z 有关。因运动系数 τ 必须大于零,故槽轮径向槽数 z 必须等于或大于 3(如 $z=2$ 时,$\tau=0$,说明拨盘不能带动槽轮),而且,当 $z>9$ 时,τ 的改变很小。

(2) 式(9.3)可改写为,$\tau = 1/2 - 1/z$。由此可知,$\tau < 0.5$,即槽轮运动的时间总小于静止的时间。且 z 越少,τ 越小,槽轮运动的时间也越短,槽轮运动的这一特性常用来缩短机器非工作的辅助时间(如槽轮机构用作转位装置时,槽轮运动时间为机器的辅助时间),以提高生产率。

(3) 可以证明,槽轮的槽数 z 越小,槽轮的最大角速度 $\omega_{2\max}$ 和最大角加速度 $\alpha_{2\max}$ 越大,槽轮的运动越不均匀,运动平稳性越差。因此,$z=3$ 的槽轮也很少用。增加槽轮槽数 z,可提高槽轮机构的运动平稳性。但当中心距 a 一定时,z 越多,槽轮的槽顶高 r_2 越大,使槽轮尺寸增大,转动时槽轮的惯性力矩也随之增大。

考虑到上述各种因素,设计槽轮机构时,槽轮的槽数常取为 $z = 4 \sim 8$。

2.拨盘圆销数 K

如欲得到 $\tau > 0.5$ 的槽轮机构,则须在拨盘 1 上装若干圆销。设均匀分布的圆销数目为 K,则一个运动循环中,轮 2 的运动时间为只有一个圆销时的 K 倍,即

$$\tau = \frac{K(z-2)}{2z} \tag{9.4}$$

由于运动系数 τ 应小于 1,如若 $\tau = 1$,槽轮将处于连续运动状态,而不再成为间歇运动机构。因此,由式(9.4) 得

$$\frac{K(z-2)}{2z} < 1$$

即

$$K < \frac{2z}{z-2} \tag{9.5}$$

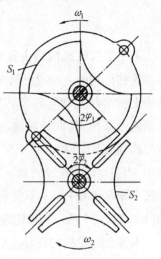

图 9.15 双圆柱销槽轮机构

由上式可知,当 $z = 3$ 时,圆销的数目 K 可为 $1 \sim 5$;当 $z = 4$ 或 5 时,K 可为 $1 \sim 3$;当 $z \geqslant 6$ 时,K 可为 1 或 2。

图 9.15 所示为 $z = 4$、$K = 2$ 的槽轮机构,其运动系数 $\tau = 0.5$,即槽轮的运动时间与停歇时间相等。

9.2.3　外啮合槽轮机构的几何尺寸

在设计计算这种槽轮机构时,首先应根据工作要求确定槽轮的槽数 z、主动拨盘的圆销数 K 以及中心距 a。然后按表 9.2 计算其几何尺寸。

表 9.2　外啮合槽轮机构的几何尺寸计算(参见图 9.11)

名　　称	符　号	单　位	计算公式及说明
圆销回转半径	R	mm	$R = a\sin\dfrac{\pi}{z}$(a 为中心距,单位为 mm)
圆销半径	r_1	mm	$r_1 \approx R/6$
槽顶高	H	mm	$H = a\cos\dfrac{\pi}{z}$
槽底高	b	mm	$b \leqslant a - (R + r_1)$
槽深	h	mm	$h = r_2 - b$
锁止弧半径	R_x	mm	$R_x = K_x r_2$　其中 K_x <table><tr><td>z</td><td>3</td><td>4</td><td>5</td><td>6</td><td>8</td></tr><tr><td>K_x</td><td>1.4</td><td>0.7</td><td>0.48</td><td>0.34</td><td>0.2</td></tr></table>
槽顶口壁厚	e	mm	$e = R - (r_1 + R_x)$,一般应使 $e > 3 \sim 5$ mm
锁止弧张开角	γ	(°)	$\gamma = \dfrac{2\pi}{K} - 2\varphi_1 = 2\pi\left(\dfrac{1}{K} + \dfrac{1}{z} - \dfrac{1}{2}\right)$

9.3   不完全齿轮机构

不完全齿轮机构是由普通齿轮机构演变而得的一种间歇机构,如图9.16(a)、(b)所示。这种机构的主动轮上只做出一个齿或几个齿,并根据运动时间和停歇时间的要求,在从动轮上做出与主动轮轮齿相啮合的轮齿的数目。在从动轮停歇期间,两轮轮缘各有锁止弧,以防止从动轮游动,起定位作用。在图9.16所示的不完全齿轮机构中,当主动轮1连续转动一周时,从动轮2每次分别转过1/8周和1/4周。不完全齿轮传动也有内啮合传动(图9.17(a))所示和齿轮齿条传动(图9.17(b))。

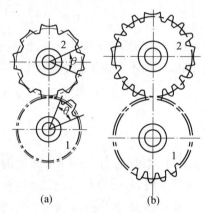

(a)   (b)

图9.16   不完全齿轮机构(外啮合传动)

不完全齿轮机构在每次启动和停止时,都会产生刚性冲击。因此,对于转速较高的不完全齿轮机构,可在两轮端面上分别装上瞬心线附加杆,如图9.18所示,使从动轮在启动时转速逐渐增大,在停止时又逐渐减小,从而避免发生过大的冲击。

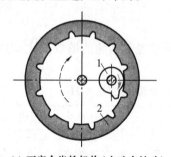

(a) 不完全齿轮机构(内啮合转动)

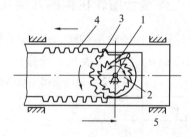

(b) 不完全齿轮机构(齿轮齿条传动)

图9.17   不完全齿轮机构

不完全齿轮机构结构简单,制造方便,从动轮的运动时间和停歇时间的比例不受机构结构的限制。没有瞬心线附加杆的不完全齿轮机构,从动件在转动开始和末了时冲击较大,故只宜用于低速轻载的场合。不完全齿轮机构多用在一些有特殊运动要求的专用机械中,如图9.19为用于铣削乒乓球拍周缘的专用靠模铣床中的不完全齿轮机构。加工时,主动轴1带动铣刀轴2转动。而另一个主动轴3上的不完全齿轮4与5分别使工件轴得到正、反两个方向的回转。当工件轴转动时,在靠模凸轮7和弹簧作用下,使铣刀轴上的滚轮8紧靠在靠模凸轮7上,以保证加工出工件(乒乓球拍)的周缘。不完全齿轮机构在多工位的自动机中,也常用它作为工作台的间歇转位和间歇进给机构。计数器中应用也很多。

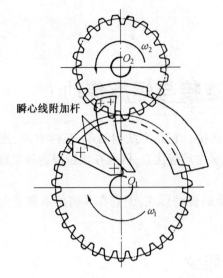

瞬心线附加杆

图 9.18　带瞬心线附加杆的不完全齿轮机构

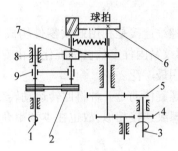

球拍

图 9.19　专用靠模铣床中的不完全齿轮机构

习题与思考题

9.1　当原动件做等速转动时,为了使从动件获得间歇的转动,则可以采用哪些机构?其中间歇时间可调的机构是哪些?

9.2　棘轮机构有几种类型,它们分别有什么特点,适用于什么场合?

9.3　不完全齿轮机构和槽轮机构在运动过程中传动比是否变化?

9.4　有一外啮合槽轮机构,已知槽轮槽数 $z = 6$,槽轮的停歇时间为 1 s,槽轮的运动时间为 2 s。求槽轮机构的运动特性系数及所需的圆销数目。

9.5　某一单销六槽外槽轮机构,已知槽轮停时进行工艺动作,所需时间为 20 s,试确定主动轮的转速。

9.6　不完全齿轮与普通齿轮机构的啮合过程有何异同点?

第10章
螺纹连接与螺旋传动

螺纹连接是利用螺纹零件构成的一种可拆连接。它具有结构简单、装拆方便、连接可靠、螺纹紧固件多数已标准化并由专业工厂大批量生产等优点,因此在机械制造和工程结构中应用最广泛。

螺旋传动是一种将回转运动转变为直线运动的传动形式,但它在几何关系和受力关系上与螺纹连接相似,故也在本章中介绍。

10.1 螺纹

10.1.1 螺纹的分类

螺纹有内外之分,分别具有内螺纹和外螺纹的两个零件可以组成螺纹副(或螺旋副)。

根据螺纹的牙型,可分为三角形、矩形、梯形、锯齿形螺纹及管螺纹等,如图10.1所示。

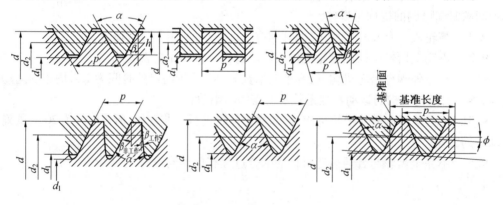

图 10.1 螺纹的牙型

根据螺旋线的旋向,可分为右旋螺纹和左旋螺纹,如图 10.2 所示,当螺纹体的轴线垂直放置时,螺旋线的可见部分自左向右上升,称为右旋(图 10.2(a)),反之为左旋(图 10.2(b))。常用的是右旋螺纹。

根据螺纹线的线数,螺纹分为单线和多线。单线螺纹自锁性能好,多线螺纹传动效率高。根据母体形状,可分为圆柱螺纹和圆锥螺纹。前者螺纹在圆柱体上切出,后者螺纹在圆锥体上切出。常用的是圆柱螺纹,圆锥螺纹多用在管件连接中。

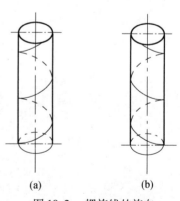

(a)　　　　(b)

图 10.2 螺旋线的旋向

10.1.2 螺纹的主要参数

下面以圆柱外螺纹为例来说明螺纹的主要参数(图10.3)。

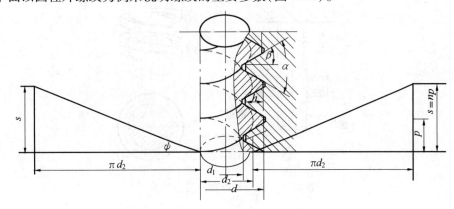

图 10.3 螺纹的主要几何参数

(1) 大径 d。大径 d 是与外螺纹牙顶或内螺纹牙底相重合的假想圆柱面的直径,是螺纹的公称直径(管螺纹除外)。

(2) 小径 d_1。小径 d_1 是与外螺纹牙底或内螺纹牙顶相重合的假想圆柱面的直径。在强度计算中常用作危险截面的计算直径。

(3) 中径 d_2。中径 d_2 是螺纹的牙厚与牙间宽度相等处的圆柱面直径。它是确定螺纹几何参数关系及受力分析的基准。

(4) 线数 n。线数 n 是螺纹的螺旋线数。沿一条螺旋线形成的螺纹称为单线螺纹,沿 n 条等距螺旋线形成的螺纹称为 n 线螺纹。

(5) 螺距 p。螺距 p 是螺纹相邻两牙在中径线上两对应点间的轴向距离。

(6) 导程 s。导程 s 是同一条螺旋线上相邻两牙在中径线上两对应点间的轴向距离($s = np$)。

(7) 螺纹升角 ψ。升角是指在中径圆柱面上螺旋线的切线与垂直于螺纹轴线的平面间的夹角。其计算公式为

$$\psi = \arctan(s/(\pi d_2)) = \arctan(np/(\pi d_2)) \tag{10.1}$$

(8) 牙型角 α 和牙侧角 β。在螺纹轴向截面内螺纹牙型两侧边的夹角 α 称为牙型角;而牙型侧边与螺纹轴线的垂线间的夹角 β 称为牙侧角。对于对称牙型 $\beta = \alpha/2$。α 和 β 影响螺纹牙根强度、螺纹自锁性和传动效率。

(9) 螺纹接触高度 h。螺纹接触高度 h 是指内、外螺纹旋合后牙侧重合部分在垂直于螺纹轴线方向上的距离。

10.1.3 螺纹副的受力关系、效率和自锁

图10.4为矩形螺纹副的受力关系,F 为螺纹副的轴向载荷,假定载荷 F 集中作用在螺纹中径 d_2 的圆周上的一点。当螺母在转矩 T 作用下等速旋转并沿载荷 F 相反方向移动(此时相当于拧紧螺母)时,螺母相当于滑块在水平力 F_t 推动下沿斜面等速上升;当螺母等速旋转

并沿着载荷 F 的方向移动(此时相当于松退螺母)时,相当于滑块沿斜面等速下滑。其受力分析如图 10.5 所示。

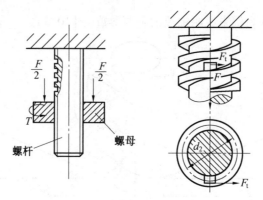

图 10.4 矩形螺纹副的受力关系

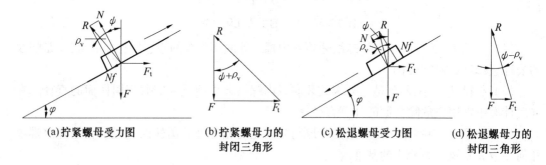

| (a)拧紧螺母受力图 | (b)拧紧螺母力的
封闭三角形 | (c)松退螺母受力图 | (d)松退螺母力的
封闭三角形 |

图 10.5 矩形螺纹副的受力分析图

螺纹副的受力关系、效率和自锁公式如下:

拧紧时

圆周力 F_t(N) $\qquad\qquad F_t = F\tan(\psi + \rho_v)$ (10.2)

力矩 T_1(N·mm) $\qquad\qquad T_1 = F\tan(\psi + \rho_v) \cdot d_2/2$ (10.3)

效率 η $\qquad\qquad \eta = \tan\psi/\tan(\psi + \rho_v)$ (10.4)

松退时

圆周力 F_t $\qquad\qquad F_t = F\tan(\psi - \rho_v)$ (10.5)

力矩 T_1 $\qquad\qquad T_1 = F\tan(\psi - \rho_v) \cdot d_2/2$ (10.6)

效率 η $\qquad\qquad \eta = \tan(\psi - \rho_v)/\tan\psi$ (10.7)

自锁条件 $\qquad\qquad \psi \leqslant \rho_v$ (10.8)

式中 F——螺纹承受的轴向力(N);

$\quad\;\; d_2$——螺纹中径(mm);

$\quad\;\; \psi$——螺纹升角(°);

$\quad\;\; \rho_v$——当量摩擦角(°),$\rho_v = \arctan(f/\cos\beta)$,$f$ 为螺纹副实际摩擦系数,通常 $f = 0.1 \sim 0.15$,β 为牙侧角。

10.1.4 常用螺纹的特点和应用

普通螺纹(也称普通螺纹)的牙型角 $\alpha = 60°$,螺纹牙根部的强度较高、当量摩擦角大、自锁性能好,故广泛应用于连接零件。同一公称直径的普通螺纹,按螺距大小分为粗牙和细牙两类(图 10.6)。螺距大的为粗牙普通螺纹,用于一般连接。而细牙普通螺纹的螺距小、升角也小、中径大,螺杆强度较高,因而自锁性能好,但是不耐磨、易滑扣,适用于薄壁零件连接和受动载荷的连接,也可作微调装置的调节螺纹。

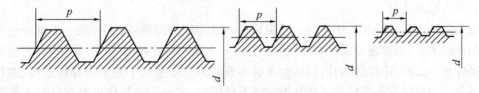

图 10.6 三角形螺纹的粗牙和细牙

矩形螺纹的牙型角 $\alpha = 0°$,其传动效率高,多用于传动,但是矩形螺纹对中性差、牙根强度低,螺纹牙磨损后间隙难以补偿,使传动精度降低,故已逐渐被梯形螺纹代替。

梯形螺纹的牙型角 $\alpha = 30°$,其传动效率虽较矩形螺纹低,但是工艺性好、牙根强度高、对中性好,而且如采用剖分式螺母,可以调整间隙,因此广泛用于传动。

锯齿形螺纹的牙型为不等腰梯形,工作面的牙侧角 $\beta_{工作面} = 3°$,而非工作面的牙侧角 $\beta_{非工作面} = 30°$,因此它兼有矩形螺纹传动效率高和梯形螺纹牙根强度高的优点。但是只能用于单向受力的传动中。

除矩形螺纹外,其他螺纹均已标准化。

10.2 螺纹连接的基本类型和标准螺纹连接件

10.2.1 螺纹连接的基本类型

螺纹连接有以下四种基本类型。

1. 螺栓连接

螺栓连接是利用螺栓穿过被连接件的光孔,拧紧螺母后将被连接件固连成一体的一种连接形式(图 10.7)。通常用于被连接件不太厚、便于做通孔和两边有足够装配空间的场合。

螺栓连接分为普通螺栓和铰制孔用螺栓连接两种。 普通螺栓连接(图 10.7(a))的结构特点是被连接件上的通孔和螺栓杆间留有间隙,对孔的加工精度要求低,结构简单,装拆方便,应用广泛。而铰制孔用螺栓连接(图 10.7(b))的结构特点是被连接件上的通孔和螺栓杆间是相互配合的,常采用基孔制过渡配合(H7/m6,H7/n6),故对孔的加工精度要求高。适用于利用螺栓杆承受横向载荷或需精确固定被连接件相对位置的场合。

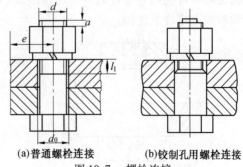

(a)普通螺栓连接 (b)铰制孔用螺栓连接
图 10.7 螺栓连接

受拉螺栓连接 $l_1 \geq (0.3 \sim 0.5)d$(受静载荷时),$l_1 \geq 0.75d$(受变载荷时),$l_1 \geq d$(受冲击,弯曲载荷时),受剪螺栓连接,l_1 尽量小,$a \approx (0.2 \sim 0.4)d$,$e = d + (3 \sim 6)$mm

2. 螺钉连接

螺钉连接是利用螺钉(或螺栓)穿过一被连接件的孔并旋入另一被连接件的螺纹孔中而将被连接件固连在一起的一种连接形式(图 10.8)。它适用于被连件之一太厚、不便做通孔或无法拧紧螺母而又不需经常装拆的场合。

3. 双头螺柱连接

双头螺柱连接是将双头螺柱的一端旋紧在一被连接件的螺纹孔中,另一端则穿过另一被连接件的光孔,再拧螺母而将被连接件固连在一起的一种连接形式(图 10.9)。它适用于被连接件之一太厚、不便做通孔,且需经常装拆或结构上受限制不能采用螺栓连接、螺钉连接的场合。为保证双头螺柱旋入端在拆卸时不被旋出,常采用使螺尾过渡部分拧入螺纹孔中的锁紧方法。

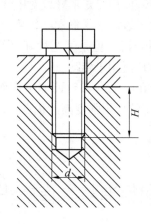

图 10.8　螺钉连接

$H \approx d$(螺纹孔为钢或青铜时)

$H \approx (1.25 \sim 1.5)d$(螺纹孔为铸铁时)

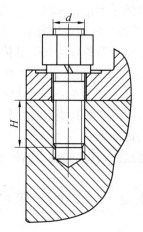

图 10.9　双头螺柱连接

$H \approx d$(螺纹孔为钢或青铜时)

$H \approx (1.25 \sim 1.5)d$(螺纹孔为铸铁时)

4. 紧定螺钉连接

紧定螺钉连接是利用紧定螺钉旋入一被连接件的螺纹孔,并以其末端顶紧另一被连接件来固定两零件间相对位置的一种连接形式(图 10.10)。它可以传递较小的力和转矩,多用于轴和轴上零件的连接。

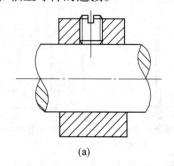

(a)

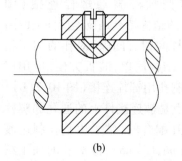

(b)

图 10.10　紧定螺钉连接

10.2.2   标准螺纹连接件

标准螺纹连接件的种类很多,在机械制造业中常用的标准螺纹连接件有:螺栓(最常用的是六角螺栓)、双头螺柱、螺钉、螺母(最常用的是六角螺母)和垫圈等。这些零件的结构形式和尺寸都已标准化了。它们的公称尺寸是螺纹的大径 d,设计时可按 d 的大小在有关的标准或设计手册中查出其他尺寸。

10.3   螺纹连接的预紧和防松

10.3.1   螺纹连接的预紧

大多数螺纹连接在装配时都必须预先拧紧,使螺栓受到拉伸和被连接件受到压缩。这种在承受工作载荷之前就使螺栓受到的拉伸力称为预紧力。预紧的目的是为了提高连接的刚度、紧密性和防松能力。对于既受预紧力又受轴向载荷拉伸作用的螺栓适当增加预紧力,还可以提高螺栓的疲劳强度;对于承受横向载荷的普通螺栓组连接,有利于增大连接中的摩擦力。但是,过大的预紧力会导致整个连接的结构尺寸增大,也会使螺栓在装配时因过载而断裂。

因此,对于重要的螺纹连接,必须控制其预紧力的大小。预紧力的大小,取决于螺母的拧紧程度,亦即所施加的扳手力矩的大小。拧紧螺母时,所施加的扳手力矩 $T(\mathrm{N \cdot mm})$,用来克服螺纹副间的阻力矩 T_1 和螺母支承面上的摩擦力矩 T_2(图 10.11),即

$$T = T_1 + T_2 \qquad (10.9)$$

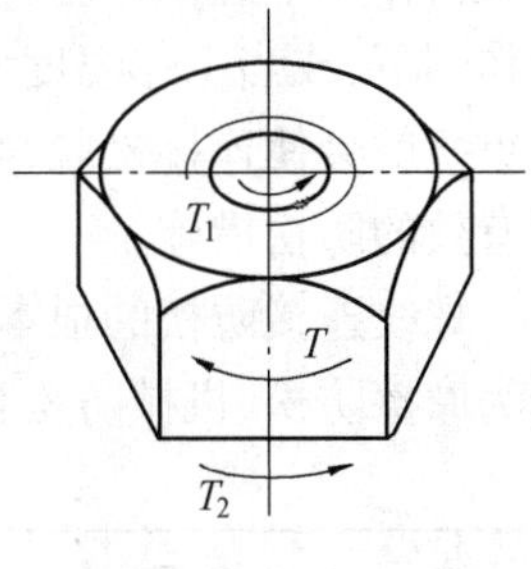

图 10.11   拧紧力矩

对于 M10 ~ M68 的粗牙三角螺纹,无润滑时,有如下近似关系式

$$T \approx 0.2F'd \qquad\qquad (10.10)$$

式中 F'── 预紧力(N);

d── 螺纹公称直径(mm)。

为了保证所需要的预紧力 F',拧紧螺母时可用测力矩扳手(图 10.13)或定力矩扳手(图 10.12)来控制扳手力矩的大小。对于大直径的螺栓连接,可用测量螺栓伸长量的方法来控制预紧力(图 10.14)。

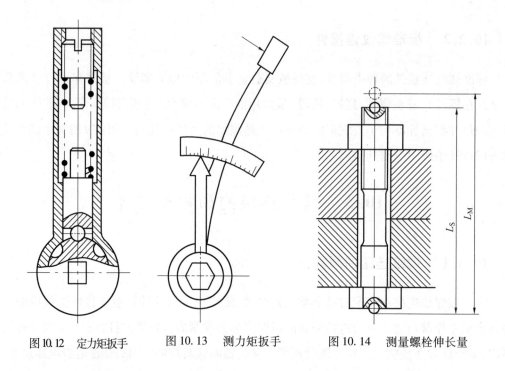

图 10.12　定力矩扳手　　　图 10.13　测力矩扳手　　　图 10.14　测量螺栓伸长量

10.3.2　螺纹连接的防松

连接用的三角形螺纹具有自锁性,而且螺母的螺栓头部支承面处还存在摩擦,因此,在静载荷作用下且工作温度变化不大时,螺纹连接不会自动松脱。但是,在冲击、振动和变载荷作用下,或当工作温度变化很大时,螺纹副间的摩擦力可能减小或瞬时消失,这种现象多次重复就会使连接松脱,影响连接的正常工作,甚至会发生严重事故。因此,设计时必须采取有效的防松措施。

螺纹连接防松的根本在于防止螺纹副的相对转动。防松的方法很多,按其工作原理可分为摩擦防松、机械防松和破坏螺纹副关系三类。现将常用的防松方法列于表 10.1 中。

表 10.1　螺纹连接常用的防松方法

摩擦防松	弹簧垫圈	双螺母	尼龙圈
	弹簧垫圈材料为弹簧钢,装配后垫圈被压平,其反弹力能使螺纹间保持压紧力和摩擦力	利用两螺母的对顶作用,使螺栓始终受到附加的拉力和附加的摩擦力。结构简单,可用于低速重载场合	螺母中嵌有尼龙圈,拧上后尼龙圈内孔被胀大,箍紧螺栓

续表 10.1

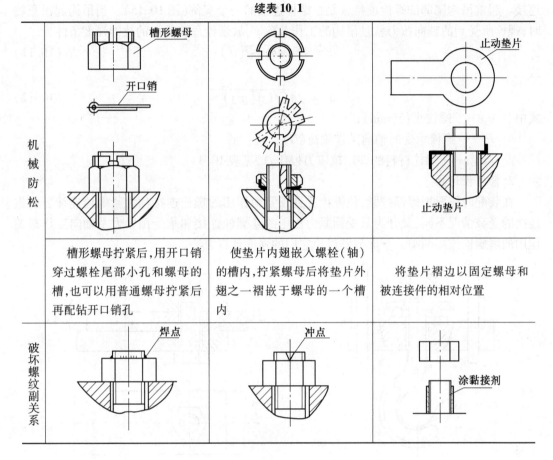

机械防松		
槽形螺母拧紧后,用开口销穿过螺栓尾部小孔和螺母的槽,也可以用普通螺母拧紧后再配钻开口销孔	使垫片内翅嵌入螺栓(轴)的槽内,拧紧螺母后将垫片外翅之一褶嵌于螺母的一个槽内	将垫片褶边以固定螺母和被连接件的相对位置
破坏螺纹副关系		

10.4　螺栓连接的强度计算

螺栓连接的受力情况是多种多样的,但对单个螺栓而言,其受力形式只有受轴向拉力和受横向剪力两类。对于受拉的普通螺栓,其主要失效形式是螺栓杆螺纹部分发生断裂和塑性变形,因而,其设计准则是保证螺栓的拉伸强度;对于受剪的铰制孔螺栓,其主要失效形式是螺栓杆和被连接件孔壁间压溃或螺栓杆被剪断,其设计准则是保证连接的挤压强度和螺栓的剪切强度。因此螺栓连接的强度计算,首先要根据连接的类型、装配情况和载荷情况等条件确定螺栓的受力,然后按相应的强度条件计算螺栓危险截面的直径(通常取螺纹小径 d_1 或配合螺栓杆直径 d_s)或校核其强度。而螺栓的其他部分(如螺栓头、螺杆、螺纹牙)和螺母、垫圈的结构尺寸则都是根据等强度条件及使用经验制定的,设计时只需根据螺纹的公称直径(螺纹大径 d)直接从标准中查取。

螺栓连接的强度计算方法对双头螺纹连接和螺钉连接也同样适用。

10.4.1　普通螺栓连接的强度计算

1.松螺栓连接

在装配时不需要把螺母拧紧,承受工作载荷之前螺栓并不受力的螺栓连接称为松螺栓连接。起重吊钩尾部的螺栓连接就是松螺栓连接的一个实例(图 10.15)。当吊钩起吊重物时,螺栓所受到的轴向拉力就是吊钩的工作载荷 F,故螺栓危险截面的拉伸强度条件为

$$\sigma = 4F/\pi d_1^2 \leqslant [\sigma] \tag{10.11}$$

或

$$d_1 = \sqrt{4F/(\pi[\sigma])} \tag{10.12}$$

式中　　d_1—— 螺纹小径(mm);

　　　　F—— 螺栓承受的轴向工作载荷(N);

　　　　$[\sigma]$—— 螺栓材料的许用拉应力(MPa),见表 10.4。

2. 紧螺栓连接

在装配时需要把螺母拧紧,使螺栓受到预紧力作用的螺栓连接称为紧螺栓连接。根据连接的受载情况不同,又分为只受预紧力作用的紧螺栓连接和承受预紧力及轴向工作载荷作用的紧螺栓连接两类。下面分别讨论它们的强度计算方法。

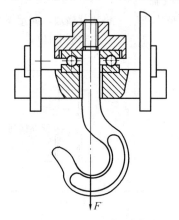

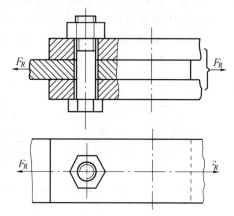

图 10.15　松螺栓连接　　　　　　图 10.16　受横向载荷的螺栓连接

(1)只受预紧力 F' 作用的紧螺栓连接。图 10.16 中靠摩擦力传递横向载荷 F_R 的紧螺栓连接和图 10.17 中靠摩擦力传递转矩 T 的紧螺栓连接都属于这一类。预紧力的大小可根据保证连接的接合面不发生相对滑移的条件来确定,亦即接合面间所产生的最大摩擦力(或摩擦力矩)必须大于或等于横向载荷 F_R(或转矩 T),即

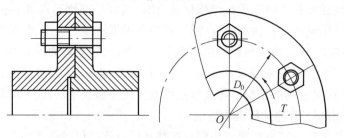

图 10.17　受旋转矩的螺栓连接

$$ZfF'm \geqslant K_s F_R \tag{10.13}$$

$$ZfF'D_0/2 \geqslant K_s T \tag{10.14}$$

或

$$F' \geqslant K_s F_R/(Zfm) \tag{10.15}$$

$$F' \geqslant 2K_s T/(ZfD_0) \tag{10.16}$$

式中　f——接合面间摩擦系数,对于钢铁零件,干燥表面为 $f = 0.10 \sim 0.16$,有油的表面为
　　　　　$f = 0.06 \sim 0.10$;

　　　　m——接合面数;

　　　　Z——螺栓数目;

　　　　K_s——可靠性系数,K_s 一般为 $1.1 \sim 1.5$。

　　在这类紧螺栓连接中,螺栓除受预紧力 F' 引起的拉应力 σ 作用外,还受到螺纹副间摩擦力矩 T_1 引起的扭剪应力 τ 作用,螺栓危险截面处于拉伸和扭转的复合应力状态,而螺栓材料通常是塑性的,因此在计算螺栓的强度时,可按照第四强度理论建立其强度条件式

$$\sigma_e = \sqrt{\sigma^2 + 3\tau^2} \leqslant [\sigma] \qquad (10.17)$$

　　对于 M10 ~ M68 的普通螺纹钢制螺栓,可取 $\tau \approx 0.5\sigma$,故有

$$\sigma_e \approx 1.3\sigma = 4 \times 1.3F'/(\pi d_1^2) \leqslant [\sigma] \qquad (10.18)$$

或　　　　　　　　　$$d_1 \geqslant \sqrt{4 \times 1.3F'/(\pi[\sigma])} \qquad (10.19)$$

式中　F'——预紧力(N);

　　　　d_1——螺纹小径(mm);

　　　　$[\sigma]$——螺栓材料的许用拉应力(MPa),见表 10.4。

　　上式说明,对同时受拉伸和扭转复合作用的紧螺栓连接,其当量应力 σ_e 约为拉应力 σ 的 1.3 倍,也就是说紧螺栓连接可按纯拉伸强度计算,但需将拉应力增大 30%,以考虑扭剪应力的影响。

　　上述靠摩擦力传递横向工作载荷的紧螺栓连接,在承受冲击、振动或变载荷时,工作不可靠,且需要较大的预紧力(使接合面不滑动的预紧力 $F' \geqslant F_R/f$,若 $f = 0.2$,则需 $F' \geqslant 5F_R$),因此螺栓直径较大。但由于结构简单和装拆方便,且近年来使用高强度螺栓,因此这种连接仍经常使用。此外,为了减少螺栓上的载荷,可以采用套、键、销等各种抗剪件来承受载荷,如图 10.18 所示,此时螺栓仅起连接作用,所需预紧力小,螺栓直径也小。

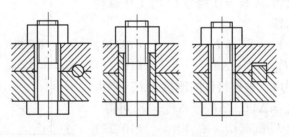

图 10.18　承受横向载荷的减载装置

　　(2) 受预紧力 F' 及轴向工作载荷 F 作用的紧螺栓连接。这种受力形式在紧螺栓连接中比较常见,例如,压力容器缸体和缸盖的凸缘螺栓连接就属于这一类(图 10.19)。设缸内总压力为 F_Q,螺栓数目为 Z,则每个螺栓平均承受的轴向工作载荷为 $F = F_Q/Z$。

　　图 10.20 反映了这类螺栓连接中螺栓和被连接件在预紧力 F' 和轴向工作载荷 F 作用前后受力与变形的关系。图 10.20(a) 是螺母刚好拧到与被连接件接触,但尚未拧紧的情况,此时,螺栓和被连接件都不受力,也未产生变形;图 10.20(b) 是螺母已拧紧的情况,此时,在预紧力 F' 的作用下,螺栓的伸长变形为 λ_b,被连接件的压缩变形为 λ_m;图 10.20(c) 是加上轴向工作载荷 F 后的情况,此时,螺栓所受的拉力由 F' 增加到 F_0,螺栓的伸长变形增加了

$\Delta\lambda_b$,而加载后受压缩的被连接件则因螺栓的进一步伸长而被放松,其压缩变形减少了 $\Delta\lambda_m$,与之相应的被连接件之间的压力也由 F' 减少为 F'',F'' 称为残余预紧力。根据变形协调条件,被连接件压缩变形的减小量等于螺栓伸长变形的增加量,即 $\Delta\lambda_m = \Delta\lambda_b = \Delta\lambda$。

上述螺栓和被连接件的受力与变形关系可以用图 10.21 所示线图表示,纵坐标为力,横坐标为变形。

由图 10.21 可以看出,螺栓所受的总拉力 F_0 不等于预紧力 F' 与工作载荷 F 之和,而等于残余预紧力

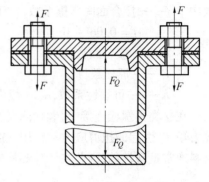

图 10.19　压力容器凸缘的螺栓连接

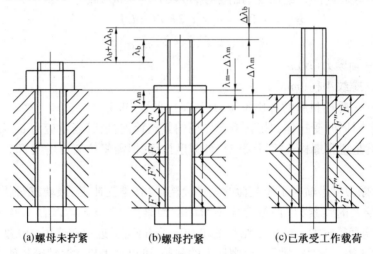

(a)螺母未拧紧　　(b)螺母拧紧　　(c)已承受工作载荷

图 10.20　螺栓与被连接件的受力与变形

F'' 与工作载荷 F 之和,或等于预紧力 F' 与工作载荷的一部分 ΔF_b 之和,即

$$F_0 = F'' + F \qquad (10.20)$$
$$F_0 = F' + \Delta F_b \qquad (10.21)$$

设螺栓的刚度为 C_b,被连接件的刚度为 C_m,则由于 $\Delta F_b = \Delta\lambda C_b$,$\Delta F_m = \Delta\lambda C_m$,$\Delta F_b + \Delta F_m = F$,可得

$$\Delta F_b = F[C_b/(C_b + C_m)] \qquad (10.22)$$

故有 $\qquad F_0 = F' + F[C_b/(C_b + C_m)] \qquad (10.23)$

式中,$C_b/(C_b + C_m)$ 称为螺栓的相对刚度。其大小与螺栓和被连接零件的材料、结构、尺寸以及工作载荷作用位置、垫片等因素有关,可通过计算或试验求出。为了降低螺栓的受力,提高螺栓的承载能力,应使 $C_b/(C_b + C_m)$ 值尽量小。一般可按表 10.2 选取。

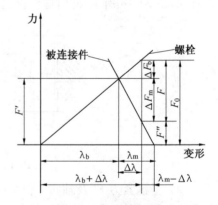

图 10.21　螺栓与被连接件的受力与变形关系

表 10.2   螺栓的相对刚度

垫片类型	金属垫片或无垫片	皮革垫片	铜皮、石棉垫片	橡胶垫片
$C_b/(C_b + C_m)$	0.2 ~ 0.3	0.7	0.8	0.9

紧螺栓连接应能保证被连接件的接合面不出现缝隙,因此残余预紧力 F'' 应大于零。对于一般连接,当工作载荷无变化时,可取 $F'' = (0.2 \sim 0.6)F$,工作载荷有变化时,可取 $F'' = (0.6 \sim 1.0)F$;对于气密连接,可取 $F'' = (1.5 \sim 1.8)F$。

设计时,可先根据连接的受载情况求出轴向工作载荷 F,再根据工作要求选择 F'',然后按式(10.20)计算出螺栓的总拉力 F_0,即可进行螺栓的强度计算。考虑螺栓受到工作载荷后可能需要补充拧紧,应将总拉力引起的拉应力增大 30%,以计入此时扭剪应力的影响,故其强度条件式为

$$\sigma_e = 4 \times 1.3 F_0/(\pi d_1^2) \leqslant [\sigma] \tag{10.24}$$

或

$$d_1 \geqslant \sqrt{4 \times 1.3 F_0/(\pi[\sigma])} \tag{10.25}$$

式中 F_0——螺栓的总拉力(N);

d_1——螺栓的小径(mm);

$[\sigma]$——螺栓材料的许用拉应力(MPa),见表 10.4。

对受轴向变工作载荷作用的紧螺栓连接,其强度计算可参阅其他资料。

10.4.2   铰制孔螺栓连接的强度计算

当采用铰制孔螺栓连接(图 10.22)来承受横向载荷 F_s 时,螺栓杆在接合面处受剪切,螺栓杆与被连接件的孔壁接触表面受挤压,因此,连接的强度应按螺栓的剪切强度和螺栓杆与孔壁表面的挤压强度进行计算,其强度条件分别为

$$\tau = 4F_s/(\pi d_s^2 m) \leqslant [\tau] \tag{10.26}$$

$$\sigma_p = F_s/(d_s h_{min}) \leqslant [\sigma_p] \tag{10.27}$$

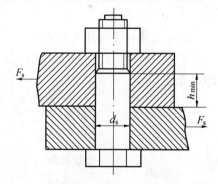

图 10.22   铰制孔螺栓连接

式中 F_s——单个螺栓所受的横向载荷(N);

d_s——螺栓剪切面直径(mm);

m——螺栓剪切面数目,在图 10.22 中 $m = 1$;

h_{min}——螺栓杆与孔壁挤压面的最小高度(mm);

$[\tau]$——螺栓材料的许用剪应力(MPa),见表 10.4;

$[\sigma_p]$——螺栓和孔壁材料中弱者的许用挤压应力(MPa),见表 10.4。

10.4.3   螺纹连接件的材料和许用应力

1. 螺纹连接件的材料

适合制造螺纹连接件的材料很多,常用的有 Q215、Q235、10、35、45 碳素钢和 15Cr、40Cr、15MnVB、30GrMnSi 等合金钢。合金钢主要用于承受变载荷的重要的螺纹连接件。选择材料时应使螺母比螺栓材料级别稍低,硬度也要低 20 ~ 40 HBW,以减小磨损和避免螺纹

咬死。

国家标准规定螺纹连接件按材料的机械性能分级,表 10.3 是螺栓、螺钉、螺柱、螺母的性能等级。

常用标准螺纹连接件,每个品种都规定了具体性能等级,例如 C 级六角头螺栓性能等级为 4.6 或 4.8 级;A、B 六角头螺栓为 8.8 级。

表 10.3　螺栓、螺钉、螺柱、螺母的性能等级(摘自 GB/T 3098.1 – 2010 和 GB/T 3098.2 – 2015)

			3.6	4.6	4.8	5.6	5.8	6.8	8.8 (≤ M16)	8.8 (> M16)	9.8	10.9	12.9
螺栓、螺钉、螺柱	抗拉强度极限 σ_B/MPa	公称	300	400		500		600	800	800	900	1000	1200
		min	330	400	420	500	520	600	800	830	900	1040	1220
	屈服强度极限 σ_s/MPa	公称	180	240	320	300	400	480	640	640	720	900	1080
		min	190	240	340	300	420	480	640	660	720	940	1100
	布氏硬度 HBS	min	90	109	113	134	140	181	232	248	269	312	365
	推荐材料		10 Q215	15 Q235	10 Q215	25 35	15 Q235	45	35	35	35 45	40Cr 15MnVB	30CrMnSi 15MnVB
相配合螺母	性能级别		4 或 5	4 或 5	4 或 5	5	5	6	8 或 9	8 或 9	9	10	12
	推荐材料		10 Q215	10 Q215	10 Q215	10 Q215	10 Q215	15 Q235	35	35	35	40Cr 15MnVB	30CrMnSi 15MnVB

注:性能等级的标记代号含义:"·"前的数字为公称抗拉强度极限 σ_B 的 1/100,"·"后的数字为屈强比的 10 倍,即$(\sigma_s/\sigma_B) \times 10$。

2. 螺纹连接件的许用应力

螺纹连接件的许用应力与载荷性质、装配情况、预紧力控制情况等因素有关,可参考表 10.4 选定。

表 10.4　静载荷时螺栓连接的许用应力

装配情况	螺栓材料	螺栓直径	
		M6 ~ M16	M16 ~ M30
松连接	碳素钢	$[\sigma] = \dfrac{\sigma_s}{1.2 \sim 1.7}$	
	合金钢		
紧连接(控制预紧力)	碳素钢	$[\sigma] = \dfrac{\sigma_s}{1.2 \sim 1.5}$	
	合金钢		
紧连接(不控制预紧力)	碳素钢	$[\sigma] = \dfrac{\sigma_s}{4 \sim 3}$	$[\sigma] = \dfrac{\sigma_s}{3 \sim 2}$
	合金钢	$[\sigma] = \dfrac{\sigma_s}{5 \sim 4}$	$[\sigma] = \dfrac{\sigma_s}{4 \sim 2.5}$
配合连接	$[\tau] = \dfrac{\sigma_s}{2.5}$,被连接件为钢$[\sigma_p] = \dfrac{\sigma_s}{1.25}$,为铸铁$[\sigma_p] = \dfrac{\sigma_B}{2 \sim 2.5}$		

10.4.4 提高螺栓连接强度的措施

螺栓连接的强度主要取决于螺栓的强度,而影响螺栓强度的因素很多,以下简要说明这些因素对螺栓强度的影响及提高螺栓强度的相应措施。

1. 改善螺纹牙间的载荷分布

对使用普通螺母的螺栓连接,由于受载时螺栓受拉伸,其螺距增大,而螺母受压缩,其螺距减小。螺纹螺距的变化差以旋合的第一圈处为最大,以后各圈递减。而内外螺纹牙面间是相互接触的,以上这种螺距的变化差别是靠旋合各圈螺纹牙的变形来补偿的,显然旋合的第一圈螺纹牙必须有最大的变形来适应内外螺纹螺距的最大变化差。因此旋合的第一圈螺纹牙受力最大。旋合螺纹间的载荷分布如图10.23所示。实验证明,约有1/3的载荷集中在第一圈螺纹牙上,第八圈以后的螺纹牙几乎不承受载荷,故采用圈数过多的加厚螺母并不能提高连接的强度。

为了改善螺纹牙上的载荷分布不均的情况,通常都以减小螺栓和螺母的螺距变化差的方法来实现。例如,采用图10.24(a)所示的悬置螺母和图10.24(b)所示的环槽螺母,可使螺母旋合部分受拉伸,其变形性质与螺栓相同,从而减少两者的螺距变化差,使螺纹牙上的载荷分布比较均匀。

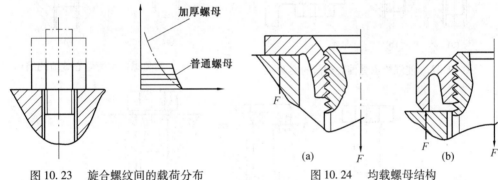

图10.23 旋合螺纹间的载荷分布   图10.24 均载螺母结构

2. 降低螺栓所受的总拉力和总拉力的变化范围

由式(10.21)知,当 F' 和 F 一定时,$C_b/(C_b+C_m)$ 越小,则螺栓所受到的总拉力 F_0 就越小;若螺栓所受的轴向工作载荷 F 在 $0 \sim F$ 之间变化时,则螺栓所受的总拉力 F_0 就在 $F' \sim (F'+F(C_b/(C_b+C_m)))$ 之间变化,变化幅度就是 $F(C_b/(C_b+C_m))$。显然若减少螺栓刚度 C_b 或增大被连接件刚度 C_m 都可使总拉力 F_0 的变化幅度减小,这对提高螺栓的疲劳强度是十分有利的。

为了减小螺栓刚度,可减小螺栓光杆部分直径或采用空心螺杆(图10.25),也可增加螺栓的长度。

为了增大被连接件刚度,可在被连接件间不用垫片或采用刚度大的垫片,当有紧密性要求时,可采用O形密封圈作为密封元件,既可达到密封目的,又可保持被连接件原来的刚度(图10.26)。

3. 避免螺栓承受偏心载荷

由于螺母及钉头支承面歪斜或不平整、装配不良、被连接件刚度不够等原因,都会使螺栓承受偏心载荷(图

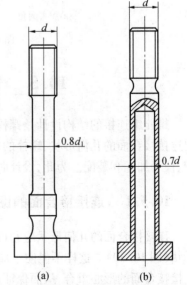

图10.25 减小螺栓刚度的结构

10.27），从而在螺栓杆中产生很大的附加弯曲应力，严重降低螺栓的强度。

　　因此，为了避免螺栓受偏心载荷，在设计时应保证螺母及钉头支承面平整且与螺栓轴线垂直；被连接件应有足够刚度；最好不采用钩头螺栓。图10.28是在铸件或锻件等未加工表面上安装螺栓时为获得平整的支承面而采用的结构。

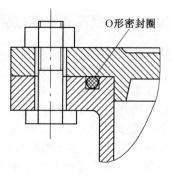

图 10.26　采用 O 形密封圈的结构

　　此外采用较大的过渡圆角、切制卸载槽等均可减小应力集中（图10.29）。在制造工艺上采用冷镦螺栓头部和滚压螺纹，既可降低应力集中，又有冷作硬化作用和使金属流线合理，因此与车制螺纹相比，疲劳强度能提高30%。氮化和喷丸处理也都能提高螺栓的疲劳强度。但是这些措施只能由螺栓生产厂家来实现。

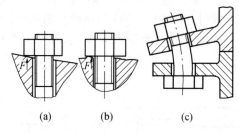

图 10.27　使螺栓承受偏心载荷的实例

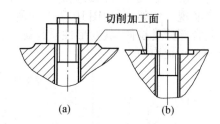

图 10.28　避免螺栓承受偏心载荷的结构

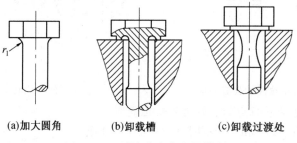

(a)加大圆角　　　　(b)卸载槽　　　　(c)卸载过渡处

图 10.29　减小应力集中的措施

10.5　螺栓组连接的结构设计

　　螺栓组连接的结构设计是螺栓组连接的重要设计内容，它的主要目的就在于合理地确定连接接合面的几何形状、螺栓的数目及其布置形式，力求各螺栓和接合面间受力均匀、合理，便于加工和装配。为此，设计时应综合考虑以下几方面的问题：

10.5.1　连接接合面的设计

　　连接接合面的几何形状应和机器的结构形状相适应，通常都设计成轴对称的简单几何形状（图10.30）。这样不但便于加工制造，而且便于对称布置螺栓，使螺栓组的对称中心和连接接合面的形心重合，从而保证连接接合面受力均匀。

图 10.30　螺栓组连接接合面常用的形状

10.5.2　螺栓的数目及布置

1. 螺栓的布置应使各螺栓的受力合理

（1）对称布置螺栓,使螺栓组的对称中心和连接接合面的形心重合。

（2）对于铰制孔螺栓连接的受剪螺栓,在平行于工作载荷方向上成排布置的螺栓数目不应超过八个,以免载荷分布过于不均。对于承受弯矩或转矩的螺栓连接,应使螺栓尽量布置在靠近连接接合面的边缘处,以减少螺栓的受力(图 10.31)。

2. 螺栓的布置应有合理的间距和边距,以保证连接的紧密性和装配时扳手所需活动空间

布置螺栓时,各螺栓轴线间以及螺栓轴线和机体壁间的最小距离,取决于装配时扳手所需活动空间的大小(图 10.32),其尺寸可查有关设计手册。而各螺栓轴线间的最大间距取决于对连接紧密性的要求,通常可参考表 10.5 选取(不大于表中所推荐的数值)。

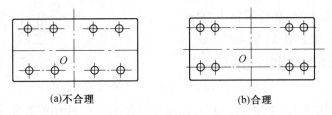

(a)不合理　　　　　　　　　(b)合理

图 10.31　接合面受弯矩或转矩时螺栓的布置

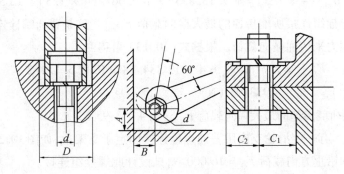

图 10.32　扳手空间尺寸

3. 螺栓的数目及布置应便于螺栓孔的加工

分布在同一圆周上的螺栓数目,应取成 4、6、8 等偶数,以便于在圆周上钻孔时的分度和划线。

表 10.5　　螺栓间距 t_0

	工作压力 /MPa					
	≤ 1.6	1.6 ~ 4	4 ~ 10	10 ~ 16	16 ~ 20	20 ~ 30
	t_0/mm					
	$7d$	$4.5d$	$4.5d$	$4d$	$3.5d$	$3d$

注:表中 d 为螺纹公称直径。

【例 10.1】　有两块钢板由四个 M16 的普通螺栓连接在一起,如图 10.33 所示。已知 M16 螺纹小径 $d_1 = 13.835$ mm,螺栓材料为 Q215,强度级别为 4.8,预紧力不控制,接合面间摩擦系数 $f = 0.12$,可靠性系数 $K_s = 1.2$。试计算该螺栓组连接所能传递的最大横向载荷 $F_{R\,max} = ?$

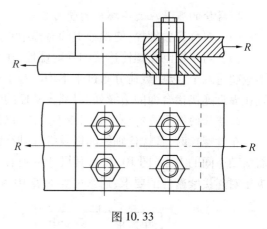

图 10.33

【解】

(1)确定螺栓材料的许用拉应力 $[\sigma]$。由题给条件查表 10.3 知,螺栓材料为 Q215,强度级别为 4.8 级,其屈服极限 $\sigma_s = 320$ MPa。又由表 10.4 查得许用拉伸应力

$$[\sigma] = \sigma_s/(3 ~ 2) = 320/3 = 106.667 \text{(MPa)}$$

(2)确定螺栓所能承受的预紧力 F'。这是仅受预紧力 F' 作用的紧螺栓连接,由强度条件式(10.18)可得

$$F' \leq \pi d_1^2[\sigma]/(4 \times 1.3) = \pi \times 13.835^2 \times 106.667/(4 \times 1.3) = 12\,334.88 \text{(N)}$$

(3)计算螺栓组连接所能传递的最大横向载荷 $F_{R\,max}$。这是普通螺栓连接,靠被连接件接合面间的摩擦力来传递横向载荷。根据式(10.13)可得

$$F_{R\,max} = Z\,F'fm/K_s = 4 \times 12\,334.88 \times 0.12 \times 1/1.2 =$$
$$4\,933.95 \text{(N)}$$

即该螺栓组连接所能传递的最大横向载荷 $F_{R\,max}$ 为 4 933.95 N。

【例 10.2】　有一定滑轮支座用普通螺栓连接固定于支架上,如图 10.34 所示。已知作用于滑轮轴上的铅垂方向载荷 $F_Q = 16\,000$ N,试设计此螺栓组连接。

【解】

(1)螺栓组连接结构设计。采用如图 10.34 所示的结构,接合面为矩形,螺栓数目为 $Z = 4$,对称布置,并有适当的间距和边距。

(2)螺栓受力分析。这是既受预紧力 F' 作用,又受轴向工作载荷 F 作用的紧螺栓连接。各螺栓所受的轴向工作载荷为

$$F = Q/Z = 16\,000/4 = 4\,000\,(\text{N})$$

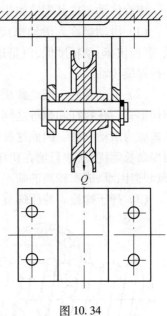

这是一般连接,取残余预紧力 $F'' = 0.6F$,则根据式 (10. 20) 可得螺栓受到的总拉力为

$$F_0 = F'' + F = 0.6F + F = 1.6F = 1.6 \times 4\,000 = 6\,400\,(\text{N})$$

(3) 确定螺栓直径。选螺栓材料为 Q215,螺栓强度级别为 4.8 级,则由表 10. 3 得螺栓材料的屈服极限 $\sigma_s =$ 320 MPa,设装配时不控制预紧力,螺栓直径在 M6 ~ M16 间,由表 10. 4 许用拉应力

$$[\sigma] = \sigma_s/(2 \sim 3) = 320/3 = 106.667\,(\text{MPa})$$

由式(10. 25) 可得螺纹小径为

$$d_1 \geqslant \sqrt{4 \times 1.3F_0/(\pi[\sigma])} =$$

$$\sqrt{4 \times 1.3 \times 6\,400/(\pi \times 106.667)} = 9.396\,(\text{mm})$$

查 GB/T 196—2003,取 M12 普通螺栓($d_1 = 10.106$ mm > 9.4 mm),显然螺栓直径在M6 ~ M16 之间,许用拉应力的数值是合适的。

图 10. 34

10. 6　螺旋传动

10. 6. 1　概述

螺旋传动由螺杆和螺母组成,主要用于将回转运动变为直线运动。

螺旋传动按其用途不同,可分为三类:

(1) 传力螺旋。传力螺旋以传递动力为主,要求用较小的力矩转动螺杆(或螺母),而使螺母(或螺杆)产生轴向运动和较大的轴向力,这个轴向力可用来做起重和加压等工作。例如,图 10. 35 所示的起重螺旋和压力机螺旋。这种螺旋一般为间歇性工作,工作速度不高,通常要求自锁。

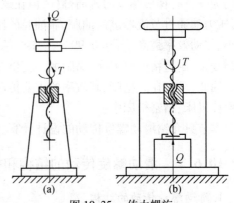

图 10. 35　传力螺旋

(2) 传导螺旋。传导螺旋以传递运动为主,如机床的进给丝杠(图 10. 36)。这种螺旋通常在较长时间内连续工作,速度较高,要求有较高的运动精度。

(3) 调整螺旋。调整螺旋用以调整固定零件间的相对位置,如机床、仪器中的微调机构。这种螺旋不经常转动,一般在空载下调整。

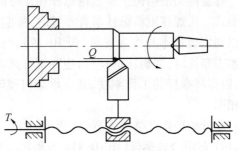

图 10. 36　传导螺旋

螺旋传动若按其螺纹副中摩擦性质的不同,又可分为三类:

（1）滑动螺旋。滑动螺旋的螺纹副中产生的是滑动摩擦,因此摩擦阻力大、传动效率低、磨损快、运动精度低,但是这种螺旋结构简单、制造方便、易于自锁,故是目前应用最广的一种螺旋传动。

（2）滚动螺旋。滚动螺旋的螺纹副中产生的是滚动摩擦。图 10.37 是滚动螺旋的一种结构形式。在螺杆和螺母之间设有封闭循环的滚道,在滚道内放满钢球,这样就使螺旋副的摩擦成为滚动摩擦。因此这种螺旋具有摩擦阻力小、传动效率高、传动平稳、运动精度高、使用寿命长等优点,故目前在机床、汽车和航空等制造业中应用较多。但这种螺旋也有结构复杂、制造困难、成本较高的缺点。

（3）静压螺旋。静压螺旋的螺纹副中产生的是液体摩擦,其结构如图 10.38 所示。螺

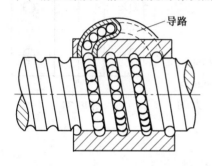

图 10.37　螺旋槽式外循环滚珠螺旋　　　　　图 10.38　静压螺旋传动

杆仍为一具有梯形螺纹的普通螺杆,但在螺母的每圈螺纹牙的两个侧面上各开有三四个油腔,压力油通过节流器进入油腔,靠油腔的压力差来承受外载荷。静压螺旋传动的摩擦阻力最小、传动效率最高（可达 0.99）、工作平稳、寿命长,但是其结构复杂、制造精度要求高,需附加一套供油系统,使成本提高。因此,只有在高精度、高效率的重要传动中才宜采用,如在数控机床、精密机床中。

本节只介绍滑动螺旋传动的设计计算。

10.6.2　滑动螺旋传动的结构和材料

1. 滑动螺旋传动的结构

螺旋传动的结构主要是指螺杆和螺母的固定与支承结构形式。当螺杆短而粗且垂直布置时,如起重的传力螺旋,可以利用螺母本身作为支承（图 10.39）。而当螺杆细而长且水平布置时,如机床的丝杠,应在螺杆两端或中间附加支承,以提高螺杆的工作刚度,其支承结构和轴的支承结构基本相同。

螺母的结构有整体式螺母（图 10.39）、剖分式螺母（图 10.40）和组合式螺母（图 10.41）等形式。整体式螺母结构简单,但因磨损而产生的轴向间隙不能补偿,故只适用于精度要求不高的螺旋传动。剖分式螺母和组合式螺母能补偿

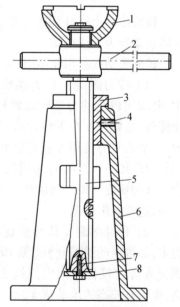

图 10.39　螺旋起重器

1—托杯;2—手柄;3—螺线;4—紧定螺钉;5—螺杆;6—底座;7—螺栓;8—挡圈

旋合螺纹的磨损和消除轴向间隙,可以避免反向传动时的空行程,故广泛应用于经常正反转的传导螺旋中。

滑动螺旋传动中多采用梯形或锯齿形螺纹,且常用右旋螺纹。传力螺旋和调整螺旋要求自锁时,应采用单线螺纹;对于传导螺旋,为了提高其传动效率和直线运动速度,可采用多线螺纹。

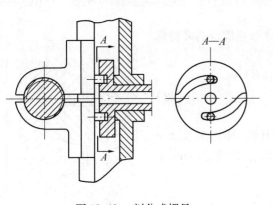

图 10.40   剖分式螺母

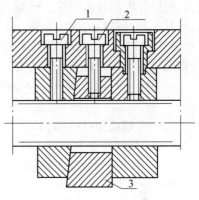

图 10.41   组合式螺母
1— 固定螺钉;2— 调整螺钉;3— 调整楔块

2. 螺杆和螺母的材料

螺杆和螺母的材料除要求有足够的强度外,还要求有较好的耐磨性、减摩性和良好的工艺性。其常用的材料见表 10.6。

表 10.6   螺杆和螺母的常用材料

螺旋副	材 料 牌 号	应 用 范 围
螺杆	Q215、Q275、45、50	材料不经热处理,适用于经常运动、受力不大、转速较低的传动
	40Cr、65Mn、T12、40WMn、18CrMnTi	材料需经热处理,以提高其耐磨性。适用于重载、转速较高的重要传动
	9Mn2V、CrWMn、38CrMoAl	材料需经热处理,以提高其尺寸的稳定性。适用于精密传导螺旋传动
螺母	ZCuSn10P1、ZCuSn5Pb5Zn5	材料耐磨性好,适用于一般传动
	ZCuAl10Fe3、ZcuZn25Al6Fe3Mn3	材料耐磨性好、强度高,适用于重载、低速的传动 对于尺寸较大或高速传动,螺母可采用钢或铸铁制造,内孔浇注青铜或巴氏合金

10.6.3   滑动螺旋传动的设计计算

滑动螺旋传动工作时,主要承受转矩和轴向载荷(压力或拉力)的作用,螺纹副间还有较大的相对滑动。其失效形式主要有螺纹牙磨损、螺纹牙塑性变形或断裂、螺杆的塑性变形或断裂、螺杆失稳等,其中以螺纹牙磨损最为普遍。因此一般滑动螺旋的设计准则是:先根据耐磨性条件确定螺杆的直径和螺母的高度;再按具体情况对其他可能发生的失效做必要的校核计算,如对传力较大的传力螺旋,校核螺杆和螺纹牙的强度,对要求自锁的螺旋,校核其自锁条件;对长径比较大的受压螺杆,校核其稳定性等。设计螺旋传动时,应根据传动的类型和具体工作条件,选定相应的设计准则,而不必对上述各项都作校核计算。应按螺杆和螺纹牙的强度设计,按耐磨性,再校核螺母高度、螺杆和螺纹牙的强度。

下面介绍耐磨性计算和几项常用的校核计算方法。

（1）耐磨性计算。影响滑动螺旋螺纹牙磨损的最主要因素是螺纹工作面上的压强,压强越大,螺纹牙磨损就越严重。因此,滑动螺旋的耐磨性计算主要是限制螺纹工作面上的压强 p_s,使其不超过材料的许用压强 $[p]$。

如图 10.42 所示,设轴向载荷 F_Q 均匀分布在螺母的 Z 圈螺纹上,则螺纹工作面的耐磨条件式为

$$p_s/\text{MPa} = F_Q/(Z\pi d_2 h) = F_Q p/(\pi d_2 hH) \leqslant [p]$$
$$(10.28)$$

式中　d_2—— 螺纹中径(mm);

　　　　h—— 螺纹接触高度(mm),对于矩形,梯形螺纹 $h = 0.5p$;对锯齿形螺纹 $h = 0.75p$,p 为螺距(mm);

　　　　H—— 螺母高度(mm);

　　　　Z—— 螺纹的旋合圈数,$Z = H/p$;

　　　　$[p]$— 螺旋副材料的许用压强(MPa),见表 10.7。

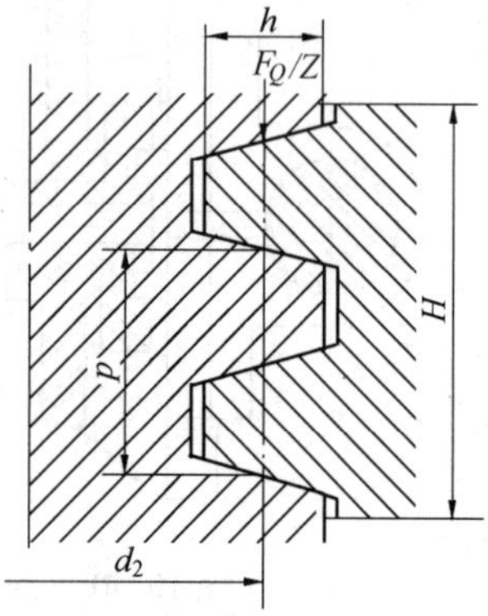

为了导出设计公式,设 $\psi = H/d_2$,则 $H = \psi d_2$,代入式(10.28),并经整理,可得

$$d_2 \geqslant \sqrt{F_Q p/(\pi h\psi[p])} \qquad\qquad (10.29)$$

对矩形和梯形螺纹,则可简化为

$$d_2 \geqslant 0.8\sqrt{F_Q/(\psi[p])} \qquad\qquad (10.30)$$

对锯齿形螺纹,则可简化为

$$d_2 \geqslant 0.65\sqrt{F_Q/(\psi[p])} \qquad\qquad (10.31)$$

式中,一般来说,取 $\psi = 1.2 \sim 3.5$;对于整体式螺母,取 $\psi = 1.2 \sim 2.5$;对于剖分式螺母和兼做支承的受载荷大的螺母,可取 $\psi = 2.5 \sim 3.5$。

图 10.42　螺纹副的受力

表 10.7　滑动螺旋传动的许用压强 $[p]$

螺杆－螺母的材料	滑动速度 $v_s/(\text{m} \cdot \text{s}^{-1})$	许用压强 $[p]/\text{MPa}$
钢－青铜	低速	18 ~ 25
	≤ 3.0	11 ~ 18
	6 ~ 12	7 ~ 10
	> 15	1 ~ 2
淬火钢－青铜	6 ~ 12	10 ~ 13
钢－铸铁	< 2.4	13 ~ 18
	6 ~ 12	4 ~ 7

注:① 表中值适用于 $\psi = 2.5 \sim 4$ 的情况,当 $\psi = 2.5$ 时,$[p]$ 值可提高 20%;若为剖分螺母时,则 $[p]$ 值应降低 15% ~ 20%。

② 滑动速度 $v_s/(\text{m} \cdot \text{s}^{-1}) = \pi d_2 n/(60 \times 1\,000\cos\psi)$。式中:$d_2$ 为螺纹中径(mm);n 为螺杆或螺母转速(r · min^{-1});ψ 为螺纹螺旋升角(°)。

　　设计时,根据计算得的螺纹中径 d_2,初选螺距范围 $p \geqslant \psi d_2/10$,使螺母中的螺纹圈数不超过 10 圈,以避免螺母中各圈螺纹的受力严重不均,然后再根据 d_2 和 p 值范围,查国家标准,选取相应的螺纹公称直径 d 和螺距 p。螺母高度 $H = \psi d_2$。但是此时选取的螺纹几何参数值不一定是最终数值,当校核计算出现不满足条件式时还要将其修改。

　　(2) 螺杆的强度校核。螺杆工作时,受有轴向载荷 F_Q 和摩擦力矩 T_1 的联合作用,在螺杆的危险截面上既有正应力,又有扭剪应力,按第四强度理论,其强度条件式为

$$\sigma_e = \sqrt{\sigma^2 + 3\tau^2} = \sqrt{(4F_Q/(\pi d_1^2))^2 + 3(16T_1/(\pi d_1^3))^2} \leqslant [\sigma] \qquad (10.32)$$

式中　　F_Q——螺杆受到的轴向载荷(N);

　　　　T_1——螺杆受到的摩擦力矩(N·mm);

　　　　d_1——螺纹小径(mm);

　　　　$[\sigma]$——螺杆材料的许用拉应力(MPa),见表 10.8。

　　(3) 螺旋牙的强度校核。在螺旋传动工作时,螺纹牙如同一悬臂梁,其根部受剪切和弯曲作用,会发生剪断和弯断破坏。一般螺母材料的强度低于螺杆,故只需校核螺母螺纹牙的强度。

　　如图 10.43 所示,将一圈螺纹沿螺母的螺纹大径 d' 处展开,则可把它看作一个宽度为 $\pi d'$、危险截面 a—a 处厚度为 b 的悬臂梁。假设螺母每圈螺纹所受的平均轴向载荷为 F_Q/Z,并作用于螺纹中径 d_2 处,则螺纹牙危险截面 a—a 处的剪切强度条件式和弯曲强度条件式分别为

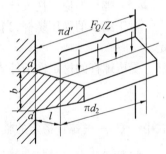

$$\tau/\text{MPa} = F_Q/(Z\pi d'b) \leqslant [\tau] \qquad (10.33)$$

$$\sigma_b/\text{MPa} = 6F_Q l/(Z\pi d'b^2) \leqslant [\sigma_b] \qquad (10.34)$$

式中　　F_Q——作用于螺母上的轴向载荷(N);

图 10.43　螺母螺纹圈的受力

　　　　d'——螺母螺纹大径(mm);

　　　　Z——螺纹旋合圈数;

　　　　b——螺纹牙的根部厚度(mm),对于矩形螺纹 $b = 0.5p$,梯形螺纹 $b = 0.65p$,锯齿形螺纹 $b = 0.74p$,p 为螺距(mm);

　　　　l——弯曲力臂(mm),$l = (d' - d_2)/2$;

　　　　$[\tau]$——螺母材料的许用剪应力(MPa),见表 10.8;

　　　　$[\sigma_b]$——螺母材料的许用弯曲应力(MPa),见表 10.8。

表 10.8　螺杆和螺母材料的许用应力

材　料		许用应力 /MPa		
		$[\sigma]$	$[\sigma_b]$	$[\tau]$
螺杆	钢	$\dfrac{\sigma_s}{3 \sim 5}$		
螺母	青铜		40 ~ 60	30 ~ 40
	耐磨铸铁		50 ~ 60	40
	灰铸铁		45 ~ 55	40
	钢		$(1 \sim 1.2)[\sigma]$	$0.6[\sigma]$

（4）自锁条件校核。螺旋传动的自锁条件式为

$$\psi \leqslant \rho_{\text{v}} \tag{10.35}$$

式中　ψ—— 螺纹升角（°），按式（10.1）计算；

　　　ρ_{v}—— 当量摩擦角（°），$\rho_{\text{v}} = \arctan f_{\text{v}} = \arctan \dfrac{f}{\cos \beta}$，$\beta$ 为牙侧角，f 为摩擦系数，见表 10.9。

表 10.9　螺旋传动螺纹副的摩擦系数 f

材　　　料		f
螺杆	螺母	
淬火钢	青铜	0.06 ~ 0.08
钢	青铜	0.08 ~ 0.10
	耐磨铸铁	0.10 ~ 0.12
	灰铸铁	0.12 ~ 0.15
	钢	0.11 ~ 0.17

（5）螺杆的稳定性校核

对于细长的受压螺杆，当轴向载荷 Q 大于某一临界值时，螺杆会发生横向弯曲而失去稳定。

受压螺杆的稳定性条件式为

$$\frac{Q_{\text{c}}}{Q} \geqslant 2.5 \sim 4 \tag{10.36}$$

式中　Q_{c}—— 螺杆稳定的临界载荷（N）。

临界载荷 Q_{c} 与螺杆材料及长径比（柔度）$\lambda = \dfrac{\mu l}{i} = \dfrac{4\mu l}{d_1}$ 有关。

对于淬火钢螺杆：

当 $\lambda \geqslant 85$ 时　　　　　　$Q_{\text{c}} = \dfrac{\pi^2 EI}{(\mu l)^2}$

当 $\lambda < 85$ 时　　　　　$Q_{\text{c}} = \dfrac{490}{1 + 0.000\,2\lambda^2} \cdot \dfrac{\pi d_1^2}{4}$

对于不淬火钢螺杆：

当 $\lambda > 90$ 时　　　　　　$Q_{\text{c}} = \dfrac{\pi^2 EI}{(\mu l)^2}$

当 $\lambda < 90$ 时　　　　　$Q_{\text{c}} = \dfrac{340}{1 + 0.000\,13\lambda^2} \cdot \dfrac{\pi d_1^2}{4}$

对于 $\lambda < 40$ 的螺杆，一般不会失稳，不需进行稳定性校核。

上列各式中：

l—— 螺杆的最大工作长度（mm）。若螺杆为两端支承，取 l 为两支点间的距离，若螺杆一端以螺母为支承，则取 l 为螺母中部到另一端支点间的距离；

μ—— 螺杆长度系数，与螺杆的支承情况有关，对于螺旋起重器，可看做一端固定，一端自由，取 $\mu = 2$；对于压力机螺旋，可看做一端固定，一端铰支，取 $\mu = 0.7$；对于传导螺旋，可看做两端铰支，取 $\mu = 1$；

I—— 螺杆危险截面的轴惯性矩(mm^4),$I = \dfrac{\pi d_1^4}{64}$;

i—— 螺杆危险截面的惯性半径(mm),$i = \sqrt{\dfrac{I}{A}} = \dfrac{d_1}{4}$,其中,$A$ 为危险截面的面积

(mm^2);

E—— 螺杆材料的弹性模量,对于钢,$E = 2.07 \times 10^5$ MPa。

若上述计算结果不满足稳定性条件时,应适当增大螺杆的小径 d_1。

习题与思考题

10.1   常用螺纹的牙形有哪几种?各有何特性?各适用于何种场合?

10.2   螺纹的基本参数有哪些?

10.3   常用的螺纹连接结构类型有哪些?各有何特点?各适用于何种场合?

10.4   螺纹连接为什么会松脱?防松的方法有哪几种?举例说明其防松原理。

10.5   对螺栓组连接进行结构设计时,通常要考虑哪些问题?

10.6   在受横向载荷的紧螺栓连接强度计算中为什么把 F' 增大30%,其物理意义是什么?

10.7   在受轴向载荷的紧螺栓连接中,螺栓承受的总拉力 F_0 应如何计算?试用螺栓和被连接件的受力 – 变形图导出预紧力 F'、残余预紧力 F''、工作载荷 F 和总拉力 F_0 之间的关系。

10.8   试述降低螺栓刚度和增加被连接件刚度的方法。

10.9   为什么在铸件或锻件未加工表面上安装螺栓时要做出表面被加工的凸台或沉头座?

10.10   试述螺旋传动的类型、特点和应用场合。

10.11   试述滑动螺旋传动的失效形式和设计准则。

10.12   查手册确定下列各螺纹连接件的主要尺寸,并按 1∶1 比例画出装配图。

(1)用两个 M12 六角头螺栓连接两块厚度均为20 mm 的钢板,采用弹簧垫圈防松,两钢板上钻通孔。

(2)用两个 M12 双头螺柱连接厚 25 mm 的铸铁凸缘和一个很厚的铸铁件,用弹簧垫圈防松。

(3)用M10 开槽沉头螺钉连接厚15 mm 的钢板和一个很厚的钢制零件。用弹簧垫圈防松。

10.13   指出图 10.44 中的结构及绘图错误,并改正之。

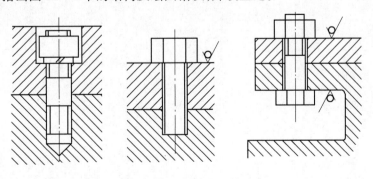

图 10.44

10.14 如图 10.45 所示凸缘联轴器由 6 个均匀分布于直径 $D_0 = 220$ mm 上的 M16 普通螺栓连接在一起,已知螺栓材料为 35 钢。强度级别为 5.6 级,不控制预紧力,接合面间摩擦系数 $f = 0.15$,可靠性系数为 $K_s = 1.2$,联轴器材料为灰铸铁 HT200。

（1）试确定该联轴器能传递多大的转矩？

（2）若用铰制孔光螺栓连接,传递同样的转矩,确定该螺栓的公称直径。

10.15 如图 10.46 所示,缸体与缸盖凸缘用普通螺栓连接,已知汽缸内径 $D = 100$ mm,汽缸内气体压强 $p = 1$ MPa,螺栓均匀分布于 $D_0 = 140$ mm 的圆周上,试设计该螺栓组连接的螺栓数目与螺栓的公称尺寸。

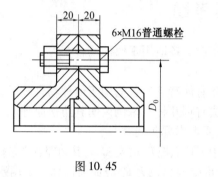

图 10.45

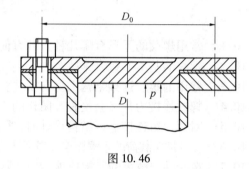

图 10.46

第 11 章

轴

11.1　概述

　　轴是机械中普遍使用的重要零件之一,用以支承轴上零件(齿轮、带轮等),使其具有确定的工作位置,并传递运动和动力。

11.1.1　轴的分类

　　根据轴线形状的不同,轴可分为直轴(图 11.1)、曲轴(图 11.2)和挠性钢丝轴(图11.3)。曲轴主要用于做往复运动的机械中。挠性钢丝轴是由几层紧贴在一起的钢丝卷绕而成,可以把转矩和旋转运动灵活传到任何位置,常用于振捣器等设备中。直轴应用广泛,可分为光轴和阶梯轴,本章只研究直轴。

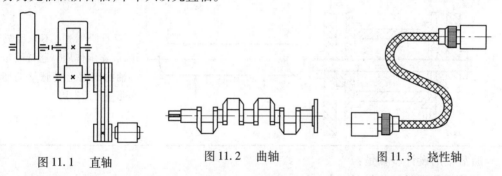

| 图 11.1　直轴 | 图 11.2　曲轴 | 图 11.3　挠性轴 |

　　根据轴的承载情况不同,可分为转轴、心轴和传动轴三类。转轴既传递转矩又承受弯矩,如图 11.1 单级齿轮减速器中的轴;传动轴只传递转矩而不承受弯矩或承受弯矩很小,如汽车变速箱与后桥间的轴;心轴则承受弯矩而不传递转矩,如火车车辆的轴、自行车的前轴。这三种类型轴的承载情况及特点见表 11.1。

　　轴一般都制成实心的,但为减轻质量(如大型水轮机轴、航空发动机轴)或满足工作要求(如需在轴中心穿过其他零件或润滑油),则可用空心轴。

11.1.2　轴的设计要求和设计步骤

　　合理的结构和足够的强度是轴的设计必须满足的基本要求。如果轴的结构设计不合理,则会影响轴的加工和装配工艺,增加制造成本,甚至影响轴的强度和刚度。足够的强度是轴的承载能力的基本保证。如果轴的强度不足,则会发生塑性变形或断裂失效,使其不能正常工作。不同的机器对轴的设计要求不同。如机床主轴、电机轴要求有足够的刚度;对一些高速机械轴,如高速磨床主轴、汽轮机主轴等要考虑振动稳定性问题。

表 11.1　转轴、传动轴和心轴的承载情况及特点

种类	举例	受力简图	特点
转轴	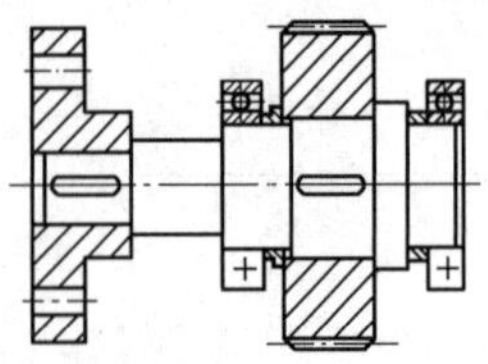	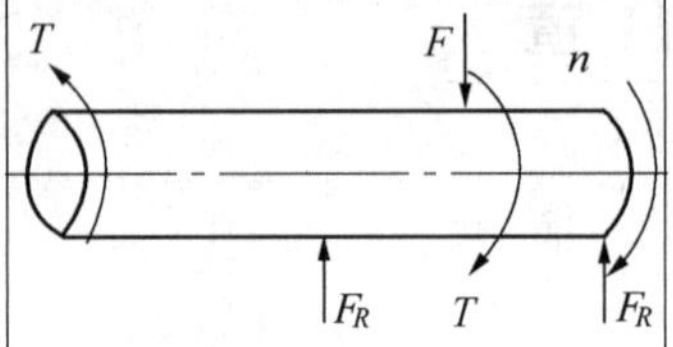	既承受弯矩又承受转矩，是机器中最常用的一类轴，但其上有的轴段仅受转矩作用，有的轴段仅受弯矩作用，在既有弯矩又有转矩作用的轴段，剖面上受弯曲应力和扭剪应力的复合作用
传动轴	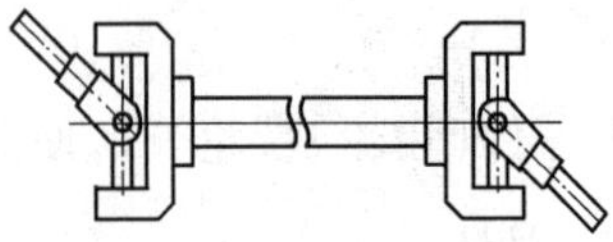	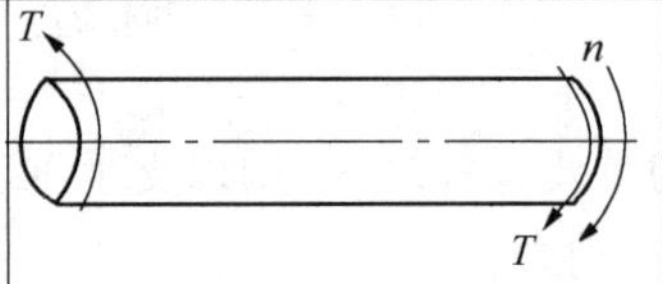	主要承受转矩，不承受弯矩或承受很小弯矩，通常单向转动时，剖面上受脉动循环扭剪应力作用
转动心轴	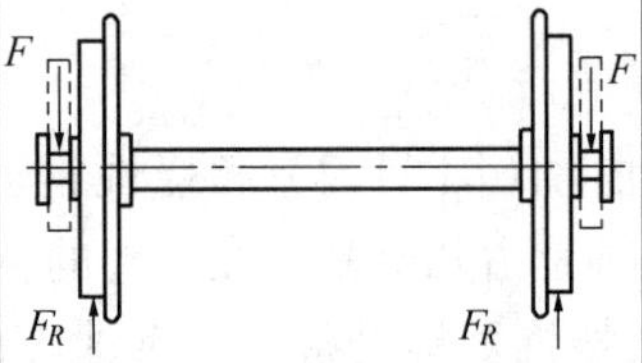	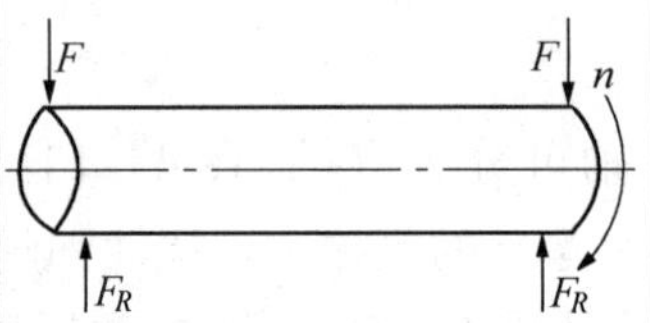	只承受弯矩，不承受转矩，起支承作用。转动心轴的剖面上受对称循环弯曲应力作用
固定心轴	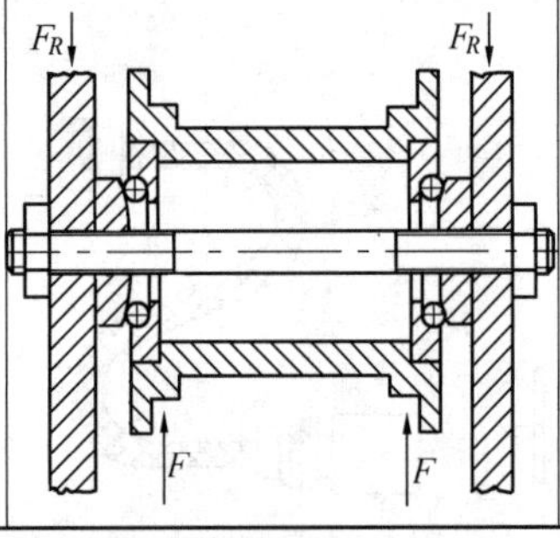	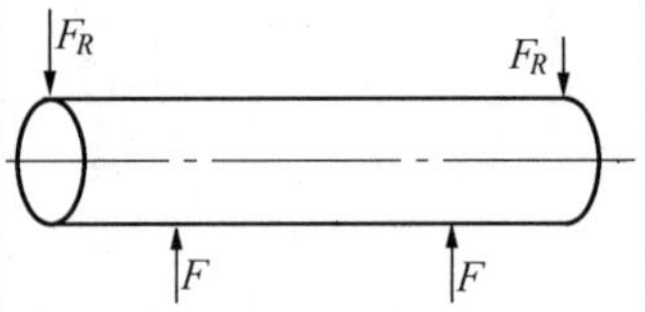	只承受弯矩，不承受转矩，起支承作用。通常固定心轴的剖面上受脉动循环弯曲应力的作用

通常轴的设计步骤是：

① 按工作要求选择轴的材料。

② 估算轴的基本直径。

③ 轴的结构设计。

④ 轴的强度校核计算。

⑤ 必要时作刚度或振动稳定性等校核计算。

在轴的设计计算过程中，轴的设计计算与其他有关零件的设计计算往往相互联系、相互影响，因此必须结合进行。

11.1.3　轴的材料

轴的常用材料是碳素钢及合金钢，有时也用球墨铸铁。

1. 碳素钢

优质中碳钢 35 ~ 50 钢因具有较高的综合机械性能，常用于比较重要或承载较大的轴，其中 45 钢应用最广。对于这类材料，可通过调质或正火等热处理方法改善和提高其机械性能。普通碳素钢 Q235、Q275 等可用于不重要或承载较小的轴。

2.合金钢

合金钢具有较高的综合力学性能和较好的热处理性能,常用于重要、承载质量很大而尺寸受限或有较高耐磨性、防腐性要求的轴。例如,采用滑动轴承的高速轴,常用 20Cr、20CrMnTi 等低碳合金钢,经渗碳淬火后可提高轴颈耐磨性;汽轮发电机转子轴在高温、高速和重载条件下工作,必须具有良好的高温机械性能,常采用 27Cr2Mo1V、38CrMoAlA 等合金结构钢。值得注意的是:钢材的种类和热处理对其弹性模量影响甚小,因此如欲采用合金钢代替碳素钢或通过热处理来提高轴的刚度,收效甚微。此外,合金钢对应力集中敏感性较强,且价格较高。

3.球墨铸铁

球墨铸铁适于制造成形轴(如曲轴、凸轮轴等),它具有价廉、强度较高、良好的耐磨性、吸振性和易切性以及对应力集中的敏感性较低等优点。但铸铁件品质不易控制,可靠性差。

钢轴毛坯多是轧制圆钢或锻件。轴的常用材料及其主要机械性能见表 11.2。

表 11.2 轴的常用材料及其主要机械性能

材料及热处理	毛坯直径/mm	硬度 HBW	抗拉强度 R_m /(N·mm^{-2})	屈服强度 R_{eH} /(N·mm^{-2})	屈服强度 $R_{p0.2}$ /(N·mm^{-2})	弯曲疲劳极限 σ_{-1b} /(N·mm^{-2})	备注
			≥				
QT400-15	—	156-197	400	—	250	145	
QT600-3	—	197-269	600	—	370	215	
Q235	≤40		440	225	—	200	用于不重要的轴
35 正火	≤100	149-187	520	270		250	有好的塑性和适当的强度,做一般轴
45 正火	≤100	170-217	600	300	—	275	用于较重要的轴,应用最为广泛
45 调质	≤200	217-255	650	360		300	
40Cr 调质	≤100	241-286	750	550		350	用于载荷较大而无很大冲击的重要轴
	≤200	241-266	700	550		340	
40MnB 调质	25	—	1 000	800		485	性能接近于40Cr,用于重要的轴
	≤200	241-286	750	500		335	
35CrMn 调质	≤100	207-269	750	550	—	390	用于重要的轴
20Cr 渗碳淬火回火	15	表面 56-62HRC	850	550		375	用于要求强度、韧性及耐磨性均较高的轴
	≤60		650	400		280	

11.2 轴的结构设计

轴的结构设计就是要确定轴的合理外形和包括各轴段长度、直径及其他细小尺寸在内的全部结构尺寸。

轴的结构受多方面因素的影响,不存在一个固定形式,而是随着工作条件与要求的不同而不同。轴的结构设计一般应主要考虑以下三方面问题:

11.2.1 满足使用的要求

为实现轴的功能,必须保证轴上零件有准确的工作位置,要求轴上零件沿周向和轴向固定。

1. 周向固定

零件的周向固定可采用键、花键、成形、弹性环、销、过盈配合等连接,如图 11.4 所示。

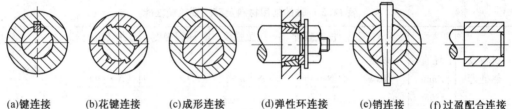

(a)键连接　　　(b)花键连接　　　(c)成形连接　　　(d)弹性环连接　　　(e)销连接　　　(f)过盈配合连接

图 11.4　轴上零件的周向固定方法

2. 轴向固定

常见的轴向固定方法及特点与应用见表 11.3。其中轴肩、轴环、套筒、轴端挡圈及圆螺母应用更为广泛。为保证轴上零件沿轴向固定,也可将表 11.3 中各种方法联合使用。

表 11.3　轴上零件的轴向固定方法及应用

轴向固定方法及结构简图	特点和应用	设计注意要点
轴肩与轴环	简单可靠,不需附加零件,能承受较大轴向力。广泛应用于各种轴上零件的固定。该方法会使轴颈增大,阶梯处形成应力集中,且阶梯过多将不利于加工	为保证零件与定位面靠紧,轴上过渡圆角半径 r 应小于零件圆角半径 R 或倒角 C,即 $r < C < a$、$r < R < a$;一般取定位高度 $a = (0.07 \sim 0.1)d$,轴环宽度 $b = 1.4a$
套筒	简单可靠,简化了轴的结构且不削弱轴的强度 常用于轴上两个近距零件间的相对固定不宜用于高速轴	套筒内径的配合较松,套筒结构、尺寸可视需要灵活设计。为确保固定可靠,与轴上零件相配合的轴端长度应比轮毂略短,如表 11.3 中的套筒结构简图所示,$l = B - (1 \sim 3)$mm

续表 11.3

轴向固定方法及结构简图		特点和应用	设计注意要点
轴端挡圈	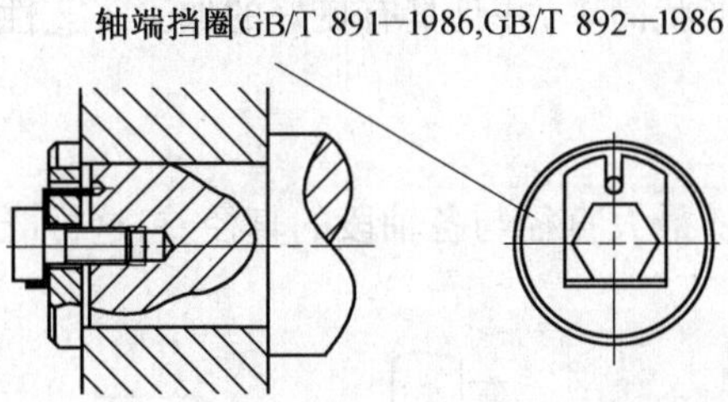 **轴端挡圈**GB/T 891—1986,GB/T 892—1986	工作可靠,结构简单,能承受较大轴向力,应用广泛	只用于轴端 应采用止动垫片等防松措施
锥面	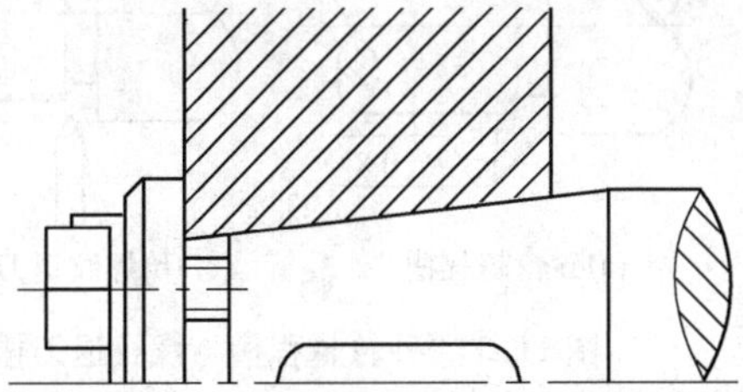	装拆方便,可兼作轴向固定 宜用于高速、冲击及对中性要求高的场合	只用于轴端 常与轴端挡圈联合使用,实现零件的双向固定
圆螺母	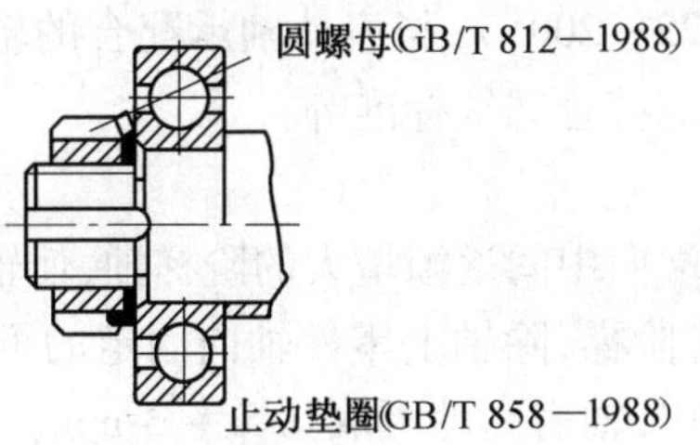 **圆螺母**(GB/T 812—1988) **止动垫圈**(GB/T 858—1988)	固定可靠,可承受较大轴向力,能实现轴上零件的间隙调整 常用于轴上两零件间距较大处及轴端	为减小对轴端强度的削弱,常用细牙螺纹 为防松,必须加止动垫圈或使用双螺母
弹性挡圈	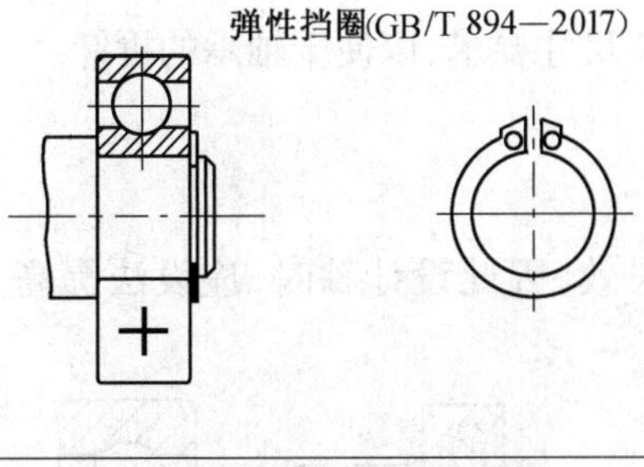 **弹性挡圈**(GB/T 894—2017)	结构紧凑、简单,装拆方便,但受力较小,且轴上切槽将引起应力集中 常用于轴承的固定	轴上切槽尺寸见GB/T 894—2017
紧定螺钉与锁紧挡圈	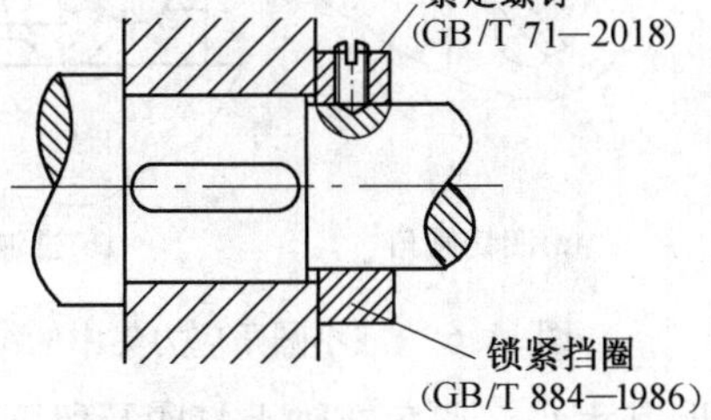 **紧定螺钉**(GB/T 71—2018) **锁紧挡圈**(GB/T 884—1986)	结构简单,但受力较小,且不适于高速场合	

11.2.2 良好的结构工艺性

在进行轴的结构设计时,应尽可能使轴的形状简单,并且具有良好的加工工艺性能和装配工艺性能。

1.加工工艺性

轴的直径变化应尽可能少,应尽量限制轴的最大直径与各轴段的直径差,这样既能节省材料,又可减少切削量。

轴上有磨削与切螺纹处,要留砂轮越程槽和螺纹退刀槽(图11.5),以保证加工的完整和方便。

轴上有多个键槽时,应将它们布置在同一母线上,以免加工键槽时多次装夹,从而提高生产效率。

如有可能,应使轴上各过渡圆角、倒角、键槽、越程槽、退刀槽及中心孔等尺寸分别相同,并符合标准和规定,以利于加工和检验。

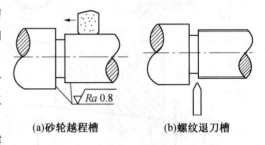

(a)砂轮越程槽　　(b)螺纹退刀槽

图11.5　砂轮越程槽与螺纹退刀槽

轴上配合轴段直径应取标准值(见 GB/T 2822—2005);与滚动轴承配合的轴段直径应按滚动轴承内径尺寸选取;轴上的螺纹部分直径应符合螺纹标准等。

2.装配工艺性

为了便于轴上零件的装配,常采用直径从两端向中间逐渐增大的阶梯轴,使轴上零件通过轴的轴段直径小于轴上零件的孔径。轴上的各阶梯,除轴上零件轴向固定的可按表11.3确定轴肩高度外,其余仅为便于安装而设置的轴肩,轴肩高度可取 0.5 ~ 3 mm。

轴端应倒角,并去掉毛刺,以便于装配。

固定滚动轴承的轴肩高度应符合轴承的安装尺寸要求,以便于轴承的拆卸。

11.2.3 提高轴的疲劳强度

轴通常在变应力下工作,多数轴因疲劳而失效,因此设计轴时,应设法提高其疲劳强度。常采取的措施有:

1.改进轴的结构形状

尽量使轴径变化处过渡平缓,并采用较大的过渡圆角。如相配合零件内孔倒角或圆角很小时,可采用凹切圆角(图11.6(a))或过渡肩环(图11.6(b))。键槽端部与阶梯处距离不宜过小,以避免损伤过渡圆角及减少多种应力集中源重合的机会。键槽根部圆角半径越小,应

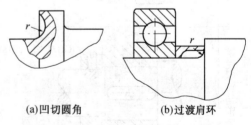

(a)凹切圆角　　　(b)过渡肩环

图11.6　减小圆角应力集中的结构

力集中越严重。因此在重要轴的零件图上应注明其大小。避免在轴上打印及留下一些不必要的痕迹,因为它们可能成为初始疲劳裂纹源。

2. 改善轴的表面状态

实践证明,采用滚压、喷丸或渗碳、氰化、氮化、高频淬火等表面强化处理方法,可以大大提高轴的承载能力。

11.3　轴的计算

11.3.1　轴的强度计算

轴的强度计算主要有三种方法:按许用切应力计算;按许用弯曲应力计算;安全系数校核计算。按许用切应力计算只需知道转矩的大小,方法简便,常用于传动轴的强度计算和转轴基本直径的估算。按许用弯曲应力计算必须先知道作用力的大小和作用点的位置、轴承跨距、各段轴径等参数,主要用于计算一般重要的、弯扭复合作用的轴。安全系数校核计算要在结构设计后进行,不仅要先已知轴的各段轴径,而且要已知过渡圆角、过盈配合、表面粗糙度等细节,主要用于重要的轴的强度计算。

1. 按许用切应力计算

传动轴只受转矩的作用,可直接按许用切应力设计其轴径。转轴受弯扭复合作用,在设计开始时,因为各轴段长度未定,轴的跨距和轴上弯矩大小是未知的,所以不能按轴所受弯矩来计算轴径。通常是按轴所传递的转矩估算出轴上受扭转轴段的最小直径,并以其作为基本参考尺寸进行轴的结构设计。

由材料力学可知,实心圆轴的扭转强度条件为

$$\tau_T = \frac{T}{W_T} \approx \frac{9.55 \times 10^6 \frac{P}{n}}{0.2d^3} \leq [\tau]_T \tag{11.1}$$

由此得到轴的基本直径

$$d \geq \sqrt[3]{\frac{9.55 \times 10^6 P}{0.2[\tau]_T n}} = C\sqrt[3]{\frac{P}{n}} \tag{11.2}$$

式中　　d——轴的直径(mm);

　　　　τ_T——轴的扭剪应力(MPa);

　　　　T——轴传递的转矩(N·mm);

　　　　P——轴传递的功率(kW);

　　　　n——轴的转速(r·min^{-1});

　　　　W_T——轴的抗扭剖面系数(mm^3),其中实心圆轴 $W_T = \pi d^3/16 \approx 0.2d^3$;

　　　　$[\tau]_T$——许用扭剪应力(MPa),见表11.4;

　　　　C——计算常数,取决于轴的材料及受载情况,见表11.4。

表 11.4　轴常用材料的许用扭剪应力 $[\tau]_T$ 和 C 值

轴的材料	Q235、20	45	40Cr、35SiMn
C	158 ~ 135	118 ~ 106	106 ~ 97
$[\tau]_T$	12 ~ 20	30 ~ 40	40 ~ 52

注:当轴所受弯矩较小或只受转矩时,C取小值;否则取较大值。

另外,若按式(11.2)求得直径的轴段上开有键槽时,应适当增大轴径;单键槽增大3%,双键槽增大7%,然后将轴径圆整。

2. 按弯扭合成强度条件计算

在设计转轴时,首先由式(11.2)估算轴的基本直

径,并依次完成轴的结构设计,当轴上零件的位置确定后,轴上的载荷的大小、位置以及支点跨距等均可确定。此时就可按许用弯曲应力校核轴的强度。

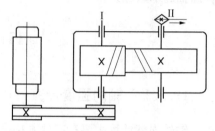

图 11.7   单级平行轴斜齿轮减速器

现以图11.7所示的单级斜齿圆柱齿轮减速器的低速轴 Ⅱ 为例来介绍按许用弯曲应力校核轴强度的方法。如该轴的结构(图11.9(a))已初步确定,则校核的一般顺序如下:

(1)画出轴的空间受力简图(图11.9(b))。为简化计算,将齿轮、链轮等传动零件对轴的载荷视为作用于轮毂宽度中点的集中载荷;将支反力作用点取在轴承的载荷作用中心(图11.8);不计零件自重。

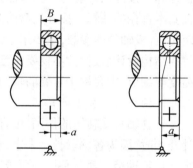

将齿轮等轴上零件对轴的载荷分解到水平面和垂直面内。

图 11.8   轴支反力点位置的简化

(2)计算轴承在水平面和垂直面内的支反力。

(3)作水平面受力图及弯矩 M_H 图(图11.9(c))。

(4)作垂直面受力图及弯矩 M_V 图(图11.9(d))。

(5)作合成弯矩 $M = \sqrt{M_H^2 + M_V^2}$ 图(图11.9(e))。

(6)作转矩 T 图(图11.9(f))。

(7)作当量弯矩图(图11.9(g))。

求危险截面上的当量弯矩

$$M_e = \sqrt{M^2 + (\alpha T)^2} \quad (由第三强度理论推出)$$

其中 α 是考虑转矩与弯矩引起的应力性质不同而引入的应力校正系数。对于不变的转矩,取 $\alpha = 0.3$;对于脉动循环的转矩,取 $\alpha = 0.6$;对于对称循环的转矩,取 $\alpha = 1$。如转矩变化规律不清楚,一般按脉动循环处理。

(8)强度计算。

① 确定危险截面。根据弯矩、转矩最大或弯矩、转矩较大和相对尺寸较小的原则选一个或几个危险截面。

② 强度校核。实心圆轴上危险截面应满足以下强度条件

$$\sigma_e = \frac{M_e}{W} = \frac{M_e}{0.1d^3} \leq [\sigma_{-1b}] \tag{11.3}$$

式中 W—— 危险截面的抗弯截面系数(mm^3),实心圆轴 $W = \pi d^3/32 \approx 0.1d^3$;

d—— 危险截面直径(mm);

$[\sigma_{-1}]$——材料在对称循环状态下的许用弯曲应力(MPa),见表 11.5。

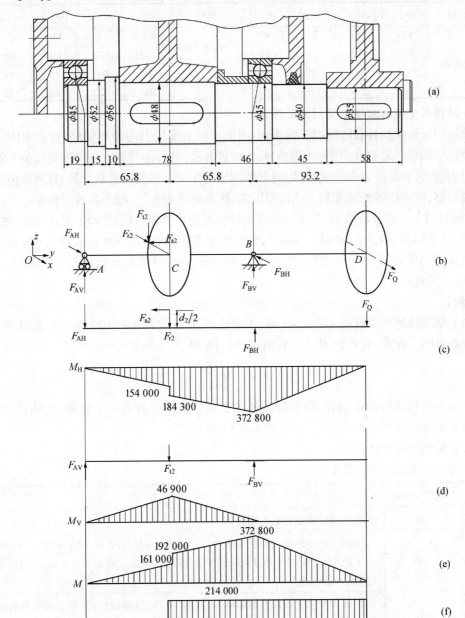

图 11.9

表 11.5　轴的许用弯曲应力　　　　　　　　　　　　　　　　　　MPa

材料	σ_B	$[\sigma_{+1b}]$	$[\sigma_{0b}]$	$[\sigma_{-1b}]$	材料	σ_B	$[\sigma_{+1b}]$	$[\sigma_{0b}]$	$[\sigma_{-1b}]$
碳素钢	400	130	70	40	合金钢	800	270	130	75
	500	170	75	45		1 000	330	150	90
	600	200	95	55	铸钢	400	100	50	30
	700	230	110	65		500	120	70	40

3. 按许用安全系数校核轴的疲劳强度

按许用安全系数校核轴的疲劳强度,是考虑了轴上变应力的循环特性、应力集中、表面质量及尺寸因素等对轴疲劳强度影响的精确校核方法,其具体计算方法可参见有关手册。

应当指出,如危险截面强度不足,需对轴的结构作局部修改并重新计算,直到合格为止;如强度足够,因考虑轴的刚度和工艺性等因素,除非余量太大,一般不再改变轴径。

【例 11.1】　试设计图 11.7 所示单级平行轴斜齿轮减速器的低速轴 Ⅱ,已知该轴传递功率 $P = 2.33$ kW,转速 $n = 104$ r·min^{-1};大齿轮分度圆直径 $d_2 = 300$ mm,齿宽 $b_2 = 80$ mm,螺旋角 $\beta = 8°03'20''$,左旋;链轮轮毂宽度 $b_3 = 60$ mm,链轮对轴的压轴力 $F_Q = 4\,000$ N,水平方向;减速器长期工作,载荷平稳。

【解】

(1) 估算轴的基本直径。选用 45 钢,正火处理,估计直径 $d < 100$ mm,由表 11.2 查得 $\sigma_b = 600$ MPa。查表 11.4,取 $C = 118$,由式(11.2) 得

$$d \geq C\sqrt[3]{\frac{P}{n}} = 118 \times \sqrt[3]{\frac{2.33}{104}} = 33.27 \text{ (mm)}$$

所求 d 应为受扭部分的最细处,即装链轮处的轴径。但因该处有一个键槽,故轴径应增大 3%,即 $d = 1.03 \times 33.27 = 34.27$ mm,取 $d = 35$ mm。

(2) 轴的结构设计。

① 初定各轴段直径(图 11.9)。

位置	轴径/mm	说　明
链轮处	35	按传递转矩估算的基本直径
油封处	40	为满足链轮的轴向固定要求而设一轴肩,由表 11.3 知,轴肩高度 $a = (0.07 \sim 0.1)d = (0.07 \sim 0.1) \times 35 = 2.45 \sim 3.5$ mm,取 $a = 2.5$ mm。该段轴径应满足油封标准
轴承处	45	因轴承要承受径向力和轴向力,故选用角接触球轴承,为便于轴承从右端装拆,轴承内径应稍大于油封处轴径,并符合滚动轴承标准内径,故取轴径为 45 mm,初定轴承型号为 7209C,两端相同
齿轮处	48	考虑齿轮从右端装入,故齿轮孔径应大于轴承处轴径,并为标准直径
轴环处	56	齿轮左端用轴环定位,按齿轮处轴径 $d = 48$ mm,由表 11.3 知,轴环高度 $a = (0.07 \sim 0.1)d = (0.07 \sim 1) \times 48 = 3.36 \sim 4.8$ mm,取 $a = 4$ mm
左端轴承轴肩处	52	为便于轴承拆卸,轴肩高度不能过高,按 7209C 型轴承安装尺寸(见轴承手册),取轴肩高度为 3.5 mm

② 确定各轴段长度（由中间至两边）。

位置	轴段长度/mm	说　明
齿轮处	78	已知齿轮轮毂宽度为 80 mm，为保证套筒能压紧齿轮，此轴段长度应略小于齿轮轮毂宽度，故取 78 mm
右端轴承处（含套筒）	46	此轴段包括四部分：轴承内圈宽度为 19 mm；考虑到箱体的铸造误差，装配时留有余地，轴承左端面与箱体内壁的间距取 5 mm；箱体内壁与齿轮右端面的间距取 20 mm，齿轮对称布置，齿轮左右两侧上述两值取同值；齿轮轮毂宽度与齿轮处轴段长度之差为 2 mm。故该轴段长度为 19 + 5 + 20 + 2 = 46 mm
油封处	45	此段长度包括两部分：为便于轴承端盖的拆装及对轴承加润滑脂，本例取轴承盖外端面与链轮左端面的间距为 25 mm；由减速器机体轴承座孔及轴承盖的结构设计，取轴承右端面与轴承盖外端面的间距（即轴承盖的总宽度）为 20 mm。故该轴段长度为 25 + 20 = 45 mm
链轮处	58	已知链轮轮毂宽度为 60 mm，为保证轴端挡圈能压紧链轮，此轴段长度应略小于链轮轮毂宽度，故取 58 mm
轴环处	10	轴环宽度 $b = 1.4a = 1.4 \times 4 = 5.6$ mm，取 $b = 10$ mm
左端轴承轴肩处	15	轴承右端面至齿轮左端面的距离与轴环宽度之差，即 $(20 + 5) - 10 = 15$ mm
左端轴承处	19	等于 7209C 型轴承内圈宽度 19 mm
全轴长	271	58 + 45 + 78 + 46 + 10 + 15 + 19 = 271 mm

③ 传动零件的周向固定。齿轮及链轮处均采用 A 型普通平键，其中齿轮处为：键 14 × 70 GB/T 1096—2003；链轮处为：键 10 × 50 GB/T 1096—2003。

④ 其他尺寸。为加工方便，并参照 7209C 型轴承的安装尺寸，轴上过渡圆角半径全部取 $r = 1$ mm；轴端倒角为 2 × 45°。

（3）轴的受力分析。

① 求轴传递的转矩

$$T = 9.55 \times 10^6 \frac{P}{n} = 9.55 \times 10^6 \times \frac{2.33}{104} = 214 \times 10^3 (\text{N} \cdot \text{mm})$$

② 求轴上传动件作用力

齿轮上的圆周力　　$F_{t2} = \dfrac{2T}{d_2} = \dfrac{2 \times 214 \times 10^3}{300} = 1\,427 (\text{N})$

齿轮上的径向力　　$F_{r2} = \dfrac{F_{t2}\tan \alpha_n}{\cos \beta} = \dfrac{1427 \times \tan 20°}{\cos 8°3'20''} = 524.6 (\text{N})$

齿轮上的轴向力　　$F_{a2} = F_{t2}\tan \beta = 1\,427 \times \tan 8°3'20'' = 202 (\text{N})$

③ 确定轴的跨距。由《机械设计手册》查得 7209C 型轴承的 a 值为 18.2 mm，故左、右轴承的支反力作用点至齿轮力作用点的间距皆为

$$0.5 \times 80 + 10 + 15 + 19 - 18.2 = 65.8 (\text{mm})$$

链轮力作用点与右端轴承支反力作用点的间距为

$$18.2 + 45 + 0.5 \times 60 = 93.2 (\text{mm})$$

（4）按当量弯矩校核轴的强度。

① 作轴的空间受力简图(图 11.9(b))。

② 作水平面受力图及弯矩 M_H 图(图 11.9(c))。

$$F_{AH} = \frac{F_Q \times 93.2 - F_{r2} \times 65.8 - F_{a2} \times \frac{d_2}{2}}{131.6} = \frac{4\,000 \times 93.2 - 524.6 \times 65.8 - 202 \times \frac{300}{2}}{131.6} =$$
$$2\,340.2\,(\text{N})$$

$$F_{BH} = \frac{F_Q \times 224.8 + F_{r2} \times 65.8 - F_{a2} \times \frac{d_2}{2}}{131.6} = \frac{4\,000 \times 224.8 + 524.6 \times 65.8 - 202 \times \frac{300}{2}}{131.6} =$$
$$6\,864.9\,(\text{N})$$

$$M_{CHL} = F_{AH} \times 65.8 = 2\,340.2 \times 65.8 = 154.0 \times 10^3\,(\text{N} \cdot \text{mm})$$

$$M_{CHR} = M_{CHL} + F_a \times \frac{d_2}{2} = 154.0 \times 10^3 + 202 \times \frac{300}{2} = 184.3 \times 10^3\,(\text{N} \cdot \text{mm})$$

$$M_{BH} = F_Q \times 93.2 = 4\,000 \times 93.2 = 372.8 \times 10^3\,(\text{N} \cdot \text{mm})$$

③ 作垂直面受力图及弯矩 M_V 图(图 11.9(d))。

$$F_{AV} = F_{BV} = \frac{F_{r2}}{2} = \frac{1\,427}{2} = 713.5\,(\text{N})$$

$$M_{CV} = F_{AV} \times 65.8 = 713.5 \times 65.8 = 46.9 \times 10^3\,(\text{N} \cdot \text{mm})$$

④ 作合成弯矩 M 图(图 11.9(e))。

$$M_{CL} = \sqrt{M_{CHL}^2 + M_{CV}^2} = \sqrt{(154.0 \times 10^3)^2 + (46.9 \times 10^3)^2} = 161.0 \times 10^3\,(\text{N} \cdot \text{mm})$$

$$M_{CR} = \sqrt{M_{CHR}^2 + M_{CV}^2} = \sqrt{(184.3 \times 10^3)^2 + (46.9 \times 10^3)^2} = 190.2 \times 10^3\,(\text{N} \cdot \text{mm})$$

$$M_B = \sqrt{M_{BH}^2 + M_{BV}^2} = \sqrt{(372.8 \times 10^3)^2 + 0^2} = 372.8 \times 10^3\,(\text{N} \cdot \text{mm})$$

⑤ 作转矩 T 图(图 11.10(f))。

$$T = 214 \times 10^3\,(\text{N} \cdot \text{mm})$$

⑥ 作当量弯矩图 M_e(图 11.9(g))。

⑦ 按当量弯矩校核轴的强度。

由图 11.9(a)、(g)可见,截面 Ⅰ 处当量弯矩最大,故应对此校核。截面 Ⅰ 处的当量弯矩为

$$M_1 = M_{eB} = \sqrt{M_B^2 + (\alpha T)^2} = \sqrt{(372.8 \times 10^3)^2 + (0.6 \times 214 \times 10^3)^2} =$$
$$394.3 \times 10^3\,(\text{N} \cdot \text{mm})$$

由表 11.5 查得,对于 45 钢,$\sigma_b = 600$ MPa,$[\sigma_{-1}] = 55$ MPa,故按式(11.3)得

$$\sigma_{eB} = \frac{M_{eB}}{0.1\,d^3} = \frac{394.3 \times 10^3}{0.1 \times 45^3} = 43.3\,\text{MPa} < [\sigma_{-1}]$$

故轴的强度足够。

考虑 Ⅱ 截面相对尺寸较 Ⅰ 截面小,且当量弯矩也较大,故也应进行校核,读者可自行完成。

11.3.2 轴的刚度计算简介

轴受载荷后要产生弯曲和扭转变形。变形过大,会影响轴上零件甚至整机的正常工

作。例如,在电机中如果由于弯矩使轴所产生的挠度 y 过大,就会改变电机转子和定子之间的间隙而影响电机的性能。又如,内燃机凸轮轴受扭矩所产生的扭转角 φ 如果过大,就会影响气门启闭时间。对于一般的轴颈,如果弯矩所产生的转角 θ 过大,就会引起轴承上的载荷集中,造成不均匀磨损和过度发热。轴上装齿轮的地方如有过大的转角,会使齿轮啮合发生偏载。因此,在机械设计中常常需要满足刚度要求。

轴的变形通常包括弯曲和扭转,弯曲变形用挠度 y 和转角 θ 表示;而扭转变形用扭转角 φ 表示。对有刚度要求的轴,应进行弯曲和扭转刚度计算,通常按材料力学中的公式和方法计算轴的挠度 y、转角 θ 和扭转角 φ,并使结果满足如下刚度条件

$$y \leqslant [y] \tag{11.4}$$
$$\theta \leqslant [\theta] \tag{11.5}$$
$$\varphi \leqslant [\varphi] \tag{11.6}$$

一般机械中轴的许用挠度 $[y]$、许用转角 $[\theta]$ 和许用扭转角 $[\varphi]$ 见表 11.6。

表 11.6　轴的许用挠度、许用转角和许用扭转角

适用范围	$[y]$/mm	适用范围	$[\theta]$/rad
一般用途的轴	$(0.000\ 3 \sim 0.000\ 5)l$	滑动轴承	0.001
刚度要求较高轴	$0.000\ 2l$	深沟球轴承	0.005
电机轴	0.1Δ	圆柱滚子轴承	0.0025
安装齿轮的轴	$(0.01 \sim 0.05)m_n$	圆锥滚子轴承	0.0016
安装蜗轮的轴	$(0.02 \sim 0.05)m_t$	安装齿轮处	$0.001 \sim 0.002$
适用范围	$[\varphi]/((°) \cdot m^{-1})$		
一般传动	$0.5 \sim 1$		
较精密的传动	$0.25 \sim 0.5$		
重要传动	< 0.25		

注:l— 轴的跨距(mm);Δ— 电机定子与转子间的间隙(mm);m_n— 齿轮法面模数(mm);m_t— 蜗轮的端面模数(mm)。

11.3.3　轴的振动稳定性概念

轴的转速达到一定值时,运转便不稳定而发生显著的反复变形,这种现象叫轴的振动。轴的振动主要是由于轴的质量分布不均、制造及安装误差及轴的变形等因素。造成的这些因素引起以离心力为表征的周期性激振力,当激振力频率与轴的自振频率接近或相同时,将出现共振失效。如果继续提高转速,振动就会衰减,振动又趋于平稳,但是当转速达到另一较高的定值时,振动又复出现。发生显著变形的转速,称为临界转速。同型振动的临界转速可以有好多个,最低的一个称为第一阶临界转速。轴的工作转速不能和其临界转速重合或接近,否则将发生共振现象而使轴遭到破坏。计算临界转速的目的在于使工作转速 n 避开轴的临界转速 n_{cr}。

工作转速 n 低于第一阶临界转速 n_{cr1} 的轴,称为刚性轴。超过第一阶临界转速的轴,称为挠性轴。对于刚性轴,通常使 $n \leqslant (0.75 \sim 0.8)n_{cr1}$;对于挠性轴,使 $1.4n_{cr1} \leqslant n \leqslant 0.7n_{cr2}$;$n_{cr1}$ 和 n_{cr2} 分别为轴的第一阶和第二阶临界转速。

11.4　轴毂连接

主要用来实现轴、毂之间的周向固定以传递转矩的连接称为轴毂连接。安装在轴上零件,如凸轮、飞轮、带轮、齿轮等一般都是以轴毂连接的形式实现运动和力矩的传递。轴毂连接的种类繁多,本节主要介绍键连接、花键连接、销连接和成型连接。

11.4.1　键连接

1. 平键连接

平键的两侧面是工作面,上下表面为非工作面,上表面与轮毂上的键槽底部之间留有空隙(图 11.10),工作时靠键与键槽侧面的挤压来传递转矩,故定心较好。平键可分为普通平键、导向平键和滑键等。

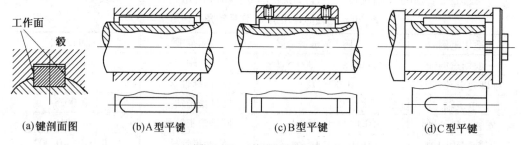

(a)键剖面图　　(b)A 型平键　　(c)B 型平键　　(d)C 型平键

图 11.10　普通平键连接

（1）普通平键。其结构如图 11.10 所示,按键端形状分为圆头(A 型)、方头(B 型) 和单圆头(C 型) 三种。轴上键槽可用指状铣刀或盘铣刀加工,轮毂上的键槽可用插削或拉削。A 型平键牢固地卧于指状铣刀铣出的键槽中;B 型平键卧于盘状铣刀铣出的键槽中,常用螺钉紧固;C 型平键常用在轴伸处。普通平键连接属于静连接,应用极为广泛。

（2）导向平键。其结构如图 11.11 所示,当轮毂需沿轴向移动时,可应用导向平键。导向平键较长,通常用螺钉固定于键槽内,且在键的中部加工一个起键螺孔,以便于键的拆卸。导向平键连接属于动连接,轮毂与键槽的配合较松。

2. 半圆键连接

如图 11.12 所示,键是半圆形,用圆钢切制或冲压后磨制而成,键槽是用半径与键相同的盘铣刀铣出。半圆键连接属于静连接,其侧面为工作面,能在槽中绕其几何中心摆动,以适应毂上键槽的斜度,但因键槽较深,对轴的削弱较大,适于轻载、锥形轴端的连接。

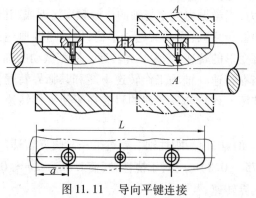

图 11.11　导向平键连接

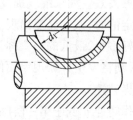

图 11.12　半圆键连接

3. 楔键连接

楔键连接的结构如图 11.13 所示,楔键的上下表面为工作面,两侧面为非工作面。楔键的上表面与轮毂上的键槽底面各有 1 : 100 的斜度,装配时将键打入,使键的上下两工作面分别与轮毂和轴的键槽工作面压紧,通过挤压产生的摩擦力传递转矩,并可实现轴向固定,承受单方向的轴向力。由于楔紧而产生的装配偏心,使其定心精度降低,故只适于转速不高及旋转精度要求低的连接中。

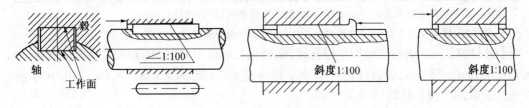

图 11.13 楔键连接

4. 平键连接的尺寸选择和强度校核

(1)键的材料及尺寸选择。平键是标准件,按标准规定,键材料采用抗拉强度不低于 600 MPa 的钢,通常为 45 钢;若轮毂系轻金属或非金属材料,键可用 20、Q235 钢等。

平键的尺寸主要是键的截面尺寸 $b \times h$ 及键长 L。截面尺寸根据轴径 d 由标准中查出(见机械设计手册)。键的长度可按轮毂的长度确定,一般应略短于轮毂长,并符合标准中规定的尺寸系列(见机械设计手册)。

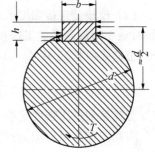

(2)平键连接的失效形式和强度计算。平键连接的主要失效形式是工作面的压溃和键的剪断以及工作面磨损(对于动连接)。对于通常采用的材料组合和标准尺寸的平键连接,一般只需要进行连接的挤压强度计算。假设键的侧面的作用力沿键的工作长度和高度均匀分布(图 11.14),则挤压强度条件为

图 11.14 平键连接受力情况

$$\sigma_p = \frac{F}{kl} = \frac{2T}{dkl} \leqslant [\sigma_p] \tag{11.7}$$

式中 F—— 圆周力(N);

　　 T—— 轴传递的转矩(N·mm);

　　 d—— 轴的直径(mm);

　　 k—— 键与轮毂槽的接触高度(mm),$k \approx h/2$;

　　 l—— 键的工作长度(mm),当用 A 型键时,$l = L - b$;

　　 $[\sigma_p]$—— 键连接的许用挤压应力(MPa),查表 11.7,并按连接中材料的力学性能较弱的零件选取。

当强度不足时,可适当增加键长或采用两个键(按 180° 布置)。两个键使载荷分布不均匀,在强度计算中可按 1.5 个键计算。

表 11.7　　键连接的许用挤压应力$[\sigma_p]$　　　　　　　　　　MPa

连接方式	键或毂、轴的材料	载 荷 性 质		
		静载(单向,变化小)	轻微冲击(经常启停)	冲击(双向载荷)
静连接	钢	125 ~ 150	100 ~ 120	60 ~ 90
	铸铁	70 ~ 80	50 ~ 60	30 ~ 45
动连接	钢	50	40	30

注:① 动连接有相对滑动的导向平键,因限制工作面磨损,故许用值较低。

② 如与键有相对滑动的键槽经表面硬化处理,表中值可提高 2 ~ 3 倍。

【例 11.2】　一蜗轮与轴用平键连接,蜗轮轮毂材料为 HT 250,轮毂宽度 $B = 100$ mm,轮毂孔直径 $d = 58$ mm,轴的材料为 45 钢。该连接传递转矩为 $T = 500$ N·m,工作中有轻微冲击。试确定此键连接的型号及尺寸。

【解】

(1)选键的型号和确定键的尺寸。选 A 型普通平键,键的材料为 45 钢。查《机械设计手册》,由 $d = 58$ mm 及 $B = 100$ mm 确定键的尺寸为:键宽 $b = 16$ mm,键高 $h = 10$ mm,键长 $L = 90$ mm。

(2)校核键连接强度。轮毂材料为铸铁,由表 11.7 查得许用挤压应力 $[\sigma_p] = 50$ ~ 60 MPa;A 型普通平键工作长度 $l/\text{mm} = L - b = 90 - 16 = 74$,$k/\text{mm} \approx h/2 = 10/2 = 5$。

根据式(11.7)得

$$\sigma_p = \frac{2T}{dkl} = \frac{2 \times 500 \times 10^3}{58 \times 5 \times 74} = 46.6 \text{ MPa} < [\sigma_p]$$

可知键连接的挤压强度足够。

因此选键型号标记为:键 16 × 90 GB 1096—2003。

11.4.2　花键连接

花键连接是通过轴和毂孔沿周向分布的多个键齿的互相啮合传递转矩,可用于静连接或动连接。齿的侧面是工作面。由于是多齿传递转矩,所以花键连接比平键连接具有承载能力高、对轴削弱程度小(齿浅、应力集中小)、定心好和导向性好等优点。它适合用于定心精度要求高、载荷大或经常滑移的连接。花键连接按其齿形不同,可分为矩形花键连接(图11.15(a))和渐开线花键连接(图11.15(b))。

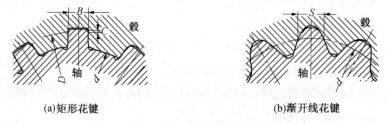

(a)矩形花键　　　　　　　　　　(b)渐开线花键

图 11.15　花键连接剖面图

花键连接的设计和键连接的设计相似,首先选连接类型,查出标准尺寸,然后再作强度计算。连接可能的失效形式有:齿面的压溃或磨损,齿根的剪断或弯断等。对于实际采用的材料组合和标准尺寸来说,齿面的压溃或磨损是主要失效形式,因此,一般只作连接的挤压强度或耐磨性计算。

11.4.3　销连接

销连接可用于固定零件之间的相互位置、传递较小的转矩,也可作为加工装配时的辅助
零件或安全装置。

销的类型很多,基本类型为圆柱销和圆锥销(图
11.16)。圆柱销经过多次拆装,其定位精度会降低。圆
锥销有 1∶50 的锥度,可自锁,安装比圆柱销方便,多次拆
装对定位精度的影响小。

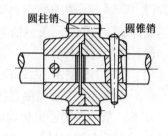

图 11.16　销连接

销的常用材料为 35、45 钢,一般强度极限不低于
500 ~ 600 MPa。

用做连接的销工作时通常受到挤压和剪切,有的还
受弯曲。设计时可先根据连接的结构和工作要求来选择
销的类型、材料和尺寸,再作适当的强度计算。

定位销通常不受或只受很小的载荷,其尺寸由经验决定。同一平面的定位销至少要有
两个。

11.4.4　成型连接

成型连接是利用非圆截面与相应的毂孔构成的连接(图 11.17)。轴和毂孔可做成柱形
或锥形,前者只能传递转矩,但可用作不在载荷下移动的动连接,后者还能传递轴向力。

这种连接应力集中小,定心性好,承载能力强,装拆方便;但由于工艺上的困难,应用并
不普遍。非圆截面先经车削,然后磨制;毂孔先经钻镗或拉削,然后磨制。截面形状要能适
应磨削。

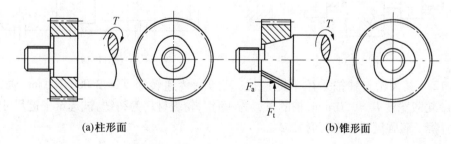

(a)柱形面　　　　　　　　　　　　(b)锥形面

图 11.17　成型连接

习题与思考题

11.1　轴的作用是什么? 心轴、转轴和传动轴的区别是什么?

11.2　轴的常用材料有哪些? 同一工作条件,若不改变轴的结构尺寸,仅将轴的材料
由碳钢改为合金钢,为什么只提高了轴强度而不能提高轴的刚度?

11.3　轴上零件的轴向固定有哪些方法? 各有何特点? 轴上零件的周向固定有哪些

方法？各有何特点？

11.4　齿轮减速器中,为什么低速轴的直径要比高速轴的直径粗得多?

11.5　轴的强度计算公式 $M_e = \sqrt{M^2 + (\alpha T)^2}$ 中,α 的含义是什么? 其大小如何确定?

11.6　轴承受载荷后,如果产生过大的弯曲变形或扭转变形,对轴的正常工作有何影响? 举例说明之。

11.7　已知一传动轴的传递功率为 37 kW,转速为 $n = 900$ r · min^{-1},如果轴上的扭切应力不允许超过 40 MPa,求该轴的直径。要求:

（1）按实心轴计算。

（2）按空心轴计算,内外径之比取 0.4、0.6、0.8 三种方案。

（3）比较各方案轴质量之比（取实心轴质量为 1）。

11.8　有一台离心风机,由电动机直接驱动,电动机功率 $P = 7.5$ kW,轴的转速 $n = 1\,440$ r · min^{-1},轴的材料为 45 钢。试估算轴的基本直径。

11.9　指出图 11.18 所示轴结构中的错误,并画出正确的结构图。

11.10　已知一单级直齿圆柱齿轮减速器,电动机直接拖动,电动机功率 $P = 22$ kW,转速 $n_1 = 1\,470$ r · min^{-1},齿轮模数 $m = 4$ mm,齿数 $z_1 = 18$,$z_2 = 82$,若支承间跨距 $l = 180$ mm（齿轮位于跨距中央）,轴的材料用 45 钢调质,试计算输出轴齿轮宽度的中点处的直径 d。

11.11　计算图 11.19 所示二级斜齿轮减速器中间轴 Ⅱ 的强度。已知中间轴 Ⅱ 的输入功率 $P = 40$ kW, 转速 $n_2 = 20$ r · min^{-1},齿轮 2 的分度圆直径 $d_2 = 688$ mm,螺旋角 $\beta = 12°50'$,齿轮 3 的分度圆直径 $d_3 = 170$ mm,螺旋角 $\beta = 10°29'$。

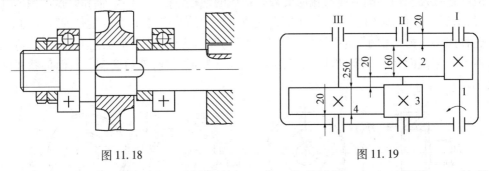

图 11.18　　　　　　　　　　　图 11.19

11.12　某齿轮与轴拟采用平键连接。已知:传递转矩 $T = 2\,000$ N · m,轴径 $d = 100$ mm, 轮毂宽度 $B = 150$ mm,轴的材料为 45 钢,轮毂材料为铸铁,试选定平键尺寸,并进行强度计算。若强度不足,有何措施。

第12章

滚动轴承

机器中的轴都需要支承起来才能工作,用来支承轴的部件叫轴承。根据接触摩擦类型不同,轴承分为滑动轴承和滚动轴承。滚动轴承是机械中广泛应用的标准件。它通过主要元件间的滚动接触来支承转动零件,具有摩擦阻力小、效率高、容易启动、润滑简便、易于互换等优点。其缺点是抗冲击能力差,高速时有噪音,工作寿命不及液体摩擦滑动轴承。

由于滚动轴承已经标准化,并由轴承厂大量制造,故使用者的任务主要是熟悉国家标准、正确选择轴承类型和尺寸、进行轴承的组合结构设计和确定润滑及密封方式等。

12.1 滚动轴承的构造、类型和代号

12.1.1 滚动轴承的结构及材料

滚动轴承的基本结构如图 12.1 所示,它是由内圈 1、外圈 2、滚动体 3 和保持架 4 等四部分组成的,其中滚动体是滚动轴承中不可缺少的重要元件。内圈与轴颈装配,外圈与轴承座装配。通常是内圈随轴颈回转,外圈固定,但也可用于外圈回转而内圈不动,或是内、外圈同时回转的场合。当内、外圈相对转动时,滚动体即在内、外圈的滚道间滚动。常用的滚动体如图 12.2 所示。轴承内、外圈上的滚道有限制滚动体侧向位移的作用。保持架的作用是均匀分布滚动体,使受力均匀且避免相邻的滚动体直接接触而引起磨损。保持架有冲压的(图12.1(a))和实体的(图 12.1(b))两种。冲压保持架一般用低碳钢板冲压制成,它与滚动体间有较大的间隙。实体保持架常用铜合金、铝合金、酚醛胶布或塑料制成,有较好的定心作用。轴承的内、外圈和滚动体一般是用含铬的轴承钢如 GCr15、GCr15SiMn 等制造的,热处理后硬度可达到 58 ~ 60 HRC 以上。另外9Cr18 钢、Cr_4Mo_4V 钢、Si_3N_4 陶瓷等材料在不同工况下也用作滚动体和套圈材料。

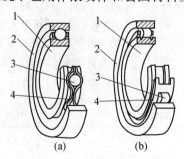

图 12.1 滚动轴承的基本结构

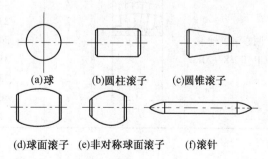

图 12.2 滚动轴承常用的滚动体

当滚动体是短圆柱滚子、长圆柱滚子或滚针时,在某些情况下,可以没有内圈、外圈或保持架,这时的轴颈或轴承座就要起到内圈或外圈的作用,相应工作表面需具备合适的硬度和粗糙度。

12.1.2 滚动轴承的类型

按照滚动体的形状不同,滚动轴承可分为球轴承和滚子轴承。滚子又分为圆柱滚子、圆锥滚子、球面滚子和滚针等。

接触角是滚动轴承的一个主要参数,轴承的受力状态和承载能力等都与接触角有关。滚动体与外圈接触处的法线和轴承径向平面(垂直于轴承轴心线的平面)之间的夹角 α,称为公称接触角(图 12.3)。公称接触角越大,轴承承受轴向载荷的能力也越大。

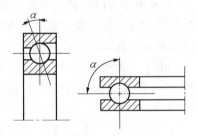

图 12.3 公称接触角

滚动轴承按照其公称接触角的不同,可分为:① 向心轴承,主要用于承受径向载荷,其公称接触角为 $0 \leqslant \alpha < 45°$;② 推力轴承,主要用于承受轴向载荷,其公称接触角为 $45° < \alpha \leqslant 90°$。

另外按照工作时能否自动调心,可分为刚性轴承和调心轴承。

我国常用滚动轴承的类型、代号及特点见表 12.1。

表 12.1 常用滚动轴承类型、基本代号和特点

轴承类型及标准号	结构简图	类型代号	尺寸系列代号	基本代号	性能和特点
调心球轴承 GB/T 281—2013		1	(0)2	1200	主要承受径向载荷,同时亦可承受较小的轴向载荷 轴(外壳)的轴向位移限制在轴承的轴向游隙的限度内,允许内圈(轴)对外圈(外壳)相对倾斜不大于3°的条件下工作(调心滚子轴承允许倾角不大于2.5°)
		(1)	22	2200	
		1	(0)3	1300	
		(1)	23	2300	
调心滚子轴承 GB/T 288—2013		2	13	21300	
		2	22	22200	
		2	23	22300	
		2	30	23000	
		2	31	23100	
		2	32	23200	
		2	40	24000	
		2	41	24100	

续表 12.1

轴承类型 及标准号	结构简图	类型 代号	尺寸系列代号	基本代号	性能和特点
推力调心滚 子轴承 GB/T 5859—2008	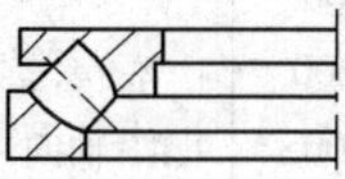	2 2 2	92 93 94	29200 29300 29400	承受轴向载荷为主的轴向、径向联合载荷,但径向载荷不超过轴向载荷的55%,并可限制轴(外壳)一个方向的轴向位移
圆锥滚子轴承 GB/T 297—2015	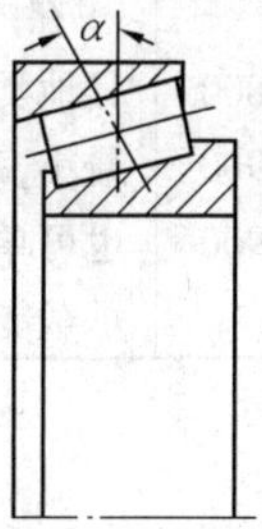	3 3 3 3 3 3 3 3 3 3	02 03 13 20 22 23 29 30 31 32	30200 30300 31300 32000 32200 32300 32900 33000 33100 33200	可同时承受以径向载荷为主的径向与轴向联合载荷 不宜用来承受纯轴向载荷。当成对使用时,可承受纯径向载荷,可调整径向、轴向游隙
推力球轴承 GB/T 301—2015	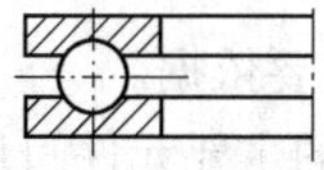	5 5 5 5	11 12 13 14	51100 51200 51300 51400	只能承受一个方向的轴向载荷,可限制轴(外壳)一个方向的轴向位移
双向推力球 轴承 GB/T 301—2015	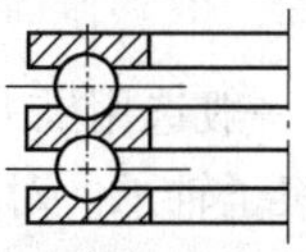	5 5 5	22 23 24	52200 52300 52400	能承受两个方向的轴向载荷,可限制轴(外壳)两个方向的轴向位移
深沟球轴承 GB/T 276—2013	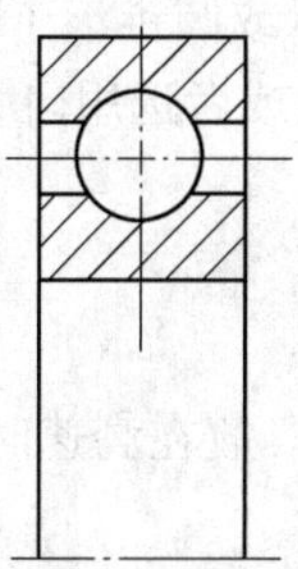	6	17 37 18 19 (1)0 (0)2 (0)3 (0)4	61700 63700 61800 61900 6000 6200 6300 6400	主要用以承受径向载荷,也可承受一定的轴向载荷,当轴承的径向游隙加大时,具有角接触球轴承的性能 允许内圈(轴)对外圈相对倾斜8′~15′
角接触球轴承 GB/T 292—2007	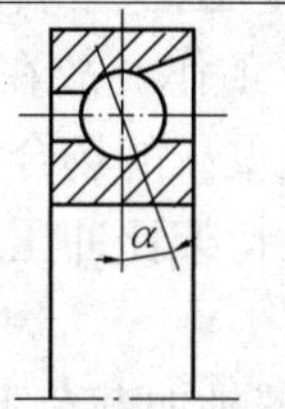	7	19 (1)0 (0)2 (0)3 (0)4	71900 7000 7200 7300 7400	可同时承受径向载荷和单向的轴向载荷,也可承受纯轴向载荷。接触角α越大,承受轴向载荷的能力越大,极限转速较高。一般应成对使用

续表 12.1

轴承类型 及标准号	结构简图	类型 代号	尺寸系列代号	基本代号	性能和特点
圆柱滚子轴承 GB/T 283—2007		N N N N N N	10 (0)2 22 (0)3 23 (0)4	N1000 N200 N2200 N300 N2300 N400	只承受径向载荷,内、外圈沿轴向可分离
滚针轴承 GB/T 5801—2020		NA NA NA	48 49 69	NA4800 NA4900 NA6900	在内径相同的条件下,与其他类型轴承相比,其外径最小,内圈或外圈可分离,也可单独用滚动体。径向承载能力较大

注:表中用"( )"括住的数字表示在组合代号中省略。

12.1.3　滚动轴承的类型选择

选用轴承时,首先是选择轴承类型。正确选择轴承类型时所应考虑的主要因素有:

1. 轴承的载荷

轴承所受载荷的大小、方向和性质,是选择轴承类型的主要依据。

(1)根据载荷的大小选择轴承类型时,由于滚子轴承中的主要元件间是线接触,宜用于承受较大的载荷,承载后的变形也较小。而球轴承中则主要为点接触,宜用于承受较轻或中等的载荷,故在载荷较小时,应优先选用球轴承。

(2)根据载荷的方向选择轴承类型时,对于纯轴向载荷,一般选用推力轴承。较小的纯轴向载荷可选用推力球轴承;较大的纯轴向载荷可选用推力滚子轴承。对于纯径向载荷,一般选用深沟轴承、短圆柱滚子轴承或滚针轴承。当轴承在承受径向载荷的同时,还有不大的轴向载荷时,可选用深沟球轴承、接触角不大的角接触球轴承或圆锥滚子轴承;当轴向载荷较大时,可选用接触角较大的角接触球轴承或圆锥滚子轴承,或者选用向心轴承和推力轴承组合在一起的结构,分别承担径向载荷和轴向载荷。

2. 轴承的转速

从工作转速对轴承的要求看,可以考虑以下几点:

(1)球轴承与滚子轴承相比较,能在较高的转速下工作,故在高速时应优先选用球轴承。

(2)在内径相同的条件下,外径越小,则滚动体越小,质量越轻,运转时滚动体加在外圈滚道上的离心力也就越小,因而也就更适于在更高的转速下工作。故在高速时,宜选用超轻、特轻及轻系列的轴承。重及特重系列的轴承,只用于低速重载的场合。

(3)保持架的材料与结构对轴承转速影响极大。实体保持架比冲压保持架允许更高一些的转速。

(4)推力轴承允许的工作转速很低。当工作转速高时,若轴向载荷不十分大,可采用深沟球轴承或角接触球轴承承受纯轴向力。

（5）可以用提高轴承的精度等级，选用循环润滑或油雾润滑，加强对循环油的冷却等措施来改善轴承的高速性能。

3．轴承的调心性能

当轴的中心线与轴承座中心线不重合而有角度误差时，或因轴受力而弯曲或倾斜时，会造成轴承的内外圈轴线发生偏斜。这时，应采用有一定调心性能的调心球轴承或调心滚子轴承。各类滚子轴承对轴承的偏斜最为敏感，在轴的刚度和轴承座孔的支承刚度较低的情况下应尽可能避免使用。

4．轴承的经济性

普通结构比特殊结构轴承便宜，球轴承比滚子轴承便宜，低精度轴承比高精度轴承便宜，而且高精度轴承对轴和轴承座的精度要求也高，所以选用高精度轴承必须慎重。

此外，轴承类型的选择还应该考虑轴承的装拆、调整、轴承游隙的控制是否方便等一系列的因素。

12.1.4　滚动轴承的代号

滚动轴承的类型很多，每一类型的轴承中，在结构、尺寸、精度和技术要求等方面又各不相同，为了便于组织生产和合理选用，国标 GB/T 272—2017 规定，滚动轴承的代号用字母和数字表示，并由前置代号、基本代号和后置代号构成。滚动轴承代号的构成见表12.2。

表 12.2　滚动轴承代号的构成

前置代号	基 本 代 号					后 置 代 号						
	五	四	三	二	一							
		尺寸系列代号										
轴承分部件代号	类型代号	宽度系列代号	直径系列代号	内径系列代号		内部结构代号	密封和防尘结构代号	保持架及其材料代号	特殊轴承材料代号	公差等级代号	游隙代号	多轴承配置代号	其他代号

1．基本代号

基本代号用来表示轴承的类型、结构和尺寸，是轴承代号的基础。基本代号由类型代号、尺寸系列代号和内径代号组成。类型代号用数字或字母表示，后两者用数字表示。

（1）类型代号。滚动轴承的常用类型代号见表12.1。

（2）尺寸系列代号。尺寸系列代号由宽度系列代号和直径系列代号组成，宽度系列是指内外径相同的轴承有几个不同的宽度；直径系列是指内径相同的轴承有几个不同的外径，宽度系列代号、直径系列代号及组合成的尺寸系列代号都用数字表示。常用轴承的尺寸系列代号见表12.3。

（3）内径代号。内径代号表示轴承的内径尺寸，为公称直径，用数字表示，表示方法见表12.4。

2．前置代号和后置代号

前置代号和后置代号是轴承在结构形状、尺寸、公差、技术要求等有改变时，在其基本代号的前、后增加的补充代号，其排列顺序见表12.2。

表12.3　尺寸系列代号

直径系列代号	向心轴承				推力轴承	
	宽　度　系　列　代　号				高　度　系　列　代　号	
	…	0	1	2	…	…	1	2
		(窄)	(正常)	(宽)		(正常)	(正常)
	尺　寸　系　列　代　号					
⋮						
2		02	12	22		12	22
3		03	13	23		13	23
4		04	—	24		14	24
⋮						

表12.4　内径代号

轴承公称内径/mm		内　径　代　号	示　例
10 ~ 17	10	00	深沟球轴承6200 $d = 10$ mm
	12	01	
	15	02	
	17	03	
20 ~ 495 (22、28、32 除外)		公称内径除以5的商数,商数为个位数,需在商数左边加"0",如06	调心滚子轴承23106 $d = 6 \times 5 = 30$ mm
≥ 500 以及 22、28、32		用公称内径毫米数直接表示,但在与尺寸系列之间用"/"分开	调心滚子轴承231/500 $d = 500$ mm 深沟球轴承62/28 $d = 28$ mm

（1）前置代号。前置代号是表示成套轴承的分部件,用字母表示,代号及含义见有关资料。

（2）后置代号。用字母(或字母加数字)表示,共有8组(表12.2),其中:

① 内部结构代号表示轴承内部结构变化。常用代号含义见表12.5。

表12.5　常用内部结构代号

代号	含　义	示　例	代号	含　义	示　例
B	公称接触角 $\alpha = 40°$	7208B 角接触球轴承 $\alpha = 40°$	E	结构改进加强型	N207E
C	公称接触角 $\alpha = 15°$	7208C 角接触球轴承 $\alpha = 15°$			
AC	公称接触角 $\alpha = 25°$	7208AC 角接触球轴承 $\alpha = 25°$			

② 公差等级代号有 /P0、/P6、/P6X、/P5、/P4、/P2 等6个代号,分别表示标准规定的0、6、6x、5、4、2 等级的公差等级;0 级精度最低,2 级精度最高;0 级可以省略不写。例如,6203(公差等级为0级),6203/P6(公差等级为6级)。

【例12.1】　解释轴承代号 7210AC、62/22/P4 的含义。

【解】

（1）7210AC:

7:角接触球轴承;

2:尺寸系列(0)2:宽度系列(0) 可省略,直径系列2,为轻窄系列;

10:轴承内径 $d = 10 \times 5 = 50$ (mm);

AC:公称接触角 $\alpha = 25°$;

公差等级为普通级,省略。

(2) 62/22/P4:

6:深沟球轴承;

2:尺寸系列(0)2:宽度系列(0) 省略,直径系列2;为轻窄系列;

22:轴承内径 $d = 22$ mm;

P4:公差等级为P4。

12.2 滚动轴承的失效形式及其选择计算

12.2.1 滚动轴承的受力

滚动轴承工作时,可以是外圈固定、内圈转动,也可以是内圈固定、外圈转动。对于固定套圈,处在承载区内的各接触点,按其所在位置的不同,将受到不同的载荷。处于载荷作用线上的点将受到最大的接触载荷(图12.4)。对于每一个具体的点,每当一个滚动体滚过时,便承受一次载荷,其大小是不变的,也就是承受稳定的脉动循环载荷的作用。载荷变动的频率快慢取决于滚动体中心的圆周速度。

转动套圈上各点的受载情况类似于滚动体的受载情况。它的任一点在开始进入承载区后,当该点与某一滚动体接触时,载荷由零变到某一数值,继而变到零。当该点下次与另一滚动体接触时,载荷就由零变到另一数值,故同一点上的载荷及应力是周期性不稳定变化的。

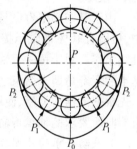

图 12.4　向心轴承中径向载荷的分布

12.2.2 滚动轴承的失效形式及计算准则

根据工作情况,滚动轴承失效形式主要有:

1. 疲劳点蚀

滚动轴承工作过程中,滚动体和内、外圈滚道分别受到不同的脉动接触应力作用。由于交变载荷的反复作用,首先在表面或次表层处产生疲劳裂纹,继而扩展,形成疲劳点蚀,使轴承不能正常工作。通常疲劳点蚀是滚动轴承的主要失效形式。

2. 永久变形

当轴承转速很低或间歇摆动时,一般不会产生疲劳破坏。但在很大的静载荷或冲击载荷作用下,会使轴承滚道和滚动体接触处产生永久变形(滚道表面形成塑性变形凹坑),而使轴承在运转中产生剧烈振动和噪声,以至轴承不能正常工作。

此外,由于使用、维护不当或密封、润滑不良等原因,还可能引起轴承的过度磨损、胶合、甚至使滚动体回火及内外圈和保持架破坏等失效。

决定轴承尺寸时,要针对主要失效形式进行必要的计算。其计算准则是:对于一般工作条件的回转滚动轴承,疲劳点蚀是其主要失效形式,需要进行寿命计算并作静强度校核;对于不转动、摆动或转速低的轴承,主要控制塑性变形,需要进行静强度计算。对于高速轴承,除寿命计算外还应校验极限转速。

12.2.3　轴承寿命的计算

1. 滚动轴承的基本额定寿命

一个滚动轴承在工作中发生疲劳点蚀前所经过的总转数或工作小时数称为轴承的疲劳寿命。而由于制造精度、材料的均质程度的差异,即使是同样材料、同样尺寸以及同一批生产出来的轴承,在完全相同的条件下工作,它们的疲劳寿命也会极不相同。轴承的最长疲劳寿命与最短疲劳寿命可相差几倍,甚至几十倍。

轴承的疲劳寿命不能以同一批实验轴承中的最长寿命或者最短寿命作为标准。根据统计方法,采用可靠度评价方式规定:一组相同的轴承,在相同的条件下运转,其中 10% 的轴承发生点蚀破坏,而 90% 的轴承不发生点蚀破坏前的总转数(以 10^6 r 为单位)或一定转速下的工作小时数作为轴承的疲劳寿命,并把这个疲劳寿命称为基本额定寿命,以 L_{10}(或 $L_{10\,h}$)表示。

由于基本额定寿命与破坏概率有关,所以在按基本额定寿命计算而选择出的一批轴承中,可能有 10% 的轴承提前发生破坏;同时,也可能有 90% 的轴承超过基本额定寿命后还能继续工作。对于每一个轴承来说,它能在基本额定寿命期内正常工作的概率为 90% ,而在基本额定寿命期未结束之前即发生点蚀破坏的概率仅为 10% 。在作轴承的寿命计算时,必须先根据机器的类型、使用条件及对可靠度的要求,确定一个恰当的预期计算寿命,即设计机器时所要求的轴承寿命。

2. 滚动轴承的基本额定动负荷

轴承的疲劳寿命与所受载荷的大小有关,工作载荷越大,引起的接触应力也就越大,因而在发生点蚀破坏前所能经受的应力循环次数也就越少,即轴承的疲劳寿命越短。所谓轴承的基本额定动负荷,就是使轴承的基本额定寿命恰好为 10^6 r 时,轴承所能承受的最大载荷值,用字母 C 代表。这个基本额定动负荷,对向心轴承,指的是纯径向载荷,称为径向基本额定动负荷,以 C_r 表示;对推力轴承,指的是纯轴向载荷,称为轴向基本额定动负荷,以 C_a 表示;对角接触轴承,指的是载荷的径向分量。不同型号的轴承有不同的基本额定动负荷值,它表征了不同型号轴承的承载能力,C 值越大,承载能力越大。轴承样本中对每个型号的轴承都给出了它的基本额定动负荷值 C,单位为 N。

3. 滚动轴承寿命的计算公式

对于具有基本额定动负荷 C 的轴承,当它所受的载荷 P 恰好为 C 时,其基本额定寿命就是 10^6 r。但是当所受的载荷 $P \neq C$ 时,轴承的寿命为多少? 这就是轴承寿命计算所要解决的一类问题。轴承寿命计算所要解决的另一类问题是,轴承所受的载荷等于 P,而且要求轴承具有的寿命为 L_{10}(以 10^6 r 为单位)时,那么,须选用具有多大的基本额定动负荷的轴承? 下面就来讨论解决上述问题的方法。图 12.5 所示为在大量试验研究基础上得出的

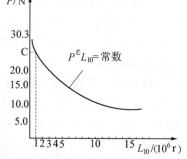

图12.5　某型号轴承的载荷 - 寿命曲线

某型号轴承载荷 - 寿命曲线。该曲线表示轴承的载荷 P 与基本额定寿命 L_{10} 之间的关系。其方程式为

$$P^\varepsilon L_{10} = 常数$$

因为 $P = C$ 时，$L_{10} = 1(10^6 \text{ r})$，故有 $P^\varepsilon L_{10} = C^\varepsilon \cdot 1$，即

$$L_{10}/10^6 \text{ r} = \left(\frac{C}{P}\right)^\varepsilon \tag{12.1}$$

式中　ε——寿命指数，对于球轴承 $\varepsilon = 3$；对于滚子轴承 $\varepsilon = 10/3$。

实际计算时，用小时表示轴承的寿命比较方便。令 n 代表轴承的转速($\text{r} \cdot \text{min}^{-1}$)，则以小时数表示的轴承寿命 $L_{10\,h}$ 为

$$L_{10\,h}/\text{h} = \frac{10^6}{60n}\left(\frac{C}{P}\right)^\varepsilon \tag{12.2}$$

由于在轴承样本中列出的额定动载荷值 C 仅适用于一般工作温度，如果轴承在温度高于 $120\ ^\circ\text{C}$ 的环境下工作时，轴承的额定动载荷值有所降低，故引用温度系数 f_t 予以修正，f_t 可查表 12.6。

表 12.6　温度系数 f_t

工作温度 / ℃	≤ 120	125	150	200	250	300	350
温度系数 f_t	1	0.95	0.9	0.8	0.7	0.6	0.5

进行上述修正后，寿命计算公式为

$$L_{10\,h} = \frac{10^6}{60n}\left(\frac{f_t C}{P}\right)^\varepsilon \tag{12.3}$$

4.滚动轴承的当量动载荷

在轴承的寿命计算公式中所用的载荷，对于只能承受纯径向载荷 F_r 的向心轴承或只能承受纯轴向载荷 F_a 的推力轴承来说，即为外载荷 F_r 或 F_a。如对于向心短圆柱滚子轴承，滚针轴承 $P = F_r$；对于推力轴承 $P = F_a$。但是，对那些同时承受径向载荷 F_r 和轴向载荷 F_a 的轴承（如深沟球轴承、调心轴承、角接触球轴承、圆锥滚子轴承等）来说，为了能和基本额定动负荷进行比较，必须把实际作用的复合外载荷折算成与基本额定动负荷方向相同的一假想载荷，在该假想载荷作用下轴承的寿命与在实际的复合外载荷作用下轴承的寿命相同，则称该假想载荷为当量动载荷，用 P 表示。它的计算公式为

$$P = XF_r + YF_a \tag{12.4}$$

式中　X——径向动载荷系数；

　　　Y——轴向动载荷系数。

X、Y 可分别按 $F_a/F_r > e$ 或 $F_a/F_r \leqslant e$ 两种情况，由表 12.7 查取。参数 e 是个界限值，用于判断是否考虑轴向载荷的影响，其值与轴承类型和 F_a/C_{0r} 有关（C_{0r} 是轴承的径向基本额定静载荷，见 12.2.4 小节）。

表 12.7　向心轴承的径向载荷系数 X 和轴向载荷系数 Y

轴承类型		相对轴向载荷 F_a/C_{0r}	e	$F_a/F_r > e$		$F_a/F_r \leqslant e$	
				X	Y	X	Y
深沟球轴承		0.014	0.19		2.30		
		0.028	0.22		1.99		
		0.056	0.26		1.71		
		0.084	0.28		1.55		
		0.11	0.30	0.56	1.45	1	0
		0.17	0.34		1.31		
		0.28	0.38		1.15		
		0.42	0.42		1.04		
		0.56	0.44		1.00		
角接触球轴承	$\alpha = 15°$	0.015	0.38		1.47		
		0.029	0.40		1.40		
		0.058	0.43		1.30		
		0.087	0.46		1.23		
		0.12	0.47	0.44	1.19	1	0
		0.17	0.50		1.12		
		0.29	0.55		1.02		
		0.44	0.56		1.00		
		0.58	0.56		1.00		
	$\alpha = 25°$	—	0.68	0.41	0.87	1	0
	$\alpha = 40°$	—	1.14	0.35	0.57	1	0
圆锥滚子轴承(单列)		—	$1.5\tan\alpha$	0.4	$0.4\cot\alpha$	1	0

　　但是,式(12.4)求得的当量动载荷只是一个理论值。实际上,由于机器中振动、冲击和其他载荷的影响,F_r 和 F_a 与实际值往往有差别,考虑到这些影响,应对当量动载荷乘上一个根据经验而定的载荷系数 f_P,其值见表 12.8,故实际计算时,轴承的当量动载荷应为

$$P = f_P(XF_r + YF_a) \tag{12.5}$$

表 12.8　载荷系数 f_P

载荷性质	f_P	举　　　例
无冲击或轻微冲击	1.0 ~ 1.2	电机、汽轮机、通风机等
中等冲击	1.2 ~ 1.8	车辆、动力机械、起重机、造纸机、冶金机械、选矿机、水力机械、卷扬机、木材加工机械、传动装置、机床等
强大冲击	1.8 ~ 3.0	破碎机、轧钢机、钻探机、振动筛

　　5. 角接触轴承的轴向载荷计算

　　角接触球轴承和圆锥滚子轴承承受径向载荷时,因其结构特点在滚动体和滚道接触处存在接触角 α,要产生派生的内部轴向力 S,其值见表 12.9。为了使内部轴向力得到平衡,以免轴产生窜动,这类轴承通常是成对使用的。

表 12.9　角接触轴承内部轴向力 S

轴承类型	角接触球轴承 70000 型			圆锥滚子轴承 30000 型
	$\alpha = 15°$	$\alpha = 25°$	$\alpha = 40°$	
S	$0.4F_r$	$0.7F_r$	F_r	$F_r/2Y$（Y 是 $F_a/F_r > e$ 时的轴向载荷系数）

如图 12.6 所示,图中表示了两种不同的安装方式。根据力的径向平衡条件,由径向外力 F_r 计算出作用在两个轴承上的径向载荷 F_{r1}、F_{r2}。当 F_r 的大小及作用位置固定时,径向载荷 F_{r1}、F_{r2} 也就固定。由径向载荷 F_{r1}、F_{r2} 派生的内部轴向力 S_1、S_2 的大小可按照表 12.9 相应的公式计算。图中 O_1、O_2 分别为轴承 1 和轴承 2 的压力中心,即支反力作用点。O_1、O_2 与轴承端面的距离可由手册查取。

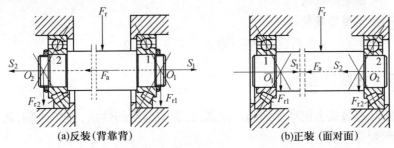

(a)反装(背靠背)　　　　　　　　　　(b)正装(面对面)

图 12.6　角接触球轴承(圆锥滚子轴承)轴向载荷的分析

以图 12.6 为例,以轴和与其相配合的轴承内圈为分离体,按其轴向力平衡为条件,确定轴承的轴向力 F_{a1}、F_{a2}。

（1）当 $F_a + S_2 = S_1$ 时,则轴承 1、2 所受的轴向载荷分别为 $F_{a1} = S_1$、$F_{a2} = S_2$。

（2）当 $F_a + S_2 > S_1$ 时,则轴有向左窜动的趋势,但实际上轴必须处于平衡位置(即轴承座要通过轴承外圈施加一个附加的轴向力来阻止轴的窜动),所以轴承 1 所受的总轴向力 F_{a1} 必须与 $F_a + S_2$ 相平衡,即 $F_{a1} = F_a + S_2$;而轴承 2 只受其本身的内部轴向力 S_2,即 $F_{a2} = S_2$。

（3）当 $F_a + S_2 < S_1$ 时,同前理,轴承 1 只受其本身的内部轴向力 S_1,即 $F_{a1} = S_1$;而轴承 2 所受的轴向力为 $F_{a2} = S_1 - F_a$。

12.2.4　滚动轴承的静强度计算

对于那些在工作载荷下基本上不旋转的轴承(例如,起重机吊钩上用的推力轴承),或者缓慢地摆动以及转速极低的轴承,一般不会发生疲劳点蚀失效,但是,如果载荷过大,将在滚动体和滚道上产生永久变形,影响轴承正常工作。所以应按轴承的静强度来选择轴承的尺寸。为此,必须对每个型号的轴承规定一个限制发生永久变形的极限载荷值。轴承标准规定:受载最大的滚动体与套圈滚道的接触中心处引起的接触应力达到一定值(如对滚子轴承为 4 000 MPa)时的载荷,称为滚动轴承的基本额定静载荷,用 C_0 表示。其方向与基本额定动载荷方向的规定相同。

轴承样本中列有各型号轴承的基本额定静载荷值,以供选择轴承时查用。

当轴承上同时作用有径向载荷和轴向载荷时,应折合成一个当量静载荷 P_0,其作用方向与基本额定静载荷相同,在其作用下,轴承受载最大的滚动体和较弱套圈滚道的塑性变形量之和与实际载荷作用下的塑性变形量之和相同。其计算公式为

$$P_{0r} = X_0 F_r + Y_0 F_a$$

式中　X_0、Y_0—— 当量静载荷的径向载荷系数和轴向载荷系数。

按上式求出的值如果小于 F_r,则取

$$P_{0r} = F_r$$

按静载荷选择轴承或进行静强度计算的公式为

$$\frac{C_{0r}}{P_{0r}} \geqslant S_0$$

式中　C_{0r}—— 额定静载荷;

　　　P_{0r}—— 当量静载荷;

　　　S_0—— 静强度安全系数,一般可取 $S_0 = 0.8 \sim 1.2$。

12.2.5　极限转速

滚动轴承转速过高会使摩擦面间产生高温,影响润滑剂性质,破坏油膜,从而导致滚动体回火或轴承胶合失效。

滚动轴承的极限转速是指轴承在一定的载荷和润滑条件下,达到所能承受最高热平衡温度时的转速值,该值在手册中能查到。轴承工作转速应低于其极限转速。

如果轴承的许用转速不能满足使用要求,可采取某些改进措施,如改变润滑方式,改善冷却条件,提高轴承精度,改用特殊轴承材料和特殊结构保持架等,都能有效地提高轴承的极限转速。

【例 12.2】　某减速器输入轴的两个轴承中受载较大的轴承所受的径向载荷 $F_{r1} = 2\ 180\ N$,轴向载荷 $F_{a1} = 1\ 100\ N$,轴的转速 $n = 970\ r \cdot min^{-1}$,轴的直径 $d = 55\ mm$,载荷稍有波动,工作温度低于 120 ℃,要求轴承的预期计算寿命为 15 000 h,试选择轴承型号。

【解】

(1) 初选轴承型号。根据已知条件,试选择深沟球轴承,因其直径为 55 mm,则其型号初选为 6211,由轴承手册查得 $C_r = 33\ 500\ N$,$C_{0r} = 25\ 000\ N$。

(2) 计算当量动载荷。因 $F_{a1}/C_{0r} = 1\ 100/25\ 000 = 0.044$,故由表 12.7 查得 $e \approx 0.25$。

由于 $F_{a1}/F_{r1} = 1\ 100/2\ 180 = 0.51 > e \approx 0.25$,故由表 12.7 查得 $X = 0.56$,$Y = 1.73$。考虑轴承工作中载荷稍有波动,由表 12.8 查得 $f_P = 1.1$,则当量动载荷为

$$P_{r1} = f_P(X F_{r1} + Y F_{a1}) = 1.1 \times (0.56 \times 2\ 180 + 1.73 \times 1\ 100) = 3\ 436\ (N)$$

(3) 校核轴承寿命。轴承寿命为 $L_{10h} = \frac{10^6}{60n}(\frac{C}{P})^\varepsilon = \frac{10^6}{60 \times 970} \times (\frac{33\ 500}{3\ 436})^3 = 15\ 924\ (h)$。

$L_{10h} > 15\ 000\ h$,满足要求,故选用 6211 型号轴承。

【例 12.3】　某圆锥齿轮减速器的主动轴,选用一对相同的圆锥滚子轴承支承,如图 12.7 所示。两个轴承承受的径向力分别为 $F_{r1} = 3\ 551\ N$,$F_{r2} = 1\ 168\ N$。作用于轴上的轴向载荷 $F_a = 292\ N$,轴的转速 $n = 620\ r \cdot min^{-1}$,轴的直径 $d = 30\ mm$,工作中有轻微冲击,工作

温度低于120 ℃,要求轴承寿命不低于35 000 h,试选择轴承型号。

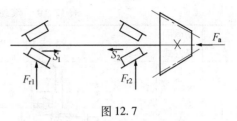

图 12.7

【解】

(1)初选轴承型号。根据工作条件和轴径,初选 30306 型轴承。由手册查得 $C_r = 55\ 800$ N,$e \approx 0.31$,$Y = 1.9$。

(2)计算轴承轴向载荷。先计算轴承内部轴向力

$$S_1 = \frac{F_{r1}}{2Y} = \frac{3\ 551}{2 \times 1.9} = 935\ \text{N}; S_2 = \frac{F_{r2}}{2Y} = \frac{1\ 168}{2 \times 1.9} = 307\ (\text{N})$$

因为 $S_2 + F_a = 307 + 292 = 599\ \text{N} < S_1 = 935\ (\text{N})$

所以 $F_{a1} = S_1 = 935\ \text{N}; F_{a2} = S_1 - F_a = 935 - 292 = 643\ (\text{N})$

(3)计算轴承的当量动载荷。对于轴承1,$F_{a1}/F_{r1} = 935/3\ 551 = 0.26 < e$,由表12.7和手册查得 $X = 1$,$Y = 0$。考虑轴承工作中有轻微冲击,由表12.8取$f_P = 1.2$,所以当量动载荷 P_{r1} 为

$$P_{r1} = f_P(XF_{r1} + YF_{a1}) = 1.2 \times (1 \times 3\ 551 + 0 \times 935) = 4\ 261\ (\text{N})$$

对于轴承2,$F_{a2}/F_{r2} = 643/1\ 168 = 0.55 > e = 0.31$,由表12.7和手册查得 $X = 0.4$,$Y = 1.9$。考虑轴承2工作中有轻微冲击,由表12.8取$f_P = 1.2$,则当量动负荷 P_{r2} 为

$$P_{r2} = f_P(XF_{r2} + YF_{a2}) = 1.2 \times (0.4 \times 1\ 168 + 1.9 \times 643) = 2\ 026.68\ (\text{N})$$

(4)计算轴承寿命。由于 $P_{r1} > P_{r2}$,故按 P_{r1} 计算。因为工作温度低于120 ℃,由表12.6取$f_t = 1$,所以

$$L_{10\ \text{h}} = \frac{10^6}{60n}\left(\frac{f_t C}{P}\right)^{10/3} = \frac{10^6}{60 \times 620} \times \left(\frac{55\ 800}{4\ 261}\right)^{10/3} = 130\ 605\ (\text{h})$$

$L_{10\ \text{h}} = 130\ 605$ h $> 35\ 000$ h,故选用 30306 型号轴承能满足工作要求。

12.3　滚动轴承部件的组合设计

为了保证轴能正常工作,除了要正确选择轴承的类型和尺寸外,还应正确进行轴承部件的组合设计。组合设计时,要正确处理轴承的固定和各零部件的装拆、定位、固定配合、调整、润滑和密封等问题。组合设计与轴承的外围部件、使用要求及现场条件等因素有关。下面介绍轴承部件组合设计中的几个主要问题。

12.3.1　滚动轴承部件的支承方式

表12.10为常见的滚动轴承部件组合方式。进行滚动轴承部件的组合设计,首先要保证轴和轴上零件在机器中具有正确可靠的工作位置,同时又要保证滚动轴承不致因轴受热膨胀而被卡死。轴承部件的典型支承方式可以分为三类。

表 12.10 滚动轴承部件典型组合方式

序号	轴承固定方式	结 构 形 式	特 点 和 应 用
1a	两端固定式	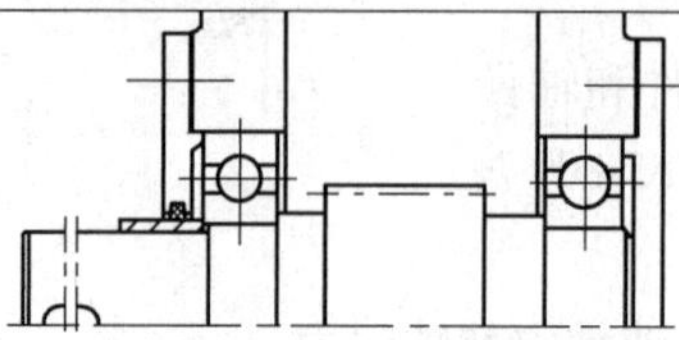	两端均用深沟球轴承。轴承外圈靠端盖轴向定位。用改变垫片或垫片的厚度来调整轴的轴向间隙。常用于支点跨距较小、温度变化不大及以径向力为主的场合。其结构简单,加工及安装均较方便
1b		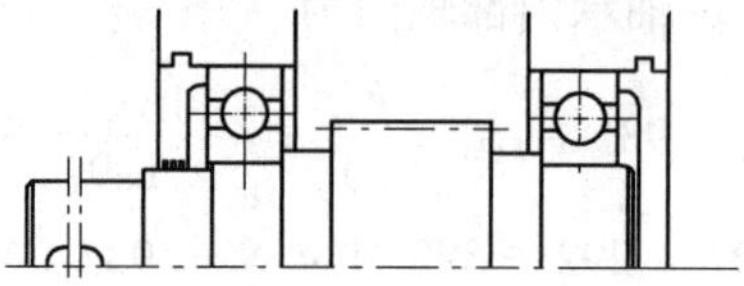	
2a		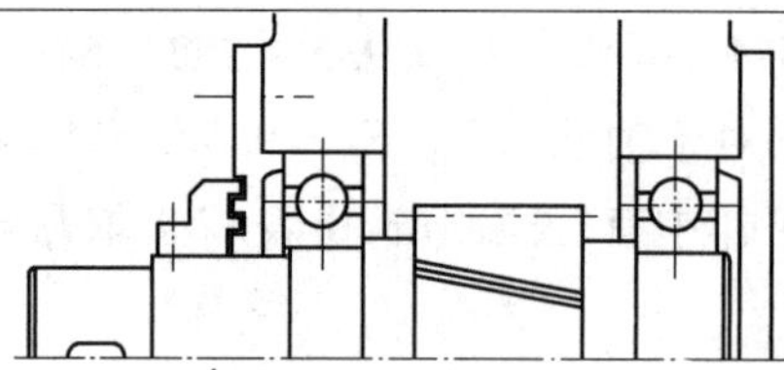	依靠调整垫片来调整轴承间隙,可同时承受径向力和较大的双向轴向力。图2a采用角接触球轴承,适用于高速轻载;图2b采用圆锥滚子轴承,适用于中速中载。这种结构适用于支点跨距较小的场合。图2c用压盖1、螺栓3、锁紧螺母2来调整轴承间隙
2b		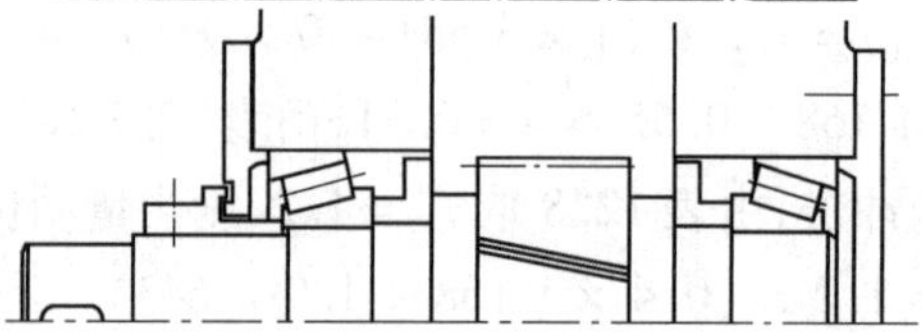	
2c		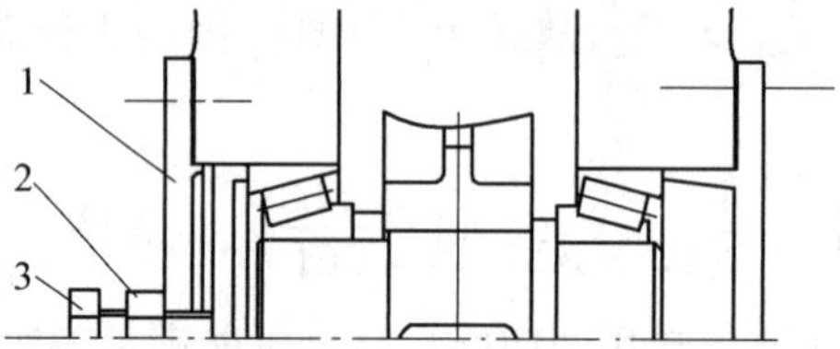	
3a		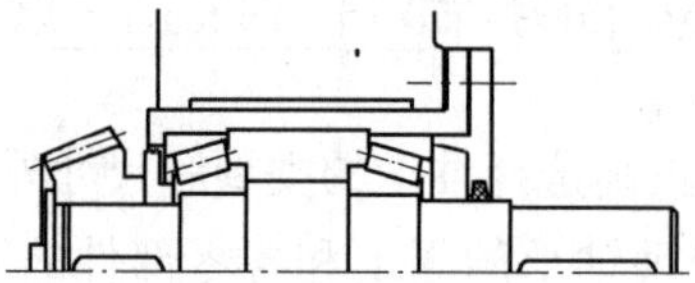	为小锥齿轮常用的两种支承方案。图3a轴承为正装,结构简单,拆装、调整方便,但支承结构刚度较差。图3b轴承为反装,结构较复杂,但支承刚度较好
3b		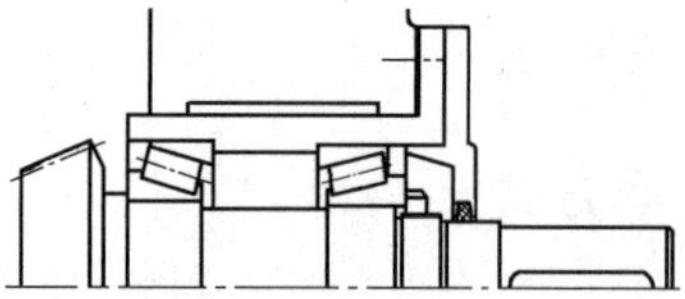	

续表 12.10

序号	轴承固定方式	结 构 形 式	特 点 和 应 用
4	两端游动式	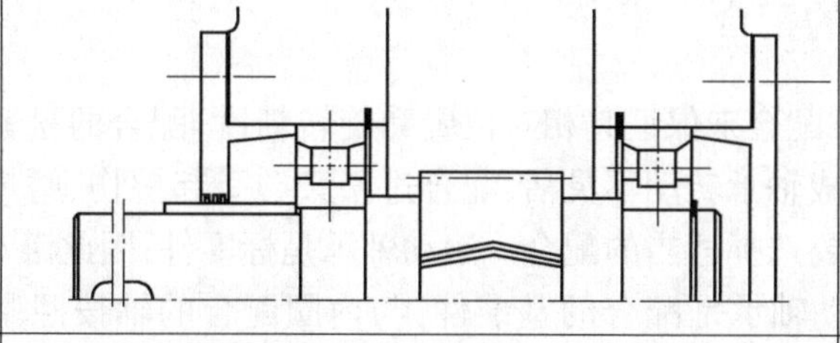	在人字齿轮传动中,为避免人字齿轮两半齿圈受力不匀或卡住,常将小齿轮做成可以双向轴向游动,图中左、右两端的轴承均不限制轴的轴向游动
5	一端固定一端游动式	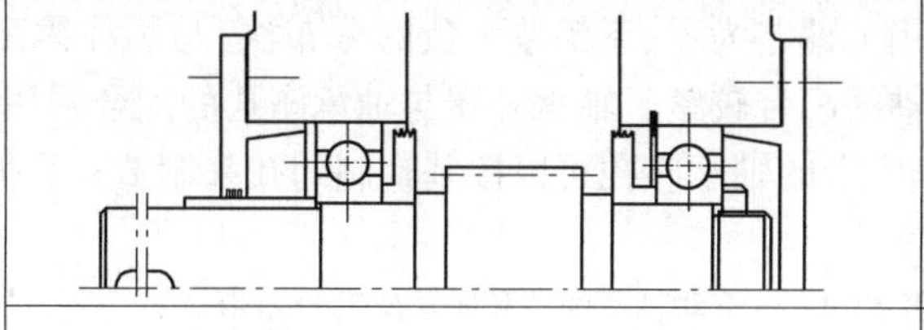	右端轴承轴向双向固定,左端轴承可做较大的轴向游动,适用于支点跨距及温度变化较大的长轴
6		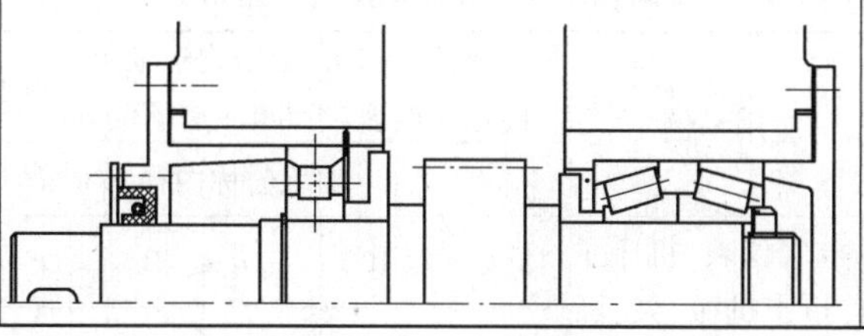	右端用两个正装的圆锥滚子轴承(也可用角接触球轴承)作为轴的双向固定;左端采用圆柱滚子轴承、其滚动体可在外圈上游动,可用于支点跨距较大的长轴

注:两圆锥滚子轴承或角接触球轴承,外圈薄边相对安装称为正装(或称面对面安装),厚边相对安装称为反装(或称背对背安装)。

1. 双支点单侧固定(两端固定式)

对于两支点距离小于等于 300 ~ 350 mm 的短轴或在工作中温升较小的轴,可采用这种固定。如表 12.10 中 1、2、3 所示,轴两端的轴承各自只能确定轴单向的轴向位置,要两端轴承联合作用,才能完全确定轴双向的轴向位置。对于内部间隙不可调的轴承(如深沟球轴承),靠轴肩使轴承内圈固定,靠两端轴承端盖使两个轴承外圈固定。为给轴留出受热伸长的余地,在轴承与端盖间或在轴承中留有轴向间隙,对深沟球轴承一般为 0.25 ~ 0.4 mm。为防止轴出现过大的轴向窜动,所留的轴向间隙不能太大。对于内部间隙可以调整的轴承(如角接触球轴承、圆锥滚子轴承),不必在外部留间隙,而在装配时将温升补偿间隙留在轴承内部。角接触轴承的轴向游隙见轴承手册。

2. 双支点游动(两端游动式)

如表 12.10 中 4 所示,其左、右两端都采用圆柱滚子轴承,轴承的内外圈都要求固定,以保证在轴承外圈的内表面与滚动体之间能够产生左右轴向游动。此种支承方式一般只用在人字齿轮传动这种特定的情况下,而且另一轴必须轴向位置固定。

3. 单支点双侧固定,另一支点游动(一端固定,一端游动式)

如表 12.10 中 5、6 所示,当轴的支点跨距较大(大于 350 mm)且工作温度较高时,因这时轴的热伸长量较大,就可应用这种支承方式。其右端的轴承已使轴双向轴向定位,而左端的轴承则可让轴自由游动。当轴向力不大时,固定端可用一个深沟球轴承限制轴的左右移动,另一端支承可做成游动的,如表 12.10 中 5 所示,该图采用深沟球轴承作游动端,其外圈与机座孔之间是间隙配合;当轴向力较大时,固定端可用一对角接触球轴承或一对圆锥滚子轴承限制轴的左右移动,另一端支承用内圈无挡边的圆柱滚子轴承使其游动,如表 12.10 中6 所示。

12.3.2　滚动轴承的配合

滚动轴承在机器中要靠配合来保证其相对位置和旋转精度,配合的松紧将直接影响其工作状态。配合过紧,会造成轴承转动不灵活,配合过松又会引起擦伤、磨损和旋转精度降低。因而轴承的内、外圈都要选择适当的配合。滚动轴承是标准件,因此滚动轴承国家标准GB/T 275—2015 中规定滚动轴承是配合的基准件,与内圈配合的轴按照基孔制的轴来制造;不过轴承内径公差带采用上偏差为零、下偏差为负的分布法,与圆柱体配合相比在配合种类相同的条件下,轴承与轴的配合较紧。轴承外圈与轴承座孔的配合采用基轴制,外圈直径相当于基准轴而与外圈相配合的轴承座孔可以按基轴制的孔来制造。具体选择配合时可参看表12.11。

表 12.11　滚动轴承的轴和轴承座孔公差带

轴承座圈工作条件		应用举例	深沟球轴承和角接触球轴承	圆锥滚子轴承和圆柱滚子轴承	调心滚子轴承	公差带
旋转状态	载荷		轴承公称内径 d/mm			
轴	内圈相对于载荷方向旋转或载荷方向摆动	轻载荷	电气仪表、机床主轴、精密机械、泵、通风机、传送带等	$18 < d \leqslant 100$	$d \leqslant 40$	$d \leqslant 40$	j6
					$40 < d \leqslant 100$	$40 < d \leqslant 100$	k6
		正常载荷	一般通用机械、电动机、泵、内燃机、变速箱、木工机械等	$18 < d \leqslant 100$	$d \leqslant 40$	$d \leqslant 40$	k5
					$40 < d \leqslant 100$	$40 < d \leqslant 65$	m5
						$65 < d < 100$	m6
轴承孔座	外圈相对于载荷方向静止	轻载荷和正常载荷	烘干筒、有调心滚子轴承的大电动机等	所有尺寸的向心轴承和角接触轴承			G7
			一般机械、铁路车辆轴箱等				H7

注:轻载荷:球轴承 $P \leqslant 0.07\,C$,圆锥滚子轴承 $P \leqslant 0.13\,C$,其他滚子轴承 $P \leqslant 0.08\,C$;

正常载荷:球轴承 $0.07\,C < P \leqslant 0.15C$,圆锥滚子轴承 $0.13C < P \leqslant 0.26\,C$,其他滚子轴承 $0.08\,C < P \leqslant 0.18\,C$;$P$ 为当量动载荷,C 为轴承的基本额定动载荷。

12.3.3　滚动轴承的预紧

为了提高轴承的旋转精度,增加轴承装置的刚度,减小机器工作时轴的振动,常采用预紧的滚动轴承。例如机床的主轴轴承,常用预紧来提高其旋转精度与轴向刚度。

所谓预紧,就是在安装时用某种方法在轴承中产生并保持一轴向力,以消除轴承中的游隙,并在滚动体和内、外圈接触处产生初始变形。预紧后的轴承受到工作载荷时,其内、外圈的径向及轴向相对移动量要比未预紧的轴承大大地减少。可以利用加金属垫片(图12.8(a))或磨窄套圈(图 12.8(b))等方法实现预紧。

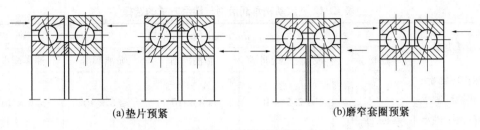

(a)垫片预紧   (b)磨窄套圈预紧

图 12.8　轴承的预紧

12.3.4　滚动轴承的装拆和调整

设计轴承组合时,必须考虑便于轴承的安装和拆卸。图 12.9 和图 12.10 分别为常见的安装和拆卸滚动轴承的情况,注意装拆时不允许通过滚动体来传递装拆压力,以免损伤轴承。若轴肩的高度大于轴承内圈外径时,就难以放置拆卸工具的钩头,所以轴肩高度通常不大于内圈高度的 3/4,轴肩的具体数值见轴承样本上有关轴承的安装尺寸。

轴承安装后,需进行仔细调整。一方面是为了保证轴承中的正常游隙,另一方面是为了调整轴上的传动零件(如齿轮)能处于正确的啮合位置。如为了使小圆锥齿轮与大圆锥齿轮的锥顶共点,锥齿轮轴需做轴向调整,其调整方法如表 12.10 中 3a 或 3b 所示,用改变套杯与机架间垫片的厚度的方法来使锥齿轮轴左右移动。此外,还可以用调整螺旋来调整轴承游隙。如表 12.10 中 2c 所示。

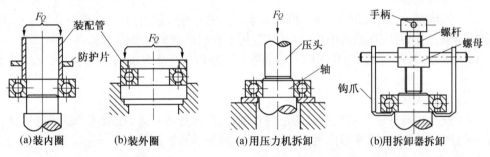

(a)装内圈　　(b)装外圈　　　　　(a)用压力机拆卸　　(b)用拆卸器拆卸

图 12.9　安装轴承的正确方法　　　图 12.10　拆卸轴承的正确方法

12.3.5　轴承的润滑

润滑对于滚动轴承具有重要意义,轴承中的润滑剂不仅可以降低摩擦阻力,还可以起着散热、吸收振动和防止锈蚀等作用。

轴承常用的润滑剂有油润滑及脂润滑两类。此外,也有使用固体润滑剂的。选用哪一类润滑剂与润滑方式,这与轴承的速度有关,一般用滚动轴承的 dn 值(d 为滚动轴承内径(mm);n 为轴承转速(r·min^{-1}))表示轴承的速度大小。适用于脂润滑和油润滑的 dn 值列于表 12.12 中,可在选择润滑剂与润滑方式时的参考。

表 12.12　滚动轴承润滑剂与润滑方式的选择

轴承类型	$dn/(\mathrm{mm \cdot r \cdot min^{-1}})$				
	脂润滑	浸油、飞溅润滑	滴油润滑	喷油润滑	油雾润滑
深沟球轴承 角接触球轴承	$\leq 1.6 \times 10^5$	$\leq 2.5 \times 10^5$	$\leq 4 \times 10^5$	$\leq 6 \times 10^5$	$> 6 \times 10^5$
圆柱滚子轴承	$\leq 1.2 \times 10^5$				
圆锥滚子轴承	$\leq 1.0 \times 10^5$	$\leq 1.6 \times 10^5$	$\leq 2.3 \times 10^5$	$\leq 3 \times 10^5$	—
推力球轴承	$\leq 0.4 \times 10^5$	$\leq 0.6 \times 10^5$	$\leq 1.2 \times 10^5$	$\leq 1.5 \times 10^5$	—

12.3.6　滚动轴承的密封

轴承的密封是为了防止外部尘埃、水分及其他杂物进入轴承,并防止轴承内润滑剂流失。轴承的密封方法很多,通常可归纳为接触式、非接触式及组合式三大类。

1. 接触式密封

(1) 毡圈密封(表12.10中1a左端轴承),用于 $v < 5 \mathrm{~m \cdot s^{-1}}$ 的脂润滑和低速油润滑,工作温度小于60 ℃,轴颈工作表面需抛光,密封作用小。

(2) 唇形圈封(表12.10中6左端轴承),用于 $v < 10 \mathrm{~m \cdot s^{-1}}$ 的油或脂润滑,工作温度为 $-40 \sim 100$ ℃,工作可靠。

2. 非接触式密封

(1) 油沟密封(表12.10中1b),除在轴承盖孔中开有数条油沟外,还留有 $0.1 \sim 0.3$ mm 的半径间隙,使用时应在油沟中填满润滑脂,用于脂润滑或低速油润滑。

(2) 迷宫式密封(表12.10中2a),缝隙一般为 $0.2 \sim 0.5$ mm,密封性好,可用于 $v < 30 \mathrm{~m \cdot s^{-1}}$ 的油或脂润滑。

3. 组合式密封

为了使上述两种密封形式组合的密封效果好,除上述各点外,在做滚动轴承的组合设计时,还应注意保证安装轴承部位机架的刚度和两端轴承孔的同轴度。

习题与思考题

12.1　说明下列滚动轴承代号的意义:N208/P5;7312C;6401;32310;52207。

12.2　如果圆锥齿轮轴用两个圆锥滚子轴承30208支承(如图12.11所示,我们可采用两种轴承布置方案(a 面对面;b 背对背)),你认为哪种方案比较好(只从刚度和强度角度出发讨论),并做简要说明。

12.3　根据工作条件,某机器传动装置中,轴的两端各采用一个深沟球轴承,轴径为 $d = 35$ mm,轴的转速 $n = 2\,000 \mathrm{~r \cdot min^{-1}}$,每个轴承径向载荷 $F_r = 2\,000$ N,一般温度下工作,载荷平稳,预期寿命 $L_h = 8\,000$ h,试选用轴承。

12.4　一齿轮轴为主动轴,由一对30206轴承支承,如图12.12所示,支点间的跨距为200 mm,齿轮位于两支点中央。已知齿轮模数 $m_n = 2.5$ mm,齿数 $z_1 = 17$(主动轮),螺旋角 $\beta = 16.5°$,传递功率 $P = 2.6$ kW,齿轮轴转速 $n = 384 \mathrm{~r \cdot min^{-1}}$,取 $f_P = 1.5$,$f_t = 1$,试求该轴承的基本额定寿命。

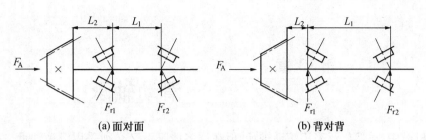

(a)面对面   (b)背对背

图 12.11

12.5 改错题,指出并改正图 12.13 所示轴系部件中的结构错误。

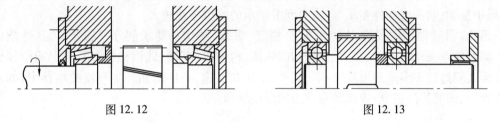

图 12.12   图 12.13

第13章

滑动轴承

在机械中,虽然广泛采用滚动轴承,但在许多情况下又必须采用滑动轴承,这是因为滑动轴承具有一些滚动轴承不能替代的特点。其主要优点是:结构简单,制造、装拆方便;具有良好的耐冲击性和吸振性能,运转平稳,旋转精度高;寿命长,可做成剖分式等。其主要缺点是:维护复杂;对润滑条件要求高;边界润滑轴承的摩擦损耗较大。

因此,滑动轴承主要应用在高速、高精度、重载、结构上要求剖分等场合下,且性能优异。如在航空发动机附件、仪表、金属切削机床、内燃机、车辆、轧钢机、雷达、卫星通信地面站及天文望远镜中多采用滑动轴承。此外,工作在低速、有冲击和恶劣环境的机器中,如水泥搅拌机、滚筒清沙机、破碎机等也常采用滑动轴承。

13.1 摩擦、磨损及润滑基本知识

在法向力作用下相互接触的两个物体而发生相对滑动,或有相对滑动的趋势时,在接触表面上就会产生抵抗滑动的阻力,这一自然现象称为摩擦,这时所产生的阻力称为摩擦力。摩擦是一种不可逆过程,其结果必然有能量损耗和摩擦表面物质的丧失或转移,即磨损。磨损会使零件的表面形状和尺寸遭到缓慢而连续的破坏,使机器的效率及可靠性逐渐降低,从而丧失原有的工作性能,最终还可能导致零件的突然破坏。人们为了控制摩擦、磨损,提高机器效率,减小能量损失,降低材料消耗,保证机器工作的可靠性,已经找到了一个有效的手段 —— 润滑。本节着重介绍摩擦、磨损及润滑的基本知识。

13.1.1 摩擦

摩擦可分两大类:一类是发生在物质内部,阻碍分子间相对运动的内摩擦;另一类是发生在接触表面上,阻碍相对滑动的外摩擦。根据摩擦表面间存在润滑剂的情况,又将摩擦分为干摩擦、边界摩擦(边界润滑)、混合摩擦(混合润滑)及流体摩擦(流体润滑)。其中干摩擦、边界摩擦和混合摩擦也可称为非流体摩擦。

1. 干摩擦

干摩擦是指表面间无外加润滑剂时的摩擦(图 13.1(a))。此时,摩擦系数最大,一般 $f > 0.3$,且有较大波动,伴随着大量的摩擦功损耗和严重的磨损,在滑动轴承中表现为强烈的升温,甚至烧毁轴瓦。所以在滑动轴承中应控制干摩擦状态。

2. 边界摩擦(边界润滑)

两摩擦面间加入润滑剂后,在金属表面会形成一层边界膜,它可能是物理吸附膜,也可能是化学吸附或化学反应膜。边界油膜很薄(厚度小于 1 μm),不足以将两金属表面分隔开来,在相互运动时两金属表面微观的凸峰部分仍将相互接触,这种状态称为边界摩擦(边界润滑)(图13.1(b))。由于边界膜也有较好的润滑作用,故摩擦系数 $f = 0.1 \sim 0.3$,磨损也较轻。但边界膜强度不高,在较大压力作用下容易破坏,而且温度高时强度显著降低,所以使用时对压力和温度以及运动速度要加以限制,否则边界膜破坏将会出现干摩擦状态,产生严重磨损。

 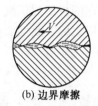 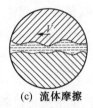 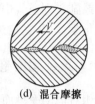

(a) 干摩擦　　　　(b) 边界摩擦　　　　(c) 流体摩擦　　　　(d) 混合摩擦

图 13.1　摩擦状态

3. 流体摩擦(流体润滑)

两摩擦表面被流体(液体或气体)完全隔开(图 13.1(c)),没有金属表面间的直接接触,只有流体之间的摩擦,这种摩擦叫流体摩擦(流体润滑),属于内摩擦。流体摩擦(流体润滑)的摩擦系数最小 $f = 0.001 \sim 0.01$,不会发生金属表面的磨损,是理想的摩擦状态。但实现流体摩擦(流体润滑)必须具备一定的条件。

4. 混合摩擦(混合润滑)

两摩擦面间同时存在干摩擦、边界摩擦和流体摩擦的现象称混合摩擦状态(图 13.1(d))。

13.1.2　磨损

运动副之间的摩擦将导致机体表面材料的逐渐丧失或转移,即形成磨损。磨损会影响机器的效率,降低工作的可靠性,甚至促使机器提前报废。因此,在设计时预先考虑如何避免或减轻磨损,以保证机器达到设计寿命。

根据磨损机理不同,一般将磨损分为粘着磨损、磨料磨损、疲劳磨损及腐蚀磨损。

1. 粘着磨损

相对运动的两表面经常处于混合摩擦状态或边界摩擦状态。当载荷较大、相对运动速度较高时,边界膜可能破坏,金属直接接触,形成粘接点。继续运动时会发生材料在表面间的转移、表面刮伤以至胶合。这种现象叫粘着磨损。粘着磨损与材料的硬度、相对滑动速度、工作温度及载荷大小等因素有关。

2. 磨料磨损

从外部进入摩擦面间的游离硬颗粒(如空气中的尘土或磨损造成的金属微粒)或硬的微凸体峰尖在较软材料的表面上犁刨出很多沟纹,被移去的材料,一部分流动到沟纹的两旁,一部分则形成一连串的碎片,脱落下来后成为新的游离颗粒,这样的微切削过程就叫磨料磨损。影响这种磨损的因素主要有材料的硬度和磨粒的尺寸与硬度,一般情况下,材料的硬度越高,耐磨性越好;金属的磨损量随磨粒平均尺寸的增加而增大,随磨粒硬度的增高而加大。

3. 疲劳磨损

在交变应力多次重复作用下,零件工作表面或表面下一定深度处会形成疲劳裂纹,随着应力循环次数的增加,裂纹逐步扩展进而表面金属脱落,致使表面上出现许多凹坑,这种现象叫疲劳磨损,又称"点蚀"。点蚀使零件不能正常工作而失效,这是交变应力作用下高副接触零件常见的失效形式之一。

4.腐蚀磨损

摩擦副受到空气中的酸或润滑油、燃油中残存的少量无机酸(如硫酸)及水分的化学作用或电化学作用,在相对运动中造成表面材料的损失称为腐蚀磨损。

13.1.3 润滑剂

在相对运动摩擦面间加入润滑剂可以降低摩擦,减少磨损,提高效率,延长机件的寿命,同时还可起到冷却、传力、绝缘、防腐、密封和排污等作用。机械中所用的润滑剂有气体、液体、半固体和固体物质,其中液体的润滑油和半固体的润滑脂被广泛采用。了解润滑剂的性能,以便正确选择用它,这对机械设计、制造、使用和维护人员来说是非常重要的。

1.润滑油

润滑油可分为三类:一是有机油,通常是动、植物油,动植物油中因含有较多的硬脂酸,在边界润滑时有很好的润滑性能,但因其稳定性差而且来源有限,所以使用不多;二是矿物油,主要是石油产品,因其来源充足,成本低廉,适用范围广,且稳定性好,故应用最多;三是化学合成油,合成油多是针对某种特定需要而制,价格较高,主要应用于对润滑可靠性要求高的场合。无论哪类润滑油,若从润滑观点考虑,主要是从以下几个理化性能指标评判它们的优劣。

(1)黏度。黏度是表示润滑油黏性的指标,即流体抵抗变形的能力,它表征油层间内摩擦阻力的大小。如图13.2(a)所示,在两个平行的平板间充满具有一定黏度的润滑油,若平

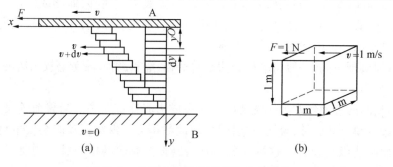

图 13.2 油膜中的黏性流动及动力黏度

板A以速度v移动,另一平板B静止不动,则由于油分子与平板表面的吸附作用,可近似认为贴近板A的油层以同样的速度v随板移动;而贴近板B的油层则静止不动。于是形成各油层间的相对滑移,在各层的界面上就存在有相应的剪应力。根据牛顿的黏性液体的摩擦定律(黏性定律),即在流体中任意点处的剪应力均与其剪切率(或速度梯度)成正比。若用数学形式表示这一定律,即为

$$\tau = -\eta \frac{\mathrm{d}v}{\mathrm{d}y}$$

式中　　τ——流体单位面积上的剪切阻力,即剪应力;

$\dfrac{\mathrm{d}v}{\mathrm{d}y}$——流体沿垂直运动方向的速度梯度,式中"-"号表示v随y的增大而减小;

η——比例常数,即流体的动力黏度。

摩擦学中把凡是服从这个黏性定律的液体都叫牛顿液体。

黏度的表示方法有:动力黏度、运动黏度和条件黏度。

① 动力黏度(绝对黏度)η。相距 1 m,面积各为 1 m^2 的两层平行液体间,产生 1 m·s^{-1} 的相对移动速度时,所需施加的力为 1 N,则这种液体的动力黏度为 1 Pa·s,1 Pa·s = 1 N·s·m^{-2}。

② 运动黏度 ν。用液体的动力黏度 η 与同温度下该液体的密度 ρ 的比值 η/ρ 表示黏度,称为运动黏度,即

$$\nu = \eta/\rho$$

式中 ρ——液体的密度(kg·m^{-3} 或 g·cm^{-3}),矿物油 $\rho \approx 900$ kg·m^{-3}。

运动黏度在法定计量单位中为 m^2·s^{-1},因单位太大,实际中常用 mm^2·s^{-1}(cSt,厘斯)。我国规定以油在 40 ℃ 时的运动黏度的平均值(mm^2·s^{-1})作为油的牌号。

③ 条件黏度。在一定条件下,利用某种规格黏度计,测量润滑油穿过规定孔道的时间来进行计量的黏度单位,如恩氏黏度(°E$_t$),即当 200 mL 的油,在规定的恒温 t 时流过恩氏黏度计所需的时间与同体积蒸馏水在 20 ℃ 时流过黏度计的时间之比。

润滑油黏度的大小不仅直接影响摩擦副的运动阻力,而且对流体润滑油膜的形成及承载能力有决定性作用。黏度是选择润滑油的主要依据。

影响润滑油黏度的主要因素是温度和压力,其中温度的影响最显著。润滑油的黏度随温度变化而变化,温度越高,黏度越小。常用黏度指数来衡量黏度随温度变化的程度,黏度指数大,黏度随温度变化小。一般压力增大,黏度增大,但压力小于 5 MPa 时,黏度随压力变化极小,计算时可不予考虑。

润滑油的黏度越高,其油膜承载能力越大,故低速不易形成动压油膜或工作载荷大时,应选用黏度高的润滑油。对受冲击载荷或往复运动的零件,因不易形成液体油膜,故应采用黏度大的润滑油。

(2)油性。油性是指润滑油在金属表面上的吸附能力。油性好的润滑油,其油膜吸附力大且不易破。

(3)极压性能。润滑油中的活性分子与摩擦表面形成抗磨损和耐高压的化学反应膜称为极压性能。这对防止高负荷的齿轮、滚动轴承、凸轮机构等发生胶合具有重要意义。

其他还有闪点、凝点、燃点、水溶性酸或碱、酸值和酸度、氧化安定性也是润滑油的评定指标。

2.润滑脂

润滑脂是润滑油与稠化剂(如钙、锂、钠的金属皂)的膏状混合物。根据调制润滑脂所用皂基的不同,润滑脂主要有以下几类:

(1)钙基润滑脂。具有良好的抗水性,但耐热能力差,工作温度不宜超过 55 ~ 65 ℃。

(2)钠基润滑脂。具有较高的耐热性,工作温度可达 120 ℃,但抗水性差。由于它能与少量水乳化,从而保护金属免遭锈蚀,比钙基润滑脂有更好的防锈能力。

(3)锂基润滑脂。既能抗水、耐高温(工作温度不宜高于 145 ℃),而且有较好的机械安定性,是一种多用途的润滑脂。

(4)铝基润滑脂。具有良好的抗水性,对金属表面有高的吸附能力,故可起到很好的防锈作用。

润滑脂的主要性质指标有：

（1）锥入度。这是指一个质量为 150 g 的标准锥体，于 25 ℃ 恒温下，由润滑脂表面经 5 s 后刺入的深度（以 0.1 mm 计）。它标志润滑脂内阻力的大小和流动性的强弱。锥入度越小，表明润滑脂越不易从摩擦面中被挤出，故承载能力强，密封性好，但同时摩擦阻力也大，而不易充填较小的摩擦间隙。

（2）滴点。在规定的加热条件下，润滑脂从标准测量杯的孔口滴下第一滴时的温度称作润滑脂的滴点。它标志着润滑脂耐高温的能力。一般使用温度应低于滴点 20 ~ 30 ℃，甚至40 ~50 ℃。

（3）氧化安定性。氧化安定性指润滑脂抗空气氧化的能力。氧化安定性差的润滑脂在储存过程中，易与空气中的氧接触而生成各种有机酸，对金属表面起腐蚀作用，同时失去润滑作用。

3. 固体润滑剂

固体润滑剂的材料有无机化合物（石墨、二硫化钼、二硫化钨、氮化硼等）、有机化合物（蜡、聚四氟乙烯、酚醛树脂）和软金属（Pb、Sn、Cu、Ag、Au）以及金属化合物，其中以石墨、聚四氟乙烯和二硫化钼应用最广。固体润滑剂一般用于不宜使用润滑油或润滑脂的特殊条件下，如高温、高压、极低温、真空、强辐射、不允许污染及无法给油的场合，或作为润滑油或润滑脂的添加剂以及与金属或塑料等混合制成自润滑复合材料。

4. 气体润滑剂

用来作润滑剂的气体有：空气、氢气、氦气等，最常用的是空气。气体黏度小，摩擦系数低，适用于高速轴承的润滑。气体润滑也应用在不能用润滑油的场合，如原子能工业、某些化学工业、怕油污的食品工业和纺织工业等。

13.1.4　润滑方式及润滑装置

为保证轴承良好的润滑状态，除合理地选择润滑剂外，合理地选择润滑方法和润滑装置也是十分重要的。下面介绍常用的润滑方法和润滑装置。

1. 油润滑

油润滑的润滑方法有间歇供油润滑和连续供油润滑两种。

间歇供油润滑有手工油壶注油和油杯注油供油。这种润滑方法只适用于低速不重要的轴承或间歇工作的轴承。

对于重要轴承，必须采用连续供油润滑。连续供油润滑方法及装置主要有以下几种：

（1）油杯滴油润滑。图 13.3、图 13.4 分别为针阀油杯和芯捻油杯。针阀油杯可调节油滴速度，以改变供油量，在轴承停止工作时，可通过油杯上部手柄关闭油杯，停止供油。芯捻油杯利用毛细管作用将油引到轴承工作表面上，这种方法不易调节供油量。

（2）浸油润滑。将部分轴承直接浸入油池中润滑，如图 13.5 所示。

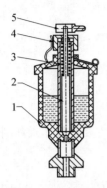
图 13.3 针阀油杯
1— 杯体;2— 针阀;3— 弹簧;
4— 调节螺母;5— 手柄

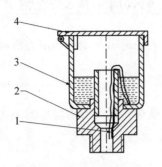
图 13.4 芯捻油杯
1— 油芯;2— 接头;3— 杯体;
4— 盖

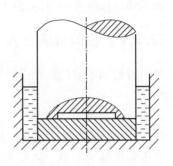
图 13.5 浸油润滑

（3）飞溅润滑。利用传动零件(如齿轮或专供润滑用的甩油盘)将润滑油甩起,并飞溅到需要润滑的部位,或通过壳体上的油沟将飞溅起的润滑油收集起来,使其沿油沟流入润滑部位。采用飞溅润滑时,浸在油中的零件(如齿轮、甩油盘等)的圆周速度不应低于 $2\ \mathrm{m\cdot s^{-1}}$,否则,被甩起的润滑油量太小,不足以润滑轴承。

（4）油环润滑。图 13.6 为油环润滑,在轴颈上套一油环,油环下部浸入油池中,当轴颈旋转时,靠摩擦力带动油环旋转,把润滑油带到轴颈上,油沿轴颈流入轴承。

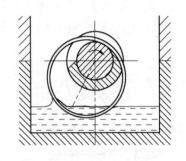
图 13.6 油环润滑

（5）压力循环润滑。如图 13.7 所示,压力循环润滑是一种强制润滑方法。润滑油泵将一定压力的油经油路导入轴承,润滑油经轴承两端流回油池,构成循环润滑。这种供油方法供油量充足,润滑可靠,并有冷却和冲洗轴承的作用。但润滑装置结构复杂、费用较高。常用于重载、高速或载荷变化较大的轴承中。

2. 脂润滑

润滑脂只能间歇供给。常用润滑装置有图 13.8 所示的旋盖油杯和图 13.9 所示的压注油杯。旋盖油杯靠旋紧杯盖将杯内润滑脂压入轴承工作面;压注油杯靠油枪压注润滑脂至轴承工作面。

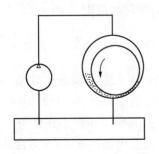
图 13.7 压力循环润滑装置

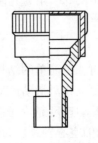
图 13.8 旋盖油杯

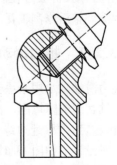
图 13.9 脂润滑压注油杯

13.2 滑动轴承的结构形式

滑动轴承按所受载荷的方向分为径向滑动轴承和推力滑动轴承。

13.2.1 径向滑动轴承

径向滑动轴承被用来承受径向载荷。径向滑动轴承的结构形式主要有整体式和剖分式两大类。

1. 整体式径向滑动轴承

图 13.10 所示为整体式径向滑动轴承的典型结构,由轴承座 1 和轴承套(轴瓦)2 组成。轴承套压装在轴承座中。轴承座应用螺栓与机座连接,顶部设有安装注油油杯的螺纹孔,轴承套上开有油孔和油沟。这种轴承结构简单、成本低,但磨损后间隙过大时无法调整,且轴颈只能从端部装入。对粗重的轴和具有中颈轴的轴,如内燃机的曲轴,就不便安装或无法安装。因此,整体式轴承常用于低速、轻载及间歇工作的轴承中,如手动机械、农业机械等。

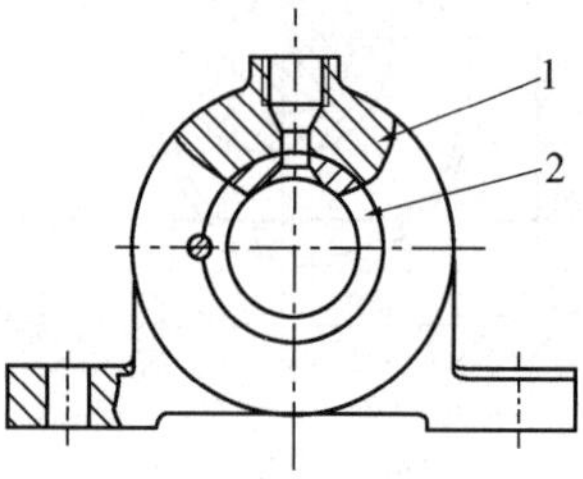

图 13.10　整体式轴承

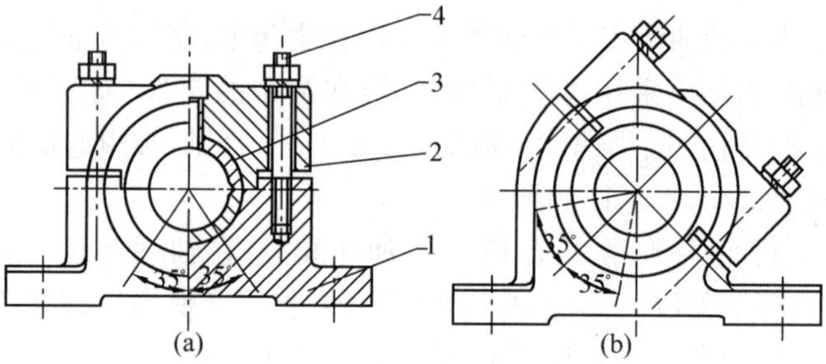

图 13.11　剖分式轴承

2. 剖分式径向滑动轴承

如图 13.11 所示,剖分式轴承由轴承座 1、轴承盖 2、剖分轴瓦 3 和双头螺柱 4 等组成。根据所受载荷的方向,剖分面应尽量取在垂直于载荷的直径平面内,通常为 180° 剖分。当剖分面为水平面时,轴承称为对开式正滑动轴承(图 13.11(a)),当剖分面与水平面成一定角度时,轴承称为对开式斜滑动轴承(图 13.11(b))。为防止轴承盖和轴承座横向错位并便于装配时对中,轴承盖和轴承座的剖分面均制成阶梯状。剖分式滑动轴承在拆装轴时,轴颈不需要轴向移动,拆装方便。适当增减轴瓦剖分面间的调整垫片,可调节轴颈与轴承间的间隙。间隙调整后修刮轴瓦。图中给出的 35° 角为允许载荷方向偏转的范围。

13.2.2 推力滑动轴承

推力滑动轴承用来承受轴向载荷。最简单的结构形式如图 13.12(a) 所示。轴颈端面与止推轴瓦组成摩擦副。由于工作面上相对滑动速度不等,越靠近中心处,相对滑动速度越小,摩擦越轻;越靠近边缘处,相对滑动速度越大,摩擦越重,会造成工作面上压强分布不均。有时设计成如图 13.12(b) 所示的空心轴颈。为避免工作面上压强严重不均,通常采用环状端面(图 13.12(c))。当载荷较大时,可采用多环轴颈,如图 13.12(d),这种结构的轴承能承受双向载荷。推力环数目不宜过多,一般为 2 ~ 5 个,否则载荷分布不均现象更为严重。

上述结构形式的推力轴承由于轴颈端面与止推轴瓦之间为平行平面的相对滑动,不易形成流体动力润滑,故轴承通常处在边界润滑状态下工作。多用于低速、轻载机械。

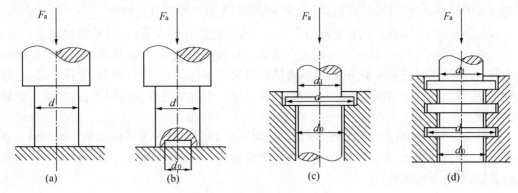

图 13.12 固定瓦推力轴承

13.3 轴承材料和轴瓦结构

所谓滑动轴承材料指的是轴瓦和轴瓦表面轴承衬材料。滑动轴承最常见的失效形式是轴瓦磨损、胶合(烧瓦)、疲劳破坏和由于制造工艺原因而引起的轴承衬脱落,其中主要是磨损和胶合。所以对轴瓦的材料和结构有些特殊要求。

13.3.1 轴瓦材料

1. 对轴瓦材料的要求

根据轴承的主要失效形式,对轴瓦材料的主要要求是:

(1) 有足够的疲劳强度,保证轴瓦在变载荷作用下有足够的寿命。

(2) 有足够的抗压强度,以防止产生过大的塑性变形。

(3) 有良好的减摩性、耐磨性,即要求摩擦系数小,轴瓦磨损小。

(4) 具有较好的抗胶合性,以防止因摩擦发热使油膜破裂后造成胶合。

(5) 对润滑油要有较好的吸附能力,以便于形成边界膜。

(6) 有较好的顺应性和嵌藏性,顺应性是指轴瓦顺应轴的弯曲及其他几何误差的能力,嵌藏性是指轴瓦材料容纳进润滑油中微小的固体颗粒,以避免轴瓦和轴颈被刮伤的能力。

(7) 具有良好的导热性。

(8) 考虑经济性、加工工艺性、耐腐蚀性等。

应该指出的是,对轴承材料性能上的上述要求是全面的,有些性能彼此有联系,有些性能则相互矛盾;任何一种材料很难全面满足这些要求。因此选用轴承材料时,应根据轴承的具体工作条件,有侧重地选用较合适的材料。为了全面地满足对轴瓦材料各种性能的要求,较为常见的是做成双金属或三金属的轴瓦,以便在轴瓦性能上取长补短。

2. 常见的轴瓦材料及其性质

轴瓦材料可分为三类:金属材料,粉末冶金材料和非金属材料。

(1) 铸铁。普通灰铸铁或加有镍、铬、钛等合金成分的耐磨灰铸铁,或者球墨铸铁,都可以用作轻载、低速轴承的轴瓦材料。这些材料中的片状或球状石墨成分在材料表面上覆盖后,可以形成一层起润滑作用的石墨层。这是此类材料可以用作轴瓦材料的主要原因。耐磨铸铁表面经磷化处理后,即可形成一多孔性薄层,有助于提高其耐磨性。

(2) 轴承合金(通称巴氏合金或白合金)。轴承合金分两大类:一类是锡锑轴承合金;另一类是铅锑轴承合金。这两类都是优良的轴瓦材料。相比起来,锡锑轴承合金的抗腐蚀能力强,边界摩擦时抗粘着能力强,与钢背结合得比较牢固,但其价格较贵,常用于高速、重载轴承;铅锑轴承合金的抗腐蚀能力较差,故宜采用不引起腐蚀作用的润滑油,以免导致轴承的腐蚀。

轴承合金元素的熔点大都较低,所以只适用于在 150 ℃ 以下工作的轴承。由于轴承合金强度低,且价格较贵,为了提高轴瓦强度和节约材料,一般只用来作为双金属或三金属轴瓦时表层材料,即轴承衬。

(3) 青铜。在一般机械中有 50% 的滑动轴承采用青铜材料。青铜的强度高,承载能力大,耐磨性和导热性都优于轴承合金。它可以在较高的温度(250 ℃)下工作,但可塑性差。不易跑合,与之相配轴颈必须淬硬。

青铜可单独做成轴瓦。为了节省有色金属,也可将青铜浇铸在钢或铸铁轴瓦内壁上。用作轴瓦材料的青铜,主要有锡磷青铜、锡锌铅青铜和铝铁青铜。在一般情况下,它们分别用于中速重载、中速中载和低速重载的轴承上。

(4) 其他材料。除上述常用的三种金属材料外,轴承材料还可采用多孔质金属材料和非金属材料。

用粉末冶金法(经制粉、成型、烧结等工艺)做成的轴承,具有多孔组织性,孔隙内可贮存润滑油,常称为含油轴承。它具有自润滑性。工作时,由于轴颈转动的抽吸作用及轴承发热时油的膨胀作用,油便进入摩擦表面间起润滑作用;不工作时,因毛细管作用,油便被吸回到轴承内部,故在相当长的时间内,即使不加润滑油仍能很好地工作。如果定期给以供油,则使用效果更佳。但由于其韧性较小,故宜用于平稳无冲击载荷及中低速度情况下。常用的含油轴承有青铜 — 石墨、多孔铁质和铁 — 石墨三种。

常用的非金属材料主要有石墨、橡胶、尼龙、塑料等。石墨是一种良好的固体润滑剂。用石墨制出的轴瓦及轴套,摩擦系数小,抗粘着性好,磨损速度很低,不氧化,但其性质很脆,受冲击载荷时易碎。石墨轴瓦的热膨胀系数小,最好用紧配合压在轴瓦外套中。

橡胶具有较大的弹性,能减轻振动使运转平稳,可以用水润滑,常用于潜水泵、沙石清洗机、钻机等有泥沙的场合。

塑料具有摩擦系数低,可塑性与跑合性好,耐磨损,耐腐蚀,可用水、油及化学溶液润滑等优点。但其导热性差,膨胀系数较大,容易变形。为改善此缺陷,可将薄层塑料作为轴承衬材料黏附在金属轴瓦上使用。

常用轴承材料的性能及许用值见表 13.1。

表 13.1 常用轴瓦材料的性能及许用值 $[p]$、$[v]$、$[pv]$

材料	牌 号	$[p]$/MPa	$[v]$/(m·s^{-1})	$[pv]$/(MPa·m·s^{-1})	轴颈硬度 HBW	特性及用途举例
铸锡基轴承合金	ZSnSb11Cu6	25(平稳)	80	20	27	用作轴承衬,用于重载、高速、温度低于 110 ℃ 的重要轴承,如汽轮机、大于 750 kW 的电动机、内燃机、高转速的机床主轴的轴承等
	ZSnSb12Pb10Cu4	20(冲击)	60	15		
铸铅基轴承合金	ZPbSb16Sn16Cu2	15	12	10	30	用于不剧变的重载、高速的轴承,如车床、发电机、压缩机、轧钢机等的轴承,温度低于 120 ℃
	ZPbSb15Sn10	20	15	15	20	用于冲击负荷 $pv < 10$ MPa·m·s^{-1} 或稳定负荷 $p \leqslant 20$ MPa 下工作的轴承,如汽轮机、中等功率的电动机、拖拉机、发动机、空压机的轴承
铸造青铜	ZCuPb5Sn5Zn5	8	3	10	50 ~ 100	锡锌铅青铜,用于中载、中速工作的轴承,如减速器、起重机的轴承及机床的一般主轴承
	ZCuAl10Fe5Ni5	30	8	12	120 ~ 140	铝铁青铜,用于受冲击负荷处,轴承温度可至 300 ℃,轴颈经淬火。不应低于 300 HBW
	ZCuPb30	25(平稳) 15(冲击)	12 28	30	25	铅青铜,浇注在钢轴瓦上做轴衬。可受很大的冲击载荷,也适用于精密机床主轴轴承
铸造黄铜	ZCuZn38Mn2Pb2	10	1	10	68 ~ 78	锰铅黄铜的轴瓦,用于冲击及平稳负荷的轴承,如起重机、机车、掘土机、破碎机的轴承
铸锌铝合金	ZAlZn11Si7	20	9	16	80 ~ 90	用于 75 kW 以下的减速器,各种轧钢机轧辊轴承,工作温度低于 80 ℃
灰铸铁	HT150	4	0.5		163 ~ 241	用于低速不受冲击的轻负荷轴承
	HT200	2	1			
	HT250	1	2			
球墨铸铁	QT500 − 7	0.5 ~ 12	5 ~ 1.0	2.5 ~ 12	170 ~ 230	球墨铸铁,用于经热处理的轴相配合的轴承
	QT450 − 10				160 ~ 210	球墨铸铁,用于不经淬火的轴相配合的轴承

续表 13.1

材料	牌号	$[p]$ /MPa	$[v]$ /(m·s⁻¹)	$[pv]$ /(MPa·m·s⁻¹)	轴颈硬度 HBW	特性及用途举例
铁质陶瓷(含油轴承)		56	缓慢、间歇或摇动	定期给油 0.5,较少而足够的润滑 1.8,润滑充足 4	50 ~ 85	常用于载荷平稳、低速及加油不方便处,轴颈最好淬火,径向间隙为轴颈的 0.15% ~ 0.2%
		21	0.125			
		4.9 ~ 4.8	0.25 ~ 0.75			
		2.1	0.75 ~ 1			
尼龙 - 6 尼龙 - 66 尼龙 - 1010			5	0.09 无润滑 1.6(油连续工作) 2.5(滴油间歇工作)		尼龙轴承自润性、耐腐性、耐磨性、减震性等都较好,而导热性不好,吸水性大,线膨胀系数大,尺寸稳定性不好,适用于速度不高或散热条件好的地方
橡胶		0.35	10	0.4		常用于给排水、泥浆等工业设备中,能隔振、消声、补偿误差,但导热性差,需加强冷却

13.3.2 轴瓦结构

　　轴瓦是滑动轴承的主要零件,设计轴承时,除了选择合适的轴瓦材料以外,还应该合理地设计轴瓦结构,否则会影响滑动轴承的工作性能。当采用贵重金属轴承材料作轴瓦时,为了节省贵重材料和增加强度,常在轴瓦基体(钢或铜)内表面上浇铸一层轴承合金作为轴承衬,基体叫瓦背。瓦背强度高,轴承衬减磨性好,两者结合起来构成令人满意的轴瓦。轴承衬应可靠地贴合在轴瓦基体表面上,为此可采用如图 13.13 所示的结合形式。

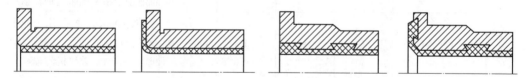

图 13.13　瓦背与轴承衬的结合形式

　　轴瓦在轴承座中应固定可靠,轴瓦形状和结构尺寸应保证润滑良好,散热容易,并有一定的强度和刚度,装拆方便。因此设计轴瓦时,不同的工作条件,采用不同的结构形式。整体式轴瓦如图 13.14 所示。图 13.14(a) 为无油沟的轴瓦,图 13.14(b) 为有油沟的轴瓦。轴瓦和轴承座一般采用过盈配合。为连接可靠,可在配合表面的端部用紧定螺钉固定,如图 13.14(c) 所示。轴瓦外径与内径之比一般取值为 1.15 ~ 1.2。

　　剖分式轴瓦如图 13.15(a) 所示。轴瓦两端的凸缘用来实现轴向定位。周向定位采用定位销(图 13.15(b)),也可以根据轴瓦厚度采用其他定位方法。在剖分面上开有轴向油沟,轴瓦厚度为 b,轴颈直径为 d,一般取 $b/d > 0.05$。轴承衬厚度根据材料不同由十分之几 mm 到 6 mm,直径大的取大值。

　　为了向摩擦表面间加注润滑剂,在轴承上方开设注油孔,压力供油时油孔也可以开在两侧。为了向摩擦表面输送和分布润滑剂,在轴瓦内表面开有油沟。图13.16和图13.17分别

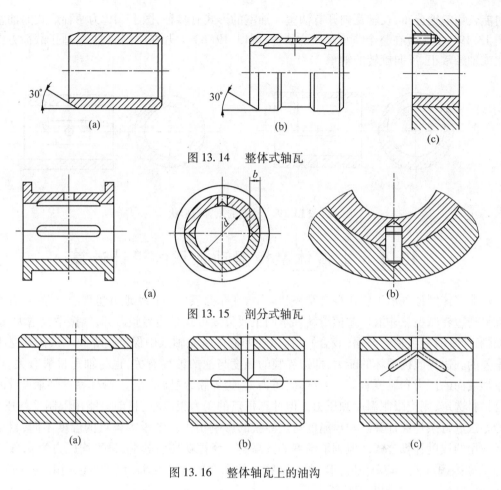

图 13.14　整体式轴瓦

图 13.15　剖分式轴瓦

图 13.16　整体轴瓦上的油沟

图 13.17　剖分轴瓦上的油沟

表示整体轴瓦和剖分轴瓦内表面上的油沟。从图中可以看出,油沟有轴向的、周向的和斜向的,也可以设计成其他形式的油沟。设计油沟时必须注意以下问题:轴向油沟不得在轴承的全长上开通,以免润滑剂流失过多,油沟长度一般为轴承长度的80%;液体摩擦轴承的油沟应开在非承载区,周向油沟应开在轴承的两端,以免影响轴承的承载能力(参看图 13.18)。

对某些载荷较大的轴承,为使润滑剂沿轴

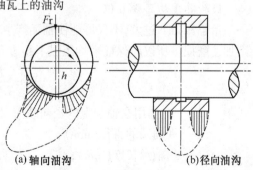

图 13.18　油沟位置对承载能力的影响

向能较均匀地分布,在轴瓦内开有油室。油室的形式有多种,图 13.19 为两种形式的油室。图 13.19(a) 为开在整个非承载区的油室;图13.19(b) 为开在两侧的油室,适于载荷方向变化或轴经常正、反向旋转的轴承。

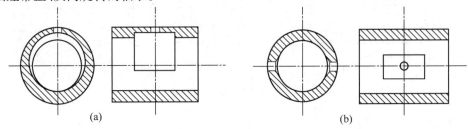

图 13.19　　油室的位置与形状

13.4　　非液体摩擦滑动轴承的设计计算

非液体摩擦轴承工作在混合摩擦状态下,在摩擦表面间有些地方呈现液体摩擦,有些地方呈现边界摩擦。非液体摩擦滑动轴承的主要失效形式是边界膜破坏,摩擦系数增大,磨损加剧,严重时导致粘着磨损(胶合)。所以在非液体摩擦轴承中保持边界膜不被破坏是十分重要的。边界膜抗破坏的能力,即边界膜的强度与油的油性有关,也与轴瓦材料有关,还与摩擦表面的压力和温度有关。温度高,压力大,边界膜容易破坏。非液体摩擦轴承设计时一旦材料选定,则应限制温度和压力。但计算每点的压力很困难,目前只能用限制平均压力 p 的办法进行条件性计算。轴承温度对边界膜的影响很大。轴承内各点的温度不同,目前尚无适用的温度计算公式。但轴承温度的升高是由摩擦功耗引起的,设平均压力为 p,线速度为 v,摩擦系数为 f,则单位时间内单位面积上的摩擦功可视为 fpv,因此可以用限制表征摩擦功的特征值 pv 来限制摩擦功耗。

13.4.1　　非液体摩擦径向滑动轴承的计算

进行滑动轴承计算时,已知条件通常是轴颈承受的径向载荷 F_r、轴的转速 n、轴颈的直径 d(由轴的强度计算和结构设计确定的)和轴承的工作条件。所谓轴承计算实际是确定轴承的长径比 L/d,选择轴承材料,然后校核 p、pv、v。一般取 $L/d = (0.5 \sim 1.5)$。

1. 验算平均压强 p 值

单位压力 p 过大,不仅可能使轴瓦产生塑性变形破坏边界膜,而且一旦出现干摩擦状态则加速磨损。所以应保证平均压强不超过允许值 $[p]$,即

$$p = \frac{F_r}{L \cdot d} \leqslant [p] \tag{13.1}$$

式中　　F_r——作用在轴颈上的径向载荷(N);

　　　　d——轴颈的直径(mm);

　　　　L——轴承长度(mm);

　　　　$[p]$——许用压强(MPa),由表 13.1 查取。

如果式(13.1)不能满足,则应另选材料改变 $[p]$ 或增大 L,或增大 d,重新计算。

2. 验算 pv 值

pv 值大,表明摩擦功大,温升大,边界膜易破坏,其限制条件为

$$pv = \frac{F_r \cdot \pi \cdot d \cdot n}{L \cdot d \cdot 60 \times 1000} = \frac{\pi \cdot n \cdot F_r}{60 \times 1000 L} \leqslant [pv] \qquad (13.2)$$

式中　　n——轴颈转速($r \cdot min^{-1}$);

　　　　$[pv]$——pv 的许用值($MPa \cdot m \cdot s^{-1}$),由表 13.1 查取。其他符号同前。

对于速度很低的轴,可以不验算 pv,只验算 p。同样,如果 pv 值不满足式(13.2),也应重选材料或改变 L,必要时改变 d。

3. 验算速度 v

对于跨距较大的轴,由于装配误差或轴的挠曲变形,会造成轴及轴瓦在边缘接触,局部比压很大,若速度很大,则局部摩擦功也很大。这时只验算 p 和 pv 并不能保证安全可靠,因为 p 和 pv 都是平均值。因此要验算 v 值。

$$v = \frac{\pi \cdot d \cdot n}{60 \times 1000} \leqslant [v] \qquad (13.3)$$

式中　　$[v]$——轴颈速度的许用值($m \cdot s^{-1}$),由表 13.1 查取。其他符号同前。

如 v 值不满足式(13.3),也要修改参数 L 或 d,或另选材料增加 $[v]$。

13.4.2　非液体摩擦推力滑动轴承的计算

推力滑动轴承的计算准则与径向滑动轴承相同。

1. 验算平均压强 p(几何尺寸参看图 13.12)

$$p = \frac{F_a}{Z \frac{\pi}{4}(d^2 - d_0^2) \cdot k} \leqslant [p]$$

式中　　F_a——作用在轴承上的轴向力(N);

　　　　d、d_0——止推面的外圆直径和内圆直径(mm);

　　　　Z——推力环数目;

　　　　$[p]$——许用压强(MPa);对于多环推力轴承,轴向载荷在各推力环上分配不均匀,表 13.1 中 $[p]$ 值应降低 50%;

　　　　k——由于止推面上有油沟,使止推的面积减小的系数,通常取 $k = 0.9 \sim 0.95$。

2. 验算 pv_m 值

$$pv_m \leqslant [pv_m]$$

式中　　v_m——环形推力面的平均线速度 $m \cdot s^{-1}$,其值为

$$v_m = \frac{\pi \cdot d_m \cdot n}{60 \times 1000}$$

式中　　d_m——环形推力面的平均直径(mm),$d_m = (d + d_0)/2$;

　　　　$[pv_m]$——pv_m 的许用值,由于该特征值是用平均直径计算的,轴承推力环边缘上的速度较大,所以 $[pv_m]$ 值应较表中给出的 $[pv]$ 值低一些,对于钢轴颈配金属轴瓦,通常取其值为 $[pv_m] = 2 \sim 4\ MPa \cdot m \cdot s^{-1}$。如以上几项计算不满足要求,可改选轴瓦材料,或改变几何参数。

13.5   流体动压润滑原理简介

13.5.1   流体动压形成原理

首先分析两平行板的情况,如图 13.20(a) 所示,B 板静止不动,A 板以速度 v 向左运动,板间充满润滑油。由于润滑油的黏性以及它与平板间的吸附作用,润滑油在动板 A 的黏滞带动下将做层流运动。吸附于板 A 的油层流速为 v,吸附于板 B 的油层流速为零,则两板间润滑油的速度呈三角形分布,两板间带进的油量等于带出的油量,润滑油维持连续流动,板 A 不会下沉。但若板 A 承受载荷 P 时,油将向两边挤出(图 13.20(b)),于是板 A 逐渐下沉,直到与板 B 接触。这说明两平行板之间不能承受载荷,即不能建立液体摩擦状态。

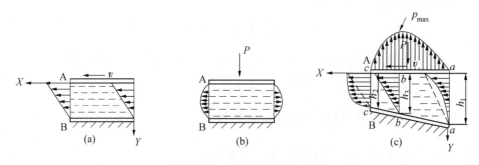

图 13.20   动压油膜承载机理

如果板 A 与板 B 不平行,板间的间隙沿板的运动方向由大到小呈收敛楔形,如图 13.20(c) 所示。当板 A 以速度 v 运动时,如果油层中的速度仍按如图中虚线所示的三角形分布,由于入口截面 aa 处的间隙 h_1 大于出口截面 cc 处的间隙 h_2,则进入间隙的油量必然大于流出间隙的油量,但润滑油是不可压缩的,润滑油必将在间隙内"拥挤"而形成压力。迫使进口端润滑油的速度图形向内凹,出口端润滑油的速度图形向外凸,所以油层速度不再是三角形分布,而呈图中实线所示的曲线分布,使带进的油量等于带出的油量。同时,间隙内形成的液体压力将与外载荷 P 平衡,板 B 不会下沉,这就说明在间隙内形成了压力油膜。这种借助于相对运动而在轴承间隙中形成的压力油膜称为动压油膜。

根据以上分析可知,形成动压油膜的必要条件是:

(1) 相对运动表面之间必须形成收敛形间隙(通称油楔)。

(2) 要有一定的相对运动速度,并使润滑油从大口流入,从小口流出。

(3) 间隙间要充满具有一定黏度的润滑油。

13.5.2   向心滑动轴承动压油膜形成过程

如图 13.21(a) 所示,轴颈在静止时,轴颈处于轴承孔的最下方的稳定位置。此时两表面间自然形成一弯曲的楔形空间。

当轴颈开始转动时,速度极低,轴颈和轴承直接接触,此时产生的摩擦为金属间的摩擦。轴承对轴颈的摩擦力的方向与轴颈表面的圆周速度方向相反,推动轴颈向右滚动而偏

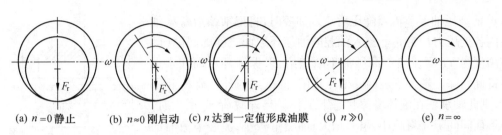

图 13.21 向心滑动轴承的工作状况

(a) $n=0$ 静止　(b) $n\approx0$ 刚启动　(c) n 达到一定值形成油膜　(d) $n\gg0$　(e) $n=\infty$

移(图 13.21(b))。随着转速的增大,轴颈表面的圆周速度增大,带入楔形空间的油量也逐渐加多,则金属接触面被润滑油分隔开的面积也逐渐加大,因而摩擦阻力就逐渐减小,于是轴颈又向左下方移动。

当转速增加到一定大小之后,已能带入足够把金属接触面分开的油量,油层内的压力已建立到能支承轴颈上外载荷的程度,轴承就开始按照液体摩擦状态工作。由于油压的作用,把轴颈抬起且偏向左边(图 13.21(c))。此时,由于轴承内的摩擦阻力仅为液体的内阻力,故摩擦系数达到最小值。

当轴颈转速进一步加大时,轴颈表面的速度亦进一步加大,油层内的压力进一步升高,轴颈也被抬高,使轴颈的中心更接近于孔的中心,油楔角度随之减小,内压则跟着下降,直到内压的合力再次与外载荷相平衡为止。此时,由于轴颈中心更为接近孔的中心,所以油层的最小厚度比原来加大了(图 13.21(d))。同时由于轴颈圆周速度增大,使油层间的相对速度增大,故液体的内摩擦也就增大,轴承的摩擦系数也随之上升。

从理论上说,只有当轴颈转速 $n=\infty$ 时,轴颈中心才会与孔中心重合(图 13.21(e)),这是很明显的。因为当两中心重合时,两表面之间的间隙处处相等,已无油楔存在,当然也就失去平衡外载荷的能力。故在有限转速时,永远达不到两中心重合的程度。

动压轴承的承载能力与轴颈的转速、润滑油的黏度、轴承的长径比、楔形间隙尺寸等有关。为获得液体摩擦,必须保证一定的油膜厚度,实现液体摩擦的充分条件是保证最小油膜厚度处的轴瓦与轴颈表面不平度高峰不直接接触,即最小油膜厚度必须满足式(13.4)

$$h_{\min} \geqslant k(\delta_1 + \delta_2) \tag{13.4}$$

式中　δ_1——轴瓦表面不平度的平均值(μm)。

δ_2——轴颈表面不平度的平均值(μm)。

k——考虑变形和误差的可靠性系数,通常取 $k \geqslant 2$。

13.6　液体静压润滑原理简介

液体静压轴承是用高压油泵把高压油送到轴承间隙里,强制形成油膜,靠液体的静压平衡外载荷。液体静压轴承也有径向轴承和推力轴承之分。

13.6.1　液体静压推力轴承工作原理

图 13.22 为液体静压推力轴承的工作原理图。上部为轴颈,下部为轴承,轴承上开有油腔,轴颈直径大于油腔直径。如果没有油层,则轴颈与轴承将在一环形平面上接触。当压力

为 p_s 的高压油经节流器降压后流入油腔时,将把轴颈抬高 h,油腔内各处压力均为 p_c。流入油腔的油经环形面之间的间隙(间隙高度为 h)而流出。高压油不断供给,以保证环形面间永远保持此间隙。轴颈下表面受油压作用,油压 p_c 与外载荷 F_a 相平衡,则此轴承就在液体摩擦状态下工作。当外载荷 F_a 增大时,环形面间间隙 h 将减小,阻力增大,油流量减小,流经节流器的油压力降将减小,因此在供油压力不变的条件下,油腔内压力 p_c 将增大。与此相反,当外载荷 F_a 减小时油腔内压力 p_c 将减小,与外载荷 F_a 达到新的平衡。

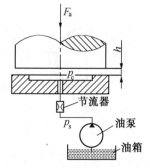

图 13.22　液体静压推力轴承
工作原理

13.6.2　液体静压径向轴承工作原理

图 13.23 为液体静压径向轴承的工作原理图。压力为 p_s 的高压油经节流器降压后流入四个相同并对称的油腔。设忽略轴及轴上零件的质量,当无外载荷时,四个油腔的油压相等,即 $p_1 = p_2 = p_3 = p_4$,轴颈中心将位于轴承中心。当轴承受载荷 F_r 时,轴颈将向下偏移,下油腔间隙减小,间隙处油的阻力增大,流量减小,因而润滑油流过下部节流器时的压力降也将减小,但由于油泵的压力 p_s 保持不变,所以下部油腔的压力 p_3 将加大。与此相反,上油腔的压力 p_1 将减小。轴承在上下两个油腔之间形成一个压力差为 $p_3 - p_1$ 的平衡载荷 F_r。

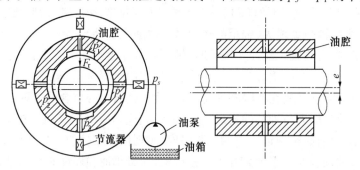

图 13.23　液体静压径向轴承工作原理

液体静压轴承的主要特点为:

(1) 润滑状态和油膜压力与轴颈转速的关系很小,即使轴颈不转也可以形成油膜。轴速变化和转向改变对油膜刚性的影响很小。

(2) 提高油压就可以提高承载能力,在重载条件下也可以获得液体润滑。

(3) 由于机器在启动前就能建立润滑油膜,因此启动力矩小。

液体静压轴承特别适用于低速、重载、高精度以及经常启动、换向而又要求良好润滑的场合,但需要附加一套复杂而又可靠的供油装置,非必要时不采用。

习题与思考题

13.1　根据润滑状况的不同,摩擦分为几种形态。

13.2　按磨损机理分,磨损有几种形式。

13.3 什么是润滑油的油性和黏度？

13.4 滑动轴承有哪些主要类型？其结构特点是什么？

13.5 流体动压力是怎样形成的？具备哪些条件才能形成流体动压润滑？

13.6 混合摩擦向心滑动轴承，轴颈直径 $d = 100$ mm，轴承宽度 $B = 120$ mm，轴承承受径向载荷 $F_r = 150\,000$ N，轴的转速 $n = 200$ r·min^{-1}，轴颈材料为淬火钢，设选用轴瓦材料为 ZCuPb5Sn5Zn5，试进行轴承的校核设计计算，看轴瓦选用是否合适。

第14章

联轴器、离合器和制动器

14.1 概述

联轴器和离合器主要用做轴与轴之间的连接,以传递运动和转矩。联轴器必须在机器停车后,经过拆装才能使两轴分离或结合。离合器在机器工作中可随时使两轴接合或分离。制动器是用来迫使机器迅速停止运转或减小机器运转速度的机械装置。

联轴器和离合器的类型很多,其中常用的已经标准化。在设计时,先根据工作条件和要求选择合适的类型,然后按轴的直径 d、转速 n 和计算转矩 T_c,从标准中选择所需要的型号和尺寸。必要时对少数关键零件作校核计算。计算转矩

$$T_c = KT \text{ N} \cdot \text{mm}$$

(14.1)

式中 T——轴的名义转矩(N·mm);

K——载荷系数,见表14.1。

表14.1 载荷系数(电动机驱动时)

机 器 名 称		K	机 器 名 称	K
机床		1.25 ~ 2.5	往复式压气机	2.25 ~ 3.5
离心水泵		2 ~ 3	胶带或链板运输机	1.5 ~ 2
鼓风机		1.25 ~ 2	吊车、升降机、电梯	3 ~ 5
往复泵	单行程	2.5 ~ 3.5	发电机	1 ~ 2
	双行程	1.75		

注:① 刚性联轴器取较大值,弹性联轴器取较小值,摩擦离合器取中间值。

② 当原动机为活塞式发动机时,将表内 K 值增大20% ~ 40%。

联轴器和离合器的种类很多,本章仅介绍几种有代表性的结构。

14.2 联轴器

用联轴器连接的两轴轴线在理论上应该是严格对中的,但由于制造及安装误差、承载后的变形以及温度变化的影响等原因,往往很难保证被连接的两轴严格对中,因此就会出现两轴间的轴向位移 x(图14.1(a))、径向位移 y(图14.1(b))、角位移 α(图14.1(c))和这些位移组合的综合位移(图14.1(d))。如果联轴器没有适应这种相对位移的能力,就会在联轴器、轴和轴承中产生附加载荷,甚至引起强烈振动。这就要求设计联轴器时,要采取各种结构措施,使之具有适应上述相对位移的性能。

常用联轴器分为刚性联轴器和挠性联轴器,挠性联轴器又分为无弹性元件、金属弹性元

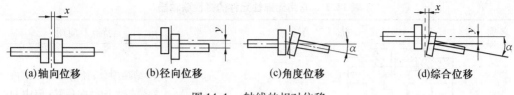

| (a)轴向位移 | (b)径向位移 | (c)角度位移 | (d)综合位移 |

图 14.1　轴线的相对位移

件、非金属弹性元件几种类型。下面分别讨论。

14.2.1　刚性联轴器

刚性联轴器由刚性零件组成,可传递的转矩较大,无缓冲减振能力,适用于无冲击、被连接的两轴中心线对中要求较高的场合。常用刚性联轴器如表 14.2 所示。

表 14.2　常用刚性联轴器

名称	简　图	特点及应用
套筒联轴器	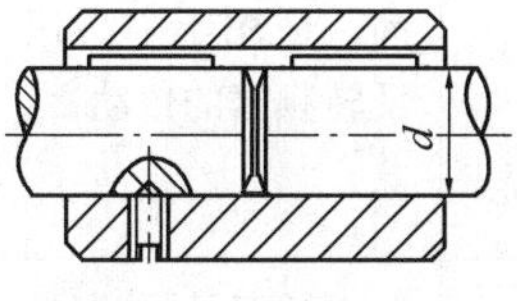 (a) 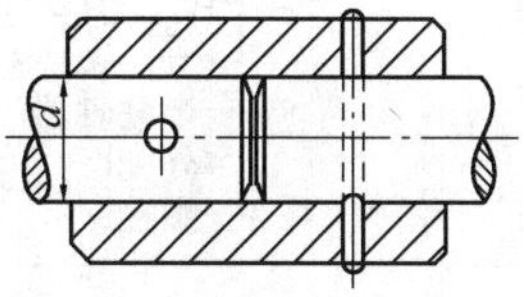　　　(b)	结构简单,制造容易,径向尺寸最小,但要求两轴安装精度高,装拆时需做轴向移动 　用于低速、轻载、经常正反转的传动,且要求两轴对中好,工作平稳无冲击载荷
夹壳联轴器	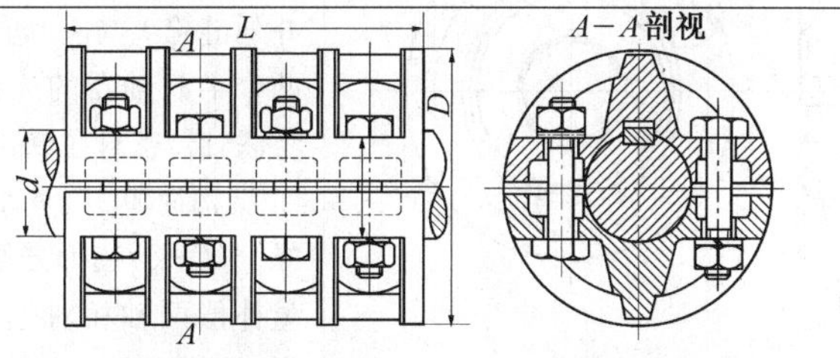 $A-A$剖视	装拆方便,无补偿性能。适用于低速传动的水平轴或垂直轴的连接
凸缘联轴器	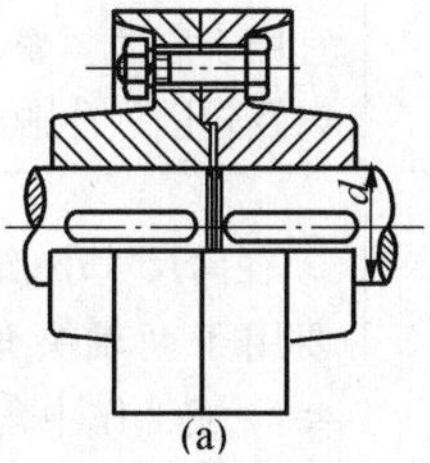 (a) 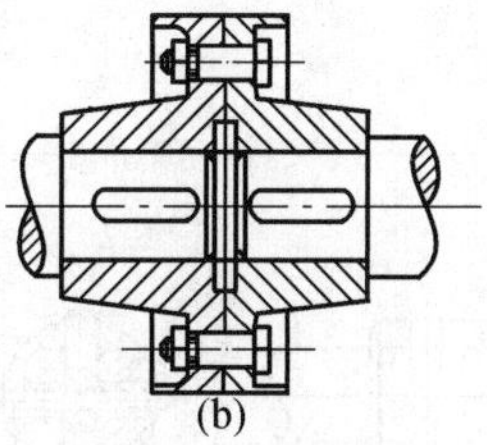　　　(b)	结构简单,成本低,无补偿性能,不能缓冲减振,对两轴安装精度要求较高。用于振动很小的工况条件,连接中、高速和刚性不大的,两轴,且要求对中性较高

14.2.2　挠性联轴器

1. 无弹性元件的挠性联轴器

无弹性元件的挠性联轴器是利用它的组成元件间构成的动连接具有某一方向或几个方向的活动度来补偿两轴的相对位移。因无弹性元件,这类联轴器不能缓冲减振。常用的无弹性元件的挠性联轴器如表14.3 所示。

表 14.3 常用无弹性元件的挠性联轴器

名称	简 图	特点及应用
十字滑块联轴器	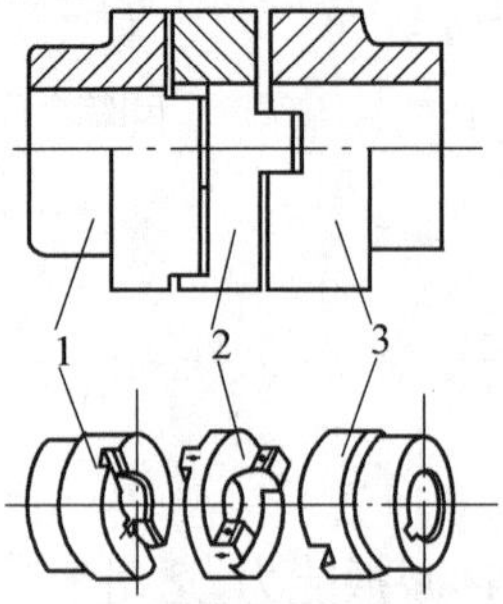 1、3— 两个端面开有凹槽的半联轴器； 2— 两端有榫的中间圆盘	结构简单，径向尺寸小。可补偿较大的径向位移，但中间圆盘工作时，作用有离心力，而且榫与槽间有磨损。主要用于轴间径向位移较大的低速传动
齿式联轴器	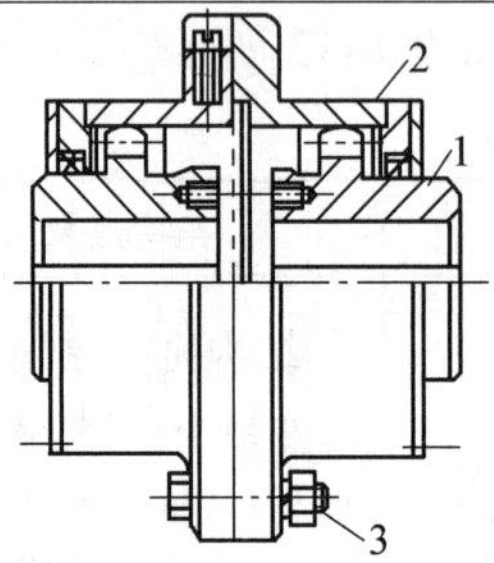 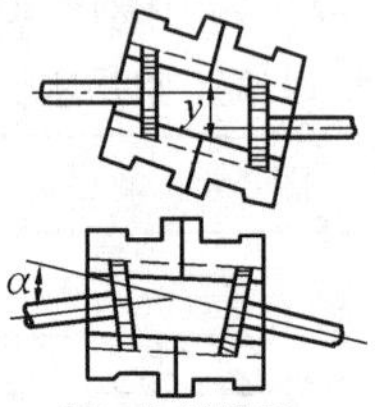 1—半联轴器； 2—外壳； 3—螺栓	承载能力大，工作可靠，补偿综合位移的能力强，安装精度要求低，但质量大，成本高。适用于中高速、重载、正反转频繁的传动
滚子链联轴器	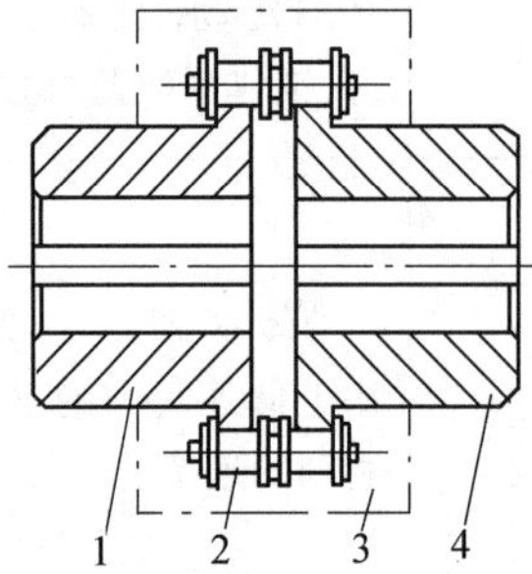 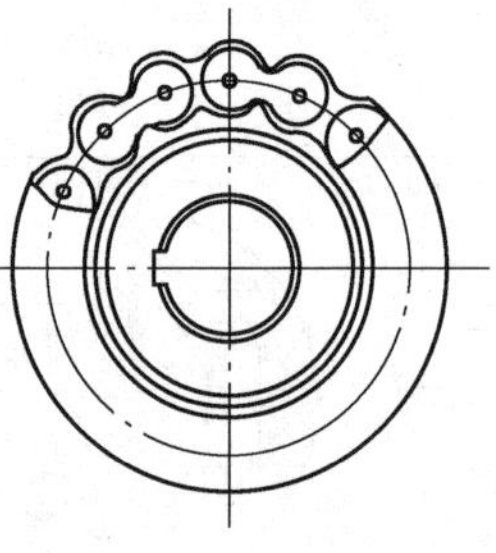 1、4—半联轴器； 2—滚子链； 3— 罩壳	这种联轴器是利用一条滚子链 2 同时与两个齿数相同的并列链轮 1 与 4 啮合，以实现两个半联轴器的连接。一般将联轴器密封在罩壳 3 内 结构简单，质量小，工作可靠，寿命长，装拆方便，且有少量补偿两轴相对偏移性能。用于潮湿、多尘、高温场合，不宜用于启动频繁、经常正反转以及较剧烈冲击载荷的场合
万向联轴器	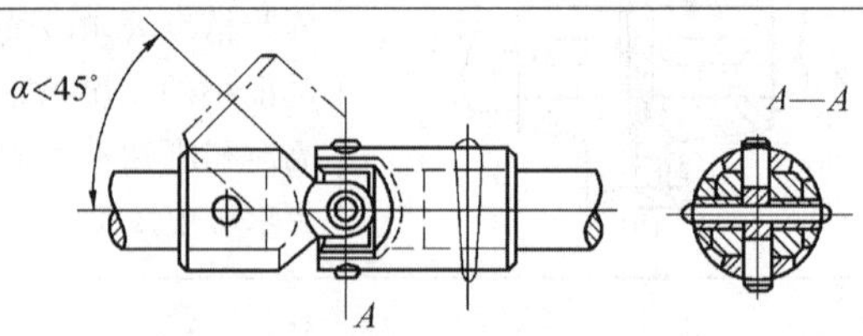 $\alpha<45°$ $A-A$ (a) 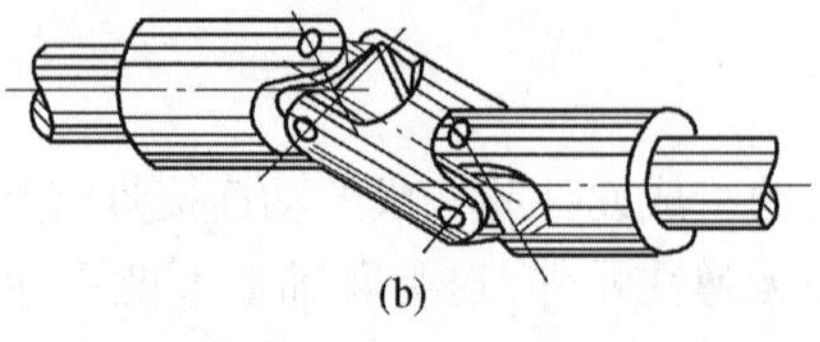 (b)	径向尺寸小，结构紧凑。主要用于两轴夹角较大（$\alpha<45°$）或工作中角位移较大的传动。但若用单个万向联轴器，主、从动轴不同步，从而引起附加动载荷。为使主、从动轴同步，常成对使用万向联轴器。并使中间轴的两个叉子位于同一平面内，主、从动轴与中间轴间的偏斜角相等

续表 14.3

名称	简 图	特点及应用
球笼式同步万向联轴器	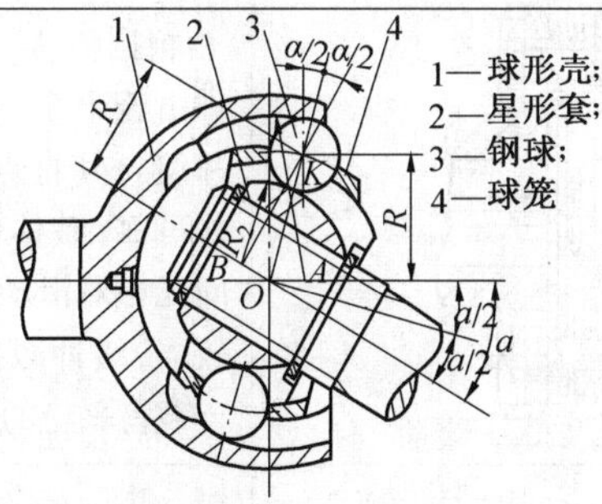 1—球形壳； 2—星形套； 3—钢球； 4—球笼	轴向尺寸小，主、从动轴同步性好，效率高，结构复杂，要求精度高，制造困难。用于要求轴向紧凑，主、从动轴同步，两轴间相交角为 14° ~ 18° 的传动中

2. 有弹性元件的挠性联轴器

有弹性元件的挠性联轴器是靠弹性元件的弹性变形来补偿两轴轴线的相对偏移，而且可以缓冲减振。常用有弹性元件的挠性联轴器如表 14.4 和表 14.5 所示。

表 14.4　常用有金属弹性元件的挠性联轴器

名称	简 图	特点及应用
蛇形弹簧联轴器	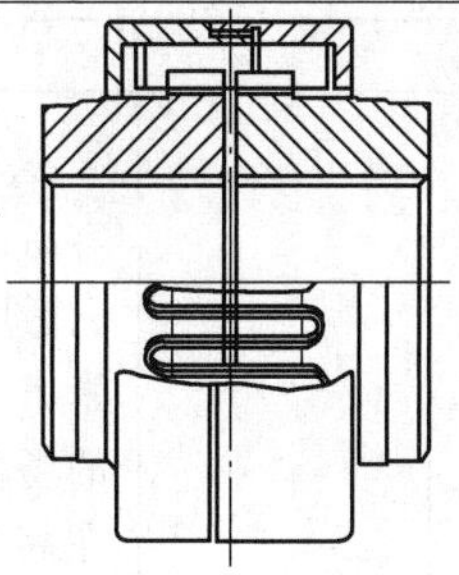	联轴器转矩是通过齿和弹簧传递的，齿为棱形
簧片联轴器	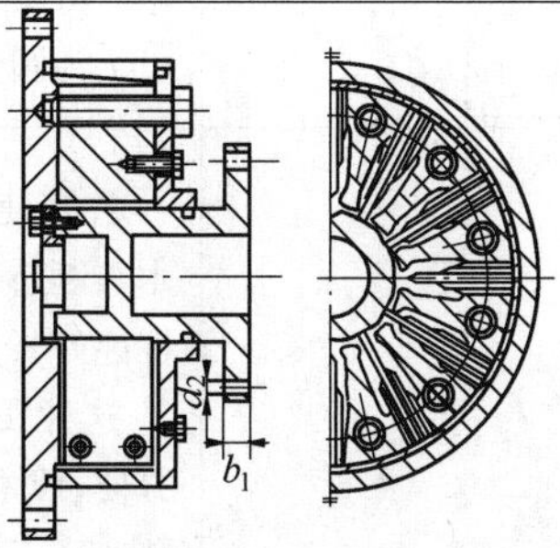	具有高弹性和良好的阻尼性能，结构紧凑，安全可靠，主要用于载荷变化大的场合
弹性杆联轴器	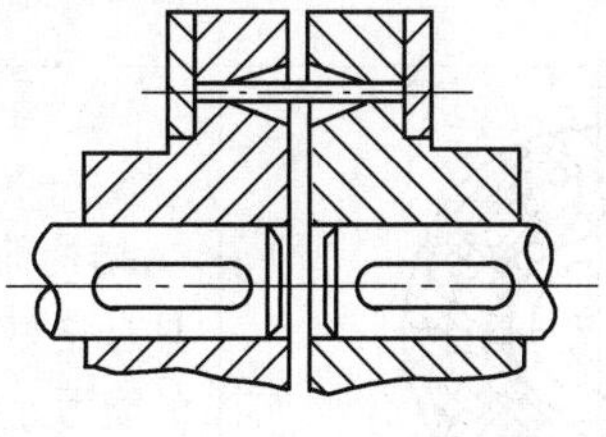	联轴器由圆形截面的金属弹簧钢丝插在两半联轴器凸缘上的孔中组成。结构简单，价格便宜，弹性元件容易制造，弹性均匀，尺寸小，应用较广泛

续表 14.4

名称	简　图	特点及应用
膜片联轴器	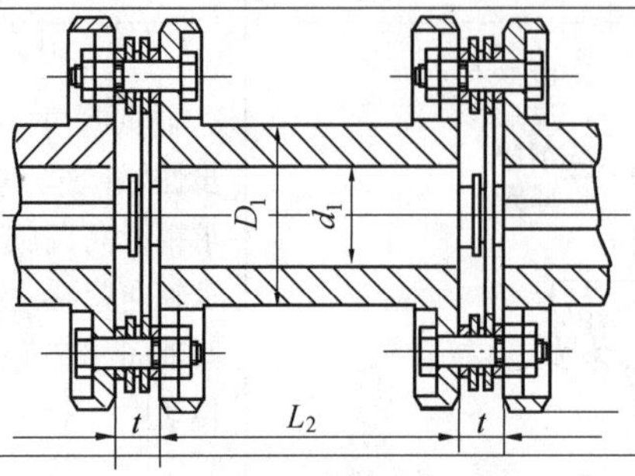 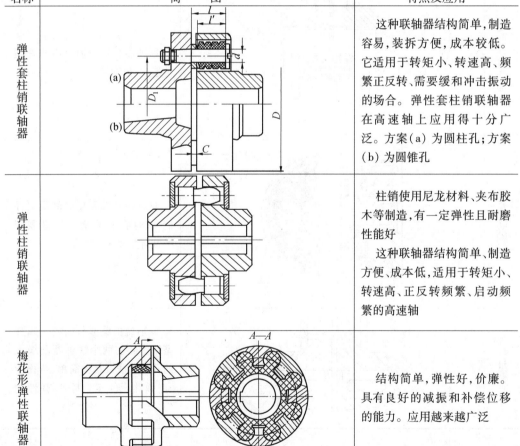	根据传递转矩的大小,弹性元件由若干个金属膜片叠合成膜片组。其特点是,结构简单,工作可靠,整体性能较好,各元件间无相对滑动,无噪声。但弹性较弱,缓冲减振性能差,主要用于载荷平稳的高速传动
波纹管联轴器	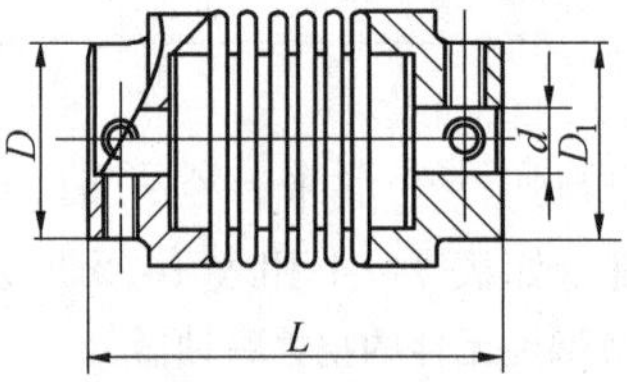	由两个轴套和波纹管组成,结构简单,惯性小,运转稳定

表 14.5　常用有非金属弹性元件的挠性联轴器

名称	简　图	特点及应用
弹性套柱销联轴器		这种联轴器结构简单,制造容易,装拆方便,成本较低。它适用于转矩小、转速高、频繁正反转、需要缓和冲击振动的场合。弹性套柱销联轴器在高速轴上应用得十分广泛。方案(a)为圆柱孔;方案(b)为圆锥孔
弹性柱销联轴器		柱销使用尼龙材料、夹布胶木等制造,有一定弹性且耐磨性能好 　这种联轴器结构简单、制造方便、成本低,适用于转矩小、转速高、正反转频繁、启动频繁的高速轴
梅花形弹性联轴器		结构简单,弹性好,价廉。具有良好的减振和补偿位移的能力。应用越来越广泛

续表 14.5

名称	简 图	特点及应用
轮胎联轴器	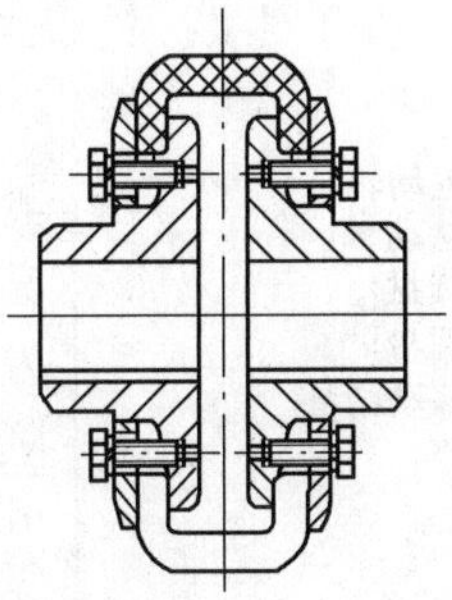	轮胎式联轴器的结构简单、使用可靠、弹性大、寿命长,不需润滑,但径向尺寸大。这种联轴器可用于潮湿多尘、启动频繁的传动

14.3　离合器

离合器按其工作原理可分为啮合离合器和摩擦离合器等。离合器按其离合方式,又可分为操纵式离合器和自动离合器两种。

离合器应满足下列基本要求:便于接合与分离;接合与分离迅速可靠;接合时振动小;调节维修方便;尺寸小和质量小;耐磨性和散热好等。

常用的离合器如表 14.6 所示。

表 14.6　常用离合器

名称	简 图	特点及应用
牙嵌离合器	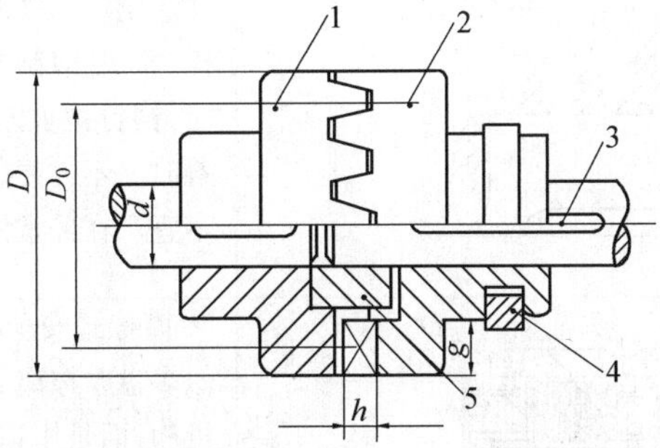 1— 固定的半离合器; 2— 可动的半离合器; 3— 导向平键; 4— 滑环; 5— 对中环	牙嵌离合器主要由端面带齿的两个半离合器组成,通过齿面接触来传递转矩。半离合器 1 固定在主动轴上,可动的半离合器 2 装在从动轴上,操纵滑块 4 可使它沿着导向平键 3 移动,以实现离合器的结合与分离,5 为对中环 牙嵌离合器结构简单、尺寸小、工作时无滑动,因此应用广泛。但它只宜在两轴不回转或转速差很小时进行离合,否则会因撞击而断齿

续表 14.6

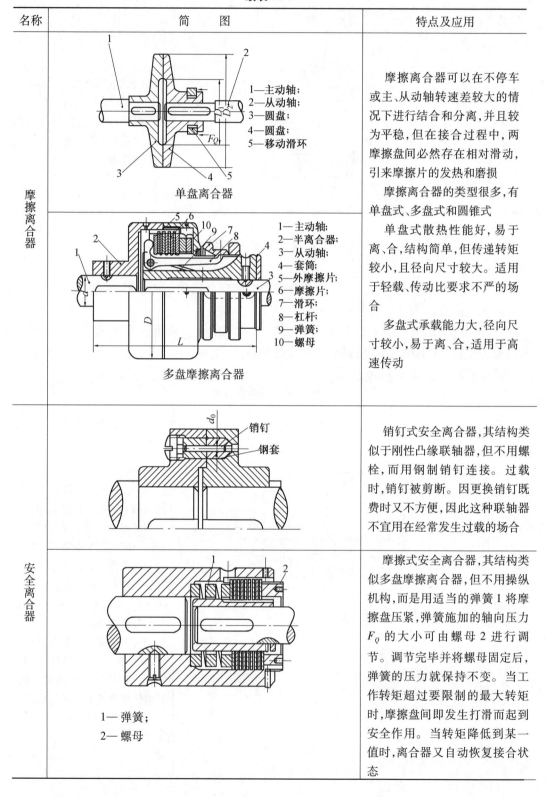

名称	简　图	特点及应用

摩擦离合器

1—主动轴；
2—从动轴；
3—圆盘；
4—圆盘；
5—移动滑环

单盘离合器

1—主动轴；
2—半离合器；
3—从动轴；
4—套筒；
5—外摩擦片；
6—摩擦片；
7—滑环；
8—杠杆；
9—弹簧；
10—螺母

多盘摩擦离合器

摩擦离合器可以在不停车或主、从动轴转速差较大的情况下进行结合和分离，并且较为平稳，但在接合过程中，两摩擦盘间必然存在相对滑动，引来摩擦片的发热和磨损

摩擦离合器的类型很多，有单盘式、多盘式和圆锥式

单盘式散热性能好，易于离、合，结构简单，但传递转矩较小，且径向尺寸较大。适用于轻载、传动比要求不严的场合

多盘式承载能力大，径向尺寸较小，易于离、合，适用于高速传动

安全离合器

销钉
钢套

销钉式安全离合器，其结构类似于刚性凸缘联轴器，但不用螺栓，而用钢制销钉连接。过载时，销钉被剪断。因更换销钉既费时又不方便，因此这种联轴器不宜用在经常发生过载的场合

1—弹簧；
2—螺母

摩擦式安全离合器，其结构类似多盘摩擦离合器，但不用操纵机构，而是用适当的弹簧 1 将摩擦盘压紧，弹簧施加的轴向压力 F_Q 的大小可由螺母 2 进行调节。调节完毕并将螺母固定后，弹簧的压力就保持不变。当工作转矩超过要限制的最大转矩时，摩擦盘间即发生打滑而起到安全作用。当转矩降低到某一值时，离合器又自动恢复接合状态

续表 14.6

名称	简　图	特点及应用
离心离合器	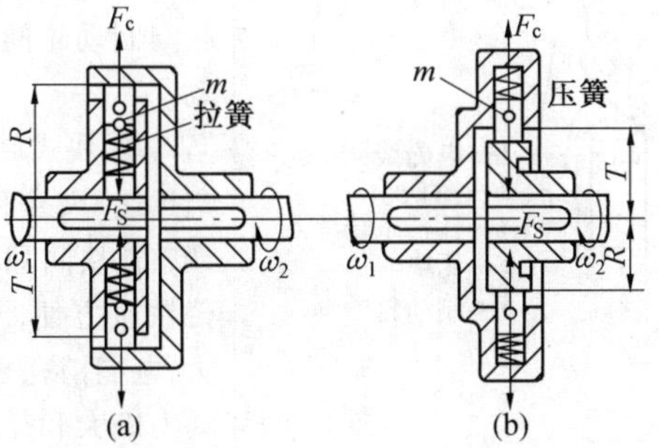	离心离合器的特点是:当主动轴的转速达到某一定值时,能自行接合或分离 开式离合器(图(a))主要用于启动装置,如在启动频繁时,机器中采用这种离合器,可使电动机在运转稳定后才接入负载,而避免电机过热或防止传动机构受动载过大。闭式离合器(图(b))主要用做安全装置,当机器转速过高时起安全保护作用
定向离合器	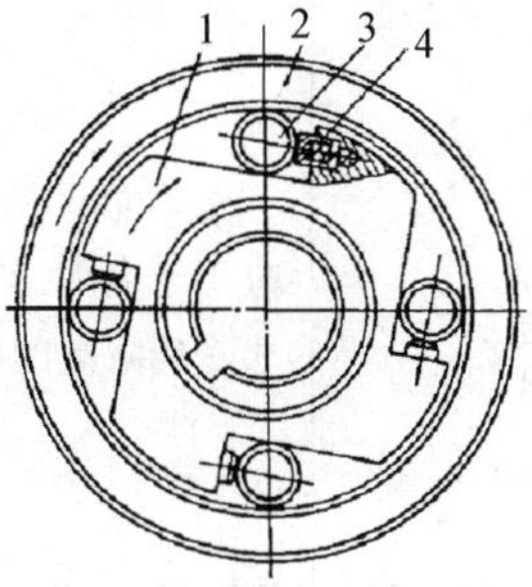 1—星轮; 2—外圈; 3—滚柱; 4—弹簧顶杆	定向离合器的特点是:只能按一个转向传递转矩,反向时自动分离 这种离合器工作时没有噪声,宜于高速传动,但制造精度要求较高

14.4　制动器

　　制动器是利用摩擦力来减小运动物体的速度或迫使其停止运动的装置。多数常用制动器已经标准化、系列化。制动器的种类很多,按着制动零件的结构特征分,有块式、带式、盘式制动器,前述的单圆盘摩擦离合器的从动轴固定即为典型的圆盘制动器。按工作状态分,有常闭式和常开式制动器。常闭式制动器经常处于紧闸状态,施加外力时才能解除制动(例如,起重机用制动器)。常开式制动器经常处于松闸状态,施加外力时才能制动(例如,车辆用制动器)。为了减小制动力矩,常将制动器装在高速轴上。表 14.7 介绍的是几种典型的制动器。

表 14.7　常用制动器

名称	简　图	特点与应用
带式制动器	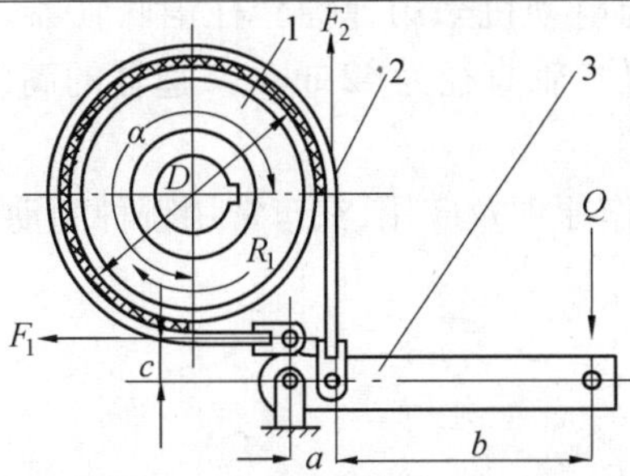 1—制动轮; 2—闸带; 3—杠杆	带式制动器制动轮轴和轴承受力大,带与轮间压力不均匀,从而磨损也不均匀,且易断裂,但结构简单,尺寸紧凑,可以产生较大的制动力矩,所以目前应用广泛。

续表 14.7

名称	简　图	特点与应用
块式制动器	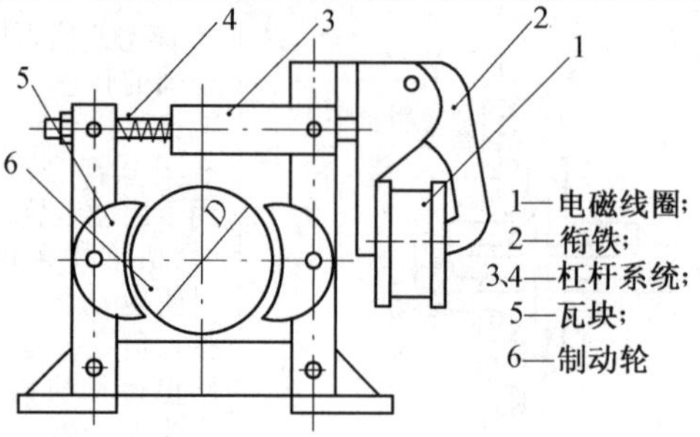 　1—电磁线圈； 2—衔铁； 3,4—杠杆系统； 5—瓦块； 6—制动轮	块式制动器如图所示,靠瓦块与制动轮间的摩擦力来制动 电磁块式制动器制动和开启迅速,尺寸和质量小,易于调整瓦块间隙,更换瓦块、电磁铁也方便,但制动时冲击大,电能消耗也大,不宜用制动力矩大和需要频繁制动的场合
内涨式制动器	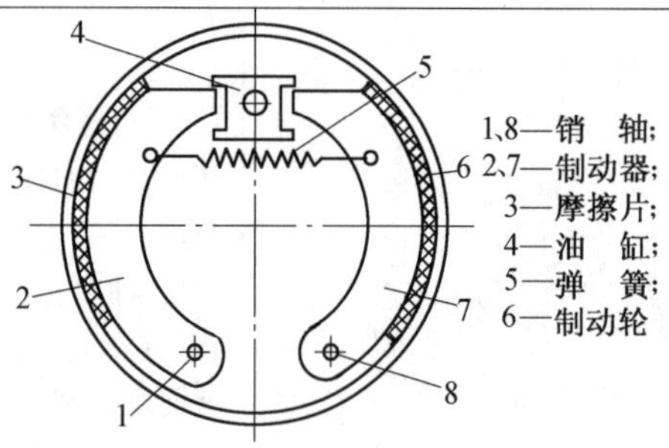 　1,8—销　轴； 2,7—制动器； 3—摩擦片； 4—油　缸； 5—弹　簧； 6—制动轮	这种制动器结构紧凑,广泛应用于各种车辆以及结构尺寸受到限制的机械中

习题与思考题

14.1　叙述联轴器有哪些种类,并说明其特点及应用。

14.2　联轴器如何选用?

14.3　离合器有哪些种类,并说明其工作原理及应用。

14.4　在带式运输机的驱动装置中,电动机与齿轮减速器之间、齿轮减速器与带式运输机之间分别用联轴器连接,有两种方案:(1)高速级选用弹性联轴器,低速级选用刚性联轴器;(2)高速级选用刚性联轴器,低速级选用弹性联轴器。试问上述两种方案哪个好,为什么?

14.5　带式运输机中减速器的高速轴与电动机采用弹性套柱销联轴器。已知电动机功率 $P = 11$ kW,转速 $n = 970$ r·min^{-1},电动机轴直径为 42 mm,减速器的高速轴的直径为 35 mm,试选择电动机与减速器之间的联轴器。

14.6　制动器有哪些种类,并说明其工作原理及应用,汽车常用哪种制动器。

第15章

弹　簧

15.1　弹簧的功用和类型

弹簧是一种应用十分广泛的弹性元件,在载荷的作用下它可以产生较大的弹性变形,将机械功或动能转变为变形能,在恢复变形时,则将变形能转变为机械功或动能。它具有缓冲吸振、储存及输出能量、控制运动及测量力的大小等功能,本章重点介绍弹簧的主要特点、类型,以及圆柱螺旋弹簧的结构和设计计算。

15.1.1　弹簧的功用

弹簧的主要功用如下:

(1)缓冲与吸振。这类弹簧具有较大的弹性变形能力,可吸收振动和缓冲能量。如汽车、火车车厢下的减振弹簧,联轴器中的吸振弹簧等。

(2)储存及输出能量。这种弹簧既要求有较大的弹性,又要求作用力稳定。如钟表、枪闩弹簧,自动机床中刀架自动返回装置中的弹簧等。

(3)控制机构的运动。这类弹簧要求在某一定范围内的刚度变化不大。如内燃机中的阀门弹簧,制动器、离合器中的控制弹簧等。

(4)测量力的大小。这类弹簧要求其受力与变形成线性关系。如测力器和弹簧秤中的弹簧。

15.1.2　弹簧的类型

弹簧的种类很多,按照弹簧的形状不同,可分为螺旋弹簧、碟形弹簧、环形弹簧、板弹簧、平面涡卷弹簧(简称盘簧);按照受力的性质,弹簧主要分为拉伸弹簧、压缩弹簧、扭转弹簧和弯曲弹簧等四种;此外,在工程中也常采用非金属弹簧(如橡胶弹簧、塑料弹簧等)、空气弹簧和扭杆弹簧等,它们主要用于机械的隔振和车辆的悬挂装置。弹簧的基本类型见表15.1。

螺旋弹簧是用弹簧丝卷绕制成的,因为制造简便,所以应用最广。碟形弹簧和环形弹簧能承受很大的冲击载荷,并具有良好的吸振能力,因此常用作缓冲弹簧。在载荷相当大和弹簧轴向尺寸受限制的地方,可采用碟形弹簧。环形弹簧是目前最强力的缓冲弹簧,近代重型列车、锻压设备和飞机着陆装置中经常用它作为缓冲零件。板弹簧常用于受载方向尺寸有限制而变形量又较大的场合,因为板弹簧有较好的消振能力,所以在火车、汽车等车辆中应用广泛。当受载不是很大而轴向尺寸又很小时,可以采用盘簧,盘簧在各种仪器中广泛地用作储能装置。

本章主要介绍圆柱螺旋弹簧的结构和设计计算。

表15.1　弹簧的基本类型

按形状分	按载荷分			
	拉　伸	压　缩	扭　转	弯　曲
螺旋形	圆柱螺旋拉伸弹簧 	圆柱螺旋压缩弹簧 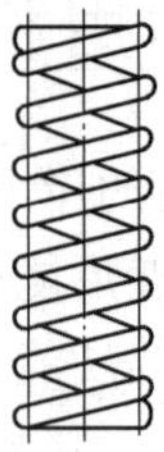　　圆锥螺旋压缩弹簧 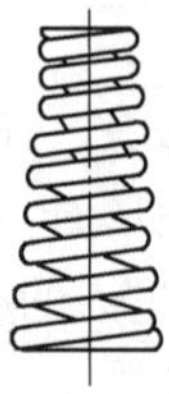	圆柱螺旋扭转弹簧 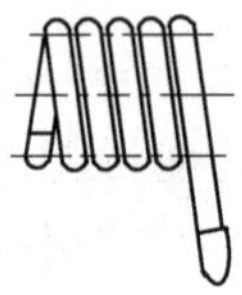	—
其他形状		环形弹簧 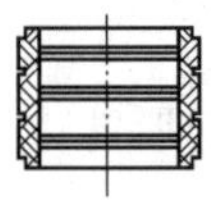　　碟形弹簧 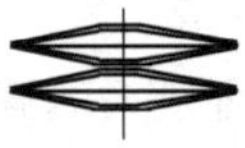	盘　簧 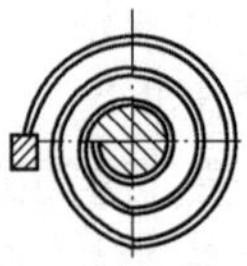	板　簧 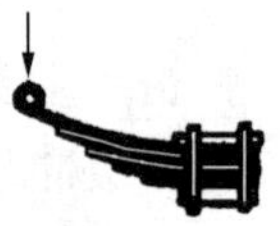

15.2　圆柱螺旋弹簧的材料、许用应力和制造

15.2.1　弹簧的材料

弹簧在机械中常承受具有冲击性的变载荷,为了保证弹簧能安全可靠工作,弹簧材料必须具有高的弹性极限和疲劳极限、足够的韧性和塑性以及良好的热处理性能。常用的弹簧材料有:碳素弹簧钢、合金弹簧钢、不锈钢等,当受力较小而又有防腐蚀或防磁等特殊要求时,可以采用有色金属,如青铜。非金属弹簧材料主要是橡胶,近年来正发展用塑料制造弹簧。选择弹簧材料时,应综合考虑弹簧的功用、重要程度、载荷性质和大小、使用工况、加工工艺及热处理等因素。几种常用弹簧材料的性能见表15.2。

15.2.2　弹簧材料的许用应力

根据弹簧的重要程度和载荷性质,可将弹簧分为三类:Ⅰ类为受变载荷的作用次数在 10^6 以上或很重要的弹簧,如内燃机气阀弹簧等;Ⅱ类为受变载荷作用次数在 $10^3 \sim 10^6$ 次和承受冲击载荷的弹簧,以及承受静载荷的重要弹簧,如调速弹簧等;Ⅲ类为受变载荷作用次数在 10^3 次以下的弹簧及受静载荷的一般弹簧,如一般安全阀弹簧、摩擦式安全离合器弹簧等。

表 15.2 弹簧材料及其许用应力

类别	代 号	许用切应力 $[\tau]$/MPa			许用弯曲应力 $[\sigma_b]$/MPa		切变模量 G/MPa	弹性模量 E/MPa	推荐硬度 HRC	推荐使用温度/℃	特性及用途
		I 类	II 类	III 类	II 类	III 类					
钢丝	碳素弹簧钢丝 B、C、D 级	$0.3R_m$	$0.4R_m$	$0.5R_m$	$0.5R_m$	$0.625R_m$	$d=0.5\sim4$ 83 000~80 000 $d>4$ 80 000	$d=0.5\sim4$ 207 500~205 000 $d>4$ 200 000	—	−40~120	强度高,加工性能好,适用于小尺寸弹簧
	65Mn					$0.6R_m$					
	60Si2Mn 60Si2MnA	480	640	800	800	1 000	80 000	200 000	45~50	−40~200	弹性好,回火稳定性好,易脱碳,适用于大载荷弹簧
	50CrVA	450	600	750	750	940	80 000	200 000	43~47	−40~200	高温时强度高,淬透性好
不锈钢丝	1Cr18Ni9Ti	330	440	550	550	690	73 000	197 000	—	−250~290	耐腐蚀性好,耐高温,工艺性好,适用于做小弹簧
	4Cr13	450	600	750	750	940	77 000	219 000	48~53	−40~300	耐腐蚀性好,耐高温,适用于做大弹簧
铜合金	QSi3-1	270	360	450	450	560	41 000	95 000	90~100 (HBS)	−40~120	耐腐蚀,防磁性好
	QBe2	360	450	560	560	750	43 000	132 000	37~40	−40~120	耐腐蚀,防磁性、导电性及弹性好

注:碳素弹簧钢丝抗拉强度 R_m(取标准的下限值)见表 15.3。

弹簧材料的许用切应力 $[\tau]$ 和许用弯曲应力 $[\sigma_b]$ 的大小与载荷性质有关,承受静载荷时 $[\tau]$ 或 $[\sigma_b]$ 比变载荷时大。表 15.2 中推荐的几种常用弹簧材料及 $[\tau]$ 和 $[\sigma_b]$ 值可供设计时参考。在选择弹簧材料时,一般应优先采用碳素弹簧钢丝,碳素弹簧钢丝抗拉强度 R_m 按表 15.3 选取。值得注意的是,碳素弹簧钢丝的许用应力是根据其抗拉强度 R_m 而定的,而 R_m 与钢丝直径有关。碳素弹簧钢丝按用途分为三级:B 级用于低应力弹簧,C 级用于中等应力弹簧,D 级用于高应力弹簧。

表 15.3 碳素弹簧钢丝抗拉强度极限 R_m（摘自 GB/T 23935—2009） MPa

直径 $d/$ mm	…	1.0	1.2	1.4	1.6	1.8	2.0	2.2	2.5	2.8	3.0	3.2	3.5
B 级	…	1 660	1 620	1 620	1 570	1 520	1 470	1 420	1 420	1 370	1 370	1 320	1 320
C 级	…	1 960	1 910	1 860	1 810	1 760	1 710	1 660	1 660	1 620	1 570	1 570	1 570
D 级	…	2 300	2 250	2 150	2 110	2 010	1 910	1 810	1 760	1 710	1 710	1 660	1 640
直径 $d/$ mm	4.0	4.5	5.0	5.5	6.0	6.5	7.0	8.0	9.0	10.0	11.0	12.0	13.0
B 级	1 320	1 320	1 320	1 270	1 220	1 220	1 170	1 170	1 130	1 130	1 080	1 080	1 030
C 级	1 520	1 520	1 470	1 470	1 420	1 420	1 370	1 370	1 320	1 320	1 270	1 270	1 220
D 级	1 620	1 620	1 570	1 570	1 520	—	—	—	—	—	—	—	—

15.2.3 螺旋弹簧的制造

螺旋弹簧的制作包括卷制、端部加工、热处理、工艺试验和强化处理等过程。

卷绕的方法有冷卷和热卷两种。直径较小（$d<8$ mm）的弹簧钢丝制造弹簧时用冷卷，冷卷弹簧多用冷拉的、预先已经过热处理的优质碳素弹簧钢丝，卷成后只作低温回火，以消除内应力。直径较大的弹簧钢丝制造弹簧时用热卷，根据弹簧丝直径的不同，热卷温度在 800～1 000 ℃范围内选择，卷成后要进行淬火及回火处理。

对于重要的压缩弹簧，为了保证两端的支承面与其轴线垂直，应将端面圈在专用的磨床上磨平，以减少在受载时产生歪斜的可能；对于拉伸及扭转弹簧，为了便于连接和加载，两端应做出钩环。为了提高弹簧的承载能力，可进行强压、强拉处理或喷丸处理。压缩弹簧的强压处理是在弹簧卷成以后，用超过弹簧材料弹性极限的载荷把弹簧压缩到各圈相接触，保持 6～48 h，从而在弹簧丝内产生塑性变形，卸载后在弹簧中产生了残余应力。因为残余应力的方向与工作应力相反，弹簧在工作时的最大应力比未经过强压处理的弹簧小，所以可以提高弹簧的承载能力。拉伸弹簧有时可进行强拉处理，这种有预应力的拉伸弹簧要在外加力超过初拉力后，各圈才开始分离，它较无预应力的拉伸弹簧轴向尺寸小。弹簧经强压、强拉处理后，不允许再进行任何热处理，也不宜在高温 150～450 ℃和长期振动情况下工作，否则将失去上述作用。此外，弹簧还需进行工艺试验及精度、冲击、疲劳等试验，以检验弹簧是否符合技术要求。

15.3　圆柱螺旋压缩（拉伸）弹簧设计

15.3.1 圆柱螺旋弹簧的结构形式

1. 圆柱螺旋压缩弹簧

如图 15.1 所示，对于压缩弹簧，为使其承受载荷后有产生变形的可能，各圈之间应有足够的间隙（$\delta \geqslant \lambda_{lim}/n$）。为了避免受载后弹簧圈有可能提前接触并紧及由此引起弹簧刚度不稳定,设计时应考虑到在最大工作载荷 F_2 作用下各圈之间仍留有适当的间隙 δ_1,这个间隙 δ_1 称为余隙,一般取 $\delta_1 \geqslant 0.1d$。

压缩弹簧的两个端面圈应与邻圈并紧(无间隙),只起支承作用,不参与变形,故称为死圈。当弹簧的工作圈数 $n \leqslant 7$ 时,弹簧每端的死圈约为 0.75 圈;$n \geqslant 7$ 时,每端的死圈约为 1~1.75 圈。这种弹簧端部的结构有多种形式,如图 15.2 所示。最常用的有两个端面圈均与邻圈并紧且磨平的 YⅠ型(图(a))、并紧不磨平的 YⅢ型(图(c))和加热卷绕时弹簧丝两端锻扁且与邻圈并紧(端面圈可磨平,也可不磨平)的 YⅡ型(图(b))三种。在重要的场合,应采用 YⅠ型,以保证两支承端面与弹簧的轴线垂直,使弹簧受压时不歪斜。弹簧丝直径 $d \leqslant 0.5$ mm 时,弹簧的两支承端面可不必磨平;$D > 0.5$ mm 时,两支承端面则需磨平。磨平部分应不小于圆周长的 3/4,端头厚度一般不小于 $d/8$。

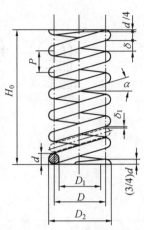

图 15.1 圆柱螺旋压缩弹簧

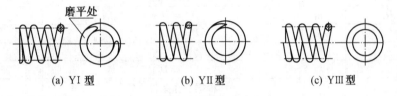

(a) YⅠ型   (b) YⅡ型   (c) YⅢ型

图 15.2 圆柱螺旋压缩弹簧的端部结构

2. 圆柱螺旋拉伸弹簧

如图 15.3 所示,圆柱螺旋拉伸弹簧在卷制时各圈相互并紧,即弹簧的间距 $\delta = 0$。拉伸弹簧端部做有挂钩,以便安装和承载。挂钩的形式很多,常见的结构如图 15.4 所示。其中半圆钩环型(图 15.4(a))和圆钩环形(图 15.4(b))的结构制造方便,但这两种挂钩上的弯曲应力都较大,只适于中小载荷和不重要的场合。图 15.4(c)中的挂钩是另外装上去的可转活动钩,挂钩下端和弹簧端部的弯曲应力较小。图 15.4(d)为可调式拉伸弹簧,具有带螺旋块的挂钩。图 15.4(c)、(d)中的挂钩适于变载荷的场合,但成本较高。图 15.4(e)、(f)是改进的挂钩形式,其端部弹簧直径逐渐减小,因而弯曲应力也相应减小。

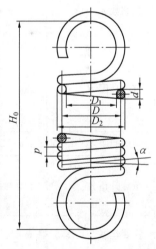

15.3.2 圆柱螺旋弹簧的几何参数计算

图 15.3 圆柱螺旋拉伸弹簧

如图 15.1 和图 15.3 所示,圆柱螺旋弹簧的主要几何尺寸有:外径 D_2、中径 D、内径 D_1、节距 p、螺旋升角 α、弹簧丝直径 d、弹簧指数 C 和工作圈数 n 等。弹簧的旋向可以是右旋或左旋,但无特殊要求时,一般都是右旋。普通圆柱螺旋压缩及拉伸弹簧的几何尺寸计算见表 15.4。

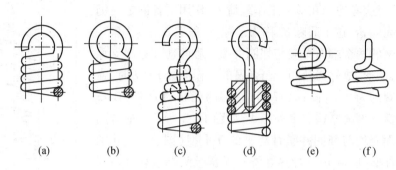

(a)　　　　(b)　　　　(c)　　　　(d)　　　　(e)　　　　(f)

图 15.4　拉伸弹簧的端部结构形式

表 15.4　圆柱螺旋弹簧几何尺寸计算

参数名称及其代号	单位	计算公式		备注
		压缩弹簧	拉伸弹簧	
弹簧丝直径 d	mm	根据强度条件计算确定		
弹簧中径 D	mm	$D = Cd$		
弹簧外径 D_2	mm	$D_2 = D + d$		
弹簧内径 D_1	mm	$D_1 = D - d$		
节距 p	mm	$p = (0.28 \sim 0.5)D$	$p = d$	
弹簧指数 C		$C = D/d$		
工作圈数 n		根据工作条件确定		
总圈数 n_1		$n_1 = n + (1.5 \sim 2.5)$	$n_1 = n$	拉伸弹簧 n_1 尾数为 1/4、1/2、3/4、整圈，推荐用 1/2 圈
自由高度 H_0	mm	两端磨平 $H_0 = np + (n_1 - n - 0.5)d$ 两端不磨平 $H_0 = np + (n_1 - n + 1)d$	$H_0 = np +$ 挂钩轴向尺寸	
轴向间距 δ	mm	$\delta = p - d, p \geqslant \lambda_{\max}/n + 0.1d$		
螺旋升角 α	(°)	$\alpha = \arctan \dfrac{p}{\pi D}$		对压缩弹簧，推荐 $\alpha = 5° \sim 9°$
弹簧丝展开长度 L	mm	$L = \pi D n_1/\cos \alpha$	$L \approx \pi D n_1 +$ 挂钩展开长度	

圆柱螺旋拉伸弹簧结构尺寸的计算公式与压缩弹簧相同,但在使用公式时应注意拉伸弹簧的间距 $\delta = 0$;计算弹簧丝展开长度和弹簧自由高时,应把挂钩部分的尺寸计入。

15.3.3　圆柱螺旋弹簧的特性曲线

弹簧承受载荷后将产生弹性变形,表示载荷与相应变形之间关系的曲线,称为弹簧的特性曲线。图 15.5 所示为圆柱螺旋压缩弹簧的特性曲线,图 15.6 所示为圆柱螺旋拉伸弹簧的特性曲线。

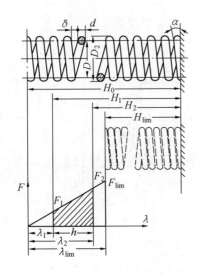

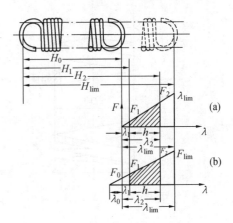

图 15.5 圆柱螺旋压缩弹簧的特性曲线

图 15.6 圆柱螺旋拉伸弹簧的特性曲线

图 15.5 中 H_0 为未受载荷时弹簧的自由高度,弹簧在工作之前,通常使弹簧预受一压力 F_1,以保证弹簧可靠地稳定在安装位置上。F_1 称为弹簧的最小工作载荷,在它的作用下,弹簧的高度由 H_0 被压缩到 H_1,其相应的弹簧压缩变形量为 λ_1。当弹簧受到最大工作载荷 F_2 时,弹簧被压缩到 H_2,其相应的弹簧压缩变形量为 λ_2。$h = \lambda_2 - \lambda_1 = H_1 - H_2$,$h$ 称为弹簧的工作行程。$F_{\lim}$ 为弹簧的极限载荷,在它的作用下,弹簧丝应力将达到材料的弹性极限,这时,弹簧的高度被压缩到 $H_{\lim}$,相应的变形为 $\lambda_{\lim}$。一般 $\lambda_{\lim}$ 应略小于或等于弹簧各圈完全并紧时的全变形量 λ_b。

对于等节距的圆柱螺旋弹簧(压缩或拉伸),由于载荷与变形成正比,故特性曲线为直线,即

$$\frac{F_1}{\lambda_1} = \frac{F_2}{\lambda_2} \cdots = 常数 \tag{15.1}$$

设计弹簧时,压缩弹簧的最小工作载荷通常取为 $F_1 = (0.1 \sim 0.5)F_2$。最大工作载荷 F_2 由弹簧的工作条件确定,最大工作载荷 F_2 应小于极限载荷,通常取 $F_2 \leqslant 0.8 F_{\lim}$。

极限工作载荷 $F_{\lim}$ 的大小应保证弹簧丝中所产生的极限切应力 $\tau_{\lim}$ 在以下范围内:

对于 Ⅰ 类弹簧,$\tau_{\lim} \leqslant 1.67[\tau]$;

对于 Ⅱ 类弹簧,$\tau_{\lim} \leqslant 1.25[\tau]$;

对于 Ⅲ 类弹簧,$\tau_{\lim} \leqslant 1.12[\tau]$。

弹簧的特性曲线应绘制在弹簧工作图中,作为检验和试验时的依据之一。

15.3.4 圆柱螺旋弹簧受载时的应力和变形

1. 弹簧的应力

以圆柱螺旋压缩弹簧为例,其受力情况如图 15.7(a) 所示。轴向力 F 作用在弹簧的轴线上,由于弹簧丝具有螺旋升角 α,故在通过弹簧轴线的截面上,直径为 d 的弹簧丝剖面 A—A 呈椭圆形。因为弹簧的螺旋升角很小,一般取为 $\alpha = 5° \sim 9°$,即 $\sin \alpha \approx 0$,$\cos \alpha \approx 1$,所以工程上可将弹簧丝的剖面 A—A 近似地看作圆形截面。该剖面上作用着剪切力 F 和转

矩 $T = FD/2$。

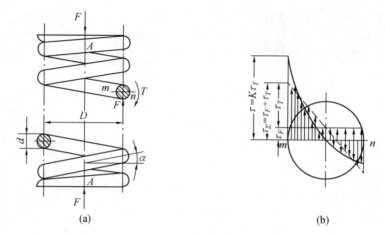

(a)   (b)

图 15.7　圆柱螺旋压缩弹簧的受力和应力分析

由转矩 T 引起的扭剪应力为

$$\tau_T = \frac{FD/2}{\pi d^3/16} = \frac{8FD}{\pi d^3} \tag{15.2}$$

由剪切力 F 引起的剪应力为

$$\tau_F = \frac{F}{\pi d^2/4} = \frac{4F}{\pi d^2} \tag{15.3}$$

由力的叠加原理可知,在弹簧丝内侧点 m 处的合成应力最大。实践表明,弹簧的破坏也大多是由这点开始的,点 m 的最大合成应力为

$$\tau_\Sigma = \tau_T + \tau_F = \frac{8FD}{\pi d^3} + \frac{4F}{\pi d^2} = \frac{8FD}{\pi d^3}\left(1 + \frac{d}{2D}\right) = \frac{8FD}{\pi d^3}\left(1 + \frac{1}{2C}\right) \tag{15.4}$$

式中,弹簧指数(旋绕比)$C = \dfrac{D}{d}$,它是弹簧设计中的一个重要参数。当弹簧丝直径 d 一定时,C 值越小,刚度越大,并且曲率越大,内外应力差越大。C 值一般在 $4 \sim 16$ 范围内选取,推荐用的不同弹簧丝直径常用旋绕比 C 值见表 15.5。

表 15.5　常用旋绕比 C 值

d/mm	$0.1 \sim 0.4$	$0.5 \sim 1$	$1.2 \sim 2.2$	$2.5 \sim 6$	$7 \sim 16$	$18 \sim 42$
C	$7 \sim 14$	$5 \sim 12$	$5 \sim 10$	$4 \sim 10$	$4 \sim 8$	$4 \sim 6$

为了简化计算,取 $1 + \dfrac{1}{2C} \approx 1$,这意味着此时弹簧丝中的应力主要取决于 τ_T,考虑到弹簧升角和曲率对弹簧丝中应力的影响,现引进一个曲度系数 K,对 τ_T 进行修正。修正后弹簧丝截面上的应力分布如图 15.7(b) 中的粗线所示,则弹簧丝内侧的最大应力和强度条件为

$$\tau = K\tau_T = K\frac{8FC}{\pi d^2} = K\frac{8FD}{\pi d^3} \leqslant [\tau] \tag{15.5}$$

式中的曲度系数 K 与弹簧指数 C 有关,可由下式计算

$$K = \frac{4C-1}{4C-4} + \frac{0.615}{C} \tag{15.6}$$

当按强度条件计算弹簧丝直径 d 时,应以最大工作载荷 F_2 代替式(15.5) 中的 F,则得

$$d \geqslant \sqrt{\frac{8KF_2C}{\pi[\tau]}} = 1.6\sqrt{\frac{KF_2C}{[\tau]}} \tag{15.7}$$

式中　$[\tau]$——弹簧材料的许用切应力。

2. 弹簧的变形和刚度

圆柱螺旋压缩(拉伸) 弹簧受载后的轴向变形可根据材料力学公式求得,即

$$\lambda = \frac{8FD^3n}{Gd^4} = \frac{8FC^3n}{Gd} \tag{15.8}$$

式中　n——弹簧的工作圈数;

　　G——弹簧的切变模量(MPa)。

设计时,弹簧的有效圈数 n 是根据变形量 λ_2 决定的,由式(15.8) 可得

$$n = \frac{Gd^4\lambda}{8FD^3} = \frac{Gd\lambda_2}{8F_2C^3} \tag{15.9}$$

若 $n < 15$ 时,则取 n 为 0.5 圈的倍数;若 $n > 15$ 时,则取 n 为整数圈。一般情况下 $n \geqslant$ 2,压缩弹簧的总圈数 $n_1 = n + n_2$,n_2 为支承圈数。

使弹簧产生单位变形量所需的载荷,称为弹簧刚度 k,即

$$k = \frac{F}{\lambda} = \frac{Gd}{8C^3n} = \frac{Gd^4}{8D^3n} \tag{15.10}$$

弹簧的刚度是表征弹簧性能的主要参数之一。刚度越大,弹簧变形所需要的力就越大。影响弹簧刚度的因素很多,由式(15.10) 可知,k 与 C 的三次方成反比,即 C 值对 k 的影响很大,因此合理地选择 C 值能控制弹簧的弹力。另外,k 还与 G、d、n 有关,在调整弹簧刚度时,应综合考虑这些因素的影响。

3. 稳定性计算

对于压缩弹簧,如果其高径比 $b = H_0/D$ 较大时,受力后容易失去稳定性而无法正常工作,见图 15.8(a)。

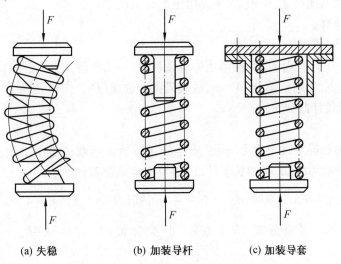

(a) 失稳　　　　(b) 加装导杆　　　　(c) 加装导套

图 15.8　压缩弹簧失稳及结构改进措施

弹簧的稳定性与弹簧两端的支承形式有关,为保证压缩弹簧的稳定性,b 值应该满足下列要求:当两端固定时,取 $b < 5.3$;一端固定,另一端自由转动时,取 $b < 3.7$;两端自由转动时,取 $b < 2.6$。若 b 不能满足上述要求,则必须进行稳定性计算,使最大工作载荷 F_2 与临界载荷 F_c 之间应满足以下关系

$$\frac{F_c}{F_2} \geqslant 2 \sim 2.5 \qquad (15.11)$$

式中 $F_c = C_B k H_0$,C_B 为不稳定系数,由图 15.9 中查取。

如受条件限制不能改变参数时,可内加导向杆(图 15.8(b))或外加导向套(图 15.8(c))或采用组合弹簧来增加弹簧的稳定性。

15.3.5 弹簧的设计计算步骤

在设计时通常根据弹簧的最大载荷 F_2、最大变形 λ_2 及结构等要求来决定弹簧丝直径 d、弹簧中径 D、工作圈数 n、螺旋升角 α 和弹簧丝的长度 L 等,具体设计方法和步骤如下:

(1)选择材料和确定许用应力。初选弹簧指数 C,通常取 $C = 5 \sim 8$,由式(15.6)计算曲度系数 K;根据初选的 C 值及安装空间估计中径 D,估取弹簧丝直径 d;根据所选材料及初选直径 d 确定许用切应力 $[\tau]$。

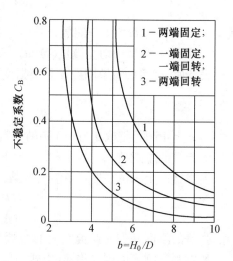

图 15.9　不稳定系数

(2)根据强度条件由式(15.7)计算弹簧丝直径 d',得到满意的结果后,圆整为标准弹簧丝直径 d,然后由 $D = Cd$ 计算 D。

(3)根据变形条件由式(15.9)计算弹簧工作圈数。

(4)计算弹簧其他尺寸,按表 15.4 算出全部有关尺寸。

(5)稳定性计算。

(6)绘制弹簧工作图。

【例 15.1】 一安全阀门用圆柱形压缩螺旋弹簧,一端固定,另一端可自由转动。已知:预调压力 $F_1 = 480$ N,压缩量 $\lambda_1 = 14$ mm,滑阀最大开放量(即工作行程)$h = 1.9$ mm,弹簧中径 $D \approx 20$ mm,试设计此弹簧。

【解】

(1)选择材料和确定许用应力 $[\tau]$。安全阀用弹簧虽然载荷作用次数不多,但要求工作可靠、动作灵敏,故可按 Ⅱ 类弹簧设计,选用 D 级碳素弹簧钢丝。

因为 $d = \dfrac{D}{C}$,当 $C = 5 \sim 8$ 时,$d = 2.5 \sim 4$,可估取弹簧丝直径 $d = 4$ mm。由表 15.3 查取 $R_m = 1\,620$ MPa,再根据表 15.2 查得 Ⅱ 类弹簧的 $[\tau] = 0.4R_m = 648$ MPa,$G = 80\,000$ MPa。

(2)根据强度条件确定钢丝直径。因为 $C = \dfrac{D}{d} = \dfrac{20}{4} = 5$,由式(15.6)计算得 $K = 1.34$。

因为圆柱形等螺距压缩螺旋弹簧是定刚度弹簧,所以

$$F_2 = \frac{\lambda_2}{\lambda_1}F_1 = \frac{(14 + 1.9)}{14} \times 480 = 545.14 \ (\text{N})$$

将 F_2 的值代入式(15.7),得

$$d \geqslant \sqrt{\frac{8KF_2C}{\pi[\tau]}} = 1.6\sqrt{\frac{KF_2C}{[\tau]}} = 1.6\sqrt{\frac{1.34 \times 545.14 \times 5}{648}} = 3.8 \ (\text{mm})$$

圆整后取标准钢丝直径 $d = 4$ mm,这与原估取值一致,故原估取值可用。

(3) 根据变形条件确定弹簧的工作圈数。由式(15.9)可知

$$n = \frac{Gd\lambda_2}{8F_2C^3} = \frac{80\ 000 \times 4 \times (14 + 1.9)}{8 \times 545.14 \times 5^3} = 9.33$$

取 $n = 9$ 圈(亦可取 $n = 9.5$)。

由式(15.10)可知,此时弹簧的刚度为

$$k = \frac{F}{\lambda} = \frac{Gd}{8C^3n} = \frac{80\ 000 \times 4}{8 \times 5^3 \times 9} = 35.56 \ (\text{N} \cdot \text{mm}^{-1})$$

最大工作载荷

$$F_2 = k(\lambda_1 + h) = 35.56 \times (14 + 1.9) = 565.4 \ (\text{N})$$

最小工作载荷

$$F_1 = k\lambda_1 = 35.66 \times 14 = 497.4 \ (\text{N})$$

(4) 计算弹簧的极限变形量,并验算极限切应力。由于要求 $F_2 \leqslant 0.8\ F_{\text{lim}}$,则 $\lambda_2 \leqslant 0.8\lambda_{\text{lim}}$,取

$$\lambda_{\text{lim}} = \frac{\lambda_2}{0.8} = \frac{\lambda_1 + h}{0.8} = \frac{15.9}{0.8} = 19.875$$

同理取

$$F_{\text{lim}} = \frac{F_2}{0.8} = \frac{565.4}{0.8} = 706.76 \ (\text{N})$$

由式(15.5)计算极限切应力,得

$$\tau_{\text{lim}} = K\frac{8F_{\text{lim}}D}{\pi d^3} = \frac{1.34 \times 8 \times 706.8 \times 20}{3.14 \times 4^3} = 753.7 \ (\text{MPa})$$

对于 Ⅱ 类弹簧,计算出的极限切应力

$$\tau_{\text{lim}} < 1.25[\tau] = 1.25 \times 648 = 810 \ (\text{MPa})$$

故满足要求。

(5) 计算弹簧其他尺寸。

外径 $\qquad\qquad D_2 = D + d = 20 + 4 = 24 \ (\text{mm})$

内径 $\qquad\qquad D_1 = D - d = 20 - 4 = 24 \ (\text{mm})$

支承圈数 $\qquad n_2 = 2$

总圈数 $\qquad\quad n_1 = n + n_2 = 11$ 圈

弹簧间隙 $\qquad \delta \geqslant \dfrac{\lambda_{\text{lim}}}{n} = \dfrac{19.875}{9} \approx 2.2 \ (\text{mm})$

$$取 \ \delta = 2.5 \ \text{mm}$$

节距	$p = d + \delta = 4 + 2.5 = 6.5$
自由高度	$H_0 = np + 1.5d = 9 \times 6.5 + 1.5 \times 4 = 64.5$ (mm)
并紧高度	$H_b \approx (n_1 - 0.5)d = (11 - 0.5) \times 4 = 42$ (mm)
总变形量	$\lambda_b = H_0 - H_b = 64.5 - 42 = 22.5 > \lambda_{\lim}$

弹簧螺旋升角
$$\alpha = \arctan \frac{p}{\pi D} = \arctan \frac{6.5}{3.14 \times 20} = 5°54'$$

钢丝展开长度
$$L = \frac{\pi D n_1}{\cos \alpha} = \frac{3.14 \times 20 \times 11}{\cos 5°54'} = 695 \text{ (mm)}$$

（6）验算稳定性。

高径比
$$b = \frac{H_0}{D} = \frac{64.5}{20} = 3.22 < 3.7$$

故不需要进行稳定性计算。

（7）绘制弹簧工作图（略）。

习题与思考题

15.1 设计一压缩弹簧,已知采用 $d = 8$ mm 的钢丝制造, $D = 48$ mm,该弹簧初始时为自由状态,将它压缩 40 mm 后,所受载荷为 1 250 N。求:

（1）弹簧刚度。

（2）若许用切应力为 400 MPa 时,此弹簧的强度是否足够。

（3）工作圈数 n。

15.2 影响弹簧强度、刚度及稳定性的主要因素各有哪些? 为提高强度、刚度和稳定性,可采用哪些措施?

15.3 现有两个弹簧 A、B,它们弹簧丝直径、材料及有效工作圈数均相同,仅中径 $D_A > D_B$,试问:

（1）当承受的载荷 F 相同时,哪个变形大?

（2）当载荷 F 以相同的大小连续增加时,哪个可能先断?

第 16 章

机架零件

16.1　概述

机器的机座、箱体、基础板、框架等零件统称为机架零件。它的结构形式及其强度和刚度是机架零件设计时必须考虑的问题。

机架主要起支承作用,机器中的其他零、部件一般都固定在机架上,也有些零、部件是在机架的导轨面上运动。所以,机架支承着机器中其他零、部件和工件的全部质量,通常是机器中尺寸最大、质量最大的零件,其质量约占机器总质量的 70% ~ 90%。机架又起基准的作用,以保证各零、部件间准确的相对位置,并使整个机器组成一个整体。机架直接或间接地承受着机器工作过程中的各种载荷,包括各种冲击载荷。由此可知,机架是各种机器中最重要的零件之一,在很大程度上影响着机器的各种性能,如工作精度、噪声、耐磨性和抗震性能等,并决定着机器的造型。因此,正确地选择机架零件的材料和正确地设计其结构形式和尺寸,是减轻机器质量、节约金属材料、增强机器刚度及耐磨性的重要途径。值得注意的是,近年来机架的造型设计,在满足基本要求的前提下,更加注重工业美学。

本章重点介绍机架的类型、设计要求,以及如何合理地选择机架的壁厚、截面形状、间壁和肋板。

16.1.1　机架的一般类型

机架零件形式繁多,分类方法也有多种。按机器形式,可分为卧式机架和立式机架两类,其中卧式机架又分横梁和平板式;立式机架又分为单立柱、双立柱和多立柱。按材料和制造方法,可分为金属机架和非金属机架两类,其中金属机架又分为铸造机架、焊接机架和组合式机架;非金属机架又分花岗岩机架、混凝土机架和塑料机架。按结构形式,可分为整体式机架和装配式机架。在通用机械设计中,更常用的是按机架构造外形的不同,将机架分为机座类、箱体类、机板类和框架类四类,它们的典型构造外形如图 16.1 所示。

16.1.2　机架材料和制造方法

固定式机器,尤其是固定式重型机器,其机座和箱体的结构较为复杂,刚度要求也较高,因而一般多采用铸造。铸造材料常用既便于加工又价廉的铸铁(包括普通灰铸铁、球墨铸铁与变性灰铸铁等),铸铁因具有铸造性能好、价格低廉、吸收振动能力强及刚度高等特点,在机架零件中应用广泛。只有需要强度高、刚度大时才采用铸钢。当需要减轻质量时,经常采用铝合金等轻合金(如运行式机器的机架)。对于结构简单、生产批量不大的大中型机架,则常用由型钢和钢板焊接成的焊接件。

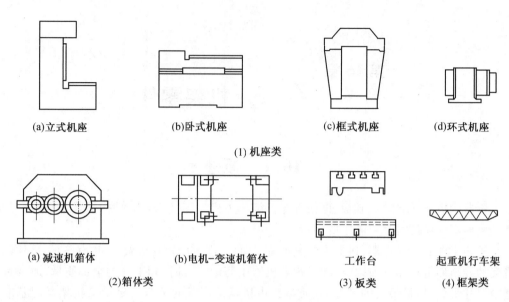

图 16.1　机架零件的分类

一般来说,成批生产且结构复杂的零件以铸造为宜;单件或少量生产,且生产期限较短的零件则以焊接为宜,但对具体的机座或箱体,仍应分析其主要决定因素。譬如成批生产的中小型机床和内燃机的底座,结构比较复杂,应以铸造为宜;成批生产的汽车底盘和运行式起重机的机体,要求质量小、运行灵便,则应以焊接为宜;质量和尺寸都不大的单件机架以制造简便和经济为主,应采用焊接;而单件大型机架采用铸造或焊接都不经济或不可能时,则应采用拼焊结构等。

16.1.3　机架设计的准则和一般设计要求

机器的全部质量将通过机架传至机座上,机架零件还负有承受机器工作时的作用力和使机器稳定在机座上的作用。机架零件设计的准则和一般设计要求为:

(1) 刚度要求。机架零件应具有足够的刚度,例如,机床的零部件中,床身的刚度决定了产品的加工精度;在齿轮减速中,机架的刚度决定了齿轮的啮合性能和运转性能。

(2) 强度要求。机架零件除了应具有足够的刚度外,还应具有足够的强度。尤其是对于重型设备,对强度方面的要求更应引起足够的重视,例如,锻压机床、冲床、剪床等机器的机架,以满足强度条件为主。其准则是在机器运转中可能发生的最大载荷情况下,机架上任何点的应力都不得大于许用应力。此外,还要满足疲劳强度的要求。

(3) 合理选择截面形状和恰当布置肋板,使同样质量下机架的强度和刚度得以提高。

(4) 稳定性要求。对于细长的或薄壁的受压结构和弯-压结构存在失稳问题,某些板壳结构也存在失稳问题或局部失稳问题。失稳会对整个机架结构产生很大的破坏作用,设计时必须进行稳定性校核。

(5) 工业美学要求。机架零件应造型美观、结构简单、经济实用,其色调应与产品的功能及环境相适应。

(6) 其他要求。要求机架的质量轻,材料选择合适,成本低;机架零件应保证安装在其上的零部件定位准确、固定可靠,并使机架上的零部件安装、调整和维修方便;结构设计合理,加工工艺性好,抗震性能好;使机架本身的内应力小,因温度变化引起的变形小;耐腐蚀性好,使机架零件在规定的使用期限内尽量少修理;有导轨的机架零件要求导轨面受力合理、耐磨性好,以保证机器具有足够的使用寿命。

目前,大多机架零件的设计都是采用类比设计法,即按照经验公式、经验数据或比照现有同类机架零件进行设计。由于经验设计的误差较大,故许用应力一般取得较低。值得注意的是,经验设计对那些不太重要的机架虽然是可行的,但终究带有一定的盲目性,导致设计的机架过于笨重,许多传统的机床的机座的设计就是如此。对于结构形状复杂、受外界影响因素多的机架零件,在经验设计的基础上,还要用模型或实物进行实验测试,以便用测试的数据进一步修改结构与尺寸。对于重要的机架零件,可用有限元,它是目前较精确决定机架零件结构尺寸的现代设计方法,可参见《机械设计》教材。

16.2 机架设计中应注意的几个问题

16.2.1 截面形状的合理选择

截面形状的合理选择是机架设计中的一个重要问题。绝大多数的机架受力情况都很复杂,往往要产生拉伸(或压缩)、弯曲和扭转等变形。当受到弯曲或扭转时,截面形状对其强度和刚度有很大的影响。如果能够正确设计机架的截面形状,在既不增大截面面积,又不增大(或减小)零件质量的前提下,通过合理地改变截面形状来增大它的抗弯截面系数和惯性矩,能够提高机架零件的强度和刚度。几种截面面积相等而形状不同的梁,在弯曲强度、弯曲刚度、扭转强度和扭转刚度等方面的相对比较值见表 16.1。

表 16.1 各种截面形状梁的相对强度和相对刚度(截面积 $\approx 2\,900$ mm^2)

相对比较项目		Ⅰ(基本型)	Ⅱ	Ⅲ	Ⅳ
		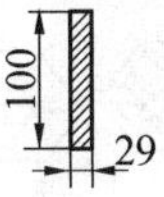		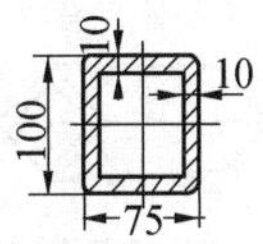	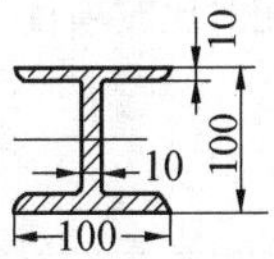
相对强度	弯曲	1	1.2	1.4	1.8
	扭转	1	43	38.5	4.5
相对刚度	弯曲	1	1.15	1.6	1.8
	扭转	1	8.8	31.4	1.9

从表 16.1 可以看出,主要受弯曲的零件以选用工字形截面为好,其相对的弯曲强度和刚度都为最大;主要受扭转的零件,从强度方面考虑,以选用圆管形截面为最好,空心矩形的次之,其他两种形状的强度则比前两种小许多倍;仅从刚度方面考虑,以选用空心矩形截面的为最合理。机架受载情况一般都比较复杂(拉压、弯曲、扭转可能同时存在),对刚度要求又高,应综合考虑各方面的情况,以选用空心矩形截面比较有利。这种截面的机架也便于附装其他零件,因此多数机架的截面都以空心矩形为基础。对于受动载荷的机架零件,为了提

高它的吸振能力，也应采用合理的截面形状。不同尺寸的工字形截面梁在受弯曲作用时的相对性能比较值见表 16.2。

表 16.2　不同尺寸的工字形截面梁在受弯曲作用时的相对性能比较

相对比较项目	Ⅰ（基本型）	Ⅱ	Ⅲ
相对惯性矩	1	0.72	0.82
相对抗弯截面系数	1	0.91	1
相对质量	1	0.82	0.89
相对最大变形能	1	1.13	1.21

由表 16.2 可知，方案 Ⅱ 的动载性能比方案 Ⅰ 大 13%，而相对质量降低 18%，但静载强度同时降低约 10%（比较抗弯截面系数）。方案 Ⅲ 将受压翼缘缩短 40 mm、受拉翼缘放宽 10 mm，质量减少约 11%，静载强度不变，而动载性能约增加 21%。由此可见，只要合理设计截面形状，即使截面面积并不增加，也可以提高机架承受动载的能力。

16.2.2　间壁和肋

一般说来，提高机架零件的强度和刚度可采用两种方法：① 增加壁厚。这种方法并非在任何情况下都能见效，即使见效，也多半不符合经济原则。② 在壁与壁之间设置间壁和肋。这种方法在提高强度和刚度方面常常是最有效的，因此经常采用。间壁和肋的效果在很大程度上取决于布置是否正确，不适当的布置效果不显著，甚至会增加铸造难度和浪费材料。几种不同形式间壁的梁在刚度方面的相对比较见表 16.3。

表 16.3　几种不同形式间壁的梁在刚度方面的相对比较

相对比较项目		Ⅰ（基本型）	Ⅱ	Ⅲ	Ⅳ	Ⅴ
相对质量		1	1.14	1.38	1.49	1.26
相对刚度	弯曲	1	1.07	1.51	1.78	1.55
	扭转	1	2.08	2.16	3.30	2.94
相对刚度/相对质量						
	弯曲	1	0.94	0.85	1.20	1.92
	扭转	1	1.83	1.56	2.22	2.34

由表 16.3 可知，方案 Ⅴ 的斜间壁具有显著效果，其弯曲刚度比方案 Ⅰ 的弯曲刚度约大 0.5 倍，扭转刚度比方案 Ⅰ 的扭转刚度约大 2 倍，而相对质量大约仅增加了 26%。虽然方案 Ⅳ 的交叉间壁弯曲刚度和扭转刚度都有所增加，但材料却要多耗费 49%。若以相对刚度和相对质量之比作为评定间壁设置的经济性指标，则显然可见，方案 Ⅴ 比方案 Ⅳ 好，方案 Ⅱ、Ⅲ 的弯曲刚度相对增加值反不如质量的相对增加值，其比值小于 1，说明这种间壁设置是不可取的。

16.2.3　壁厚的选择

对于空心的机架零件,在选择其最小壁厚时,不仅应满足强度、刚度和振动稳定性等方面的要求,而且还应满足铸造工艺要求。即最小壁厚应保证液态金属能通畅地流满型腔,补偿由木模、造型、安放砂芯等造成的误差,并在清理铸件时具有所需的强度。通常,这样确定的最小壁厚要比按强度、刚度要求确定的壁厚大得多。当机器的外廓尺寸一定时,由于其质量主要取决于壁厚,因而在满足强度、刚度、振动稳定性及铸造工艺性等要求的情况下,应尽量选用较小的壁厚。

间壁和筋的厚度一般可取为主壁厚的 0.6 ~ 0.8 倍。筋的高度约为主壁厚的 5 倍。

铸钢件由于铸造工艺的关系,其最小壁厚应比铸铁件大 20% ~ 40%,碳素钢铸件取小值,合金钢铸件取大值。

同一铸件的壁厚应力求趋于相近。当壁厚不同时,在厚壁和薄壁相连接处应设置平缓的过渡圆角或斜度。圆角或过渡斜度的尺寸见相关手册或图册。铸钢件的过渡圆角或斜度应比铸铁件适当增大。

16.2.4　机架零件的造型设计

机架是机器中的基础零件,机器中的许多零部件都是直接或间接固定在机架上而保持其相对位置。机架的结构在很大程度上影响着机器的性能和经济性。虽然各类机器中机架的结构形式、尺寸差异较大,但对其结构设计的基本要求相近,即:① 造型合理;② 具有足够的强度和刚度;③ 加工工艺性好;④ 便于机架内部零件的安装。关于机架零件的强度、刚度以及加工工艺性等方面的问题在前面已经做了简要说明,这里就不再重复介绍。下面简单介绍机架零件的造型设计。

造型设计是一门工程技术与美学艺术、人机工程等各个领域相结合的新兴学科,具有科学性、艺术性和时代性的显著特征。造型设计是按照工程技术和艺术手段的一般规律,将产品的功能、物质技术条件和艺术性通过产品结构、形体、色彩、装饰、质感等,贯穿在产品的总体设计、技术设计和外观造型以及产品制造的全过程中。

实用、经济、美观是造型设计的基本原则。实用是造型设计的基本要求,主要体现在性能稳定可靠,可维修性好,同时也体现在人机系统协调,使用操作方便、舒适等方面。经济是指产品的生产成本,即在造型过程中以最小的财力、人力和时间,获得最大的经济效益。美观反映的是精神功能方面的要求,在物质条件允许的情况下,要努力为产品塑造出反映时代的审美要求和体现社会物质与精神文明的艺术形象。

图 16.2 所示为常见的齿轮减速器剖分式箱体,剖分式箱体沿轴线分成机盖和机座两部分,并用螺栓连接为一体。箱盖顶面呈弧形,与内部齿轮的顶圆相适应,造型美观、节省材料、体积小;箱座内腔呈长方形,用以存储足够的润滑油。箱座的高度比箱盖略高,且与基础相连的底面较宽,所以各部分尺寸的比例协调、稳定性好。轴承座部分要安放轴承并承受支反力,所以其宽度和厚度较大,而且其外表面是环形,与箱盖的形状统一。箱盖与箱座连接面设计有凸缘,便于连接和密封。

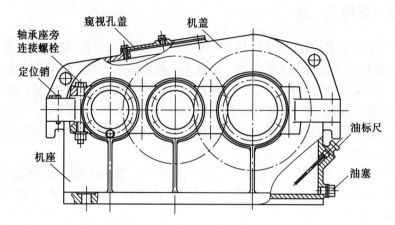

图 16.2　齿轮减速器剖分式箱体

习题与思考题

16.1　机架零件有哪些分类?

16.2　机架零件的常见形状有哪些?

16.3　机架设计的准则和一般设计要求有哪些?

16.4　在选择机架零件的截面形状、间壁和肋时,应注意哪些问题?

16.5　壁厚选择时应注意哪些问题?

16.6　造型设计中结构设计的基本要求是什么?

第 17 章

机械速度波动调节和回转件的平衡

17.1 机械速度波动的调节

17.1.1 机械运转速度波动调节的目的和方法

机械是在外力(驱动力和阻力)作用下运转的。驱动力所做的功是机械的输入功,阻力所做的功是机械的输出功。输入功与输出功之差形成机械动能的增减。如果输入功在每瞬时都等于输出功(例如,用电动机驱动离心式鼓风机),则机械的主轴保持匀速转动。但是由于外力有时是随时间的变化而变化,因此有许多机械在某段工作时间内,输入功不等于输出功。当输入功大于输出功时,外力对系统正亏功(又称盈功)。盈功转化为动能,促使机械动能增加。当输入功小于输出功时,外力对系统做负功(又称亏功)。亏功需动能补偿,导致机械动能减小。机械动能的增减形成机械运转速度的波动。这种波动会使运动副中产生附加的作用力,降低机械效率和工作可靠性;会引起机械振动,影响零件的强度和寿命;还会降低机械的精度和工艺性能,使产品质量下降。因此,对机械运转速度的波动必须进行调节,使上述不良影响限制在允许范围之内。

机械运转速度的波动可分为两类:

1. 周期性速度波动

当外力作周期性变化时,机械主轴的角速度也做周期性的变化,如图 17.1 虚线所示。机械的这种有规律的、周期性的速度变化称为周期性速度波动。由图可见,主轴的角速度 ω 在经过一个运动周期 T 之后又变回到初始状态,其动能没有增减。也就是说,在一个整周期中,驱动力所做的输入功与阻力所做的输出功是相等的,这是周期性速度波动的重要特征。但是在周期中的某段时间内,输入功与输出功却是

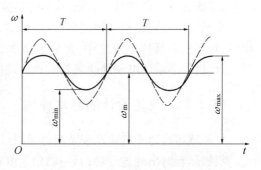

图 17.1 周期性速度波动

不相等的,因而出现速度的波动。运动周期 T 通常对应于机械主轴回转一转(如冲床)、两转(如四冲程内燃机)或数转(如轧钢机)的时间。

对这种周期性速度波动进行调节的常用方法是在机械中加上一个转动惯量很大的回转件——飞轮。

飞轮在机械中的作用,实际上相当于一个能量储存器。盈功时飞轮的动能增加,储存多余的能量,使机械速度上升的幅度减小;亏功时飞轮的动能减小,释放储存的能量,使机械速度下降的幅度减小。这样可以使机械的速度不至于波动得太大。

飞轮的动能变化为 $\Delta E = \dfrac{1}{2}J(\omega^2 - \omega_0^2)$，显然，当动能变化数值相同时，飞轮的转动惯量 J 越大，角速度 ω 的波动越小。例如，图17.1 虚线所示为没有安装飞轮时主轴的速度波动，实线所示为安装飞轮后的速度波动。此外，由于飞轮能利用储蓄的动能克服短时过载，故在确定原动机额定功率时只需考虑它的平均功率，而不必考虑高峰负荷所需的瞬时最大功率。由此可知，安装飞轮不仅可避免机械运转速度发生过大的波动，而且可以选择功率较小的原动机。

2. 非周期性速度波动

如果输入功在很长一段时间内总是大于输出功，则机械运转速度将不断升高，直至超越机械强度所允许的极限转速而导致机械损坏；反之，如输入功总是小于输出功，则机械运转速度将不断下降，直至停车。汽轮发电机组在供汽量不变而用电量突然增减时就会出现这类情况。这种速度波动是随机的、不规则的，没有一定的周期，因此称为非周期性速度波动。这种速度波动不能依靠飞轮来进行调节，只能采用特殊的装置使输入功与输出功趋于平衡，以达到新的稳定运转。这种特殊装置称为调速器。

图 17.2 所示为机械式离心调速器的工作原理图。原动机 2 的输入功与供汽量的大小成正比。当负荷突然减小时，原动机 2 和工作机 1 的主轴转速升高，由锥齿轮驱动的调速器主轴的转速也随着升高，重球因离心力增大而飞向上方，带动圆筒 N 上升，并通过套环和连杆将节流阀关小，使蒸汽输入量减少；反之，若负荷突然增加，原动机及调速器主轴转速下降，飞球下落，节流阀开大，促使供汽量增加。用这种方法使输入功和负荷所消耗的功（包括摩擦损失）自动趋于平衡，从而保持速度稳定。

机械式离心调速器结构简单、成本低廉，过去用于电唱机、录音机等调速系统之中；但它的体积庞大，灵敏度低，近代机器多采用电子调速装置实现自动控制。

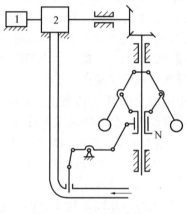

图 17.2　离心调速器

17.1.2　飞轮设计的基本原理

1. 机械运转的平均速度和不均匀系数

机械运转时出现盈亏功，其主轴角速度 ω 必然产生变化。如图 17.1 所示，若已知机械主轴角速度随时间变化的规律 $\omega = f(t)$ 时，一个周期角速度的实际平均值 ω_m 可由下式求出

$$\omega_m = \frac{1}{T}\int_0^T \omega \mathrm{d}t \tag{17.1}$$

这个实际平均值称为机器的额定角速度或名义角速度。

由于 ω 的变化规律很复杂，故在工程计算中都以算术平均值作为实际平均值，即

$$\omega_m = \frac{\omega_{\max} + \omega_{\min}}{2} \tag{17.2}$$

式中　$\omega_{\max}$ 和 $\omega_{\min}$ —— 最大角速度和最小角速度。

速度不均匀系数 δ 是用来表示机械速度波动的程度，它定义为角速度波动的幅度

$\omega_{\max} - \omega_{\min}$ 与平均角速度的比值,即

$$\delta = \frac{\omega_{\max} - \omega_{\min}}{\omega_{m}} \tag{17.3}$$

若已知 ω_{m} 和 δ,则由式(17.2)和式(17.3)可得

$$\omega_{\max} = \omega_{m}(1 + \delta/2) \tag{17.4}$$

$$\omega_{\min} = \omega_{m}(1 - \delta/2) \tag{17.5}$$

由此可见,当 ω_{m} 一定时,δ 越小,角速度的最大差值也越小,主轴越接近匀速转动。各种不同机械许用的机械运转速度不均匀系数 δ 是根据它们的工作要求确定的。几种常见机械的机械运转速度不均匀系数的许用值可按表 17.1 选取。

表 17.1   机械运转速度不均匀系数

机械名称	破碎机	冲床和剪床	压缩机和水泵	减速器	交流发电机
δ	0.10 ~ 0.20	0.05 ~ 0.15	0.03 ~ 0.5	0.015 ~ 0.020	0.002 ~ 0.03

在实际和机械设计时,速度不均匀系数不允许超过许用值,即 $\delta \leqslant [\delta]$。

2. 飞轮转动惯量的计算

如前所述,在机械上安装转动惯量较大的飞轮,可以减小周期性速度波动。飞轮设计的基本问题是:已知作用在主轴上的驱动力矩和阻力矩的变化规律,要求在机械运转速度不均匀系数 δ 的容许范围内,确定飞轮的转动惯量。

在一般机械中,因系统其他构件的转动惯量与飞轮的转动惯量相比,其值甚小,故机械系统本身所具有的动能与飞轮相比,其值也甚小,因此,近似设计中可以认为飞轮的动能就是整个机械的动能。当主轴处于最大角速度 $\omega_{\max}$ 时,飞轮具有动能最大值 $E_{\max}$;反之,当主轴处于最小角速度 $\omega_{\min}$ 时,飞轮具有动能最小值 $E_{\min}$。

$E_{\max}$ 与 $E_{\min}$(或 $E_{\min}$ 与 $E_{\max}$)之差表示一个周期内动能的最大变化量,对应机械速度从 $\omega_{\min}$ 上升到 $\omega_{\max}$ 为最大盈功(或从 $\omega_{\max}$ 下降到 $\omega_{\min}$ 为最大亏功),即它使外力对机械系统所做的盈功(或亏功)达到最大,统称为最大盈亏功 $A_{\max}(\text{N} \cdot \text{m})$。

$$A_{\max} = E_{\max} - E_{\min} = \frac{1}{2}J(\omega_{\max}^{2} - \omega_{\min}^{2}) = J\omega_{m}^{2}\delta$$

式中 J—— 飞轮的转动惯量($\text{kg} \cdot \text{m}^{2}$);

ω_{m}—— 飞轮的平均角速度($\text{rad} \cdot \text{s}^{-1}$)。

设飞轮的转速为 $n \text{ r} \cdot \text{min}^{-1}$,则 $\omega_{m} = \pi n/30$,由此得到安装在主轴上的飞轮转动惯量($\text{kg} \cdot \text{m}^{2}$)

$$J = \frac{A_{\max}}{\omega_{m}^{2}\delta} = \frac{900A_{\max}}{\pi^{2}n^{2}\delta} \tag{17.6}$$

式中 $A_{\max}$—— 最大盈亏功,用绝对值表示。

综合以上分析可知:

(1) 当 $A_{\max}$ 与 ω_{m} 一定时,飞轮转动惯量 J 与机械运转速度不均匀系数 δ 之间的关系为一等边双曲线,如图 17.3 所示。当 δ 很小时,进一步减小 δ 需要极大幅度地增加 J。因此,过分追求机械运转速度均匀,将会使飞轮庞大、笨重,增加成本。

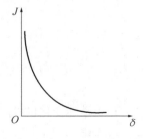

图 17.3 $J - \delta$ 变化曲线

（2）当 J 与 ω_m 一定时，A_{max} 与 δ 成正比。表明机械只要有盈亏功，无论飞轮有多大，δ 都不等于零，最大盈亏功越大，机械运转速度越不均匀。

（3）J 与 ω_m 的平方成反比，即主轴的平均转速越高，所需安装在主轴上的飞轮转动惯量越小。飞轮也可以安装在与主轴保持固定速比的其他轴上，但必须保证该轴上安装的飞轮与主轴上安装的飞轮具有相等的动能，即

$$\frac{1}{2}J'\omega_m'^2 = \frac{1}{2}J\omega_m^2$$

或
$$J' = J(\frac{\omega_m}{\omega_m'})^2 \qquad (17.7)$$

式中　　ω_m'——任选飞轮轴的平均角速度；

　　　　J'——安装在该轴上的飞轮转动惯量。

由式（17.7）可知，欲减小飞轮转动惯量，可以选取高于主轴转速的轴安装飞轮。通常主轴具有良好的刚性，所以多数机器的飞轮仍安装在主轴上。

3. 最大盈亏功 A_{max} 的确定

计算飞轮转动惯量必须首先确定最大盈亏功。若给出作用在主轴上的驱动力矩 M' 和阻力矩 M'' 的变化规律，A_{max} 便可确定如下：

图 17.4（a）所示为某组稳定运转一个周期中，作用在主轴上的驱动力矩 M' 和阻力矩 M'' 随主轴转角变化的曲线。μ_M 为力矩比例尺，实际力矩值可用纵坐标高度乘以 μ_M 得到，即 $M = y\mu_M$；μ_φ 为转角比例尺，实际转角等于横坐标长度乘以 μ_φ，即 $\varphi = x\mu_\varphi$；$M'-\varphi$ 曲线与横坐标轴所包围的面积表示驱动力矩所做的功（输入功）；$M''-\varphi$ 曲线与横坐标轴所包围的面积表示阻力矩所做的功（输出功）。在 Oa 区间，输入功与输出功之差为

$$A_{Oa} = \int_O^a (M'-M'')\mathrm{d}\varphi = \int_O^a \mu_M(y'-y'')\mathrm{d}x\mu_\varphi = \mu_M\mu_\varphi[S_1] \qquad (17.8)$$

式中　　$[S_1]$——Oa 区间 $M'-\varphi$ 与 $M''-\varphi$ 曲线之间的面积（mm^2）；

　　　　A_{Oa}——区间的盈亏功，以绝对值表示。

由图可见，Oa 区间阻力矩大于驱动力矩，出现亏功，机器动能减小，故标注负号；而 ab 区间驱动力矩大于阻力矩，出现盈功，机器动能增加，故标注正号。同理，bc、dO 区间为负，cd 区间为正。

如前所述，盈亏功等于机器动能的增减量。设 E_O 为主轴角位置 φ_O 时机器的动能，则主轴角位置为 φ_a 时，机器的动能 E_a 应为

$$\left.\begin{aligned} E_a &= E_O - A_{Oa} = E_O - \mu_M\mu_\varphi[S_1] \\ E_b &= E_a - A_{ab} = E_a - \mu_M\mu_\varphi[S_2] \\ &\vdots \\ E_O &= E_d - A_{dO} = E_d - \mu_M\mu_\varphi[S_5] \end{aligned}\right\}$$

以上动能变化也可用能量指示图表示。如图 17.4（b）所示，从点 O 出发，顺次作向量 $\overrightarrow{Oa}$、$\overrightarrow{ab}$、$\overrightarrow{bc}$、$\overrightarrow{cd}$、$\overrightarrow{dO}$ 表示盈亏功 A_{Oa}、A_{ab}、A_{bc}、A_{cd} 和 A_{dO}（盈功为正，箭头朝上；亏功为负，箭头朝下）。由图可知，点 d 具有最大动能，对应于 ω_{max}，点 a 具有最小动能，对应于 ω_{min}，a、d 二位

置动能之差即是最大盈亏功 $A_{\max}$。

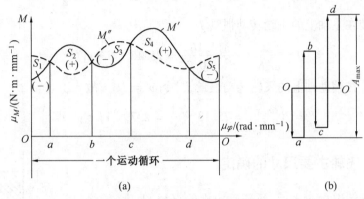

图 17.4   最大盈亏功的确定

【例 17.1】   某机组作用在主轴上的阻力矩变化曲线 $M''-\varphi$ 如图 17.5(a) 所示。已知主轴上的驱动力矩 M' 为常数,主轴平均角速度 $\omega_{\mathrm{m}} = 25 \ \mathrm{rad \cdot s^{-1}}$,机械运转速度不均匀系数 $\delta = 0.02$。

（1）求驱动力矩 M'。

（2）求最大盈亏功 $A_{\max}$。

（3）求安装在主轴上的飞轮转动惯量 J。

（4）若将飞轮安装在转速为主轴 3 倍的辅助轴上,求飞轮转动惯量 J'。

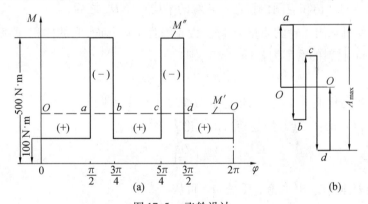

图 17.5   飞轮设计

【解】   （1）求 M'。因给定 M' 为常数,故 $M'-\varphi$ 为一水平直线。在一个运动循环中驱动力矩所做的功为 $2\pi M'$,它应当等于一个运动循环中阻力矩所做的功,即

$$2\pi M' = 100 \times 2\pi + 400 \times \frac{\pi}{4} \times 2$$

解上式得 $M' = 200 \ \mathrm{N \cdot m}$。由此可作出 $M'-\varphi$ 的水平直线。

（2）求 $A_{\max}$。将 $M'-\varphi$ 与 $M''-\varphi$ 曲线的交点标注为 a、b、c、d。将各区间 $M'-\varphi$ 与 $M''-\varphi$ 所围面积区分为盈功和亏功,并标注"+"号或"−"号。然后根据各区间盈亏功的数值大小按比例作能量指示图（图 17.5(b)）。首先自下向上作 $\overrightarrow{Oa}$ 表示 Oa 区间的盈功,$A_{Oa} = 100 \times \frac{\pi}{2}$（$\mathrm{N \cdot m}$）;其次,向下作 $\overrightarrow{ab}$ 表示 ab 区间的亏功,$A_{ab} = 300 \times \frac{\pi}{4}$（$\mathrm{N \cdot m}$）。依次类推,直到画完最后一个封闭向量 $\overrightarrow{dO}$。由图可知,ad 区间出现最大盈亏功,其绝对值为

$$A_{max} = | - A_{ab} + A_{bc} - A_{cd} | = \left| - 300 \times \frac{\pi}{4} + 100 \times \frac{\pi}{2} - 300 \times \frac{\pi}{4} \right| = 314.16 \ (N \cdot m)$$

（3）求安装在主轴上的飞轮转动惯量 J

$$J = \frac{A_{max}}{\omega_m^2 \delta} = \frac{314.16}{25^2 \times 0.02} = 25.13 \ (N \cdot m)$$

（4）求安装在辅助轴上的飞轮转动惯量 J'，令 $\omega' = 3\omega_m$，故

$$J' = J \left(\frac{\omega_m}{\omega'} \right)^2 = 25.13 \times \frac{1}{9} = 2.79 \ (kg \cdot m^2)$$

17.1.3　飞轮主要尺寸的确定

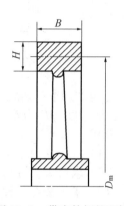

图 17.6　带有轮辐的飞轮

求出飞轮转动惯量 J 之后，还要确定它的直径、宽度、轮缘厚度等有关尺寸。

图 17.6 所示为带有轮辐的飞轮。这种飞轮的轮毂和轮辐的质量很小，回转半径也较小，近似计算时可以将它们的转动惯量略去，而认为飞轮质量 m 集中于轮缘。设轮缘的平均直径为 D_m，则

$$J = m \left(\frac{D_m}{2} \right)^2 = \frac{m D_m^2}{4} \tag{17.9}$$

当按照机器的结构和空间位置选定轮缘的平均直径 D_m 之后，由式（17.10）便可求出飞轮的质量 m kg。设轮缘为矩形断面，它的体积、厚度、宽度分别为 $V \ m^3$、$H \ m$、$B \ m$，材料的密度为 $\rho \ kg \cdot m^{-3}$，则

$$m = V\rho = \pi D_m H B \rho \tag{17.10}$$

选定飞轮的材料与比值 H/B 之后，轮缘的截面尺寸便可以求出。

对于外径为 D 的实心圆盘式飞轮，由理论力学知

$$J = \frac{1}{2} m \left(\frac{D}{2} \right)^2 = \frac{m D^2}{8} \tag{17.11}$$

选定圆盘直径 D，便可求出飞轮的质量 m。再从

$$m = V\rho = \frac{\pi D^2}{4} B \rho \tag{17.12}$$

选定材料之后，便可求出飞轮的宽度 B。

飞轮的转速越高，其轮缘材质产生的离心力越大，当轮缘材料所受离心力超过其材料的强度极限时，轮缘便会爆裂。为了安全，在选择平均直径 D_m 和外圆直径 D 时，应使飞轮外圆的圆周速度不大于以下安全数值：

对于铸铁飞轮 $v_{max} < 36 \ m \cdot s^{-1}$，铸钢飞轮 $v_{max} < 50 \ m \cdot s^{-1}$。

应当说明，飞轮不一定是外加的专门构件。实际机械中往往用增大带轮（或齿轮）的尺寸和质量的方法，使它们兼起飞轮的作用。这种带轮（或齿轮）也就是机器中的飞轮。还应指出，本节所介绍的飞轮设计方法，没有考虑除飞轮外其他构件动能的变化，因而是近似的。由于机械运转速度不均匀系数 δ 允许有一个变化范围，所以这种近似设计可以满足一

般使用要求。

17.2 回转件的平衡

17.2.1 回转件平衡的目的

机械中有许多绕固定轴线旋转的回转件。由于其结构形状不对称、制造安装不准确或材质不均匀等原因,均可使回转件的质心偏离回转轴线,在转动时产生离心惯性力(N),其大小为

$$F = mr\left(\frac{\pi n}{30}\right)^2 \tag{17.13}$$

式中　　m—— 回转件的质量(kg);

　　　　r—— 质心到回转轴线的径向距离,简称偏距(m);

　　　　n—— 回转件的转速($r \cdot min^{-1}$)。

离心惯性力在回转件内产生附加应力;在运动副中引起附加的动压力和摩擦力;由于离心惯性力的方向随着回转件的转动呈周期性变化,有可能使机械本身及其基础产生周期振动,导致机械的工作精度、可靠性、效率和使用寿命下降,甚至可能因振动过大而使机械破坏。离心惯性力的大小与转速的平方成正比,例如质量为 100 kg、质心偏为 0.001 m 的回转件,当其转速分别为 30 $r \cdot min^{-1}$ 和 3 000 $r \cdot min^{-1}$ 时,由式(17.13)计算得离心惯性力约分别为 1 N 和 10 000 N,后者惯性力竟达回转件自重的 10 倍。因此,消除惯性力的不良影响,特别是对高速、重载和精密的机械具有极其重要的意义。使回转件工作时离心力达到平衡,称为回转件平衡。回转件平衡的基本原理是在回转件上加上"平衡质量",或除去一部分质量,以便重新调整回转件的质量分布,使其旋转时离心惯性力系(包括惯性力矩)获得平衡。

17.2.2 回转件的静平衡

1.回转件的静平衡原理

对于轴向尺寸与径向尺寸之比小于 0.2 的盘形回转件,例如,齿轮、飞轮、带轮等,可近似认为它的所有质量都分布在同一回转平面内。当它旋转时,这些质量所产生的离心惯性力,构成一个相交于回转中心的平面汇交力系。如该力系不平衡,则其合力不等于零,称其为回转件的静不平衡。由平面汇交力系的平衡条件知,欲使其平衡,则应在此回转面(校正平面)内加一个平衡质量 m_B,使之产生的离心惯性力 $\boldsymbol{F}_B$ 与原有各质量 m_i 所产生的离心惯性力的合力 $\sum \boldsymbol{F}_i$ 的向量和等于零,从而成为平衡力系,使回转件得以平衡,即

$$\boldsymbol{F}_B + \sum \boldsymbol{F}_i = 0 \tag{17.14}$$

亦即

$$m_B \boldsymbol{r}_B \left(\frac{\pi n}{30}\right)^2 + \sum m_i \boldsymbol{r}_i \left(\frac{\pi n}{30}\right)^2 = 0$$

故

$$m_B \boldsymbol{r}_B + \sum m_i \boldsymbol{r}_i = 0 \tag{17.15}$$

式中　　$\boldsymbol{r}_B$—— 由旋转轴线到平衡质量 m_B 质心所在位置的矢径;

r_i——由旋转轴线到各不平衡质量 m_i 质心所在位置的矢径。

质量与其质心点矢径的乘积称为质径积,它相对地表达了质量在同一转速下产生的离心惯性力的大小和方向。注意,其值并不等于离心惯性力,它是回转件平衡问题的重要参数。

式(17.14)和式(17.15)表明:回转件经平衡后,其总质心便与回转轴线重合,该回转件可以在任何位置保持静止而不会自动转动。这种使总质心落在回转轴线上的平衡称为静平衡。

回转构件静平衡的条件为:回转件上各质量的离心惯性力(或质径积)的向量和等于零,式(17.14)或式(17.15)即为回转件静平衡条件的表达式。

如图17.7(a)所示,设 m_1、m_2、m_3 和 m_4 是回转件上同一回转平面内的四个质量,回转中心到各质心的矢径分别为 r_1、r_2、r_3 和 r_4。为使其达到静平衡,求在该平面应加的平衡质量 m_B 及其质心失径 r_B。

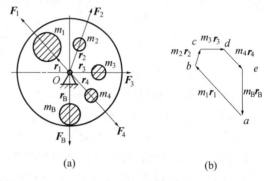

由式(17.14)得

$$m_B r_B + m_1 r_1 + m_2 r_2 + m_3 r_3 + m_4 r_4 = 0$$

取定比例尺后用向量图解法即可求出平衡质量的质径积 $m_B r_B$,如图17.7(b)

图 17.7　平衡向量图解法

中矢量 $\overrightarrow{ea}$ 即代表质径积 $m_B r_B$,而矢量 $\overrightarrow{ae}$ 则代表原有不平衡质径积的向量和。再根据回转件的结构特点,选定矢径 r_B 的大小,即可求得所需施加的平衡质量 m_B 的大小。平衡质量的安装方向是由回转中心 O 沿向量图上 $m_B r_B$ 所指的方向。通常尽可能将 r_B 的值选大些,以便减少平衡质量 m_B。若该回转件的结构允许时,也可不用加平衡质量,而沿 r_B 的反方向按 $-m_B r_B$ 除去相应质量的材料,同样可以获得静平衡。

2. 静平衡试验

按上述计算方法加上平衡质量后的回转件,由于计算、制造、安装等误差以及材料不均匀等原因,实际上往往仍达不到预期的静平衡要求,对于有较高平衡要求的回转件,在工程实际中还需进行静平衡试验。

对静不平衡的回转构件,因其质心偏离回转轴,产生静力矩。利用静平衡架,可找出不平衡质径积的大小和方向,并由此确定平衡质量的大小和位置,使质心移到回转轴线上以达到静平衡。

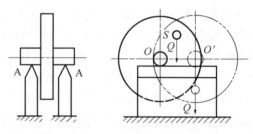

图 17.8　静平衡试验

静平衡试验方法如图17.8所示,将待平衡回转件的轴支于静平衡架的两根水平的刀口形钢制导轨 A 上。若回转件的质心 S 与回转轴心 O 不重合,由于偏心质量对轴心 O 产生静力矩而使回转件在导轨上滚动。当滚动停止时,其质心必位于轴心的铅垂线下方。暂用适当质量的橡皮泥粘于质心的相反方向作为平衡质量,并逐步调整其大小或径向位置,如此反复试验,直至该回转件置于任意位置上都能保持静止不转动为止,这时所加的平衡质量与其矢径的乘积,即为该回转件达到静平衡需加的质径积。然后取下橡皮泥,在平衡质量的位置焊上质量与之相等的金属,或视回转件的结构情况在相反方向去掉相等质径积的一块材料,以实现静平衡。

17.2.3 回转件的动平衡

1.回转件的动平衡原理

对于轴向尺寸与径向尺寸之比大于 0.2 的回转件,例如,汽轮机转子、发电机的电枢等,质量分布不能再假设都集中在同一回转平面内,而应看作是分布在垂直于回转轴的不同回转平面内。回转件旋转时,各偏心质量产生的离心惯性力已不再是一个平面汇交力系,而是一个空间力系。

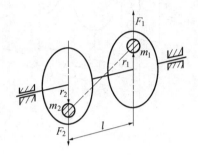

图 17.9 动平衡原理

如图 17.9 所示的回转件,不平衡质量 m_1 和 m_2 分布于相距为 l 的两个回转面内,其质心的矢径 $r_1 = -r_2$,当 $m_1 = m_2$ 时,$m_1 r_1 + m_2 r_2 = 0$,已满足了静平衡条件,该回转件的总质心落在回转轴线上。但当回转件旋转时,虽然它们所产生的离心惯性力 $\boldsymbol{F}_1 = -\boldsymbol{F}_2$,由于二者位于相距 l 的两个回转面内,构成一个大小为 $\boldsymbol{F}_1 l$ 的不平衡的惯性力偶矩,回转件仍然处于不平衡状态。我们把回转件旋转后产生不平衡的惯性力偶矩的现象,称为动不平衡。

因此,对轴向尺寸较大的回转件,必须采取措施,使其各质量产生的离心惯性力的向量以及各离心惯性力偶矩的向量和均等于零,使回转件同时作包含以上两种内容的平衡,称为动平衡。

如图 17.10(a)所示,设 m_1、m_2 和 m_3 为分布在垂直于回转件轴上三个回转面内的不平衡质量,r_1、r_2 和 r_3 分别为回转轴到各质心的矢径。这类回转件,单靠在某一个校正平面上加平衡质量的静平衡方法,已不能解决其回转时的动不平衡问题。为使该回转件动平衡,一般先选定垂直于回转轴线的两个准备加平衡质量的校正平面 Ⅰ 和 Ⅱ,然后将上述三个回转面内的不平衡质量产生的惯性力分解到平面 Ⅰ 和 Ⅱ 上,这样,就将空间力系的平衡问题转化为两个平面上的汇交力系的平衡问题。设在其上分别加以平衡质量 m_{IB} 和 m_{IIB},它们的矢径分别为 r_{IB} 和 r_{IIB}。根据动平衡的条件,回转件上各质量的离心惯性力的向量以及各离心惯性力偶矩的向量和均等于零,可知该回转件所有离心惯性力 xOy 平面向量和为零以及这些力对回转轴 z 上任一点的力矩为零,现取该点为平面 Ⅱ 与 z 轴的交点 K,可得方程

$$m_1 r_1 + m_2 r_2 + m_3 r_3 + m_{\mathrm{IB}} r_{\mathrm{IB}} + m_{\mathrm{IIB}} r_{\mathrm{IIB}} = 0 \tag{17.16}$$

$$m_1 r_1 \times l_1 + m_2 r_2 \times l_2 + m_3 r_3 \times l_3 + m_{\mathrm{IB}} r_{\mathrm{IB}} \times l = 0 \tag{17.17}$$

上两式中,只有校正平面 Ⅰ、Ⅱ 上需施加的质径积矢量 $m_{\mathrm{IB}} r_{\mathrm{IB}}$ 和 $m_{\mathrm{IIB}} r_{\mathrm{IIB}}$ 为未知,故可取定比例尺用向量图解法求解。图 17.10(b)表示各质量质心在 xOy 平面上的投影。按右手定则作式(17.17)的力矩矢量多边形(图 17.10(c)),矢量 $\overrightarrow{da}$ 即表示 $m_{\mathrm{IB}} r_{\mathrm{IB}} \times l$。由于 l 已知,故 $m_{\mathrm{IB}} r_{\mathrm{IB}}$ 确定,由结构选定 r_{IB} 的大小后,即可求得 $\boldsymbol{m}_{\mathrm{IB}}$。再作式(17.16)的质径积矢量多边形(图 17.10(d)),矢量 $\overrightarrow{ea}$ 即表示 $m_{\mathrm{IIB}} r_{\mathrm{IIB}}$ 由结构选定 r_{IIB} 的大小后,即可求得

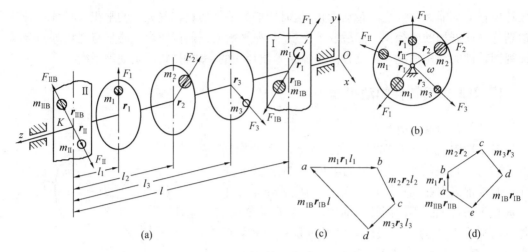

图 17.10　不同回转面内质量的平衡

m_{IIB}。在结构许可的条件下,尽可能将 r_{IB}、r_{IIB} 和 l 选得大些,以便减小需加的平衡质量。

2. 动平衡试验

按上述计算方法进行平衡设计的回转件,仅达到了理论上的动平衡。与静平衡情况类似,由于计算、制造、安装等误差以及材质不均匀等原因,实际上往往也达不到预期的动平衡。因此,对于重要的回转件,工程实际中通常还需在专门的动平衡机上进行动平衡试验。图 17.11 是摆架式动平衡机的工作原理图。

待平衡的回转件 1 置于摆架 2 的两个轴承 $O-O$ 上,摆架可绕水平轴 A 上下摆动,其右端通过弹簧 3 与机架 4 相连,弹簧可以调整,使回转件 1 的轴线处于水平位置。当摆架绕 A 摆动时,其摆动振幅可由指针 C 读出。

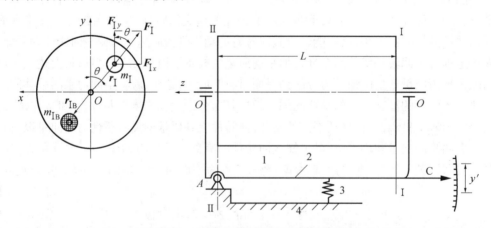

图 17.11　摆架式动平衡机的工作原理图

如前所述,任何动不平衡的回转件,其上所有不平衡质径积均可由位于两个任选的校正平面 Ⅰ、Ⅱ 中的两个平衡质径积 $m_{\mathrm{I}} r_{\mathrm{I}}$ 和 $m_{\mathrm{II}} r_{\mathrm{II}}$ 所代替。进行平衡时先调整回转件 L 的轴向位置,使校正平面 Ⅱ 通过摆动轴线 A。然后,通过传动装置使回转件旋转,平面 Ⅱ 内不平衡质径积 $m_{\mathrm{II}} r_{\mathrm{II}}$ 所产生的离心惯性力 F_{II} 由于通过支承轴 A,受轴承 A 的制约,将不会影响摆架的振动。而平面 Ⅰ 内的不平衡质径积 $m_{\mathrm{I}} r_{\mathrm{I}}$ 所产生的离心惯性力 F_{I} 之垂直分力 $F_{\mathrm{I}y}$ 对

水平轴线 A 的力矩使摆架产生周期性振动。$m_\text{I} r_\text{I}$ 的值越大,则振动的振幅也越大。利用这一振动,再通过动平衡机的附加指示装置,便可测得在平面 Ⅰ 中应施加的平衡质径积 $m_\text{IB} r_\text{IB}$ 的大小和方位。将回转件 1 调头安放,使校正平面 Ⅰ 通过摆动轴线 A,重复前述步骤,即可测得在平面 Ⅱ 中应施加的平衡质径积 $m_\text{ⅡB} r_\text{ⅡB}$ 的大小和方位。

动平衡机的种类和结构形式很多,随着工业的发展,动平衡试验机也相应向高精度、自动化方向发展。近代动平衡机采用电子测量和电脑运算显示,可一次直接指明两个校正平面内的不平衡质径积的大小和方位,并采用激光去质量等新技术,大大提高了平衡精度和平衡试验的自动化程度。

习题与思考题

17.1 何谓机器运转的周期性速度波动及非周期性速度波动? 两者的性质有何不同? 各用什么方法加以调节?

17.2 为什么说经过静平衡的转子不一定是动平衡的,而经过动平衡的转子必定是静平衡的?

17.3 何谓转子的静平衡和动平衡? 对于任何不平衡转子,采用在转子上加平衡质量使其达到静平衡的方法是否对改善支承反力总是有利的? 为什么?

17.4 已知某轧钢机的原动机功率等于常数,$P' = 1\,912.3\ \text{kW}$,钢材通过轧辊时消耗的功率为常数,$P'' = 4\,000\ \text{kW}$,钢材通过轧辊的时间 $t'' = 5\ \text{s}$,主轴平均转速 $n = 80\ \text{r} \cdot \text{min}^{-1}$,机械运转速度不均匀系数 $\delta = 0.1$,求:

(1) 安装在主轴上的飞轮的转动惯量。

(2) 飞轮的最大转速和最小转速。

(3) 此轧钢机的运转周期。

17.5 某机组稳定地运转于一个运动中,作用在主轴上的阻力矩 M'' 的变化规律如图 17.12 所示。已知驱动力矩 M' 为常数,主轴平均角速度 $\omega_\text{m} = 20\ \text{rad} \cdot \text{s}^{-1}$,机械运转速度不均匀系数 $\delta = 0.01$,求驱动力矩 M' 和安装在主轴上的飞轮的转动惯量。

17.6 图 17.13 所示刚性转子是否符合动平衡条件,为什么?

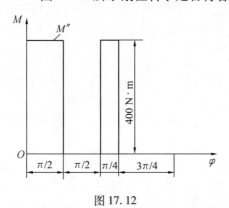

图 17.12

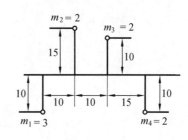

图 17.13

17.7 图 17.14 所示一单缸卧式煤气机,在曲柄轴的两端装有两个飞轮 A 和 B。已知曲柄半径 $R = 250$ mm 及换算到曲柄销 S 的不平衡质量为 50 kg。欲在两飞轮上各装一平衡质量 m_A 和 m_B,其回转半径 $r = 600$ mm,试求 m_A 和 m_B 的大小和位置。

17.8 图 17.15 所示盘形回转件上存在三个偏置质量,已知 $m_1 = 10$ kg,$m_2 = 15$ kg,$m_3 = 10$ kg,$r_1 = 50$ mm,$r_2 = 100$ mm,$r_3 = 70$ mm,设所有不平衡质量分布在同一回转平面内,问应在什么方位上加多大的平衡质径积,才能达到平衡。

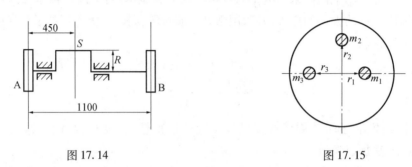

图 17.14　　　　　　　　　　　　图 17.15

17.9 图 17.16 所示同一 xOy 平面内两质量分别为 $m_1 = 8$ kg,$m_2 = 4$ kg,绕 O 轴等角速旋转,转速 $n = 300$ r·min^{-1},$r_1 = 80$ mm,$r_2 = 110$ mm,$a = 80$ mm,$b = 40$ mm,试求:

(1) 由于旋转质量的惯性力而在轴承 A 和 B 处产生的动压力 R_A 和 R_B(大小和方向)。

(2) 应在此平面上什么方向加多大平衡质量 m_B(半径 $r_B = 100$ mm),才能达到静平衡。

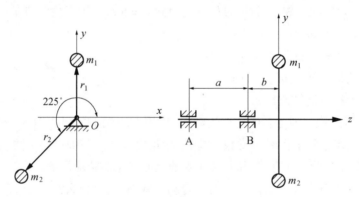

图 17.16

第18章

机械传动系统方案设计

18.1　概述

传动系统是机器的重要组成部分,机器质量的好坏常与传动系统密切相关,机器的机械部分成本也常取决于传动系统的造价,因此,合理地拟定传动系统方案及合理地设计传动装置是机械设计工作的重要组成部分。本章重点介绍各种机械传动形式的特点、性能和适用范围,以及机械传动系统方案设计的一般原则。

18.1.1　传动装置在机器中的作用

传动装置是将原动机的运动和动力传递给工作机的中间装置。传动装置一般的功能有:

(1) 减速或增速。工作机速度往往和原动机速度不一致,用传动装置可以达到改变速度的目的。

(2) 调速。许多工作机的转速需要根据工作要求进行调整,而依靠调整原动机往往不经济,甚至不可能,而用传动装置很容易达到调速的目的。

(3) 改变运动形式。原动机的输出轴常作等速回转运动,而工作机要求的运动形式则是多种多样的,如直线运动、螺旋运动、间歇运动等,靠传动装置可实现运动形式的改变。

(4) 增大转矩。工作机需要的转矩往往是原动机能输出的转矩的几倍或几十倍,通过减速装置可实现增大转矩的要求。

(5) 动力和运动的传递和分配。一台原动机常要带动若干个不同速度、不同负载的工作机,这时传动装置还起到分配动力和运动的作用。

显然,传动装置是机器的重要组成部分,机器质量的好坏常与传动装置的质量密切相关,机器的成本也常取决于传动装置的造价,因此,合理设计传动装置是机械设计工作的重要组成部分。

18.1.2　传动的类型

传动的类型很多,可以从不同角度进行分类。

根据工作原理的不同,可将传动分为机械传动、流体传动和电传动三类。在机械传动和流体转动中,机械能不会改变为另一种形式的能,即输入的是机械能,输出的仍是机械能,其具体分类见表18.1;在电传动中,则把机械能变为电能,或电能变为机械能,对此本章不作详细介绍。

按传动比有无变化,可将传动分为定传动比传动和变传动比传动两类,其具体分类见表

18.2。

表 18.1 传动按工作原理分类

传 动 类 型			传 动 举 例 或 说 明
机械传动	摩擦传动	摩擦轮传动	圆柱形、槽形、截锥形、圆柱圆盘形
		挠性摩擦传动	带传动:三角带、平形带、圆形带、绳及钢丝绳传动
		摩擦式无级变速传动	定轴的(无中间体和有中间体的) 动轴的 有挠性元件的
	啮合传动和推动	齿轮传动	圆柱齿轮传动	啮合形式:外、内啮合,齿条 齿形曲线:渐开线、圆弧、摆线等 齿向曲线:直齿、螺旋(斜)齿、曲线齿
			圆锥齿轮传动	啮合形式:外、内啮合,平顶及平面齿轮 齿形曲线:渐开线、圆弧 齿向曲线:直齿、斜齿、曲线齿
			动轴轮系	渐开线齿轮行星传动、摆线针轮行星传动、谐波传动
			非圆齿轮传动	可实现主、从动轴间传动比按周期性变化的函数关系
		蜗杆传动	圆柱蜗杆传动	按形成原理: 普通圆柱蜗杆传动(阿基米德螺旋面蜗杆、渐开线螺旋面蜗杆、延伸渐开线螺旋面蜗杆) 曲纹面圆柱蜗杆传动(轴截面圆弧齿蜗杆和法截面圆弧齿蜗杆)
			圆弧回转面蜗杆传动	双包络蜗杆传动(直纹齿、曲纹齿) 单包络蜗杆传动(平面齿蜗轮、曲纹齿单包络蜗杆)
			锥蜗杆传动	
		挠性啮合传动	链传动:套筒滚子链、套筒链、齿形链 带传动:同步齿形带
		螺旋传动	摩擦形式:滑动、滚动、静压 头数:单头、多头
		连杆机构	曲柄摇杆机构、双曲柄机构、曲柄滑块机构、曲柄导杆机构
		凸轮机构	直动和摆动从动件的凸轮式无级变速器
		组合机构	齿轮-连杆、齿轮-凸轮、凸轮-连杆、液压-连杆机构等
流体传动	气压传动		运动形式:往复移动、往复摆动、旋转运动
	液压传动		速度变化:恒速、有级变速、无级变速
	液力传动		液力变矩器、液力偶合器
	液体黏性传动		与多片摩擦离合器相似,借改变摩擦片间的油膜厚度与压力,以改变油膜的剪切力进行无级变速传动

注:本表摘自《机械工程手册》第 31 篇传动总论。

表 18.2 传动按传动比分类

传 动 类 型		传 动 举 例	说 明
定传动比传动		带、链、摩擦轮、齿轮、蜗杆等传动	输入转速与输出转速之比是定值,通常用于工作机工况固定的场合
变传动比传动	有级变速	齿轮变速器、塔轮传动	一个输入转速通过传动可得若干个输出转速(按数列规律排列),适用于工作机工况改变的场合,也可扩大动力机的调速范围
	无级变速	机械无级变速器、液力偶合器、液力变矩器、流体黏性传动、电磁滑差离合器	一个输入转速通过传动得到在某一范围内无限多个输出转速,适用于工作机工况复杂的场合
	按周期规律变化	非圆齿轮、凸轮、连杆、组合机构	输出角速度是输入角速度的周期函数,用来实现函数传动及改善某些机构的动力特性

注:本表摘自《机械工程手册》第31篇传动总论。

18.2 常用机械传动的特点、性能和适用范围

设计机械传动时,首先要合理选择传动类型。当传递的功率 P、传动比 i 和工作条件已定,则不同类型的传动各有其优缺点。

选择传动类型的主要原则是:效率高、外廓尺寸小、质量小、运动性能良好及符合生产条件等。各类传动所能传递的功率取决于其传动原理、承载能力、载荷分布、工作速度、制造精度、机械效率和发热情况等因素;速度和传动比是传动的主要运动特性,提高传动速度是机器的重要发展方向;传动的外廓尺寸和质量与功率和速度的大小密切相关,也与传动零件材料的力学性能有关;成本是选择传动类型时的重要经济指标。

常用机械传动的特点见表18.3。

表 18.3 常用机械传动的特点

传动形式	主 要 优 点	主 要 缺 点
摩擦轮传动	传动平稳,噪声小,有过载保护作用,可在运转中平稳地调整传动比,广泛地应用于无级变速	轴和轴上作用力很大,不宜传递大功率,有滑动,传动比不能保持恒定,工作表面磨损较快,寿命较短,效率较低
带传动	中心距范围大,可用于较远距离的传动,传动平稳,噪声小,能缓冲吸振,有过载保护作用,结构简单,成本低,安装要求不高	摩擦式带传动有滑动,传动比不能保持恒定,外廓尺寸大,带的寿命较短(通常为 3 500 ~ 5 000 h)。由于带的摩擦起电,不宜用于易燃、易爆的地方,轴和轴承上作用力大
齿轮传动	外廓尺寸小,效率高,传动比恒定,工作可靠,寿命长,维护比较简单,可适用的圆周速度及功率范围广,应用最为广泛	制造和安装精度要求较高,无缓冲、无过载保护作用,精度低时噪声大

续表 18.3

传动形式	主 要 优 点	主 要 缺 点
蜗杆传动	结构紧凑,外廓尺寸小,传动比大,传动比恒定,传动平稳,噪声小,可构成自锁机构	效率低,传递功率不宜过大,中高速需用价贵的青铜,制造精度要求高,刀具费用高
链传动	中心距范围大,可用于较远距离的传动,能在高温、油、酸等恶劣条件下可靠工作,轴和轴承上的作用力小	运转时瞬时速度不均匀,有冲击、振动和噪声,寿命较低(一般为 5 000 ~ 15 000 h)
螺旋传动	能将旋转运动变成直线运动,并能以较小的转矩得到很大的轴向力,传动平稳,无噪声,运动精度高,传动比大,可用于微调,可做成自锁机构	工作速度一般都很低,滑动螺旋效率低,磨损较快

常用的机械传动性能和适用范围比较见表 18.4。

表 18.4 常用的机械传动性能和适用范围

选用指标	普通平带传动	普通V带传动	摩擦轮传动	链传动	普通齿轮传动		蜗杆传动	行星齿轮传动		
								渐开线齿	摆线针轮	谐波齿轮
常用功率/kW	小(≤20)	中(≤100)	小(≤20)	中(≤100)	大 最大达50 000		小(≤50)	大 最大达35 000	中≤100	中≤100
传动效率	中	中	中	中	高		低	中	中	中
单级传动比常用值(最大值)	2 ~ 4(6)	2 ~ 4(15)	≤5 ~ 7(15 ~ 25)	2 ~ 5(10)	圆柱3 ~ 5(10)	圆锥2 ~ 3(6 ~ 10)	7 ~ 40(8)	3 ~ 9	11 ~ 87	50 ~ 500
许用的圆周速度/(m·s⁻¹)	≤25	≤25 ~ 30	≤15 ~ 25	≤10	6 级精度 直齿≤18 非直齿≤36 5 级精度 达100		≤15 ~ 35	与普通齿轮传动基本相同		
外廓尺寸	大	大	大	大	小		小	小		
传动精度	低	低	低	中等	高		高	高		
工作平稳性	好	好	好	较差	一般		好	一般		
自锁能力	无	无	无	无	无		可有	无		
过载保护作用	有	有	有	无	无		无	无		
使用寿命	短	短	短	中等	长		中等	长		
缓冲吸振能力	好	好	好	中等	差		差	差		
要求制造及安装精度	低	低	中等	中等	高		高	高		
要求润滑条件	不需	不需	一般不需	中等	高		高	高		
环境适应性	不能接触酸、碱、油类、爆炸性气体	一般	好	一般	一般		一般	一般		

常用传动的尺寸、质量和成本对比见表 18.5。

表 18.5 常用传动($P=75\ \text{kW}, i=\dfrac{n_1}{n_2}=\dfrac{1\ 000}{250}=4$)的尺寸、质量和成本对比

传动类型 [圆周速度/(m·s⁻¹)]	平带传动 [23.6]	普通 V 带传动 [23.6]	滚子键传动 [7]	齿轮传动 [5.85]	蜗杆传动 [5.85]
中心距/mm	5 000	1 800	830	280	280
轮宽/mm	350	130	360	160	60
质量概值/kg	500	500	500	600	450
相对成本/%	106	100	140	165	125

18.3 机械传动系统方案设计的一般原则

在进行传动装置设计时,首先要进行传动方案的设计,因为方案的好坏直接对传动装置的工作性能、外廓尺寸、质量、可靠性以及制造、维护成本有很大影响。传动方案的设计是一项比较复杂的工作,需要综合运用多方面的技术知识和实践设计经验。从多方面分析比较,才能拟定出比较合理的传动系统方案,并画出可行的传动方案简图。下面这些原则可供方案设计时参考。

1. 合理选择传动形式

选择机械传动形式时,常需要根据一些指标进行,其中比较重要的是:传动效率、输入输出轴的布置、外廓尺寸、质量、工作寿命、可靠性、价格以及结构工艺性等。因此,必须充分了解各种传动形式的特点和适用场合,以及各类传动的传动比、圆周速度、传动功率和传动效率的最大值和常用值,并注意已在实际中使用的相似传动的效果和问题,这是合理选择传动形式的必要条件和确定传动级数的主要依据。

对于小功率的传动,在满足工作性能的前提下,选用结构简单、初始费用低的传动,如带传动、链传动、普通精度的齿轮传动等。高速、大功率、长期工作的工况,明显不应采用蜗杆传动(效率低将造成能源损耗大、运转费用高)、一般的带传动(传递功率小、效率低)、链传动(瞬时传动比不准确,将造成高速下的冲击、振动和声响),而应首先考虑采用齿轮传动。

要求传动尺寸紧凑时,应优先选用齿轮传动、蜗杆传动、行星齿轮传动等。要注意:通常说蜗杆传动结构紧凑、轮廓尺寸小,这只是对传动比较大时才是正确的,当传动比并不很大时(如 $i<10$),此优点并不显著。硬齿面齿轮减速器、承载能力大的新型蜗杆减速器和谐波传动等都具有传动比大、结构紧凑等特点,近年来已开始广泛应用。

当传动的噪声受到严格限制时,应优先选用带传动、蜗杆传动、摩擦传动或螺旋传动。如需要采用其他传动时,也需要从制造和装配精度、结构上等方面采取措施,力求降低噪声。带传动可缓冲吸振,同时还有过载保护作用,但因摩擦生电,不宜用于易燃、易爆的场合。

当运动有同步要求和精确的传动比要求时,只能采用齿轮传动、蜗杆传动、同步带传动、链传动等,而不能采用有可能打滑的带传动、摩擦传动等。链传动、闭式齿轮传动和蜗杆传动,可用于高温、潮湿、粉尘、易燃、易爆的场合。有自锁要求时,用螺旋传动或蜗杆传动。

此外,尚需考虑布置上的要求,如两轴的间距大小,两轴是平行传动还是垂直或交叉传动,要根据这些要求选出恰当的传动形式。带传动多用于平行轴传动,链只能用于平行轴传

动,齿轮可用于各向轴线传动,蜗杆常用于空间垂直交错轴传动。

传动形式的选择往往需要进行反复分析比较,必要时应拟定出两个或两个以上方案简图,最终确定最佳方案。

2.传动链尽量简短,机构尽可能简单

在保证实现机器的预期功能的条件下,传动链简短,可使传动环节和构件数目减少,有利于降低制造费用,减轻机器质量和减小外廓尺寸。另外,可以减少由于各零件制造误差而形成的运动链的累积误差,提高了零件的加工工艺性和工作可靠性。减少零、部件数目,也有利于提高传动的效率和系统的刚性。

图18.1(a)为曲柄冲压机传动系统简图,电动机经一级带传动(图中只画出大带轮)、两级齿轮减速,带动曲柄回转。后经改进设计,用图18.1(b)的传动方案,在保证曲柄转速的前提下,适当地增加了每级的减速比,电动机转速由 975 r·min^{-1} 增加到 1 460 r·min^{-1},结果使结构简化,机器的质量减轻。

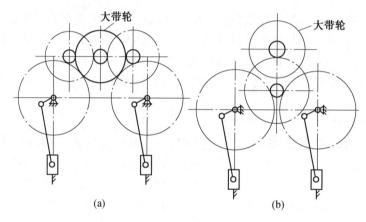

图18.1　冲压机传动方案

采用额定转速低的电动机会增加电动机的尺寸和质量,价格也相应提高,但由于传动装置总传动比减少,可使运动链趋于简化。此外,有时用一个电动机同时驱动几个运动链,会使运动链过于复杂,这时如果用几个电动机分别驱动各个运动链,常能使运动链简化。因此,应从电动机和传动装置的总尺寸、总质量、总费用及传动装置的复杂程度、传动的总效率等方面进行综合分析比较,最终确定比较经济的传动系统。

3.安排好各级传动或机构的先后顺序

在机械传动系统中,各级传动或机构的先后顺序应合理安排,安排的一般原则是:

对于带传动,为减小其传动的外廓尺寸,并发挥其过载保护和缓冲吸振的作用,一般应安排在运动链中的高速级(例如与电动机相连);对斜齿-直齿圆柱齿轮传动,斜齿轮应安排在高速级,以发挥其传动平稳的作用,直齿轮安排在低速级;对于圆锥-圆柱齿轮传动,一般将锥齿轮安排在高速级(尺寸较小,易于制造),圆柱齿轮安排在低速级;对于闭式、开式齿轮传动,闭式传动安排在高速级,开式齿轮安排在低速级;对于摩擦轮传动,因其结构简单和制造容易,通常不要求用于高速级,但对各类摩擦式无级变速器,由于结构复杂和制造困难,为缩小外廓尺寸,应安排在高速级。等速回转运动机构较非等速运动机构更适于高速级处;从润滑以及外廓紧凑性来看,闭式齿轮传动较开式齿轮传动更适于高速级处;对于转变运动形式的传动或机构,如螺旋传动、连杆机构和凸轮机构等,通常总是安排在运动链的末端,靠近执行构件,这样安排运动链最为简单。

传动装置的布局应使结构紧凑、匀称,强度和刚度好,并适合车间情况和工人操作,便于装拆和维修。考虑传动方案时,必须注意防止因过载或操作疏忽而造成机器损坏和人员工伤,可视具体情况在传动系统的某一环节加设安全保险装置。制动器通常设在高速轴,传动系统中位于制动装置后面不应出现带传动、摩擦传动和摩擦离合器等重载时可能出现摩擦打滑的装置,否则会达不到良好的制动效果,甚至出现大事故。

图18.1所示冲压机传动方案的传动路线为:电动机→带传动→齿轮传动→曲柄滑块机构,按上述一般原则分析,各级传动和机构的先后顺序安排是合理的。

4. 合理分配传动比

传动系统的总传动比如何合理分配给各级传动机构,对于系统的传动级数、结构布局、动力传递和外廓尺寸有着重要的影响。分配传动比时,应注意以下几点:

(1) 各种传动均有一个合理使用的传动比范围,每一级传动的传动比宜在该种传动的常用范围内选取,一般不应超过此范围。

(2) 一级传动的传动比如果过大,其外廓尺寸将会很大,宜分成两级传动或多级传动。图18.2为传动比$i=10$的圆柱齿轮减速器的外廓尺寸比较。由图可知,分成两级传动时,其尺寸和质量小很多。所以当齿轮传动的传动比$i \geqslant 8 \sim 10$时,一般应设计成两级传动;$i>40$时,常设计成两级以上的齿轮传动。但对于带传动一般不采用多级传动。

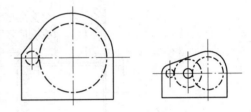

图18.2　齿轮减速器外廓尺寸比较

(3) 对于减速的多级传动,按照"前大后小"的原则分配传动比,有利于减轻减速器质量,即当总传动比$i = i_1 \cdot i_2 \cdots i_k$时,取$i_1 > i_2 > \cdots > i_k$,此处$i_1, i_2, \cdots, i_k$依次表示由高速级到低速级的各级传动比,且使相邻两级传动比的差值不要太大。

为了润滑简便,在两级卧式圆柱齿轮减速器中,应按照高速级和低速级的大齿轮浸入油中深度大致相近(低速可以稍深些)的条件进行传动比分配。图18.3就是按上述原则分配传动比的(如图中的粗线所示),两级传动的大齿轮直径相近,改善了浸油润滑条件。

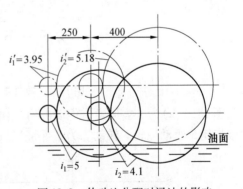

图18.3　传动比分配对浸油的影响

传动比的分配除上述原则外,还有其他原则,例如,使各级传动的承载能力近于相等或要求转动惯量为最小等。对于各种传动系统,应根据不同条件进行具体分析,必要时应利用优化计算方法合理地确定出各级传动的传动比。

5. 保证机器安全运转

设计机械传动系统时,必须十分注意机器的安全运转问题,防止发生损坏机器的事故,确保人员的安全。在某些传动系统中,需考虑防止因过载而造成机器的损坏,如在起重机械中,必须防止其在吊重作用下的自动倒转问题等。为此,应在传动系统的适当环节设置可靠的安全保护装置,如具有自锁能力的机构、刹车制动机构等。在轧钢机、推土机的传动系统中,应该有防过载的安全联轴器或安全离合器等。

　　如果传动系统的启动载荷过大,超过了原动机的启动力矩,则应在传动系统中设置离合器,使原动机能空载启动。例如有一机床,由于启动载荷大,启动次数多,工作时需要经常改变转向,导致电动机发热严重,甚至烧毁。改进的方法是在电动机轴上的小带轮结构内设计了一套离心式离合器,如图 18.4 所示。启动时,随着电动机转速的增加,离合器的三块锥面离心块 1 沿导销 3 做径向移动,直至与轮缘内 2 锥面紧密接触,从而带动带轮做正向回转。当电动机反向时,其过程必然是逐渐减速到零再反转,在正转减慢到零的过程中,离心块 1 上的离心力也逐渐减少直至零,离心块与带轮内缘分离。当电动机反转转速逐渐增加时,离心块又受离心力作用沿导销飞出,使离心块压紧带轮内锥面,从而带动带轮做反向回转。由此可以看出,不论正转反转均可保证空载启动。

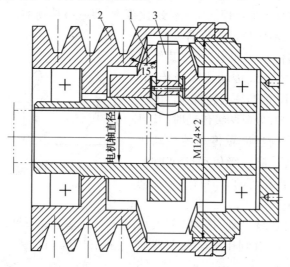

图 18.4　改进带轮结构减小启动载荷

　　图 18.5(a)为一客运索道传动机构,由电动机 1 经行星齿轮减速器 3 带动小锥齿轮,由大锥齿轮 5 驱动绳轮 6 转动。为了保证机械设备及人员安全,在行星齿轮减速器前后各装

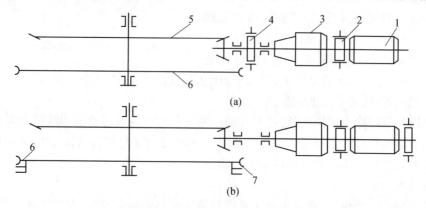

图 18.5　在传动系统中,正确安装制动器的位置

一电磁制动器 2、4,调整两个电磁制动器的制动时间和制动力矩值,可得到两级制动,使索道平稳停车。但是,在这一结构中,如果制动器 4 以后的零件(如轴或小锥齿轮)发生断裂,则索道将失去控制,发生危险,改为图 18.5(b)的结构,在驱动绳轮上设事故制动轮 7,可保证安全。在电动机两端各加一制动器,可以达到两级制动的效果。

6. 考虑经济性要求

传动方案的设计应在满足功能要求的前提下从设计制造、能源和原材料消耗、合理经济的使用寿命、管理和维护等各方面进行综合考虑,使传动方案的费用最低。例如,在传动系统中,采用较多的由专业厂生产的标准零部件产品,不仅有利于减少传动装置的设计和制造时间,而且可以保证质量和降低成本。当机器的传动系统只进行减速、增速或变速,而对其尺寸、结构没有特殊要求时,可将传动装置设计成独立部件,这样便于选择标准的减速器、增速器系列产品,也有利于安装和维护。

7. 机、电、液、气传动机构结合与机电一体化

在机械传动方案设计时,还应注意机、电、液、气的结合,充分利用和发挥各门技术的优势,使设计的方案更为完善、经济。例如,图 18.6(a)为实现两个工作位置的摆杆机构传动方案,它的传动路线是:电动机(图中未示出)→闭式齿轮减速器→曲柄摆杆机构。为了使曲柄能停在要求的位置,还设有制动装置。如果压缩空气的来源比较方便,改变原动件的驱动方式,利用气缸驱动,则结构将大为简化(图 18.6(b))。所以目前许多自动装置中,气缸(或液压缸)驱动应用十分广泛。

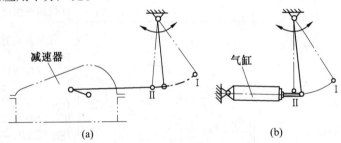

图 18.6　摆杆机构驱动方案

由于工业技术的不断发展,各种机械的自动化、高效能化程度愈来愈高,如自动进给、自动切削、自动装配、自动检测和自动运行等,都要求有完善的自动化传动装置。对此,单纯的机械传动和机构已无法满足要求,需要电、液、气机构等与之配合组成所需的装置。目前微电子技术和信息处理技术正在突飞猛进地发展,而且不断地向机械工业渗透,使机械产品发生了质的变化,具有自动检测、自动显示、自动调节、自动控制、自动诊断、自动保护和自动数据处理等功能,并开始向智能化方向发展。鉴于上述情况,机电一体化的机械设计也就势在必行了。作为一个现代的机械设计人员,也必须具备相应的有关知识和能力,才能创造出具有竞争能力的新产品。

18.4　机械传动系统方案设计实例

本节通过两个实例来进一步论述机械系统方案设计的步骤和方法。

【例 18.1】　图 18.7 所示为由功率 $P_m = 7.5$ kW、满载转速 $n_m = 720$ r·min^{-1} 的电动机驱动的剪板机的各种传动方案,其活动刀剪每分钟往复摆动剪板 23 次。试比较其优劣。

【解】

(1) 传动系统的总传动比

$$i = \frac{n_m}{n_\omega} = \frac{720}{23} \approx 31.2$$

(2) 传动系统的方案选择。根据总传动比的要求和给出的已知条件,有 7 个方案可供选择,见表 18.6。

表 18.6　机械传动系统方案的比较

方案	传动系统及各级传动比	方案简图	优点和缺点比较
a	电动机→V 带→齿轮→凸轮 $i_1 = 6.5, i_2 = 4.8$	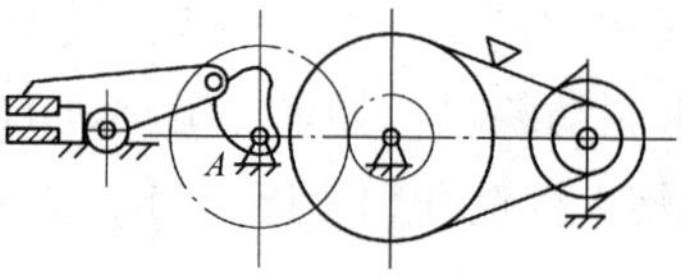	剪板机工作速度低,载荷重且有冲击,活动刀剪除要求适当的摆角、急回速比及增力性能外,其运动规律并无特殊要求,方案 a 采用凸轮机构变换运动形式不如方案 b 采用连杆机构变换运动形式好
b	电动机→V 带→齿轮→连杆 $i_1 = 6.5, i_2 = 4.8$	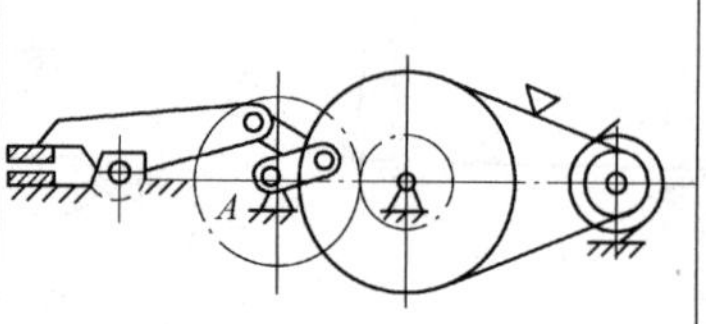	方案 b 高速级采用 V 带传动,可发挥其缓冲吸振的特点,使剪铁时的冲击振动不致传给电动机,且当过载时 V 带在带轮上打滑对机器的其他机件起安全保护作用,虽然其外廓尺寸大一些,但结构和维护都较方案 c、d 和 e 方便
c	电动机→链→齿轮→连杆 $i_1 = 6.5, i_2 = 4.8$	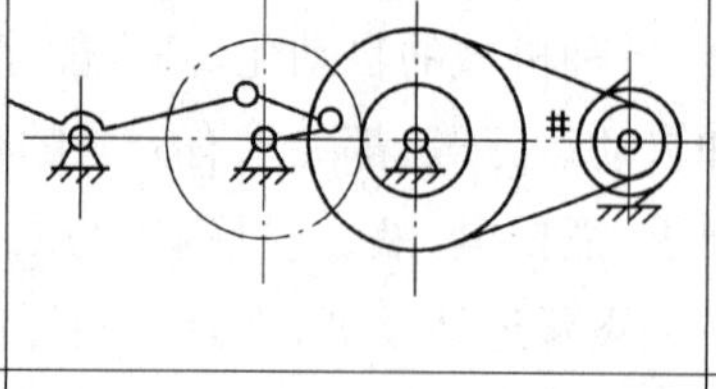	方案 c 高速级采用链传动,噪声、振动大,剪板机冲击较大,缓冲吸振能力不如方案 b,所以该方案不好
d	电动机→齿轮→齿轮→连杆 $i_1 = 6.5, i_2 = 4.8$	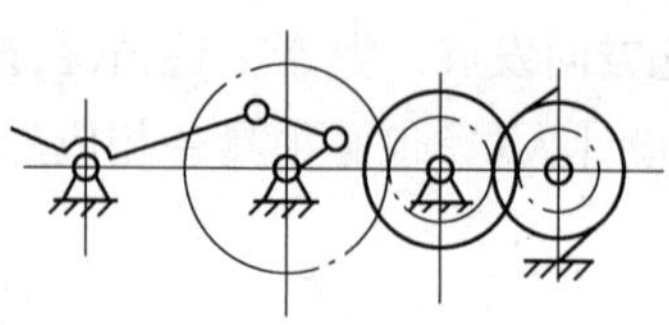	方案 d 采用二级齿轮传动,效率高、尺寸小,但不能缓冲吸振,成本也较高。另外,由于齿轮尺寸小,转动惯量小,需要加一个飞轮来满足剪切要求,所以该方案不好

续表 18.6

方案	传动系统及各级传动比	方　案　简　图	优点和缺点比较
e	电动机→蜗杆→连杆 $i=31.2$	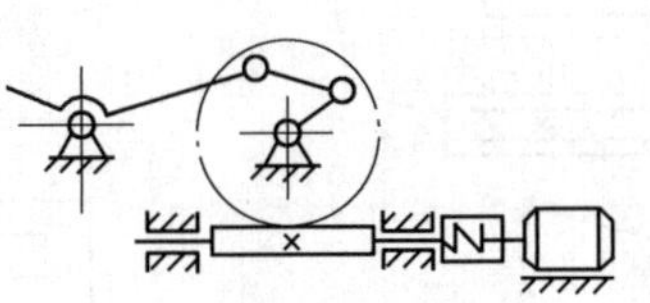	方案 e 采用一级蜗杆传动，尺寸最小，但效率低、功耗大，不能缓冲吸振，材料及加工成本高，转动惯量小，需要另外加一个大飞轮来满足剪切要求，所以该方案不好
f	电动机→齿轮→V 带→连杆 $i_1=4.8,i_2=6.5$	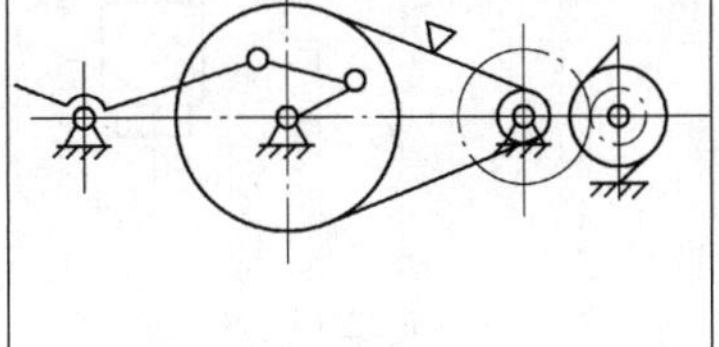	方案 f 中 V 带靠摩擦传动，承载能力低，不宜放在低速级，尺寸太大；而齿轮放在高速级，噪声较大，制造安装精度要求高，所以该方案不好
g	电动机→V 带→齿轮→连杆 $i_1=4.8,i_2=6.5$	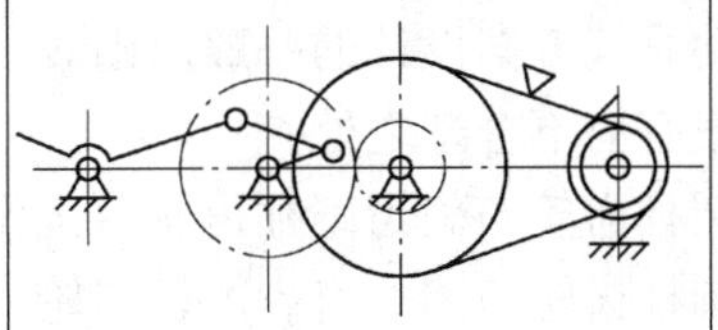	方案 g 高速级用 V 带传动，可缓冲吸振，且大带轮可作飞轮用，能解决剪板机短时最大负荷所需的储能需要。其结构简单、维护方便。但比较之下，方案 b 高速级传动比 i_1 较方案 g 的大，这样转速较高的大带轮更大，飞轮效果佳，同时，传动比 i_2 较小，使齿轮结构紧凑，所以方案 b 最好。但若不考虑飞轮效果，通常选用方案 g

（3）方案评价。对于各种传动方案，可以从结构尺寸大小、质量轻重、寿命长短、效率高低、成本高低、使用维护是否方便、布置是否合理、温度高低、连续工作和运转平稳性等十项指标的技术经济评价法进行评价，以判断各种传动方案的好坏。但由于本书篇幅有限，这里不再进行详细介绍。

【例 18.2】 运输机的传动方案如图 18.8 所示，试分析传动方案中各级传动安排有何不合理之处，并画出正确传动方案图。

【解】 图 18.8(a)所示传动方案的传动路线为：电动机→链传动→齿轮传动→带传动。该传动方案把链传动放在高速级，而把带传动放在低速级是不合理的。这个传动系统没有什么特殊要求，带传动适宜放在高速级，因高速级转矩小，带传动的外廓尺寸可以减小，且有利于缓冲吸振，保护电动机。链传动由于链速不均匀及动载荷大，属于啮合传动，能传递较大转矩，所以链传动安排在闭式齿轮的后面，即低速级是适宜的，正确的传动方案如图18.8(b)所示。

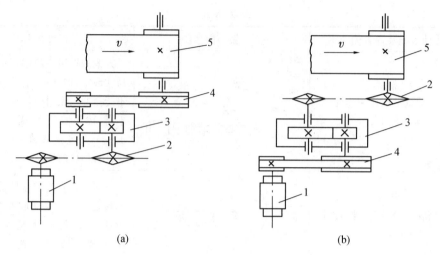

(a)   (b)

图 18.8 运输机的传动方案

1—电动机;2—链传动;3—齿轮减速器;4—带传动;5—工作机

习题与思考题

18.1 简要介绍机械传动系统方案设计的一般原则。

18.2 下列减速传动方案有何不合理之处?

(1) 电动机→链→直齿圆柱齿轮→斜齿圆柱齿轮→工作机。

(2) 电动机→开式直齿圆柱齿轮→闭式直齿圆柱齿轮→工作机。

(3) 电动机→齿轮→V 带→工作机。

18.3 设计一个圆工作台的传动装置,要求此工作台能够绕其中心做定轴转动,先向一个方向转 180°,立即反向转 180°,然后停车。全部动作完成时间 20 s,电动机转速 960 r·min^{-1},选出传动方案及类型,确定各级传动比及主要参数,画出此传动装置简图,不要求进行强度计算。

参 考 文 献

[1] 陈秀宁. 机械设计基础[M]. 4 版. 杭州:浙江大学出版社,2019.

[2] 李继庆,陈作模. 机械设计基础[M]. 北京:高等教育出版社,2002.

[3] 杨可桢,程光蕴. 机械设计基础[M]. 7 版. 北京:高等教育出版社,2020.

[4] 董玉平. 机械设计基础[M]. 2 版. 北京:机械工业出版社,2012.

[5] 李秀珍,曲玉峰. 机械设计基础[M]. 4 版. 北京:机械工业出版社,2012.

[6] 蒋秀珍,马惠萍. 机械学基础[M]. 3 版. 北京:科学出版社,2016.

[7] 邓宗全,于红英,王知行. 机械原理[M]. 3 版. 北京:高等教育出版社,2015.

[8] 孙桓,陈作模,葛文杰. 机械原理[M]. 9 版. 北京:高等教育出版社,2021.

[9] 申永胜. 机械原理教程[M]. 北京:清华大学出版社,1999.

[10] 邹慧君. 机械原理教程[M]. 北京:机械工业出版社.2001.

[11] 王黎钦,陈铁鸣. 机械设计[M]. 6 版. 哈尔滨:哈尔滨工业大学出版社,2017.

[12] 濮良贵,陈国定,吴立言. 机械设计[M]. 10 版. 北京:高等教育出版社,2019.

[13] 钟毅芳,吴昌林,唐增宝. 机械设计[M]. 2 版. 武汉:华中科技大学出版社,2001.

[14] 吴宗泽. 机械设计[M]. 4 版. 北京:高等教育出版社,2006.

[15] 邱宣怀,郭可谦,吴宗泽等. 机械设计[M]. 北京:高等教育出版社,1997.

[16] 王连明,荣涵锐. 机械设计[M]. 哈尔滨:哈尔滨工业大学出版社,1998.

[17] 张锋,古乐. 机械设计课程设计[M]. 6 版. 哈尔滨:哈尔滨工业大学出版社,2020.

[18] 刘品,李哲. 机械精度设计与检测基础[M]. 哈尔滨:哈尔滨工业大学出版社,2009.

[19] 马惠萍. 互换性与测量技术基础案例教程[M]. 北京:机械工业出版社,2014.

[20] 何世禹,金晓鸥. 机械工程材料[M]. 2 版. 哈尔滨:哈尔滨工业大学出版社,2006.

[21] 耿洪滨,吴宜勇. 新编工程材料[M]. 第 2 版. 哈尔滨:哈尔滨工业大学出版社,2015.

[22] 张鄂,买买提明艾尼. 现代设计方法[M]. 2 版. 北京:科学出版社,2014.

[23] 王瑜,敖宏瑞. 机械设计基础[M]. 5 版. 哈尔滨:哈尔滨工业大学出版社,2015.

[24] 吴宗泽. 机械工程师手册(下)[M]. 北京:机械工业出版社,2002.

[25] 卢玉明. 机械设计基础[M]. 北京:高等教育出版社,1998.

[26] 陈良玉. 机械设计基础[M]. 沈阳:东北大学出版社,2000.

[27] 沈乐年,刘向锋. 机械设计基础[M]. 北京:清华大学出版社,1997.

[28] 黄华梁,彭文生. 机械设计基础[M]. 北京:高等教育出版社,2008.

[29] 全国产品几何技术规范标准化技术委员会. 产品几何技术规范(GPS)技术产品文件中表面结构的表示法:GB /T131—2006[S]. 北京:中国标准出版社,2007.

[30] 全国产品几何技术规范标准化技术委员会. 产品几何技术规范(GPS)表面结构 轮廓法 表面粗糙度参数及其数值:GB/T 1031—2009[S]. 北京:中国标准出版社,2009.

[31] 全国产品几何技术规范标准化技术委员会. 产品几何技术规范(GPS)几何公差 形状、方向、位置和跳动公差标注:GB/T 1182—2008[S]. 北京:中国标准出版社,2009.

[32] 全国热处理标准化技术委员会. 金属热处理工艺分类及代号:GB/T 12603—2005[S]. 北京:中国标准出版社,2005.